国家自然科学基金项目(No. 51576207)资助出版

不可逆循环的广义热力学动态优化
——工程热力装置与广义机循环

Generalized Thermodynamic Dynamic-Optimization of Irreversible Cycles: Engineering Thermodynamic Plants and Generalized Engine Cycles

陈林根 夏少军 著

科学出版社
北京

内 容 简 介

基于广义热力学优化理论，本书对工程界和人类社会中广泛存在的不可逆功、热能、电能、化学能和资本等工程热力装置与广义机循环开展了动态优化研究，获得了不同优化目标下的循环最优构型。本书汇集著者多年研究成果，第 1 章介绍有限时间热力学、熵产生最小化、广义热力学优化、火积理论等各种热学优化理论的产生，并回顾与本书相关的动态优化问题的研究现状。第 2~6 章分别对活塞式加热气缸、内燃机、光化学发动机、商业机、广义机的动态优化(最优构型)问题进行研究，提出广义热力学动态优化理论，给出解决各种不可逆广义能量转换循环与系统动态优化问题的统一方法以及普适研究结果。本书在研究方法上以交叉、移植和类比为主，最大特点在于深化物理学理论研究的同时，注重多学科交叉融合研究并紧贴工程实际，在研究过程中追求物理模型的统一性、优化方法的通用性和优化结果的普适性，最终实现基于广义热力学优化理论的不可逆循环动态优化研究成果集成。

本书内容丰富、结构严谨、概念新颖、难易适中，可供能源、动力、化工、航空航天、船舶工程、电子、经济等领域的科技人员参考，也可作为高等院校能源动力类相关专业本科生和研究生的教材。

图书在版编目(CIP)数据

不可逆循环的广义热力学动态优化：工程热力装置与广义机循环 = Generalized Thermodynamic Dynamic-Optimization of Irreversible Cycles: Engineering Thermodynamic Plants and Generalized Engine Cycles / 陈林根，夏少军著. —北京：科学出版社，2018
ISBN 978-7-03-056725-3

Ⅰ. ①不… Ⅱ. ①陈…②夏… Ⅲ. ①工程热力学－研究 Ⅳ. ①TK123

中国版本图书馆CIP数据核字(2018)第044517号

责任编辑：耿建业 陈 琼 武 洲 / 责任校对：彭 涛
责任印制：张 伟 / 封面设计：北京铭轩堂广告设计有限公司

科学出版社出版
北京东黄城根北街 16 号
邮政编码：100717
http://www.sciencep.com

北京凌奇印刷有限责任公司印刷
科学出版社发行 各地新华书店经销
*
2018 年 6 月第 一 版 开本：720 × 1000 1/16
2020 年 6 月第四次印刷 印张：18 1/4
字数：365 000

定价：128.00 元

(如有印装质量问题，我社负责调换)

陈林根(1964—)，男，浙江海盐人，教授，博士生导师，中国人民解放军海军工程大学动力工程学院院长，舰船动力工程军队重点实验室主任，舰船动力工程国家级实验教学示范中心主任。主要从事有限时间热力学、自然组织构形理论、叶轮机械最优设计、现代维修理论和工程研究。因教学科研和人才培养工作成绩卓著，荣立二等功 1 次，三等功 3 次。获湖北省自然科学二、三等奖 8 项，军队科技进步二、三等奖 5 项，军队教学成果二、三等奖 3 项。获首届中国科学技术协会“求是杰出青年实用工程奖”和“全国百篇优秀博士学位论文奖”。被评为全军院校教书育人优秀教师，全军优秀教师，全军优秀博士。获政府特殊津贴，中国人民解放军优秀专业技术人才一类岗位津贴。入选教育部“新世纪优秀人才支持计划”和“新世纪百千万人才工程”国家级人选。

主持国家 973 计划课题、国防 973 计划子课题、国家重点研发计划子课题、国家自然科学基金等国家级项目 10 项，军委科技委、总装备部和海军装备部项目 32 项，教育科研项目 8 项。已出版英文专著 2 部，中文专著 7 部，译著 15 部，发表学术论文 1690 篇，其中，540 余篇为 SCI 摘录，580 余篇为 EI 摘录，22 篇为 ESI 高被引论文，7900 余篇次为国外学者引用，2800 余篇次为国内学者引用。入选 Elsevier 2014 年、2015 年、2016 年、2017 年中国高被引学者，在能源领域高被引学者榜单中分别位列全国第一、第二、第二、第二。入选 2016 年“全球能源科学与工程学科高被引学者”名单。

指导出站博士后 9 名、毕业博士研究生 25 名、硕士研究生 35 名。获得 2 个全国优秀博士学位论文提名指导教师奖，57 个海军、全军和湖北省优秀博士、硕士学位论文指导教师奖。

应聘担任教育部高等学校能源动力类专业教学指导委员会副主任委员，中国工程热物理学会理事，中国工程热物理学会工程热力学分会副主任委员，全国高校工程热物理学会副理事长，4 个国家和省部级重点实验室学术委员会委员，1 家国际学术刊物的主编，13 家国际学术刊物和 6 家国内学术刊物的编委。

夏少军(1986—)，男，湖北仙桃人。2007年毕业于中国人民解放军海军工程大学舰艇动力工程专业，获学士学位；2012年毕业于中国人民解放军海军工程大学动力工程及工程热物理专业，获博士学位。现为中国人民解放军海军工程大学动力工程学院热力工程教研室副主任、讲师，主要从事现代热力学优化理论及其应用基础研究。

先后获2013年度全军和湖北省优秀博士学位论文奖、2015年湖北省自然科学二等奖1项、2015年军队教学成果三等奖1项，立三等功2次。主持国家自然科学基金项目1项、大学基金项目3项，参与国家973计划课题、国家重点研发计划子课题、国家自然科学基金项目等国家级课题9项。出版学术专著3部，发表学术论文70篇，41篇发表在Energy、J. Appl. Phys.等国际学术刊物上，14篇发表在《中国科学》和《科学通报》中、英文版上，40篇为SCI摘录，41篇为EI摘录，2篇论文入选ESI高被引论文，2篇论文入选中国科技期刊F5000顶尖学术论文，1篇论文获《中国科学》高引次优秀论文奖，已发表论文被SCI他引280余篇次。入选中国人民解放军海军工程大学首批“33511人才工程”支持计划，担任中国工程热物理学会热力学青年论坛组委会委员。

前　言

节能是我国国民经济可持续发展的基本国策，工程中各种节能手段与措施的实施迫切需要先进的节能理论提供指导。本书在全面系统地了解现今各种热力学优化理论和总结前人已有研究成果的基础上，基于广义热力学优化理论的思想，选定功、热能、化学能、资本等广义能量转换循环的动态优化问题为突破口，将热力学、传热传质学、流体力学、化学反应动力学、经济学、最优控制理论相结合，分析研究工程热力装置、商业机等不可逆循环在不同优化目标下的最优构型，获得各类不可逆循环新构型，同时，探索建立统一的广义热力循环物理模型，寻求统一的优化方法，获得普适的优化结果和研究结论，已有相关研究结果均为本结果的特例，有助于促进热力学优化理论成体系地向前发展和完善，可为各类能量转换系统及实际装置的优化设计与最优运行提供科学依据和理论指导。

本书主要由以下三个部分组成。

第一部分研究不可逆工程热力装置的动态优化问题。第 2 章在广义辐射传热规律条件下，研究活塞式加热气缸中理想气体工质不可逆膨胀过程最大功输出的活塞最优运动路径，并将线性唯象传热规律下得到的结果应用到活塞式加热气缸不可逆膨胀过程功率优化、内燃机性能优化和外燃机性能优化中；进一步考虑活塞运动对热导率影响，建立一个热导率随时间变化的、更符合实际的活塞式加热气缸模型，研究其在广义辐射传热规律下膨胀功最大时的活塞最优运动路径，揭示传热规律和变热导率对气体最优膨胀规律的影响。第 3 章研究广义辐射传热规律下 Otto 循环和 Diesel 循环热机，确定不同传热规律下存在热漏、摩擦和燃料有限燃烧速率等各种不可逆性损失的内燃机最大输出功时的活塞运动最优路径。第 4 章基于存在热漏、摩擦等不可逆性的广义辐射传热规律下 $[A]\rightleftharpoons[B]$ 型和线性唯象传热规律下 $2SO_3F\rightleftharpoons S_2O_6F_2$ 型光驱动发动机模型，研究其在循环最大输出功和最小熵产生时活塞运动最优路径；进一步将生态学性能指标引入到光驱动发动机最优构型研究中，以生态学函数最大为优化目标，得到活塞最优运动规律，揭示传热规律和性能目标对光驱动发动机最优构型的影响。

第二部分研究不可逆商业机循环的动态优化问题。第 5 章研究有限容量低价经济库下内可逆商业机最大利润时的循环最优构型，揭示经济库经济容量特性和商品传输规律对商业机最优循环构型和最优性能的影响；最后研究一类多库商业机的最大利润输出时的循环最优构型。

第三部分研究不可逆广义机循环的动态优化问题。第 6 章分别建立两有限广义势库内可逆广义机、存在广义流漏的有限高势库不可逆广义机、多无限广义势库内可逆广义机和多级内可逆广义机系统等 4 种不可逆循环的物理模型，研究循环广义输出最大化时的最优构型，探索统一的优化方法，获得普适的优化结果和研究结论，初步实现基于广义热力学优化理论的不可逆循环动态优化研究成果集成。

本书在写作的过程中，参考著者所在团队毕业博士研究生宋汉江、马康、李俊、戈延林等同志的博士学位论文，他们为不可逆循环的广义热力学动态优化研究作出了重要贡献，著者在此对他们的辛勤劳动和创造性贡献表示诚挚的谢意。

最后，感谢国家自然科学基金项目(No. 51576207)的支持，使得不可逆循环广义热力学动态优化的研究工作不断拓展和深化。

由于时间仓促，本书在撰写过程中难免出现一些疏漏，不当之处请批评指正。

陈林根　夏少军

2018 年 6 月

Preface

Energy saving is the basic national policy for the sustainable development of China's national economy, and the implementation of various energy-saving methods and measures in engineering needs advanced energy-saving theory to provide guidelines urgently. On the basis of understanding current various thermodynamic optimization theories and summarizing the previous research results, this book investigates the dynamic optimization problems of various generalized energy (including work, thermal energy, chemical energy, capitals and so on) conversion cycles with the idea of generalized thermodynamic optimization theory. Thermodynamics, heat and mass transfer, fluid mechanics, chemical reaction kinetics, economics and optimal control theory are combined with each other in this book. The optimal configurations of irreversible cycles such as engineering thermodynamic plants and commercial engines are analyzed and investigated. New configurations of various irreversible cycles are derived. Besides, establishments of unified physical models of generalized thermodynamic cycles are explored, unified optimization methods are searched, generalized optimization results and research conclusions are obtained, and the related results obtained in previous literatures are special cases of those obtained in this book. It contributes to the systematic development and perfection of thermodynamic optimization theory, and can provide scientific bases and theoretical guidelines for optimal designs and operations of various energy conversion systems and practical devices.

It consists of the following three parts:

The first part concentrates on the dynamic optimization problems of irreversible engineering thermodynamic plants. Under the condition of generalized radiative heat transfer law, Chapter 2 investigates the optimal piston motion path for the maiximum work output of the irreversible expansion process of a heated ideal gas in a piston-cylinder system, and the optimization result is further applied into the power optimization of the irreversible expansion process and the performance optimizations of internal- and external-combustion engines. The effect of piston motion on the heat conductivity is further considered, and a more actual model of the heated ideal gas in the piston-cylinder system with the time-dependent conductivity is establised. The optimal piston motion path for the maximum expansion work of the system with generalized heat transfer law is investigated, and effects of heat transfer laws and variable heat conductivity on the optimization results are indicated. Chapter 3 investigated the maximum work output of Otto and Diesel cycle heat engines with generalized radiative heat transfer law [$q \propto \Delta(T^n)$]. It determines optimal piston motion paths of internal combustion engines with different heat transfer laws and various losses including heat leakage, friction and finite combustion rate of the fuel. Based on the generalized radiative law, $[A] \rightleftharpoons [B]$ type and the linear phenomenological law, $2SO_3F \rightleftharpoons S_2O_6F_2$ type light-driven engines with the irreversibility losses of heat leakage and friction, Chapter 4 investigated the corresponding optimal piston motion paths for the maximum cycle work output and the minimum entropy generation. The performance objective of the ecological function is further introduced into the optimal configuration researches of the light-driven engines, the optimal piston motion paths for the maximum ecological function is derived, and effects of heat transfer laws and performance objectives on the optimal configuration of the light-driven engines are indicated.

The second part concentrates on the dynamic optimization problems of irreversible commerical engine cycles. Chapter 5 investigates optimal cycle configuration for the maximum profit of an endoreversible commerical engine with a finite capacity low-price economic reservoir and generalized commodity transfer law [$n \propto \Delta(P^m)$]. It indicates effects of economic capacity characteristic of the economic reservoir and commodity transfer laws on the optimal cycle configurations and optimal performances of the commercial engines. Finally, the optimal cycle configuration for the maximum profit of a multi-reservoir commercial engine is also investigated.

The third part concentrates on the dynamic optimization problems of irreversible generalized engine cycles. Chapter 6 establishes four kinds of physical models of irreversible generalized engine cycles, including endoreversible generalized engine with two finite generalized-potential reservoirs, finite high-potential-reservoir irreversible generalized engine with generalized flow leakage, endoreversible generalized engine with several infinite generalized-potential reservoirs and multistage endoreversible generalized engine system, investigates generalized output maximization of the cycles, explores the unified optimization methods, and derives the optimization research on the irreversible cycles in the frame of generalized thermodynamic optimization theory is preliminary realized.

During the writing process of this book, the Ph. doctoral dissertations of Hangjiang Song, Kang Ma, Jun Li and Yanli Ge in the research group of the authours of the book were consulted. They have made important contributions to the research of generalized thermodynamic dynamic-optimization of irreversible cycles, and the authors herein express the sincere gratitude for their hard work and creative contributions.

Finally, thanks to the support of the National Natural Science Foundation of China (No. 51576207), which makes the researches on the generalized thermodynamic dynamic-optimization of irreversible processes have been extended and deepened.

Due to the rush of time, there may be some errors and omissions in this book inevitably, and it is hoped that the readers will kindly point out them.

Lingen Chen, Shaojun Xia

June 2018

目　　录

Contents

第1章 绪　　论

1.1 引　　言

有限时间热力学(finite time thermodynamics, FTT)是20世纪70年代中期由国际物理学界芝加哥学派的Berry、Andresen、Salamon、Sieniutycz等创立的一个现代热力学分支[1-28]。它着重考虑原先经典平衡态热力学中所忽略的“时间”或“速率”因素，通过将热力学、传热学和流体力学等基础学科相结合，在“有限时间”或“有限面积”约束下，求解各类传热传质过程、热力化学循环与装置在熵产生最小、最大输出功/功率、最大热效率、最大㶲效率、最大利润率等不同性能目标时的静态优化(最优性能)[29-114]与动态优化(最优构型)[115-164]问题。与此同时，在工程学界，美国Duke大学的Bejan教授则导出了有限速率下传热与流动过程熵产生的统一表达式[165, 166]，并提出以“熵产生最小”作为统一的目标优化各类存在有限温差传热和有限压降流动不可逆性的过程与装置性能[167]，由此创立了“熵产生最小化(entropy generation minimization, EGM)”理论[166-189]。1998年，本书作者[69,190,191]提出把对传热过程和热机的有限时间热力学分析方法和思路拓广到自然界和工程界中各种存在广义势差和广义位移的过程、装置和系统，广泛采用“内可逆模型(endoreversible model)”[192]以突出分析主要不可逆性，建立起设计的优化理论，即“广义热力学优化(generalized thermodynamic optimization，GTO)”理论。

然而，“熵产生最小”并非总与人们所追求的装置性能目标是完全等价的，例如，在热机优化中，“熵产生最小”和“最大输出功率”两种目标并非总是一致的，与研究对象类型、系统边界划分等因素有关，具体讨论见文献[193]～[202]；另在换热器优化中，“熵产生减少”与“有效度增加”也并非总是正相关，对于平衡流逆流式换热器的性能分析结果表明，当有效度在[0,0.5]的区间内单调增加时，熵产生也单调增加[203]，这种现象被称为“熵产悖论”[166, 168, 204-207]。2003年，清华大学过增元院士等[208]指出熵是表征热功转换过程的物理量，而换热器设计中人们更关心热量传递过程的速率或效率，定义了一个表征物体热量传递能力的新物理量——“热量传递势容”。2006年，过增元等[209,210]将此物理量更名为“炽”，并建立了用于传热过程优化的“炽耗散极值原理”和“最小当量热阻原理”，由此创立了“炽理论(entransy theory)”[211-223]。本书作者开辟了将有限时间热力学和炽理论相结合进行研究的新方向，研究了换热器传热[224-228]、液-固相变传热[229]、节流[230]、传质[231-233]、结晶[234]等传热传质过程的动态优化问题。程雪涛等[235, 236]进一步提出了“炽损失”的概念，将炽理论拓展用于热力循环性能优化[237-244]。

有限时间热力学、熵产生最小化、广义热力学优化理论和炽理论均是近 40 年来产生和发展起来的现代热学优化理论，促进了热力学、传热学和流体力学等各学科分支及其交叉研究的发展。综合应用热力学、传热传质学、流体力学以及其它传输科学的基础理论，采用交叉、移植、类比的研究思路，将有限时间热力学与熵产生最小化、炽理论相结合，实现各种形式能量传递过程和转换循环与系统的广义热力学优化，符合多学科交叉融合研究的发展趋势，是一个具有重要理论价值和广阔应用前景的研究方向。

有关有限时间热力学、熵产生最小化、广义热力学优化理论等热学优化理论的产生、发展、物理内涵等相关内容在本书作者 2017 年出版的《不可逆过程的广义热力学动态优化》[245]《不可逆循环的广义热力学动态优化：热力与化学理论循环》[246]两本书中已进行了较为详细的阐述，故在本书中不再赘述。与文献[245]重点研究不可逆过程、文献[246]重点研究不可逆热力[247-307]与化学[308-376]理论循环的优化不同，本书将基于热力学、传热传质学、流体力学、化学反应动力学以及经济学等各学科中有限势差能量转换循环与系统间的相似性，采用有限时间热力学研究思路和最优控制理论优化方法全面系统地对工程热力装置和商业机进行动态优化，获得上述各种系统在不同优化目标下的最优构型；在此基础上，对已有研究对象和研究结果进行总结归纳，针对几类典型的研究对象，抽出共性，突出本质，建立其相应的广义热力学抽象物理模型，寻求统一的优化方法，获得普适的最优构型优化结果和研究结论，实现基于广义热力学优化理论的不可逆循环研究成果集成。

1.2 工程热力装置的动态优化现状

1.2.1 活塞式加热气缸最优膨胀规律

1.2.1.1 牛顿传热规律下的相关研究

1980 年，Band 等[377, 378]研究了牛顿传热规律下活塞式加热气缸膨胀功最大时缸内工质最优膨胀规律，得出其最优路径包括初、末态两个瞬时绝热分支和一个中间最大膨胀功输出分支，并定性地讨论了有限体积变化速度、无末态体积约束、有末态热力学能和末态体积约束、有末态热力学能约束和无末态体积约束、考虑摩擦作用、考虑活塞质量、考虑空气质量以及无过程时间约束等八种不同约束条件对气缸内工质最优膨胀规律的影响。Salamon 等[379]、Aizenbud 等[380, 381]和 Band

等[382]将文献[377, 378]的研究结果进一步应用到活塞式加热气缸输出功率最大时的最优构型[379]、给定泵入能条件下输出功最大时的最优构型[380]以及牛顿传热规律下的内燃机[381]和外燃机[382]运行过程优化中。

1.2.1.2　传热规律的影响

实际过程中，气缸内工质与外热槽的传热不总是服从牛顿传热规律。本书作者[383-386]研究了线性唯象传热规律下活塞式加热气缸膨胀功最大时缸内工质最优膨胀规律，得到了优化问题的解析解[383]，并进一步将文献[383]的结果应用到线性唯象传热规律下的外燃机[384]和内燃机[385]过程优化和装置的输出功率优化[386]中；本书作者[387-395]应用泰勒公式展开法，研究了牛顿-辐射复合$\left[q \propto \Delta(T)+\Delta(T^4)\right]$[387]、广义辐射[388]、Dulong-Petit$\left[q \propto \Delta(T)^{1.25}\right]$[389]和等传热规律下活塞式加热气缸最优膨胀规律，得到了一阶泰勒展开时优化问题的近似解析解；应用消元法重新对广义辐射传热规律下不可逆膨胀过程的最优构型进行研究[390]，并将结果应用到辐射传热规律$\left[q \propto \Delta(T^4)\right]$[391]下的外燃机运行过程优化中；考虑到上述研究中均假设热导率为常数即热漏与理想气体的体积无关，而实际热机中传热面积随着活塞运动是不断变化的，进一步考虑了活塞运动对热导率的影响，研究了活塞式加热气缸工质最优膨胀规律[392, 393]，并将研究结果应用于广义辐射传热规律[394]和广义对流传热规律[395]下外燃机运行过程优化中，详见本书第 9 章。

1.2.2　内燃机活塞运动最优路径

在与实际热机[396]的比较中，可以发现 1.4.1 节讨论的活塞式加热气缸模型有许多理想的假设之处：第一，在实际热机中，热能来源于燃料燃烧的化学反应，所以泵入热流率应该取决于工质的状态，即工质的温度和压力，但是在活塞式加热气缸模型中，假设泵入热流率 $f(t)$ 只是时间的函数，并不依赖于理想气体的状态；第二，活塞式加热气缸模型均假设气缸内理想气体工质的摩尔数保持为常数，而在实际内燃机中，由于燃料的燃烧化学反应，理想气体的摩尔数大约有 20%的增加；第三，在活塞式加热气缸模型研究中，均是将热漏或摩擦单独考虑加以研究的，而实际热机是热漏和摩擦复合作用，因此必须将两者同时考虑加以研究；第四，活塞式加热气缸模型均忽略气体和活塞的惯性影响，而实际热机中活塞的质量不可忽略，即热机活塞运动存在加速度约束。针对上述活塞式加热气缸模型中各种过于简单的假设，有必要建立比较完备的内燃机模型加以研究，这就是内燃机活塞运动最优路径的相关研究内容。

1.2.2.1 牛顿传热规律下相关研究

1981 年，Mozurkewich 和 Berry[397, 398]研究了牛顿传热规律下存在摩擦和热漏损失的四冲程 Otto 循环热机，给定循环总时间和耗油量，以循环输出功最大为目标对整个循环活塞运动最优路径进行了研究，结果表明，优化活塞运动规律后，可以使热机功率和效率比传统热机提高 10%。Hoffmann 等[399]进一步考虑燃料有限燃烧速率对热机性能的影响，研究了牛顿传热规律下存在摩擦、热漏损失的四冲程 Diesel 循环热机活塞运动最优路径，结果也表明优化活塞运动规律后，可以使热机功率和效率比传统热机提高 10%。作为最优控制理论外的可取方法，Blaudeck 和 Hoffmann[400]则采用蒙特卡洛模拟的方法研究了牛顿传热规律下四冲程 Diesel 循环热机最大输出功时的活塞运动最优路径。

2006 年，斯坦福大学的 Teh 博士[137]、Teh 和 Edwards[401-403]研究了无压比约束[137, 401, 402]和有压比约束[137, 403](即存在最小体积约束)条件下均相绝热内燃机，忽略了传热和摩擦等不可逆因素，同时也不考虑活塞的加速度约束，以燃料燃烧过程的熵产生最小为目标优化了活塞运动路径。Teh[137]、Teh 和 Edwards[404]进一步研究了牛顿传热规律下存在燃料燃烧和热漏损失的火花点火发动机，以循环输出功最大为目标优化了活塞运动路径。Teh[137]和 Teh 等[405, 406]还以㶲效率最大为目标对火花点火发动机进行研究，得到了燃料燃烧过程优化的“能量极值态原理(energy extreme state principle)”，即燃料燃烧过程应在尽可能大的热力学能状态下进行，以减少从反应物到具有相同热力学能和体积的平衡态产物转变过程的熵产生。在文献[137, 401-406]的基础上，Miller[139]和 Miller 等[407]从更为广阔的角度对低不可逆性化学发动机进行了理论和实验研究。Ramakrishnan[156]、Ramakrishnan 等[408]、Ramakrishnan 和 Edwards[409-412]则研究了一类稳流燃烧条件下热机最大效率时的循环最优构型，结果表明，对应热机最大效率时燃烧过程应以部分绝热和部分等温的方式进行[411]，压缩过程应以部分中冷和部分非中冷的方式进行[412]。Lin 等[413]应用高斯伪谱方法研究了四冲程不可逆 Miller 循环型自由活塞式内燃机循环输出功最大时的活塞运动最优路径。Badescu[414]则研究了一类低余热排放条件下 Daniel cam 热机循环输出功最大时的活塞运动最优路径。

1.2.2.2 传热规律的影响

2000 年，德国的 Burzler 博士[126]、Burzler 和 Hoffmann[415]考虑牛顿-辐射复合传热规律$\left[q \propto \Delta(T) + \Delta(T^4)\right]$引起的热漏及非理想工质等因素，以输出功最大为目标对四冲程 Diesel 循环热机压缩冲程及功率冲程活塞运动的最优路径进行了研究。本书作者[416-419]研究了线性唯象传热规律[416]和广义辐射传热规律[417]下存在摩擦和热漏损失的四冲程Otto循环热机输出功最大时活塞运动最优路径，结果表明，线性唯象传热规律下优化活塞运动规律后，可使输出功和效率提高约 8.8%[416]，辐射传热规律$\left[q \propto \Delta(T^4)\right]$下优化活塞运动规律后，可使热机输出功和效率提高16.8%[417]；还进一步考虑燃料有限燃烧速率对热机性能的影响，研究了线性唯象传热规律[418]和广义辐射传热规律[419]下 Diesel 循环热机最大输出功时活塞运动最优路径，结果表明，线性唯象传热规律下优化活塞运动规律后，可使热机循环净输出功和净效率提高 12.9%[418, 419]，辐射传热规律下优化活塞运动规律后，可使热机循环净输出功和净效率提高7.4%[419]，详见本书第10章第3节。本书作者[420-422]进一步以熵产生最小和生态学函数最大为优化目标，研究了广义辐射传热规律下Otto 循环和 Diesel 循环热机的活塞运动最优路径。

1.2.3 光驱动发动机活塞运动最优路径

1.2.3.1 牛顿传热规律下相关研究

Nitzan 和 Ross[423]研究了光照射条件下定容气缸内发生[A]$\rightleftharpoons$[B]型化学反应的系统，结果表明，该系统具有多重稳定状态、非稳定性和阻尼振荡的特点。Zimmermann 和 Ross[424]和 Zimmermann 等[425]研究了光照射条件下定容气缸内发生$S_2O_6F_2 \rightleftharpoons 2SO_3F$型实际双分子化学反应的系统，结果表明，该化学反应也存在多重稳定状态和迟滞现象。文献[423-425]还发现由物质[A]或者$S_2O_6F_2$和光组成的化学反应系统存在潜在的振荡趋势。

文献[423-425]的研究成果很快吸引了物理界学者的注意，同时，新的问题也出现了：能否利用这两种光化学反应系统存在的潜在振荡趋势，建立一个由光化学反应驱动的、能够对外做功的发动机模型？

1983 年，Mozurkewich 和 Berry[426]研究了[A]$\rightleftharpoons$[B]型化学反应驱动的耗散型发动机最优性能，发现在发动机系统的多重稳定状态点中，至少存在一个非稳定节点和一个非稳定焦点。Watowich 等[427]考虑热漏和摩擦等不可逆性以及[A]$\rightleftharpoons$[B]型光化学反应，分别以输出功最大和熵产生最小为目标，研究了牛顿传热规律下光驱动发动机活塞运动最优路径。Watowich 等[428]进一步考虑一类更为具体的$2SO_3F \rightleftharpoons S_2O_6F_2$型双分子光化学反应，分别以输出功最大和熵产生最小为目标，研究了牛顿传热规律下存在热漏和摩擦等不可逆性的光驱动发动机活塞运动最优路径。在文献[427]中，流入系统的总热流率仅是工质温度的函数，而在文献[428]中，流入系统的总热流率不仅是工质温度的函数，也是工质体积的函数。

文献[426-428]建立的光驱动发动机与传统发动机的最主要区别在于：光驱动

发动机是通过光化学反应将太阳辐射能转化为热力学能，从而实现对外做功，而传统发动机是依靠各种燃料的化学能。因此，从节能和减排角度看，光驱动发动机比传统发动机更具优势。特别是在能源需求不断增加而能源危机不断加剧的当今社会，对光驱动发动机这类具有节能减排优势的新型能量转换装置的研究工作显得更为重要。

1.2.3.2 传热规律的影响

马康[150]和本书作者[429-433]研究了线性唯象传热规律下 $2SO_3F \rightleftharpoons S_2O_6F_2$ 型双分子光化学反应驱动发动机最大输出功和最小熵产生时的活塞运动最优路径[150, 429]，并进一步研究了线性唯象传热规律[433]和广义辐射传热规律[431]下 $[A] \rightleftharpoons [B]$ 型光化学反应驱动发动机最大输出功[431]和最小熵产生[453]时的活塞运动最优路径[150]，最后，还以生态学函数最大为目标研究了以上两类光化学反应驱动发动机活塞运动最优路径[150, 430, 432]，详见本书第 11 章。

1.3 商业机循环动态优化现状

温度差 ΔT 驱动热流 q，价格差 ΔP 驱动商品流 n，热力学中描述热力系统所处状态的物理量包括广延量(如质量、体积、内能、熵等)和强度量(如温度、压力、化学势等)，同样，经济学中描述经济系统所处状态的物理量也包括广延量(如劳动力、资本、商品数量)和强度量(如价格)，经济学和热力学的相似性和类比研究受到了大量学者的关注。

Rozonoer[434-436]全面地研究了可逆热力学和经济学的相似性，并建议将热力学方法应用于经济系统的研究称为“资源经济学”。Saslow[437]基于经济学与热力学的类比关系，导出了经济学中的“自由能”、“麦克斯韦关系式”和“吉布斯-杜亥姆方程式”。Martinas[438]研究了不可逆热力学和不可逆经济学之间的异同点。Tsirlin 等[439-441]、Amelkin 等[442]和 Tsirlin[443]建立了微观经济学和不可逆热力学类比关系，定义了经济学中度量商品交换过程不可逆性的物理量——资本耗散，它类似于热力学中的物理量熵产。Tsirlin[117, 125, 129, 154, 444]和 Mironova 等[121]首先将有限时间热力学的研究思路和方法应用于经济学，考虑有限速率商品流，研究了线性传输规律 $\left[n \propto \Delta(P)\right]$ 下贸易过程资本耗散最小化。本书作者[445, 446]进一步对一类简单贸易过程进行研究，引入供需价格弹性的影响，考虑两经济系统间资源交换服从 $\left[n \propto \Delta(P^m)\right]$ 传输规律[447-449]，应用最优控制理论导出对应贸易过程资本耗散最小时的最优交易策略[445]，并进一步研究了商品流漏的影响[446]。

Tsirlin[117, 125, 129, 144, 444]和 Mironova 等[121]研究了定常流和往复式商业机

(commercial engine)运行(类似于无限热容热源下的定常流热机和往复式热机)的最大利润优化。de Vos[447-449]研究了内可逆热机、化学机、商业机之间的类比关系，并基于$\left[n \propto \Delta(P^m)\right]$传输规律，式中，$m$为与贸易过程供需价格弹性有关的系数，研究了两无限容量经济库内可逆商业机的最优性能。Amelkin[450]研究了一类包括串接结构和平行结构的复杂开式经济系统的极限性能。Tsirlin 和 Kazakov[451]和Tsirslin[452]研究了线性传输规律$\left[n \propto \Delta(P)\right]$下有限容量经济库商业机最大利润时的循环最优构型以及一类复杂多经济系统的最大利润优化。本书作者[453, 454]对有限容量低价经济库下内可逆商业机进行研究，应用最优控制理论导出$\left[n \propto \Delta(P^m)\right]$传输规律[447-449]下商业机利润最大时的循环最优构型[453]，还研究了一类多无限容量经济库下商业机最大利润时的循环最优构型[454]，详见本书第 12 章。陈怡然[455]进一步研究了一类混合商品传输规律(低价侧$n_1 \propto \Delta(P^{-m})$，高价侧$n_2 \propto \Delta(P^{-m})$，$m = 1$ 或 $m = -1$)下两有限容量经济库内可逆商业机最大利润时的循环最优构型。

1.4 本书的主要工作及章节安排

本书在全面系统地了解有限时间热力学、熵产生最小化、广义热力学优化理论等热学优化理论与总结前人现有的研究成果的基础上，基于广义热力学优化理论的思想，选定功、热能、化学能和资本等广义能量转换循环与系统的动态优化问题为突破口，将热力学、传热传质学、流体力学、化学反应动力学、经济学和最优控制理论相结合，分析研究工程热力装置与商业机等不可逆循环的最优构型。研究方法以交叉、移植和类比为主，注重新的数学方法在广义热力学优化研究中的拓展和应用，由浅入深，逐步细化，深入研究，侧重于发现新现象、探索新规律，最大的特点在于深化物理学理论研究的同时，注重多学科交叉融合研究，追求物理模型的统一性、优化方法的通用性和优化结果的普适性，最终实现基于广义热力学优化理论的动态优化研究成果集成。本书主要包括如下内容：第一部分由第 2、3、4 章组成，重点研究工程热力装置动态优化；第二部分由第 5 章组成，重点研究商业机循环动态优化；第三部分由第 6 章组成，重点研究广义机循环动态优化。

本书各章主要内容如下：

第 1 章对有限时间热力学、熵产生最小化理论、广义热力学优化理论和炽理论的产生和发展作了简单的介绍，对工程热力装置和商业机等不可逆循环的动态优化研究现状作了全面回顾，其内容安排形成了一个较为完整的体系，所引重点文献反映了 40 多年来不可逆循环动态优化领域相关研究工作的全貌。

第 2 章研究活塞式加热气缸中气体最优膨胀规律。研究广义辐射传热规律下，活塞式加热气缸中理想气体工质不可逆膨胀过程最大膨胀功输出的最优构型，并将线性唯象传热规律下得到的结果应用到活塞式加热气缸不可逆膨胀过程功率优化、内燃机性能优化和外燃机性能优化中；在考虑活塞运动对热导率影响的基础上，建立一个热导率随时间变化的、更符合实际的活塞式加热气缸中理想气体不可逆膨胀过程的理论模型，研究其在广义辐射传热规律下最大膨胀功输出时的最优构型，讨论传热规律和变热导率对不可逆膨胀过程的最优构型的影响。

第 3 章研究内燃机活塞运动最优路径。分别研究广义辐射传热规律下存在热漏和摩擦等不可逆性的 Otto 循环热机和存在热漏、摩擦和燃料有限速率燃烧等各种不可逆性的 Diesel 循环热机，给定循环总时间和耗油量，以循环输出功最大为目标对整个循环活塞运动路径进行优化，讨论传热规律、摩擦、加速度等因素对优化结果的影响。

第 4 章研究 $[A] \rightleftharpoons [B]$ 型和 $2SO_3F \rightleftharpoons S_2O_6F_2$ 型光驱动发动机活塞运动最优路径。基于一类存在热漏、摩擦等不可逆性，以 $[A] \rightleftharpoons [B]$ 型化学反应系统为工质的光驱动发动机模型，研究其在广义辐射传热规律下循环输出功最大和循环熵产生最小时的活塞运动最优路径；进一步考虑以 $2SO_3F \rightleftharpoons S_2O_6F_2$ 型化学反应系统为工质的光驱动发动机模型，研究其在线性唯象传热规律下循环输出功最大和循环熵产生最小时的活塞运动最优路径；接着引入生态学目标函数，研究上述两类光驱动发动机在广义辐射传热规律下的活塞运动最优路径，讨论传热规律对优化结果的影响。

第 5 章研究商业机循环动态优化问题。研究有限容量经济库下两源商业机最大利润输出时循环最优构型，并讨论传质规律和经济库经济容量对优化结果的影响；研究多库商业机最大利润输出时循环最优构型。

第 6 章研究广义机循环的动态优化问题。对已有研究和第 5 章的研究对象进行总结和归纳，基于广义热力学优化的研究思路，建立包括两源有限势容广义机、存在广义流漏的有限高势库广义机、多库内可逆广义机、多级广义机系统等 4 种广义热力循环的物理模型，形成相应的动态优化问题，寻求其统一的优化方法，得到普适的优化结果。

第 7 章对全书工作进行总结，归纳其主要思想、发现和结论。

第 2 章　活塞式加热气缸气体最优膨胀规律

2.1 引　言

1980~1982 年，Band 等[430, 431]研究了牛顿传热规律下活塞式加热气缸膨胀功最大时缸内工质最优膨胀规律，得出其最优路径包括初、末态两个瞬时绝热分支和一个中间最大膨胀功输出分支，并定性地讨论了有限体积变化速度、无末态体积约束、有末态热力学能约束和有末态体积约束、有末态热力学能约束和无末态体积约束、考虑摩擦作用、考虑活塞质量、考虑空气质量以及无过程时间约束等八种不同约束条件对气缸内工质最优膨胀规律的影响。Salamon 等[432]、Aizenbud 和 Band[433]、Aizenbud 等[434]、Band 等[435]将文献[430]和[431]的研究结果进一步应用到活塞式加热气缸输出功率最大时的最优构型[432]、给定泵入能条件下输出功最大时的最优构型[433]、牛顿传热规律下的内燃机[434]和外燃机[435]运行过程优化中。实际过程中，气缸内工质与外热槽的传热不总是服从牛顿传热规律的。本书著者等[38, 69, 436]研究了线性唯象传热规律下活塞式加热气缸膨胀功最大时缸内工质最优膨胀规律，得到了优化问题的解析解。本章将首先基于文献[430]和[431]中所建立的活塞式气缸模型，进一步讨论广义辐射传热规律$\left[q \propto (\Delta T^n)\right]$下活塞式加热气缸中加热气体的最优膨胀规律，并将优化的结果应用到线性唯象传热规律下活塞式加热气缸不可逆膨胀过程的功率优化、外燃机运行过程优化和内燃机运行过程优化中。

在前人所有活塞式加热气缸中理想气体不可逆膨胀过程最优构型的研究中，均假设气缸壁热传导非常快，气缸的每一部分均在加热，而不考虑活塞位置对气缸壁的热导率(传热系数和传热面积的乘积)的影响，因此，可以认为气缸壁的热导率在整个膨胀过程中为常数。这一假设简化了研究对象，使问题处理起来较为简单，得到的结果也具有理论指导意义。然而，在实际过程中，由于活塞在不停运动，传热面积会随着活塞运动的改变不断变化，因此，在膨胀过程中，热导率不是一个常数，而是一个受活塞运动影响的、随时间不断变化的函数。本章还将考虑活塞运动对热导率的影响，建立一个热导率随时间变化的、更符合实际的活塞式加热气缸中理想气体不可逆膨胀过程的理论模型，并基于此模型，在广义辐射传热规律下，以膨胀功最大为优化目标，通过建立变更的拉格朗日函数，对不可逆膨胀过程的最优构型进行研究，并且分析变热导率和传热规律对不可逆膨胀过程最优构型的影响。

2.2 广义辐射传热规律下加热气体的最优膨胀

2.2.1 物理模型

设活塞式气缸中含有1 mol 理想气体，伴有给定的泵入热流率 $f(t)$（类似于内燃机喷油燃烧发热量），气缸与外热槽的热交换服从广义辐射传热规律，即 $q = k(T^n - T_{ex}{}^n)\mathrm{sign}(n)$，式中 q 为穿过气缸壁的热流率（类似于内燃机冷却水带走的热流率），k 为热导率，T 和 T_{ex} 分别为工质和热槽的温度，$\mathrm{sign}(n)$ 为符号函数，当 $n > 0$ 时，$\mathrm{sign}(n) = 1$；当 $n < 0$ 时，$\mathrm{sign}(n) = -1$。理想气体的初始热力学能 $E(0)$、体积 $V(0)$ 和终态体积 V_m 已知，如图 2.1 所示。忽略气体和活塞的惯性影响，不计活塞运动的摩擦效应，则由热力学第一定律有

$$\dot{E}(t) = f(t) - \dot{W}(t) - k[T^n(t) - T_{ex}{}^n]\mathrm{sign}(n) \tag{2.2.1}$$

式中，$\dot{E}$ 为气体热力学能；$\dot{W}(t)$ 为功率，各量上的小点表示该量随时间变化的速率。

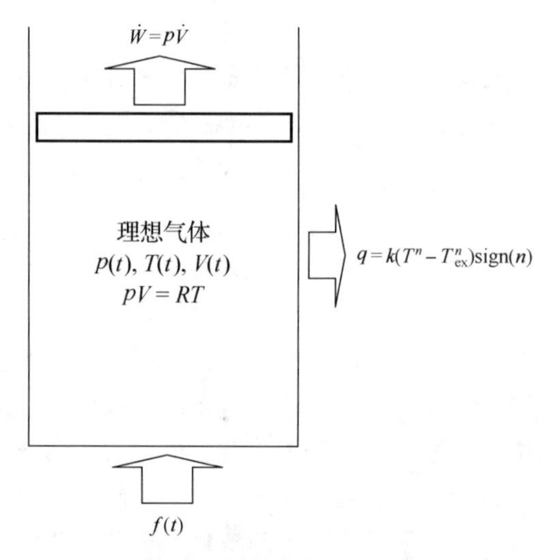

图 2.1 活塞式气缸示意图

优化的目标是使加热工质在给定时间（0，τ）内膨胀产生的功最大，即使式(2.2.2)最大：

$$W = \int_0^\tau p(t)\dot{V}(t)\mathrm{d}t \tag{2.2.2}$$

式中，τ 为允许膨胀的总时间；p、V 为气体的压力和体积。过程的不可逆效率为

$$\eta = W/\{E_{\mathrm{p}} + RT_{\mathrm{ex}} \ln[V_{\mathrm{m}}/V(0)]\} \tag{2.2.3}$$

式中，$E_{\mathrm{p}} = \int_0^{\tau} f(t)\mathrm{d}t$，为泵入系统的总能量；分母中第二项为工质在 T_{ex} 下从 $V(0)$ 膨胀到 V_{m} 时所做的最大功。在给定 $f(t)$、T_{ex}、V_{m} 和 $V(0)$ 的条件下，从式(2.2.3)可知最大功过程对应最大效率过程。

2.2.2　优化方法

因为工质为理想气体，故有 $p = RT/V$，$E = C_V T$，C_V 为摩尔定容热容，由此有 $p = RE/(C_V V)$。所求问题为在式(2.2.1)约束条件下使式(2.2.2)最大化。建立变更的拉格朗日函数如下:

$$L = p\dot{V}(t) + \lambda(t)[\dot{E}(t) - f(t) + p\dot{V}(t) + k(T^n - {T_{\mathrm{ex}}}^n)\mathrm{sign}(n)] \tag{2.2.4}$$

式中，拉格朗日乘子 λ 为时间的函数。用 E、V 代替 p、T 作为变量可有

$$L = \frac{R}{C_V}\frac{E(t)\dot{V}(t)}{V(t)} + \lambda(t)\left\{\dot{E}(t) - f(t) + \frac{R}{C_V}\frac{E(t)\dot{V}(t)}{V(t)} + k\left[\frac{E(t)}{C_V}\right]^n \mathrm{sign}(n) - k{T_{\mathrm{ex}}}^n\mathrm{sign}(n)\right\} \tag{2.2.5}$$

令 $F(t) = f(t) + k{T_{\mathrm{ex}}}^n\mathrm{sign}(n)$，于是式(2.2.5)变为

$$L = \frac{R}{C_V}\frac{E(t)\dot{V}(t)}{V(t)} + \lambda(t)\left\{\dot{E}(t) - F(t) + \frac{R}{C_V}\frac{E(t)\dot{V}(t)}{V(t)} + k\left[\frac{E(t)}{C_V}\right]^n \mathrm{sign}(n)\right\} \tag{2.2.6}$$

式(2.2.6)的欧拉-拉格朗日方程为

$$\frac{\partial L}{\partial E} - \frac{\mathrm{d}}{\mathrm{d}t}\frac{\partial L}{\partial \dot{E}} = 0, \quad \frac{\partial L}{\partial V} - \frac{\mathrm{d}}{\mathrm{d}t}\frac{\partial L}{\partial \dot{V}} = 0 \tag{2.2.7}$$

由式(2.2.7)求出最佳运动规律，再考虑边界条件，可得系统的总运动规律。

将式(2.2.6)代入式(2.2.7)可有

$$\dot{\lambda}(t)=[1+\lambda(t)]\frac{R}{C_V}\frac{\dot{V}(t)}{V(t)}+k\lambda(t)\frac{nE^{n-1}(t)}{C_V{}^n}\mathrm{sign}(n) \tag{2.2.8}$$

$$[1+\lambda(t)]\dot{E}(t)+\dot{\lambda}(t)E(t)=0 \tag{2.2.9}$$

由式(2.2.1)和式(2.2.9)可有

$$\dot{E}=F(t)-\frac{E\dot{\lambda}}{1+\lambda}-\frac{[1-(n-1)\lambda]k}{1+\lambda}\left(\frac{E}{C_V}\right)^n\mathrm{sign}(n) \tag{2.2.10}$$

将式(2.2.9)代入式(2.2.10)可得

$$\lambda=\frac{k\left(\dfrac{E}{C_V}\right)^n\mathrm{sign}(n)-F(t)}{(n-1)k\left(\dfrac{E}{C_V}\right)^n\mathrm{sign}(n)+F(t)} \tag{2.2.11}$$

对式(2.2.11)求导可得

$$\begin{aligned}\dot{\lambda}=&\left\{\left[nk\frac{E^{n-1}\dot{E}}{C_V{}^n}\mathrm{sign}(n)-\dot{F}(t)\right]\left[(n-1)k\left(\frac{E}{C_V}\right)^n\mathrm{sign}(n)+F(t)\right]\right.\\&-\left[n(n-1)k\frac{E^{n-1}\dot{E}}{C_V{}^n}\mathrm{sign}(n)+\dot{F}(t)\right]\left[k\left(\frac{E}{C_V}\right)^n\mathrm{sign}(n)\right.\\&\left.\left.-F(t)\right]\right\}\Bigg/\left[(n-1)k\left(\frac{E}{C_V}\right)^n\mathrm{sign}(n)+F(t)\right]^2\end{aligned} \tag{2.2.12}$$

将式(2.2.11)和式(2.2.12)代入式(2.2.9)可得

$$\dot{E}=\frac{\dot{F}(t)E}{(n-1)k\left(\dfrac{E}{C_V}\right)^n\mathrm{sign}(n)+(n+1)F(t)} \tag{2.2.13}$$

由式(2.2.13)就可以求出热力学能$E(t)$的最佳时间变化关系，再将它与式(2.2.12)和式(2.2.13)一同代入式(2.2.8)，就可以求出体积$V(t)$的最佳时间变化关系。如式(2.2.13)所示的最优控制过程称为欧拉-拉格朗日曲线(简称 E-L 弧)。

2.2.3　特例分析

2.2.3.1　线性唯象传热规律下的最优膨胀规律

线性唯象传热规律下，传热指数 $n=-1$，符号函数 $\mathrm{sign}(n)=-1$。

由文献[38]、[69]、[436]可知，线性唯象传热规律下活塞式加热气缸最大膨胀功时的最优运动由三级组成。这一问题称为最优控制理论的串接问题，问题的解由以下三级串接组成：初始的绝热过程、中间的 E-L 弧及最后的绝热过程。

对于绝热过程，因为 $f(t)$ 和 $K(T^n-T_{\mathrm{ex}}{}^n)$ 为零，故对式(2.2.1)积分可得

$$E(V)=E(V_i)(V/V_i)^{-R/C_V} \tag{2.2.14}$$

初始绝热过程的初始值 $E(0)$、$V(0)$ 为给定值，其终点为 $\{E'(0),\ V'(0)\}$，则三级运动方程分别为

(1) 在 $t=0$ 时刻从 $V(0)$ 到 $V'(0)$ 的绝热膨胀：

$$E'(0)=E(0)[V'(0)/V(0)]^{-R/C_V} \tag{2.2.15}$$

(2) 在 $t=0\sim\tau$ 的 E-L 弧：

$$E(t)=\frac{2kC_V E'(0)}{2kC_V-E'(0)[F(t)-F(0)]} \tag{2.2.16}$$

$$V(t)=V'(0)\left\{1-\frac{E'(0)}{2kC_V}[F(t)-F(0)]\right\}^{C_V/R}\exp\left\{\frac{[2kC_V+E'(0)F(0)]^2}{4kRE'^2(0)}t-\frac{1}{4kR}\int_0^t F^2(t)\mathrm{d}t\right\} \tag{2.2.17}$$

(3) 在 $t=\tau$ 时刻到给定最终体积 V_{m} 的绝热膨胀：

$$E_{\mathrm{m}}=E(\tau)[V_{\mathrm{m}}/V(\tau)]^{-R/C_V} \tag{2.2.18}$$

式中，$E(\tau)$ 和 $V(\tau)$ 可分别由式(2.2.16)和式(2.2.17)求得。

在给定 $E(0)$、$V(0)$ 和 V_{m} 的情况下，上述串接问题成为膨胀功 W 对 $E'(0)$ 的一维优化问题，即求出首次绝热膨胀过程的最佳终点，使膨胀功最大。由文献[38]、[69]、[436]的结论，$E'(0)$ 和 $V'(0)$ 满足以下两个公式：

$$[2kC_V + E'(0)F(0)]\exp\left\{\frac{[2kC_V + E'(0)F(0)]^2}{4kC_V[E'(0)]^2}\tau - \frac{1}{4kC_V}\int_0^\tau F^2(t)\mathrm{d}t\right\} = \frac{E'(0)kC_V}{E(0)}\left[\frac{V_\mathrm{m}}{V(0)}\right]^{R/C_V} \tag{2.2.19}$$

$$\frac{\left\{2kC_V + \left[\dfrac{V'(0)}{V(0)}\right]^{-R/C_V} E(0)F(0)\right\}}{\left[\dfrac{V'(0)}{V(0)}\right]^{-R/C_V} E(0)}\exp\left(\frac{\left\{2kC_V + \left[\dfrac{V'(0)}{V(0)}\right]^{-R/C_V} E(0)F(0)\right\}^2}{4kC_V E^2(0)\left[\dfrac{V'(0)}{V(0)}\right]^{-2R/C_V}}\tau\right) = \frac{kC_V}{E(0)}\left[\frac{V_\mathrm{m}}{V(0)}\right]^{R/C_V}\exp\left(\frac{1}{4kC_V}\int_0^\tau F(t)\mathrm{d}t\right) \tag{2.2.20}$$

需要用数值方法来求解 $E'(0)$ 和 $V'(0)$ 。

2.2.3.2 牛顿传热规律下的最优膨胀规律

牛顿传热规律下，传热指数 $n=1$，符号函数 $\mathrm{sign}(n)=1$ 。

由文献[430]和[431]的结论，E-L 弧上状态变量的表达式为

$$E(t) = E'(0)\left[\frac{F(t)}{F(0)}\right]^{1/2} \tag{2.2.21}$$

$$V(t) = V'(0)\left[\frac{F(t)}{F(0)}\right]^{-C_V/2R}\exp\left[-\frac{kt}{R} + \frac{C_V}{R}\frac{F^{1/2}(0)}{E'(0)}\int_0^t F^{1/2}(t)\mathrm{d}t\right] \tag{2.2.22}$$

$E'(0)$ 和 $V'(0)$ 满足

$$\left[\frac{E(0)}{E'(0)}\right]^2\exp\left[\frac{F^{1/2}(0)\int_0^\tau F^{1/2}(t)\mathrm{d}t}{E'(0)}\right] = \mathrm{e}^{k\tau/C_V}\left[\frac{V_\mathrm{m}}{V(0)}\right]^{R/C_V}\frac{kE(0)}{C_V F(0)} \tag{2.2.23}$$

$$\left[\frac{V(0)}{V'(0)}\right]^2\exp\left\{\frac{C_V F^{1/2}(0)\int_0^\tau F^{1/2}(t)\mathrm{d}t}{E'(0)}\left[\frac{V'(0)}{V(0)}\right]^{R/C_V}\right\} = \mathrm{e}^{k\tau/C_V}\frac{V_\mathrm{m}}{V(0)}\left[\frac{C_V F(0)}{kE(0)}\right]^{-C_V/R} \tag{2.2.24}$$

同样需要用数值方法来求解 $E'(0)$ 和 $V'(0)$ 。两个瞬时绝热过程的表达式与式

(2.2.15)和式(2.2.18)相同。

2.2.3.3　平方传热规律下的最优膨胀规律

平方传热规律下，传热指数 $n=2$，符号函数 $\mathrm{sign}(n)=1$。

将 $n=2$ 代入式(2.2.14)可得

$$\dot{E}(t)=\frac{\dot{F}(t)E(t){C_V}^2}{3F(t){C_V}^2+kE^2(t)} \tag{2.2.25}$$

将 $E(t)$ 在 $t=0$ 处泰勒展开得

$$E(t)=E'(0)+\dot{E}'(0)t+O(t) \tag{2.2.26}$$

式中，

$$\dot{E}'(0)=\frac{\dot{F}(0)E'(0){C_V}^2}{3F(0){C_V}^2+kE'^2(0)} \tag{2.2.27}$$

$O(t)$ 为时间 t 的高阶无穷小。去掉高阶无穷小，则 $E(t)$ 的表达式可近似表示为

$$E(t)\approx E'(0)+\frac{\dot{F}(0)E'(0){C_V}^2}{3F(0){C_V}^2+kE'^2(0)}t \tag{2.2.28}$$

将式(2.2.11)和式(2.2.12)代入式(2.2.8)可得 $V(t)$ 的表达式为

$$V(t)=V'(0)\exp\left[-\frac{1}{R}\int_0^t\left(\frac{\dot{F}{C_V}^3}{3F{C_V}^2+kE^2}+\frac{KE^2-F{C_V}^2}{C_V E}\right)\mathrm{d}t\right] \tag{2.2.29}$$

将式(2.2.1)积分可得

$$W=\int_0^\tau F(t)\mathrm{d}t+E(0)-E_\mathrm{m}-\frac{k}{{C_V}^2}\int_0^\tau E^2(t)\,\mathrm{d}t \tag{2.2.30}$$

由式(2.2.29)和式(2.2.30)可得

$$E(\tau)\approx E'(0)+\frac{\dot{F}(0)E'(0){C_V}^2}{3F(0){C_V}^2+kE'^2(0)}\tau \tag{2.2.31}$$

$$V(\tau)=V'(0)\exp\left[-\frac{1}{R}\int_0^\tau\left(\frac{\dot{F}{C_V}^3}{3F{C_V}^2+kE^2}+\frac{kE^2-F{C_V}^2}{C_V E}\right)\mathrm{d}t\right] \tag{2.2.32}$$

将式(2.2.31)、式(2.2.32)与式(2.2.15)一起代入式(2.2.18)，可得

$$E_{\mathrm{m}} \approx E(0)\left[\frac{V(0)}{V_{\mathrm{m}}}\right]^{R/C_V}\left[1+\frac{\dot{F}(0)C_V{}^2}{3F(0)C_V{}^2+kE'^2(0)}\tau\right] \\ \times \exp\left[-\frac{1}{R}\int_0^\tau\left(\frac{\dot{F}C_V{}^3}{3FC_V{}^2+kE^2}+\frac{kE^2-FC_V{}^2}{C_V E}\right)\mathrm{d}t\right]^{R/C_V} \tag{2.2.33}$$

令 $\dfrac{\mathrm{d}W}{\mathrm{d}E'(0)}=0$ 可有最优 $E'(0)$ 应满足的方程为

$$\frac{\mathrm{d}E_{\mathrm{m}}}{\mathrm{d}E'(0)}+\frac{\mathrm{d}\dfrac{K}{C_V{}^2}\displaystyle\int_0^\tau E^2(t)\,\mathrm{d}t}{\mathrm{d}E'(0)}=0 \tag{2.2.34}$$

在不考虑摩擦时，由于此时的拉格朗日方程仍可写成标准的 Miele 形式，平方传热规律下最大膨胀功时的最优运动也由三级组成，两个瞬时绝热过程的表达式与式(2.2.15)和式(2.2.18)相同。由式(2.2.34)可以求出 $E'(0)$ 的数值解，分别代入式(2.2.15)、式(2.2.18)、式(2.2.31)、式(2.2.32)可求出 $V'(0)$、$V(\tau)$、$E(\tau)$ 和 E_{m} 的数值解。

2.2.3.4 立方传热规律下的最优膨胀规律

立方传热规律下，传热指数 $n=3$，符号函数 $\mathrm{sign}(n)=1$。

可以求出三次方传热规律下 E-L 弧上状态变量的表达式为

$$E(t)\approx E'(0)+\frac{\dot{F}(0)E'(0)C_V{}^3}{4F(0)C_V{}^3+2kE'^3(0)}t \tag{2.2.35}$$

$$V(t)=V'(0)\exp\left[-\frac{1}{R}\int_0^t\left(\frac{\dot{F}C_V{}^4}{4FC_V{}^3+2kE^3}+\frac{kE^3-FC_V{}^3}{C_V{}^2E}\right)\mathrm{d}t\right] \tag{2.2.36}$$

E_{m} 的表达式为

$$E_{\mathrm{m}} \approx E(0)\left[\frac{V(0)}{V_{\mathrm{m}}}\right]^{R/C_V}\left[1+\frac{\dot{F}(0)C_V{}^3}{4F(0)C_V{}^3+2kE'^3(0)}\tau\right] \\ \times \exp\left[-\frac{1}{R}\int_0^\tau\left(\frac{\dot{F}C_V{}^4}{4FC_V{}^2+2kE^2}+\frac{kE^3-FC_V{}^3}{C_V{}^2E}\right)\mathrm{d}t\right]^{R/C_V} \tag{2.2.37}$$

令 $\dfrac{\mathrm{d}W}{\mathrm{d}E'(0)}=0$ 可有最优 $E'(0)$ 应满足的方程为

$$\frac{\mathrm{d}E_{\mathrm{m}}}{\mathrm{d}E'(0)}+\frac{\mathrm{d}\dfrac{k}{{C_V}^3}\displaystyle\int_0^\tau E^3(t)\,\mathrm{d}t}{\mathrm{d}E'(0)}=0 \tag{2.2.38}$$

在不考虑摩擦时，由于此时的拉格朗日方程仍可写成标准的 Miele 形式，立方传热规律下最大膨胀功时的最优运动也由三级组成，两个瞬时绝热过程的表达式与式(2.2.15)和式(2.2.18)相同。由式(2.2.38)可以求出 $E'(0)$ 的数值解，分别代入式(2.2.15)、式(2.2.18)、式(2.2.35)、式(2.2.36)可求出各状态量的数值解。

2.2.3.5　辐射传热规律下的最优膨胀规律

辐射传热规律下，传热指数 $n=4$，符号函数 $\mathrm{sign}(n)=1$。

可以求出辐射传热规律下 E-L 弧上状态变量的表达式为

$$E(t)\approx E'(0)+\frac{\dot{F}(0)E'(0){C_V}^4}{5F(0){C_V}^4+3kE'^4(0)}t \tag{2.2.39}$$

$$V(t)=V'(0)\exp\left[-\frac{1}{R}\int_0^t\left(\frac{\dot{F}{C_V}^5}{5F{C_V}^4+3kE^4}+\frac{kE^4-F{C_V}^4}{{C_V}^3E}\right)\mathrm{d}t\right] \tag{2.2.40}$$

E_{m} 的表达式为

$$\begin{aligned}E_{\mathrm{m}}\approx{}&E(0)\left[\frac{V(0)}{V_{\mathrm{m}}}\right]^{R/C_V}\left[1+\frac{\dot{F}(0){C_V}^4}{5F(0){C_V}^4+3k[E'(0)]^4}\tau\right]\\&\times\exp\left[-\frac{1}{R}\int_0^\tau\left(\frac{\dot{F}{C_V}^5}{5F{C_V}^4+3kE^4}+\frac{kE^4-F{C_V}^4}{{C_V}^3E}\right)\mathrm{d}t\right]^{R/C_V}\end{aligned} \tag{2.2.41}$$

令 $\dfrac{\mathrm{d}W}{\mathrm{d}E'(0)}=0$ 可有最优 $E'(0)$ 应满足的方程为

$$\frac{dE_m}{\mathrm{d}E'(0)}+\frac{\mathrm{d}\dfrac{k}{{C_V}^4}\displaystyle\int_0^\tau E^4(t)\,\mathrm{d}t}{\mathrm{d}E'(0)}=0 \tag{2.2.42}$$

在不考虑摩擦时，由于此时的拉格朗日方程仍可写成标准的 Miele 形式，辐射传热规律下最大膨胀功时的最优运动也由三级组成，两个瞬时绝热过程的表达式与式(2.2.15)和式(2.2.18)相同。由式(2.2.42)可以求出 $E'(0)$ 的数值解，分别代入式(2.2.15)、式(2.2.18)、式(2.2.39)、式(2.2.40)可求出各状态量的数值解。

2.2.4 数值算例与讨论

2.2.4.1 线性唯象传热规律下的数值算例

取气缸膨胀气体的初始体积为$V(0)=1\times10^{-3}\,\mathrm{m}^3$，末态体积为$V_{\mathrm{m}}=8\times10^{-3}\,\mathrm{m}^3$，摩尔定容热容$C_V=3R/2$，热槽温度$T_{\mathrm{ex}}=300\mathrm{K}$，理想气体初始热力学能为$E(0)=3780\mathrm{J}$，给定的泵入热流率$f(t)=At\mathrm{e}^{-t/B}$，其中$A=4200\mathrm{J/s^2}$，$B=1\mathrm{s}$，过程时间$\tau=2\mathrm{s}$。表 2.1 为线性唯象传热规律下热导率$k$变化时各状态量所对应的值，图 2.2 为线性唯象传热规律下 E-L 弧部分理想气体热力学能的最佳时间变化关系，图 2.3 为线性唯象传热规律下 E-L 弧部分理想气体体积的最佳时间变化关系。因为本章主要研究的是传热规律对膨胀过程的影响，所以数值算例中主要表现k对过程的影响。

表 2.1 线性唯象传热规律下 k 变化时的各对应值

$V(0)=1\times10^{-3}\mathrm{m}^3$，$V_{\mathrm{m}}=8\times10^{-3}\mathrm{m}^3$，$C_V=3R/2$，$T_{\mathrm{ex}}=300\mathrm{K}$，$E(0)=3780\mathrm{J}$，$f(t)=At\mathrm{e}^{-t/B}$，$A=4200\mathrm{J/s^2}$，$B=1\mathrm{s}$，$\tau=2\mathrm{s}$			
$k/(\times10^6\mathrm{J\cdot K/s})$	4	5	6
$V'(0)/\times10^{-3}\mathrm{m}^3$	1.1868	1.1585	1.1384
$E'(0)/\mathrm{J}$	3372.1	3426.8	3466.9
$V(\tau)/\times10^{-3}\mathrm{m}^3$	6.5539	6.7621	6.9161
$E(\tau)/\mathrm{J}$	3506.9	3537.3	3560.7
$E_{\mathrm{m}}/\mathrm{J}$	3070.4	3162.3	3231.4
W/J	4862.6	4907.2	4940.9
η	0.6332	0.6391	0.6435

在本数值算例中，E-L 弧上热力学能随时间的变化不是单调的，证明整个膨胀过程中理想气体应该有一个最大的热力学能值，这说明在膨胀过程中理想气体温度并不是单调变小的。根据$E=C_VT$以及图 2.2，可以发现整个 E-L 弧过程中气缸内工质温度都低于热槽温度$T_{\mathrm{ex}}=300\mathrm{K}$，这说明在整个膨胀过程中理想气体对环境是吸热而不是放热，吸入的热量和泵入的热流共同通过膨胀过程转化为对外做的功，从而使输出功达到最大。随着热导率k的增加，过程的最大功逐渐增加，所对应的效率也逐渐增加，这是因为热导率越大，E-L 弧过程中吸入的热量就越多，对外做的功就越多，效率也就越高。

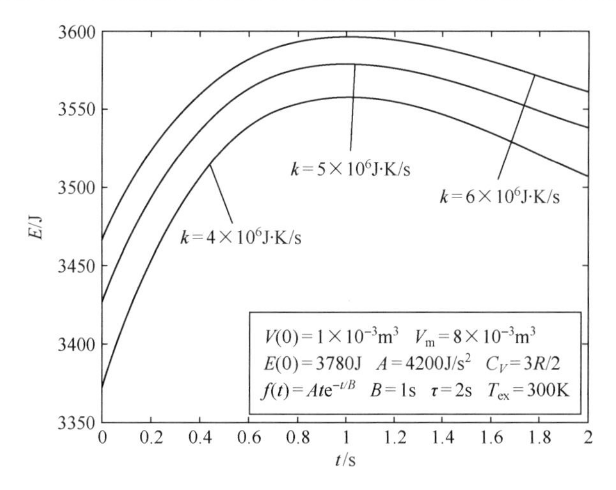

图 2.2　线性唯象传热规律下 E-L 弧部分理想气体热力学能的最佳时间变化关系

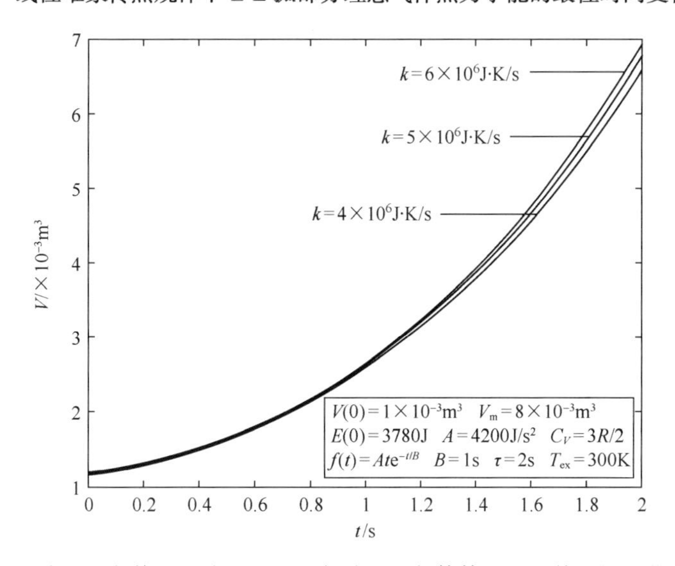

图 2.3　线性唯象传热规律下 E-L 弧部分理想气体体积的最佳时间变化关系

2.2.4.2　牛顿传热规律下的数值算例

取气缸膨胀气体的初始体积为 $V(0)=1\times10^{-3}\,\text{m}^3$，末态体积为 $V_\text{m}=8\times10^{-3}\,\text{m}^3$，摩尔定容热容为 $C_V=3R/2$，热槽温度为 $T_\text{ex}=300\text{K}$，初始热力学能为 $E(0)=3780\text{J}$，给定的泵入热流率 $f(t)=At\text{e}^{-t/B}$，其中 $A=4200\text{J}/\text{s}^2$，$B=1\text{s}$，取过程时间 $\tau=2\text{s}$。表 2.2 为牛顿传热规律下热导率 k 变化时各状态量所对应的值，图 2.4 为牛顿传热规律下 E-L 弧部分理想气体热力学能的最佳时间变化关系，图 2.5 为牛顿传热规律下 E-L 弧部分理想气体体积的最佳时间变化关系。

表 2.2 牛顿传热规律下 k 变化时的各对应值

$V(0)=1\times10^{-3}\text{m}^3$, $V_{\text{m}}=8\times10^{-3}\text{m}^3$, $C_V=3R/2$, $T_{\text{ex}}=300\text{K}$, $E(0)=3780\text{J}$,
$f(t)=At\text{e}^{-t/B}$, $A=4200\text{J/s}^2$, $B=1\text{s}$, $\tau=2\text{s}$

$k/[\text{J}/(\text{s}\cdot\text{K})]$	12.6	14.7	16.8
$V'(0)/\times10^{-3}\text{m}^3$	1.4370	1.4005	1.3702
$E'(0)/\text{J}$	2968.3	3019.7	3064.2
$V(\tau)/\times10^{-3}\text{m}^3$	4.6451	4.8877	5.0944
$E(\tau)/\text{J}$	3385.4	3386.6	3392.2
E_{m}/J	2356.2	2438.4	2510.8
W/J	4562.5	4593.6	4622.5
η	0.5942	0.5982	0.6020

在本数值算例中，E-L 弧上热力学能随时间的变化同样不是单调的。整个 E-L 弧过程中气缸内理想气体温度都低于热槽温度，说明整个膨胀过程中理想气体同样从环境吸热。随着热导率 k 的增加，过程的最大功逐渐变大，所对应的效率也逐渐变大，原因与线性唯象条件下的原因相同。同时，由图 2.5 还可以发现，在牛顿传热规律下，E-L 弧刚开始时有一个轻微的压缩过程。

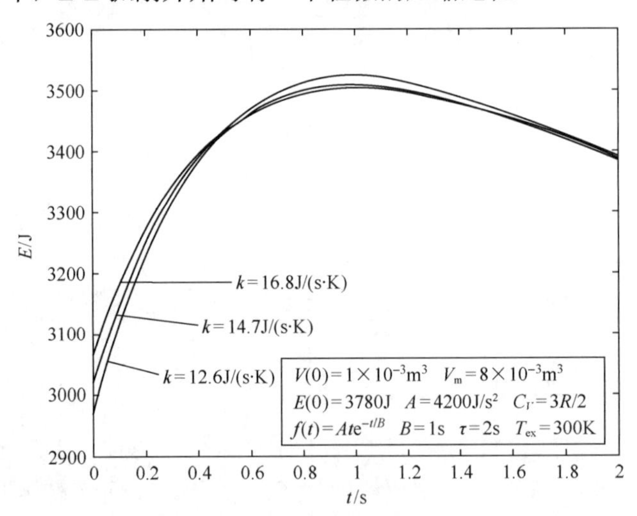

图 2.4 牛顿传热规律下 E-L 弧部分理想气体热力学能的最佳时间变化关系

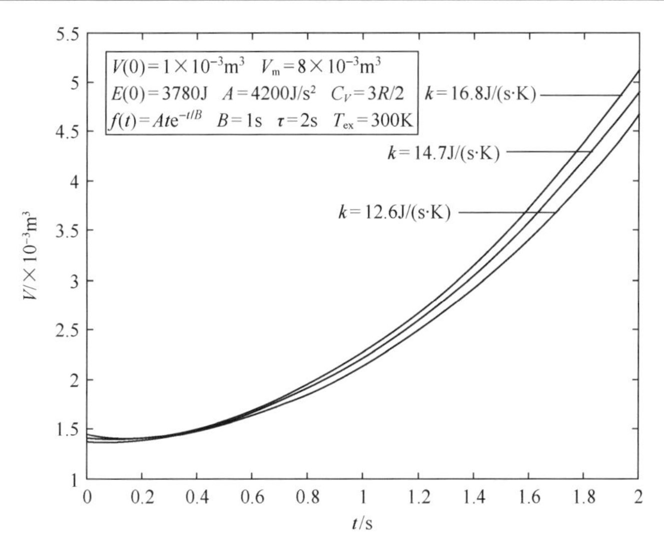

图 2.5　牛顿传热规律下 E-L 弧部分理想气体体积的最佳时间变化关系

2.2.4.3　平方传热规律下的数值算例

取气缸膨胀气体的初始体积为 $V(0)=1\times10^{-3}\,m^3$，末态体积为 $V_m=8\times10^{-3}\,m^3$，摩尔定容热容 $C_V=3R/2$，热槽温度 $T_{ex}=300K$，初始热力学能为 $E(0)=3780J$，给定的泵入热流率 $f(t)=Ate^{-t/B}$，其中 $A=4200J/s^2$，$B=1s$。由于在计算过程中使用了一阶泰勒级数展开，而一阶泰勒级数展开只是在展开点附近较小的定义域内与原函数近似相等，所以为了提高计算的精度，过程时间不易取得过大，取过程时间 $\tau=0.05s$。表 2.3 为平方传热规律下热导率 k 变化时各状态量所对应的值，图 2.6 为平方传热规律下 E-L 弧部分理想气体热力学能的最佳时间变化关系，图 2.7 为平方传热规律下 E-L 弧部分理想气体体积的最佳时间变化关系。

表 2.3　平方传热规律下 k 变化时的各对应值

$V(0)=1\times10^{-3}m^3$, $V_m=8\times10^{-3}m^3$, $C_V=3R/2$, $T_{ex}=300K$, $E(0)=3780J$, $f(t)=Ate^{-t/B}$, $A=4200J/s^2$, $B=1s$, $\tau=0.05s$			
$k/[\times10^{-2}J/(s\cdot K^2)]$	4	5	6
$V'(0)/\times10^{-3}m^3$	2.5356	2.5495	2.5626
$E'(0)/J$	2032.8	2025.4	2018.6
$V(\tau)/\times10^{-3}m^3$	2.7226	2.8181	2912 1
$E(\tau)/J$	2068.8	2054.1	2042.4
E_m/J	1008.4	1024.6	1041.2
W/J	2953.3	2981.4	3008.9
η	0.5691	0.5746	0.5798

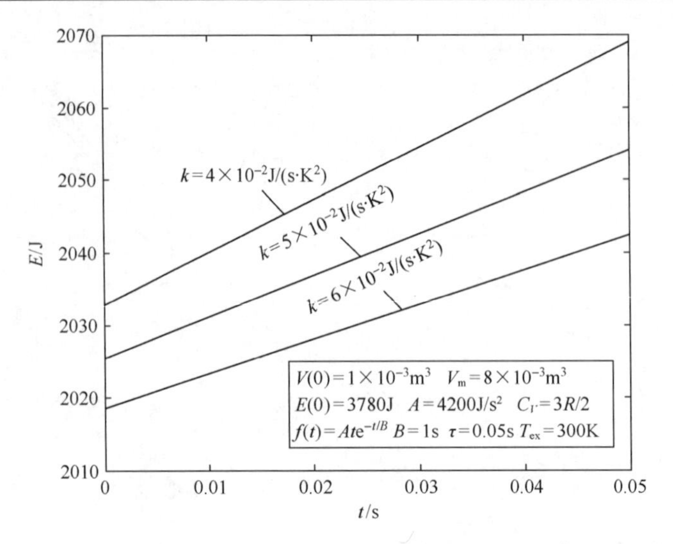

图 2.6 平方传热规律下 E-L 弧部分理想气体热力学能的最佳时间变化关系

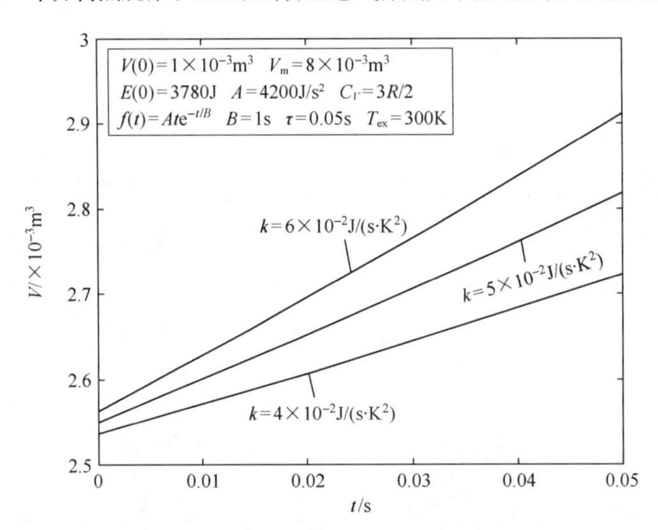

图 2.7 平方传热规律下 E-L 弧部分理想气体体积的最佳时间变化关系

在本数值算例中，整个 E-L 弧过程中气缸内理想气体温度仍然低于热槽温度，说明整个膨胀过程中理想气体同样从环境吸热，正是由于吸热，随着热导率增加，理想气体热力学能、过程的最大输出功和对应的功率都有所增加。

2.2.4.4 立方传热规律下的数值算例

取气缸膨胀气体的初始体积为 $V(0)=1\times10^{-3}\,\mathrm{m}^3$，末态体积为 $V_{\mathrm{m}}=8\times10^{-3}\,\mathrm{m}^3$，摩尔定容热容 $C_V=3R/2$，热槽温度 $T_{\mathrm{ex}}=300\mathrm{K}$，初始热力学能为 $E(0)=3780\mathrm{J}$，

给定的泵入热流率 $f(t)=Ate^{-t/B}$，其中 $A=4200\text{J}/\text{s}^2$，$B=1\text{s}$，过程时间 $\tau=0.05\text{s}$。表 2.4 为立方传热规律下热导率 k 变化时各状态量所对应的值，图 2.8 为立方传热规律下 E-L 弧部分理想气体热力学能的最佳时间变化关系，图 2.2 为立方传热规律下 E-L 部分理想气体体积的最佳时间变化关系。

表 2.4　立方传热规律下 k 变化时的各对应值

$V(0)=1\times10^{-3}\text{m}^3$, $V_\text{m}=8\times10^{-3}\text{m}^3$, $C_V=3R/2$, $T_\text{ex}=300\text{K}$, $E(0)=3780\text{J}$, $f(t)=Ate^{-t/B}$, $A=4200\text{J}/\text{s}^2$, $B=1\text{s}$, $\tau=0.05\text{s}$			
$k/[\times10^{-5}\text{J}/(\text{s}\cdot\text{K}^3)]$	7	8	9
$V'(0)/\times10^{-3}\text{m}^3$	2.2802	2.2815	2.2835
$E'(0)/\text{J}$	2181.9	2181.1	2179.8
$V(\tau)/\times10^{-3}\text{m}^3$	2.3264	2.3548	2.3824
$E(\tau)/\text{J}$	2237.1	2229.3	2222.7
E_m/J	981.92	986.47	991.20
W/J	2896.1	2904.8	2913.4
η	0.5581	0.5598	0.5614

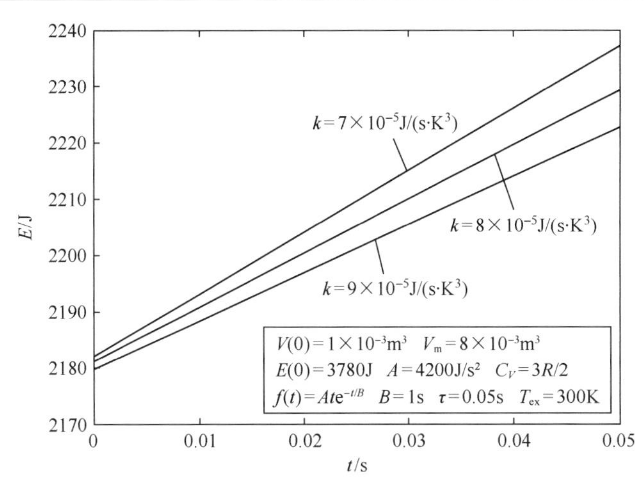

图 2.8　立方传热规律下 E-L 弧部分理想气体热力学能的最佳时间变化关系

在本数值算例中，其基本特性与平方传热规律下的结论是相似的，整个 E-L 弧过程中气缸内理想气体温度仍然低于热槽温度，随着热导率增加，理想气体热力学能、过程的最大输出功和对应的功率都有所增加。

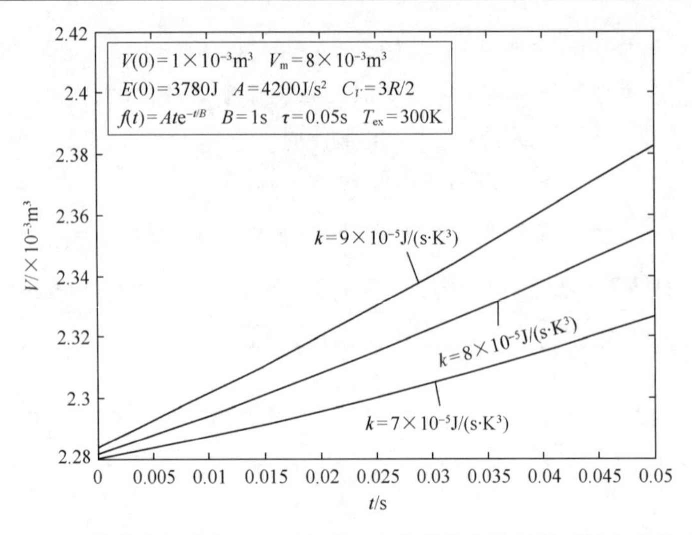

图 2.9　立方传热规律下 E-L 弧部分理想气体体积的最佳时间变化关系

2.2.4.5　辐射传热规律下的数值算例

取气缸膨胀气体的初始体积为 $V(0)=1\times10^{-3}\,\mathrm{m}^3$，末态体积为 $V_\mathrm{m}=8\times10^{-3}\,\mathrm{m}^3$，摩尔定容热容 $C_V=3R/2$，热槽温度 $T_\mathrm{ex}=300\mathrm{K}$，理想气体初始热力学能为 $E(0)=1800\mathrm{J}$，给定的泵入热流率 $f(t)=At\mathrm{e}^{-t/B}$，其中 $A=4200\mathrm{J/s^2}$，$B=1\mathrm{s}$，过程时间 $\tau=0.05\mathrm{s}$。表 2.5 为辐射传热规律下热导率 k 变化时各状态量所对应的值，图 2.10 为辐射传热规律下 E-L 弧部分理想气体热力学能的最佳时间变化关系，图 2.11 为辐射传热规律下 E-L 弧部分理想气体体积的最佳时间变化关系。

表 2.5　辐射传热规律下 k 变化时的各对应值

$V(0)=1\times10^{-3}\,\mathrm{m}^3$, $V_\mathrm{m}=8\times10^{-3}\,\mathrm{m}^3$, $C_V=3R/2$, $T_\mathrm{ex}=300\mathrm{K}$, $E(0)=3780\mathrm{J}$, $f(t)=At\mathrm{e}^{-t/B}$, $A=4200\mathrm{J/s^2}$, $B=1\mathrm{s}$, $\tau=0.05\mathrm{s}$			
$k/\left[\times10^{-7}\,\mathrm{J}/\left(\mathrm{s}\cdot\mathrm{K}^4\right)\right]$	4	5	6
$V'(0)/\times10^{-3}\,\mathrm{m}^3$	2.1098	2.1156	2.1213
$E'(0)/\mathrm{J}$	2297.9	2293.7	2289.6
$V(\tau)/\times10^{-3}\,\mathrm{m}^3$	2.2776	2.3446	2.4112
$E(\tau)/\mathrm{J}$	2300.7	2295.9	2291.4
E_m/J	955.65	1013.0	1030.1
W/J	2927.8	2945.4	2963.3
η	0.5642	0.5676	0.5711

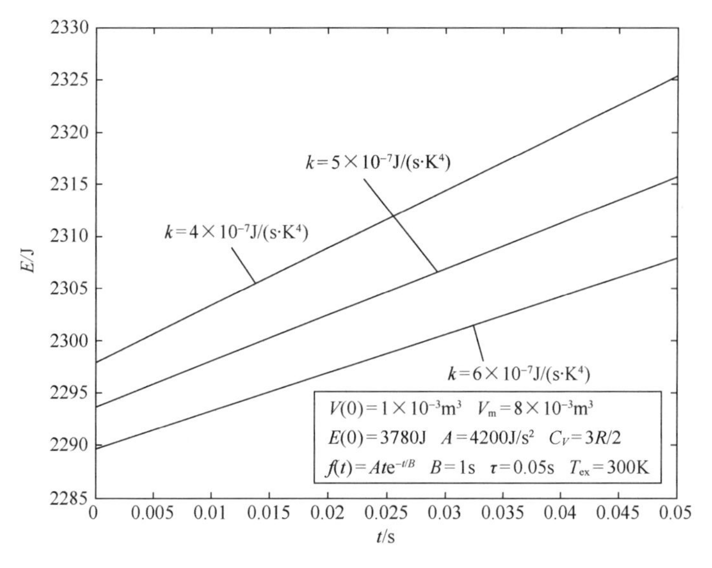

图 2.10　辐射传热规律下 E-L 弧部分理想气体热力学能的最佳时间变化关系

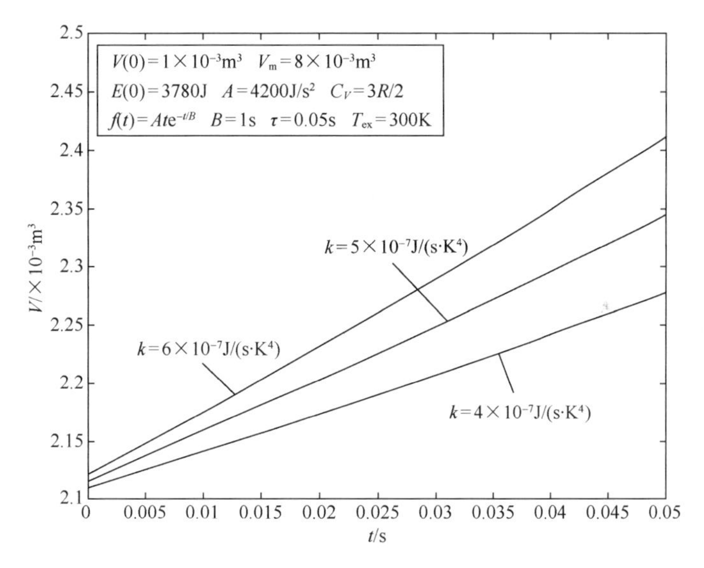

图 2.11　辐射传热规律下 E-L 弧部分理想气体体积的最佳时间变化关系

在本数值算例中，其基本特性与平方以及立方传热规律下的结论是相似的。

2.2.4.6　五种特殊传热规律下的最优膨胀过程的比较

取气缸膨胀气体的初始体积为 $V(0)=1\times10^{-3}\text{m}^3$，末态体积为 $V_m=8\times10^{-3}\text{m}^3$，摩尔定容热容 $C_V=3R/2$，热槽温度 $T_{ex}=300\text{K}$，理想气体初始热力学能为

$E(0)=3780\text{J}$，给定的泵入热流率 $f(t)=At\mathrm{e}^{-t/B}$，其中 $A=4200\text{J}/\text{s}^2$，$B=1\text{s}$，过程时间 $\tau=0.05\text{s}$。线性唯象传热规律下的热导率为 $k=5\times10^6\ \text{J}\cdot\text{K/s}$，牛顿传热规律下的热导率为 $k=14.7\text{J}/(\text{s}\cdot\text{K})$，平方传热规律下的热导率为 $k=5\times10^{-2}\ \text{J}/(\text{s}\cdot\text{K}^2)$，立方传热规律下的热导率为 $k=8\times10^{-5}\ \text{J}/(\text{s}\cdot\text{K}^3)$，辐射传热规律下的热导率为 $k=5\times10^{-7}\ \text{J}/(\text{s}\cdot\text{K}^4)$。图 2.12 为五种特殊传热规律下 E-L 弧部分理想气体热力学能的最佳时间变化关系，图 2.13 为五种特殊传热规律下 E-L 弧部分理想气体体积的最佳时间变化关系。

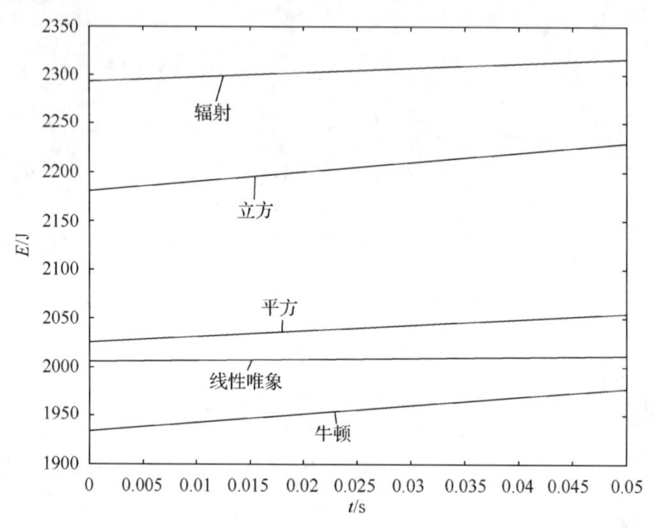

图 2.12　五种特殊传热规律下 E-L 弧部分理想气体热力学能的最佳时间变化关系

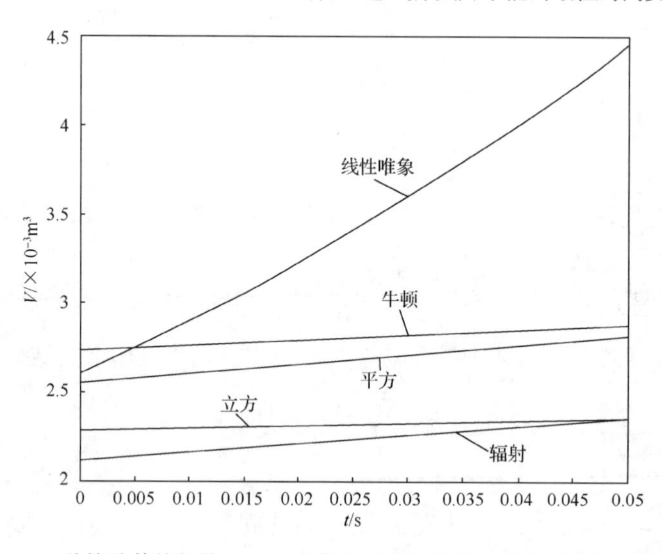

图 2.13　五种特殊传热规律下 E-L 弧部分理想气体体积的最佳时间变化关系

从图 2.12 和图 2.13 可以看出，虽然由于过程时间较短，E-L 弧部分理想气体的热力学能和体积总体变化不大，但随着传热指数 n 的增加，在 E-L 弧部分，理想气体的热力学能呈现出明显的整体增加趋势，而体积则呈现出明显的整体减小趋势。说明传热规律的变化，对最优膨胀过程 E-L 弧部分特性有显著影响，所以研究传热规律对最优膨胀的影响是十分必要的。

2.3　线性唯象传热规律下优化结果的应用

2.3.1　过程时间优化

本节将进一步讨论线性唯象传热规律下最优膨胀过程中的过程时间优化问题，求出最大功率输出时的最优过程时间和给定功率时以得到最大输出功为目标的最优过程时间。优化的目标是使加热理想气体产生最大的功率输出，即使下式最大：

$$P(\tau)=W(\tau)/\tau \tag{2.3.1}$$

因此，必须当 $n=-1$ 时在式(2.2.1)的约束下对输出功 $W(\tau)$ 和过程时间 τ 进行优化，使其成为最大输出功 $W(\tau_{\mathrm{m}})$ 和达到最大功率时的最优过程时间 τ_{m}。然而，对于任何过程时间 τ（包括最优过程时间 τ_{m}），最大功率输出都是在得到最大功输出条件下得到的，而 2.2.3.1 节已经求出了在给定过程时间时的最大功输出，那么本节只需要对过程时间 τ 进行优化就可以求出最大功率输出。根据 2.2.3.1 节的结论，最大膨胀功时的最优运动由三级组成：初始的绝热过程、中间的 E-L 弧及最后的绝热过程。设初始绝热过程终点为 $\{E'(0),\ V'(0)\}$，根据 2.2.3.1 节的结论，最大膨胀功为

$$W(\tau)=\frac{1}{2}\int_0^\tau F(t)\,\mathrm{d}t+E(0)-E_{\mathrm{m}}+\left\{\frac{kC_V}{\left[\dfrac{V'(0)}{V(0)}\right]^{-R/C_V}E(0)}+\frac{F(0)}{2}\right\}\tau \tag{2.3.2}$$

则最大功率为

$$P(\tau)=\frac{W(\tau)}{\tau}=\frac{1}{2\tau}\int_0^\tau F(t)\,\mathrm{d}t+\frac{E(0)-E_{\mathrm{m}}}{\tau}+\left\{\frac{kC_V}{\left[\dfrac{V'(0)}{V(0)}\right]^{-R/C_V}E(0)}+\frac{F(0)}{2}\right\} \tag{2.3.3}$$

式中，E_{m} 为理想气体的末态热力学能，由 2.2.3.1 节的结论有

$$E_{\mathrm{m}}=\left[\frac{V_{\mathrm{m}}}{V(0)}\right]^{-R/C_V}E(0)\exp\left(\frac{\left\{2kC_V+\left[\frac{V'(0)}{V(0)}\right]^{-R/C_V}E(0)F(0)\right\}^2}{4kC_VE^2(0)\left[\frac{V'(0)}{V(0)}\right]^{-2R/C_V}}\tau-\frac{1}{4kC_V}\int_0^{\tau}F^2(t)\mathrm{d}t\right)\tag{2.3.4}$$

将式(2.3.3)对τ求偏导，并令$\partial P(\tau)/\partial\tau=0$可得

$$\begin{aligned}&\frac{1}{2}F(\tau_{\mathrm{m}})+\left[\frac{V_{\mathrm{m}}}{V(0)}\right]^{-R/C_V}\frac{E(0)}{\tau_{\mathrm{m}}}\exp\left(\frac{\left\{2kC_V+\left[\frac{V'(0)}{V(0)}\right]^{-R/C_V}E(0)F(0)\right\}^2}{4kC_VE^2(0)\left[\frac{V'(0)}{V(0)}\right]^{-2R/C_V}}\tau_{\mathrm{m}}-\frac{1}{4kC_V}\int_0^{\tau_{\mathrm{m}}}F^2(t)\mathrm{d}t\right)\\&=\frac{E(0)}{\tau_{\mathrm{m}}}+\left[\frac{V_{\mathrm{m}}}{V(0)}\right]^{-R/C_V}E(0)\exp\left(\frac{\left\{2kC_V+\left[\frac{V'(0)}{V(0)}\right]^{-R/C_V}E(0)F(0)\right\}^2}{4kC_VE^2(0)\left[\frac{V'(0)}{V(0)}\right]^{-2R/C_V}}\tau_{\mathrm{m}}-\frac{1}{4kC_V}\int_0^{\tau_{\mathrm{m}}}F^2(t)\mathrm{d}t\right)\\&\times\left(\frac{\left\{2kC_V+\left[\frac{V'(0)}{V(0)}\right]^{-R/C_V}E(0)F(0)\right\}^2}{4kC_VE^2(0)\left[\frac{V'(0)}{V(0)}\right]^{-2R/C_V}}-\frac{1}{4kC_V}F^2(\tau_{\mathrm{m}})\right)+\frac{1}{2\tau_{\mathrm{m}}}\int_0^{\tau_{\mathrm{m}}}F(t)\mathrm{d}t\end{aligned}\tag{2.3.5}$$

联立式(2.3.5)与式(2.2.20)，可以求出最大功率输出时的最优过程时间τ_{m}，代入式(2.3.3)就可以求出最大功率输出。

当输出功率$P(\tau)\left[P(\tau)\leqslant P(\tau_m)\right]$已知时，联立式(2.3.3)与式(2.2.20)，可以求出给定功率时，以得到最大膨胀功为目标的最优过程时间$\tau^{\max}$。

取气缸膨胀气体的末态体积为$V_{\mathrm{m}}=8\times10^{-3}\mathrm{m}^3$，摩尔定容热容$C_V=3R/2$，热槽温度$T_{\mathrm{ex}}=300\mathrm{K}$，理想气体初始热力学能$E(0)=3780\mathrm{J}$，给定泵入热流率$f(t)=At\mathrm{e}^{-t/B}$，其中$A=4200\mathrm{J/s^2}$，$B=1\mathrm{s}$。图 2.14 为初始体积$V(0)$变化时，最大功率输出时的最优过程时间$\tau_{\mathrm{m}}$随热导率$k$变化的关系，图 2.15 为初始体积$V(0)$

变化时，最大功率输出 P_{max} 随热导率 k 变化的关系。图2.16为初始体积 $V(0)$ 变化时，在给定功率输出条件下以最大膨胀功为目标的最优过程时间 τ^{max} 随热导率 k 变化的关系，图2.17为初始体积 $V(0)$ 变化时，在给定功率输出条件下最大膨胀功 W_{max} 随热导率 k 变化的关系。

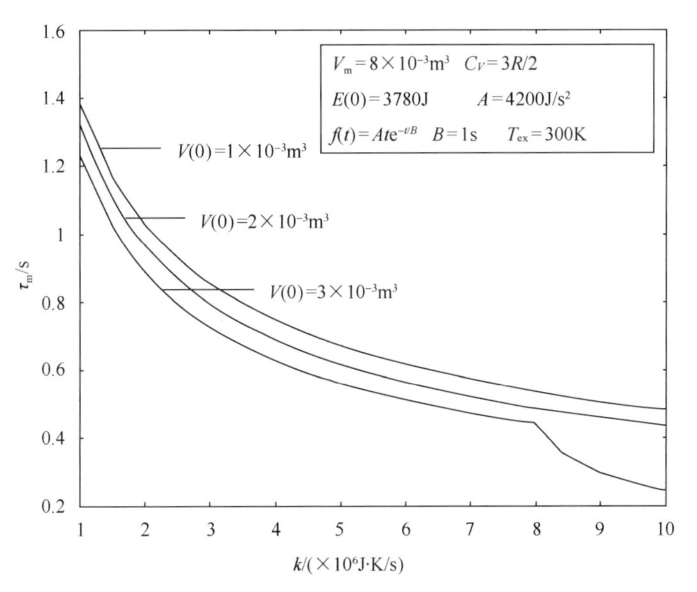

图2.14　最优过程时间 τ_m 随热导率 k 变化的关系

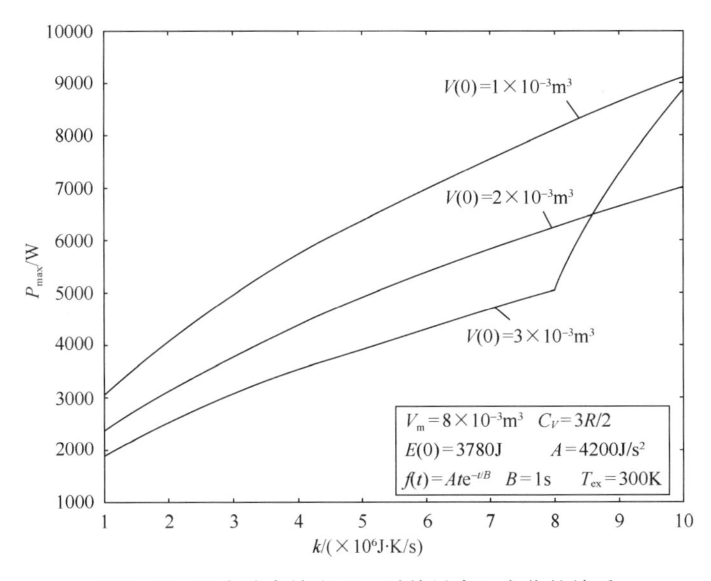

图2.15　最大功率输出 P_{max} 随热导率 k 变化的关系

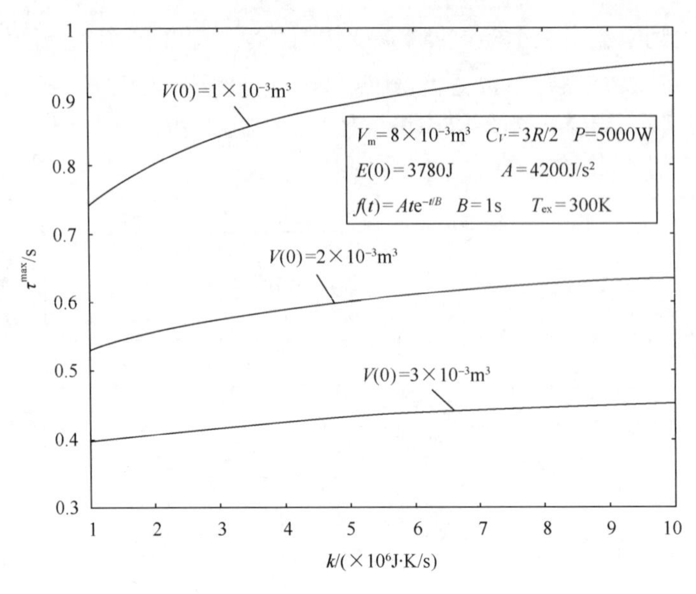

图 2.16 给定输出功率 $P=5000\text{W}$ 时最优过程时间 $\tau^{\max}$ 随热导率 k 变化的关系

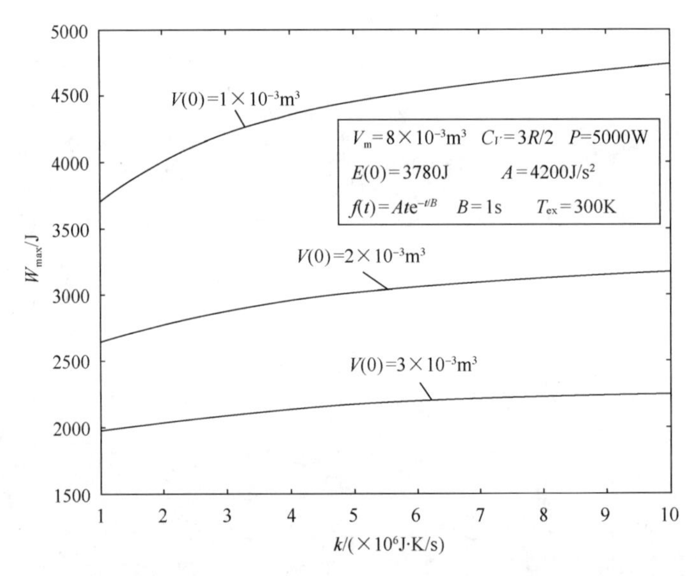

图 2.17 给定输出功率 $P=5000\text{W}$ 时最大膨胀功 $W_{\max}$ 随热导率 k 变化的关系

从图中可以清楚地发现各个目标参数随初始体积 $V(0)$ 和热导率 k 变化的趋势。随着初始体积 $V(0)$ 的增加，由于膨胀空间的减小，最优过程时间以及最大功率和给定功率时的最大膨胀功都逐渐减少。随着热导率 k 的增加，最大输出功率和给定功率时的最大膨胀功都逐渐增加，这是因为根据 2.2.4.1 节的结论，整个 E-L 弧过程中气缸内理想气体温度都低于热槽温度 $T_{\text{ex}}=300\text{K}$，这说明在整个膨胀过程中理想气体对环境是吸热而不是放热，吸入的热量和泵入的热流共同通过膨胀转化为对外做的功。

2.3.2　内燃机输出功率优化

本节将进一步讨论线性唯象传热规律下活塞式内燃机的优化问题，求出最大功率输出时内燃机的最优运行过程以及给定功率时以得到最大输出有用功为目标的内燃机最优运行过程。模型中考虑了大气压力 p_{at}，气缸带有吸气阀和排气阀，在吸气和排气冲程中，可以吸入新鲜空气和排出废气。整个循环过程的时间为 t_{f}（设为常数），压缩和功率冲程的过程时间为 τ。忽略气体和活塞的惯性影响，不计活塞运动的摩擦效应。

在与实际热力装置的比较中，可以发现本节的模型有许多理想的假设之处：实际热机过程中，热能来源于燃料燃烧的化学反应，所以泵入热流率应该取决于工质的状态，即工质的温度和压力，但是在本节的模型中，假设泵入热流率 $f(t)$ 只是时间的函数，并不依赖于理想气体的状态；假设温度和压力在工质内部均匀分布，理想气体随时处于平衡状态，并不存在扰动；假设理想气体工质的摩尔数 m 为常数，而在内燃机实际热力过程中，由于燃烧化学反应，理想气体的摩尔数大约有 20%的增加；另外，还假设热漏与理想气体的体积无关。

由热力学第一定律有

$$\dot{E}(t)=f(t)-\dot{W}_{\mathrm{u}}(t)-k[T_{\mathrm{ex}}{}^{-1}-T^{-1}(t)] \tag{2.3.6}$$

式中，$\dot{E}$ 为气体热力学能；$\dot{W}_{\mathrm{u}}(t)$ 为内燃机的有用功率，各量上的小点表示该量随时间变化的速率。优化的目标是使加热理想气体产生最大的平均功率输出，即使下式最大：

$$P(\tau)=W_{\mathrm{u}}(\tau)/\tau \tag{2.3.7}$$

式中，

$$W_{\mathrm{u}}(\tau)=W(\tau)-p_{\mathrm{at}}[V_{\mathrm{m}}-V(0)] \tag{2.3.8}$$

$W(\tau)$ 为气缸中理想气体对外做的功；V_{m} 为整个内燃机循环过程的理想气体最终体积。

因此，必须在式(2.3.6)的约束下对输出功率 $P(\tau,V_{\mathrm{m}})$、循环周期 τ 和理想气体末态体积 V_{m} 进行优化，获得最大输出功率 $P(\tau^*,V_{\mathrm{m}}^*)$、达到最大功率时的最优过程时间 τ^* 和达到最大功率时的最优理想气体末态体积 V_{m}^*。然而，对于任何过程时间 τ（包括最优过程时间 τ^*），最大功率输出都是在得到最大功输出条件下得到的，而 2.2.3.1 节已经求出了在给定过程时间时的最大功输出，故本节只需要对过程时间 τ 和理想气体末态体积 $V_{\rm m}$ 进行优化就可以求出最大功率输出。根据 2.2.3.1 节的结论，最大膨胀功时的最优运动由三级组成：初始的绝热过程、中间的 E-L 弧及最后的绝热过程。设初始绝热过程终点为 $\{E'(0), V'(0)\}$，根据 2.2.3.1 节的结论，$V'(0)$ 应满足(考虑了理想气体的摩尔数 m)

$$\begin{aligned}&\left\{2mkC_V+[V'(0)/V(0)]^{-R/C_V}E(0)F(0)\right\}\\&\times\exp\left\{\frac{\left\{2mkC_V+[V'(0)/V(0)]^{-R/C_V}E(0)F(0)\right\}^2}{4mkC_VE^2(0)[V'(0)/V(0)]^{-2R/C_V}}\tau\right\}\\&=mkC_V[V_{\rm m}/V'(0)]^{R/C_V}\exp\left[\frac{1}{4mkC_V}\int_0^\tau F^2(t){\rm d}t\right]\end{aligned}\tag{2.3.9}$$

输出有用功为

$$\begin{aligned}W_{\rm u}(\tau,V_{\rm m})=&\frac{1}{2}\int_0^\tau F(t){\rm d}t+E(0)-E_{\rm m}+\left\{\frac{kC_V}{[V'(0)/V(0)]^{-R/C_V}E(0)}+\frac{F(0)}{2}\right\}\\&-p_{\rm at}[V_{\rm m}-V(0)]\end{aligned}\tag{2.3.10}$$

则输出功率为

$$\begin{aligned}P(\tau,V_{\rm m})=\frac{W_{\rm u}(\tau,V_{\rm m})}{\tau}=&\frac{1}{2\tau}\int_0^\tau F(t){\rm d}t+\frac{E(0)-E_{\rm m}}{\tau}\\&+\left\{\frac{kC_V}{[V'(0)/V(0)]^{-R/C_V}E(0)}+\frac{F(0)}{2}\right\}-\frac{p_{\rm at}[V_{\rm m}-V(0)]}{\tau}\end{aligned}\tag{2.3.11}$$

式中，$E_{\rm m}$ 为理想气体的末态热力学能(考虑了理想气体的摩尔数 m)，满足

$$\begin{aligned}E_{\rm m}=&\left[\frac{V_{\rm m}}{V(0)}\right]^{-R/C_V}E(0)\\&\times\exp\left\{\frac{\left\{2mkC_V+[V'(0)/V(0)]^{-R/C_V}E(0)F(0)\right\}^2}{4mkC_VE^2(0)[V'(0)/V(0)]^{-2R/C_V}}\tau-\frac{1}{4mkC_V}\int_0^\tau F^2(t){\rm d}t\right\}\end{aligned}\tag{2.3.12}$$

将式(2.3.11)对 τ 求偏导，并令 $\partial P(\tau,V_{\rm m})/\partial\tau=0$ 可得

$$\frac{1}{2}F(\tau^*)+\left[\frac{V_{\mathrm{m}}^*}{V(0)}\right]^{-R/C_V}\frac{E(0)}{\tau^*}$$

$$\times\exp\left\{\frac{\left\{2mkC_V+\left[\frac{V'(0)}{V(0)}\right]^{-R/C_V}E(0)F(0)\right\}^2}{4mkC_VE^2(0)\left[\frac{V'(0)}{V(0)}\right]^{-2R/C_V}}\tau^*-\frac{1}{4mkC_V}\int_0^{\tau^*}F^2(t)\mathrm{d}t\right\}$$

$$=\frac{E(0)}{\tau^*}+\left(\frac{V_m^*}{V(0)}\right)^{-R/C_V}E(0)$$

$$\times\exp\left(\frac{\left\{2mkC_V+\left[\frac{V'(0)}{V(0)}\right]^{-R/C_V}E(0)F(0)\right\}^2}{4mkC_VE^2(0)\left[\frac{V'(0)}{V(0)}\right]^{-2R/C_V}}\tau^*-\frac{1}{4mkC_V}\int_0^{\tau^*}F^2(t)\mathrm{d}t\right)$$

$$\times\left(\frac{\left\{2mkC_V+\left[\frac{V'(0)}{V(0)}\right]^{-R/C_V}E(0)F(0)\right\}^2}{4mkC_VE^2(0)\left[\frac{V'(0)}{V(0)}\right]^{-2R/C_V}}-\frac{1}{4mkC_V}F^2(\tau^*)\right)$$

$$+\frac{1}{2\tau^*}\int_0^{\tau^*}F(t)\mathrm{d}t-\frac{p_{\mathrm{at}}}{(\tau^*)^2}[V_{\mathrm{m}}^*-V(0)] \tag{2.3.13}$$

再将式(2.3.11)对 V_{m} 求偏导，并令 $\partial P(\tau,V_{\mathrm{m}})/\partial V_{\mathrm{m}}=0$ 可得

$$V_{\mathrm{m}}^*=V(0)\left[\frac{RE(0)}{C_VV(0)p_{\mathrm{at}}}\right]^{C_V/(C_V+R)}$$

$$\times\exp\left\{\frac{\left\{2mkC_V+\left[\frac{V'(0)}{V(0)}\right]^{-R/C_V}E(0)F(0)\right\}^2}{4mkC_VE^2(0)\left[\frac{V'(0)}{V(0)}\right]^{-2R/C_V}}\tau^*-\frac{1}{4mkC_V}\int_0^{\tau^*}F^2(t)\mathrm{d}t\right\} \tag{2.3.14}$$

式(2.3.13)与式(2.3.14)即达到最大功率时的最优过程时间τ^*和达到最大功率时的最优理想气体末态体积V_m^*应满足的表达式。联立式(2.3.9)、式(2.3.13)和式(2.3.14)，就可以求出达到最大功率时的最优过程时间τ^*和达到最大功率时的最优理想气体末态体积V_m^*，将它们代入式(5.5.11)就可以求出最大功率输出。

当输出功率$P\left[P \leqslant P^*(\tau^*,V_m^*)\right]$已知时，联立式(2.3.9)、式(2.3.11)和式(2.3.14)，就可以求出给定功率时，以得到最大输出有用功为目标的最优过程时间τ^{max}，将其代入式(2.3.11)就可以求出最大输出有用功。

取内燃机气缸理想气体的摩尔数为$m = 0.1\text{mol}$，初态体积为$V(0) = 2.462 \times 10^{-3}\text{m}^3$，摩尔定容热容$C_V = 5R/2$，热槽温度$T_{ex} = 300\text{K}$，气缸内理想气体的初始温度与热槽温度相等，根据$E = mC_VT$，理想气体的初始热力学能为$E(0) = 623.25\text{J}$，热导率为$k = 3.5 \times 10^7 \text{J} \cdot \text{K/s}$，大气压力$p_{at} = 1.01325 \times 10^5 \text{Pa}$，给定泵入热流率$f(t) = At\text{e}^{-Bt}$，其中$A = 2.3625 \times 10^8 \text{J/s}^2$，$B = 500\text{s}^{-1}$。图2.18为线性唯象传热规律下内燃机最大功率优化时理想气体相对体积$\left[V(t)/V(0)\right]$随时间t变化的最优关系，图2.19为牛顿传热规律下内燃机最大功率优化时理想气体相对体积$\left[V(t)/V(0)\right]$随时间t变化的最优关系[434]；图2.20为线性唯象传热规律下内燃机最大功率优化时理想气体相对热力学能$\left[E(t)/E(0)\right]$随时间t变化的最优关系，图2.21为牛顿传热规律下内燃机最大功率优化时理想气体相对热力学能$\left[E(t)/E(0)\right]$随时间t变化的最优关系[434]；图2.22为线性唯象传热规律下内燃机最大功率优化时理想气体相对热力学能$\left[E(t)/E(0)\right]$随理想气体相对体积$\left[V(t)/V(0)\right]$变化的最优关系，图2.23为牛顿传热规律下内燃机最大功率优化时理想气体相对热力学能$\left[E(t)/E(0)\right]$随理想气体相对体积$\left[V(t)/V(0)\right]$变化的最优关系[434]。需要注意的是，根据式(2.2.3)效率的表达式，由于理想气体末态体积V_m也是需要优化的对象，所以最大功过程不一定对应最大效率过程。

在本算例中，内燃机达到最大功率时的最优过程时间$\tau = 0.0010127\text{s}$，达到最大功率时的最优理想气体末态体积$V_m^* = 2.5 \times 10^{-3}\text{m}^{-3}$，内燃机最大输出功率为$P^* = 19.076\text{kW}$，每循环输出的最大有用功$W_u^* = 19.3185\text{J}$，泵入系统的总能量(燃料燃烧所产生的热能)为$E_p = 87.071\text{J}$，对应的热效率　$\eta^* = 22.19\%$。由图2.18和图2.19可以发现，初始绝热过程对理想气体的体积和热力学能影响并不大，整个E-L 弧过程都是压缩过程，当$t = \tau^*$时，理想气体被压缩到最小体积$V = 0.24163 \times 10^{-3}\text{m}^{-3}$，然后进入功率冲程，理想气体体积被瞬时绝热膨胀到$V_m^*$，完成功率冲程。与牛顿传热规律下内燃机的最优过程的比较可以发现，在牛顿传热规律下，在E-L 弧过程中既有压缩又有膨胀，而在线性唯象传热规律下，E-L 弧中只有压缩过程，功率冲程(膨胀过程)都发生在末态绝热过程中。

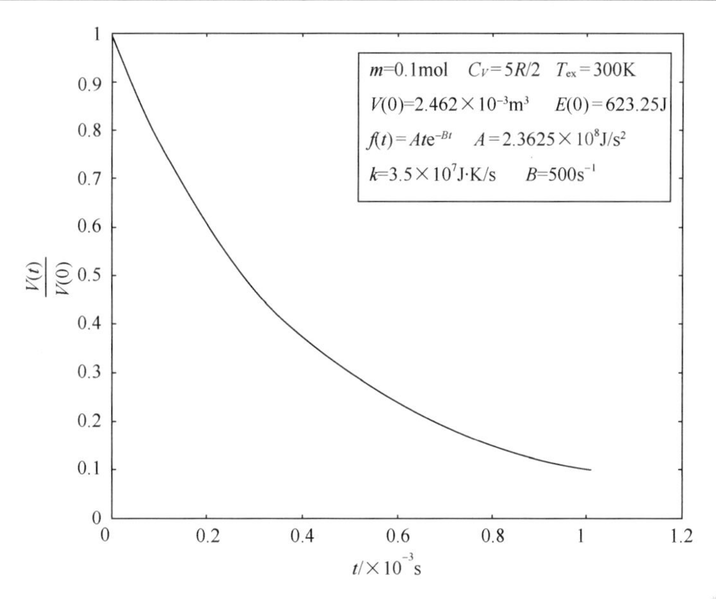

图 2.18　线性唯象传热规律下内燃机最大功率优化时理想气体相对体积 $[V(t)/V(0)]$随时间 t 变化的最优关系

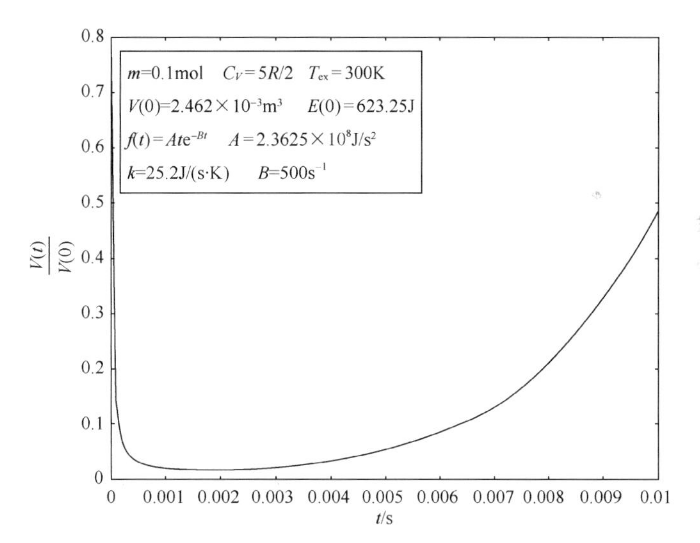

图 2.19　牛顿传热规律下内燃机最大功率优化时理想气体相对体积 $[V(t)/V(0)]$随时间 t 变化的最优关系

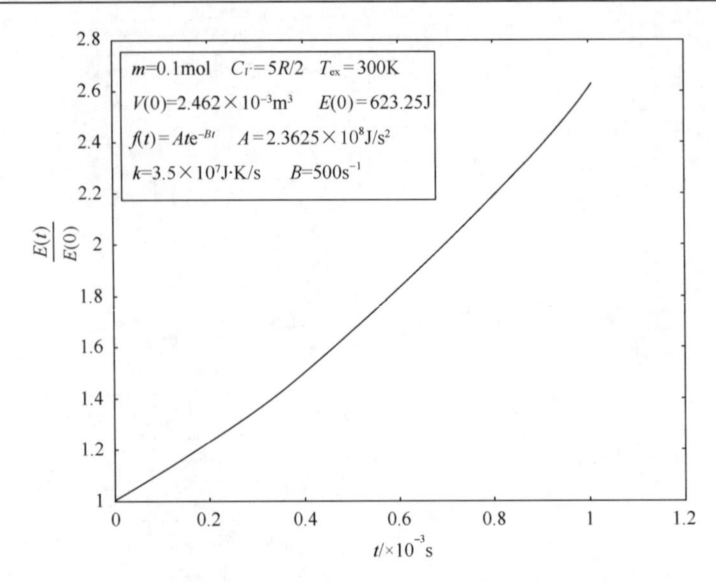

图 2.20　线性唯象传热规律下内燃机最大功率优化时理想气体相对热力学能[$E(t)/E(0)$]随时间 t 变化的最优关系

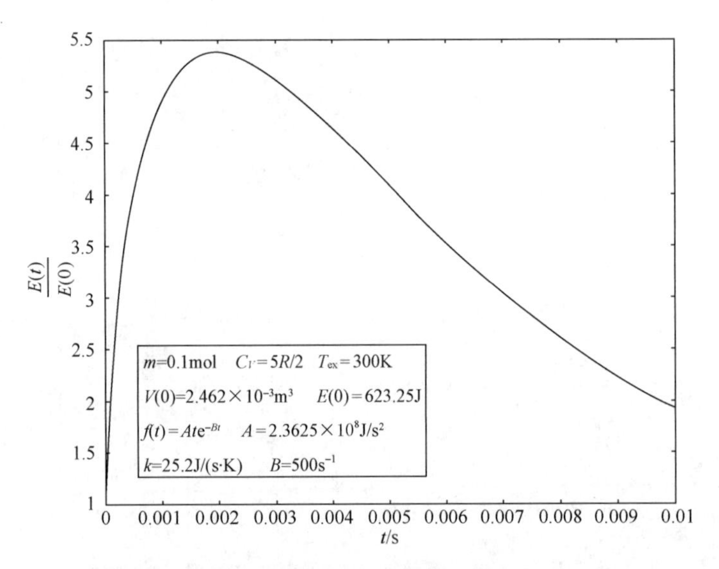

图 2.21　牛顿传热规律下内燃机最大功率优化时理想气体相对热力学能[$E(t)/E(0)$]随时间 t 变化的最优关系

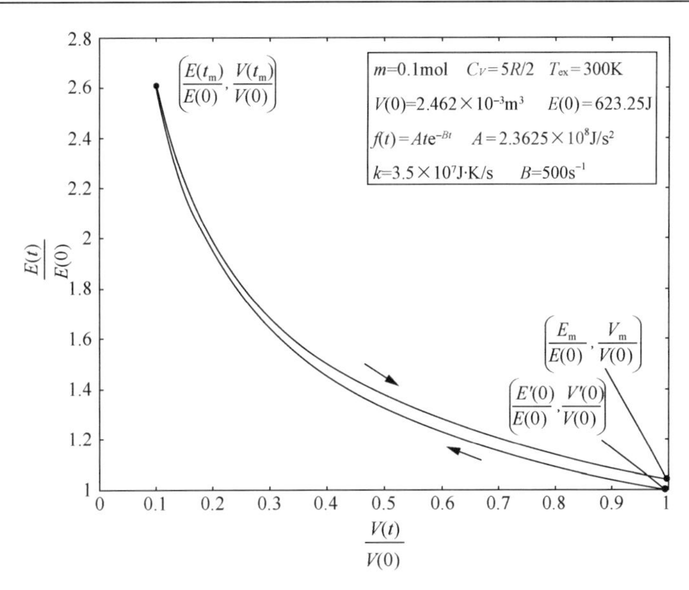

图 2.22　线性唯象传热规律下内燃机最大功率优化时理想气体相对热力学能$[E(t)/E(0)]$随理想气体相对体积$[V(t)/V(0)]$变化的最优关系

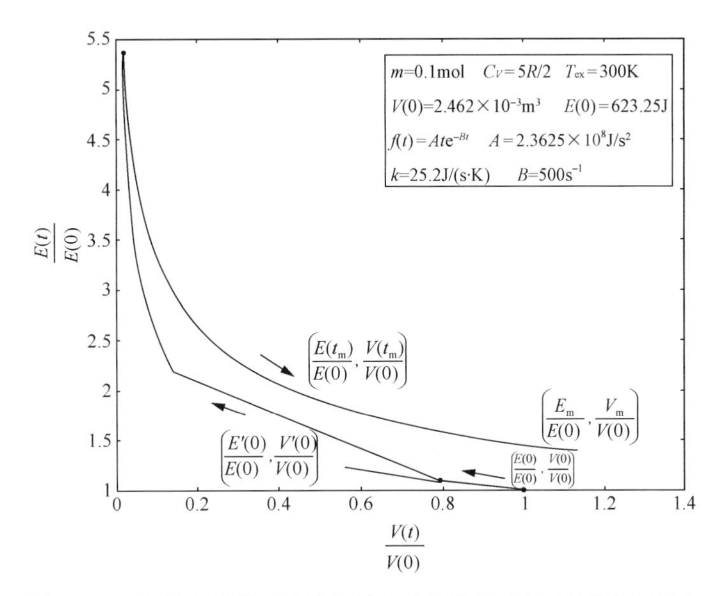

图 2.23　牛顿传热规律下内燃机最大功率优化时理想气体相对热力学能$[E(t)/E(0)]$随理想气体相对体积$[V(t)/V(0)]$变化的最优关系

图 2.24 为线性唯象传热规律下内燃机达到最大功率时的最优循环时间τ^*随参数A和B变化的关系图；图 2.25 为线性唯象传热规律下内燃机达到最大功率时

的最优理想气体末态体积V_m^*随参数A和B变化的关系图。从图 2.24 和图 2.25 可以发现，τ^*和V_m^*随参数A和B变化的趋势基本相似。图中两个顶点满足：当$A=1000\text{J}/\text{s}^2$，$B=100\text{s}^{-1}$时，$\tau^*=0.00060234\text{s}$，$V_m^*=2.462\times10^{-3}\text{m}^3$；当$A=10000\text{J}/\text{s}^2$，$B=10\text{s}^{-1}$时，$\tau^*=0.0013707\text{s}$，$V_m^*=2.4625\times10^{-3}\text{m}^3$。

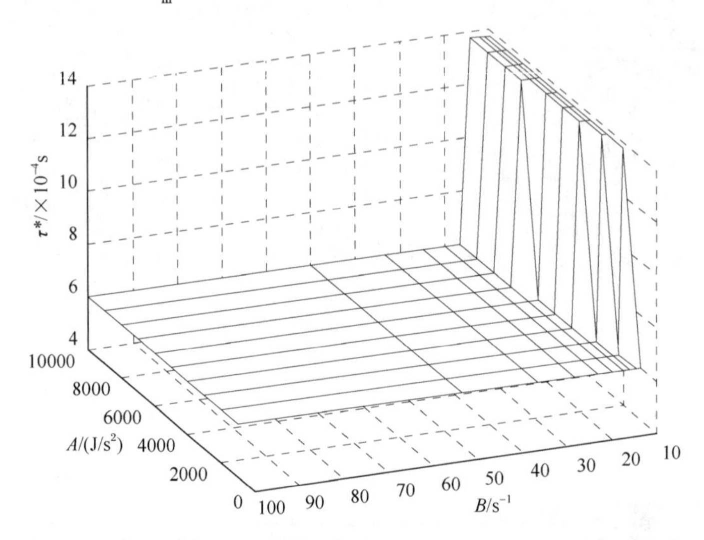

图 2.24 线性唯象传热规律下内燃机达到最大功率时的最优循环时间τ^*随参数A和B变化的关系

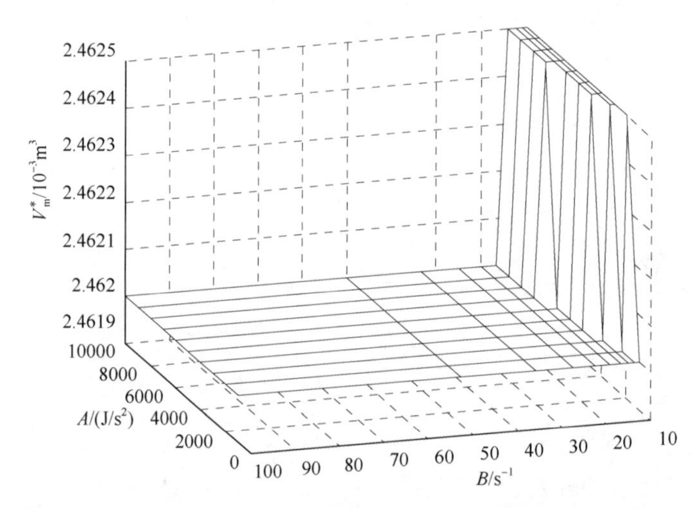

图 2.25 线性唯象传热规律下内燃机达到最大功率时的最优理想气体末态体积V_m^*随参数A和B变化的关系

图 2.26 为给定输出功率 $P=18\text{kW}$ 时线性唯象传热规律下内燃机最大输出功优化时理想气体相对体积随时间变化的最优关系；图 2.27 为给定输出功率 $P=18\text{kW}$ 时线性唯象传热规律下内燃机最大输出功优化时理想气体相对热力学

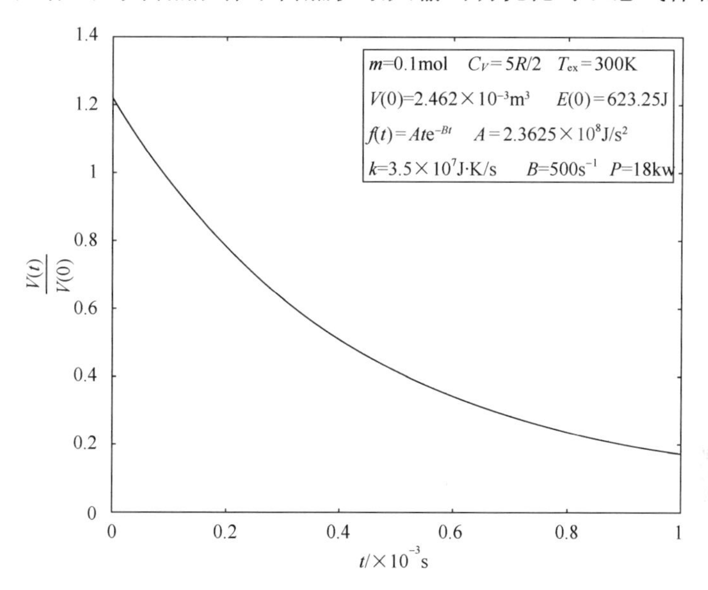

图 2.26　给定输出功率 $P=18\text{kW}$ 时线性唯象传热规律下内燃机最大输出功优化时理想气体相对体积随时间变化的最优关系

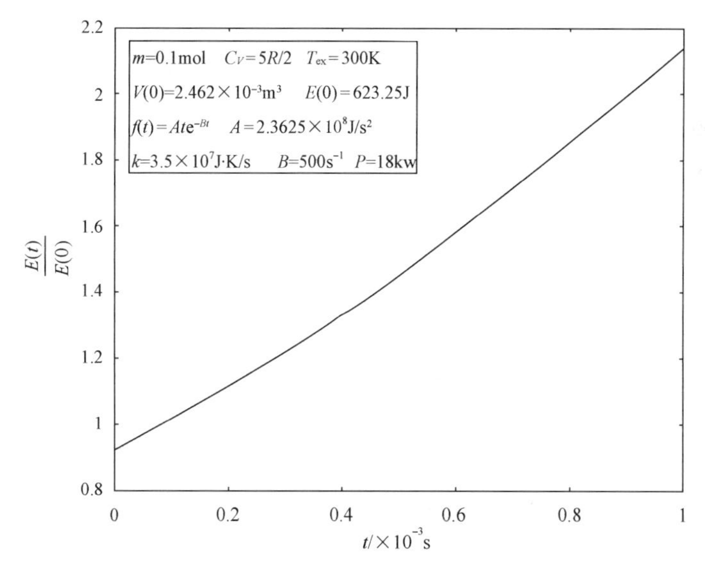

图 2.27　给定输出功率 $P=18\text{kW}$ 时线性唯象传热规律下内燃机最大输出功优化时理想气体相对热力学能随时间变化的最优关系

能随时间变化的最优关系；图 2.28 为给定输出功率 $P = 18\text{kW}$ 时线性唯象传热规律下内燃机最大输出功优化时理想气体相对热力学能随理想气体相对体积变化的最优关系。在本算例中，给定功率时以得到最大输出有用功为目标的最优过程时间 $\tau^{\max} = 0.00052672\text{s}$，理想气体末态体积为 $V_m = 2.6 \times 10^{-3}\text{m}^3$，每循环输出的最大有用功 $W_{u\max} = 9.4810\text{J}$，泵入系统的总能量（燃料燃烧所产生的热能）为 $E_p = 27.548\text{J}$，对应的热效率 $\eta = 25.72\%$。与线性唯象传热规律下内燃机功率优化的结果所不同的是，在本算例中初始绝热过程是膨胀，而不是压缩。

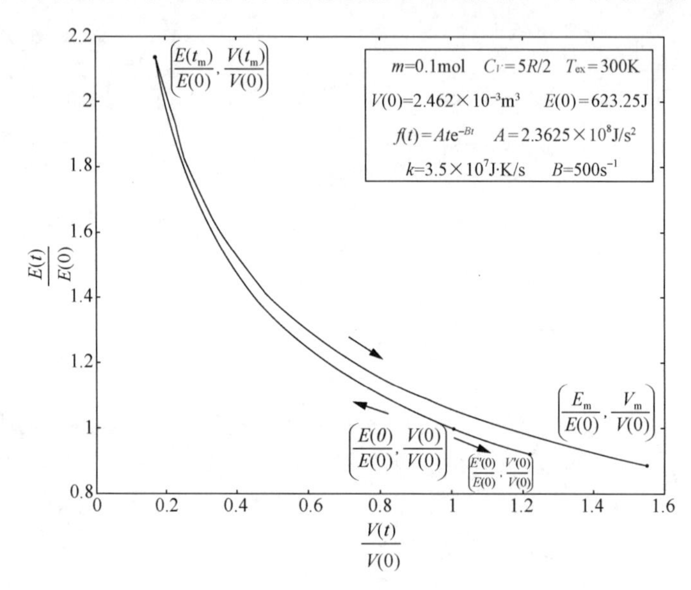

图 2.28 给定输出功率 $P = 18\text{kW}$ 时线性唯象传热规律下内燃机最大输出功优化时理想气体相对热力学能随理想气体相对体积变化的最优关系

2.3.3 外燃机输出功率优化

本节将进一步讨论线性唯象传热规律下活塞式外燃机（这里所考虑的外燃机是完全循环的，即温度和体积在压缩和功率冲程中是周期性变化的，不考虑其他冲程）的优化问题，求出最大功率输出时外燃机的最优运行过程以及特定工况下的最优压缩比。

由于是循环过程，理想气体的体积和温度都将随时间发生周期性变化，所以在时间 $t = t_i + \tau$ 时，$V(t)$ 和 $E(t)$ 都将回复其初始值，$F(t)$ 也应该是周期性函数，故当 $t = t_i + \tau$ 时，式(2.2.17)右端的指数部分必为零，由此可求出

$$E(t_i) = 2kC_V \Bigg/ \left[\sqrt{\frac{\int_{t_i}^{t_i+\tau} F^2(t)\mathrm{d}t}{\tau}} - F(t_i) \right] \tag{2.3.15}$$

计算过程中出现一正一负两个解，取其正解。由于增加了热力学能也要周期性变化的约束，减少了自变量数，故而最优运行过程中的绝热过程不再需要。

在外燃机运行的初始过程中，理想气体温度等于热槽温度T_{ex}，因此在达到稳态初始温度$\left[E(t_i)/C_V\right]$之前，还需要若干循环来提高理想气体温度。由于这一系列初始循环只满足$V(t_i)=V(t_i+\tau)$，而并不满足热力学能的周期性变化，所以称为准循环，准循环中包括初始和末态绝热过程，按照文献[435]的方法求解，初始绝热过程的终点满足式(2.2.19)。在经过一系列准循环之后，理想气体温度达到稳态初始温度$\left[E(t_i)/C_V\right]$，即理想气体热力学能达到$E(t_i)$时，外燃机进入稳态，开始完全循环，绝热膨胀过程消失。当$n=-1$时对式(2.2.1)进行积分，得完全循环的最大循环功为

$$W(t_i+\tau) = \frac{1}{2}\int_{t_i}^{t_i+\tau} F(t)\mathrm{d}t + E(t_i) - E(t_i+\tau) + \left[\frac{kC_V}{E(t_i)} + \frac{F(t_i)}{2}\right]\tau \tag{2.3.16}$$

取外燃机气缸内理想气体的初试体积与末态体积相等，且$V(0)=V_m=1\times10^{-3}\mathrm{m}^3$，理想气体初始热力学能$E(0)=3780\mathrm{J}$，摩尔定容热容$C_V=3R/2$，热导率$k=6\times10^7\ \mathrm{J\cdot K/s}$，热槽温度$T_{ex}=300\mathrm{K}$，循环时间$\tau=2\mathrm{s}$，给定泵入热流率$f(t)=A[\sin(\omega t)]^{60}$，其中，$A=204720\,\mathrm{J/s}$，$\omega=2\pi/4\,\mathrm{rad/s}$。图 2.29 为牛顿传热规

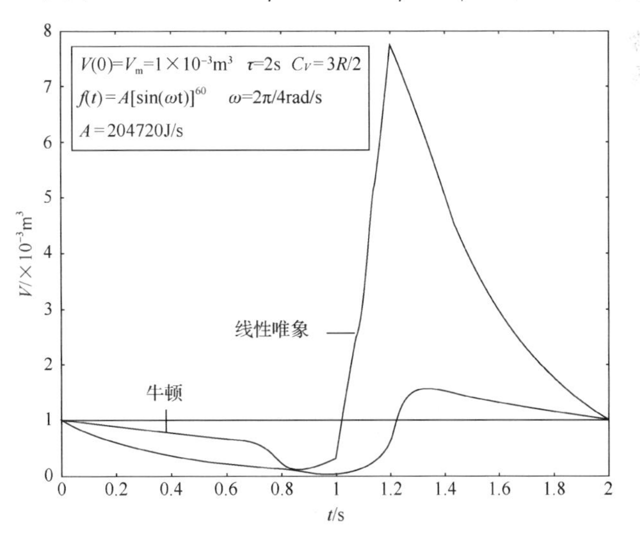

图 2.29　牛顿和线性唯象传热规律下完全循环过程的理想气体体积随时间变化图

律和线性唯象传热规律下完全循环过程的理想气体体积随时间变化图；图 2.30 为牛顿传热规律和线性唯象传热规律下准循环过程的理想气体体积随时间变化图；图 2.31 为线性唯象传热规律下完全循环过程的循环图；图 2.32 为牛顿传热规律下完全循环过程的循环图；图 2.33 为线性唯象传热规律下准循环过程的循环图；图 2.34 为牛顿传热规律下准循环过程的循环图[435]。

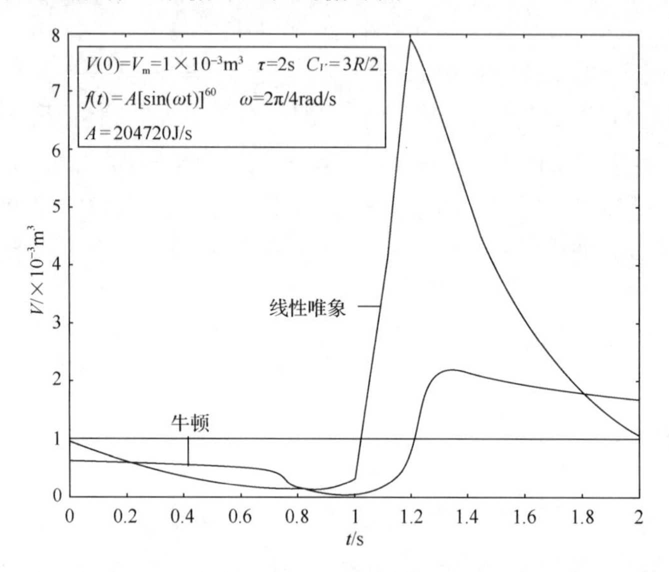

图 2.30　牛顿和线性唯象传热规律下准循环过程的理想气体体积随时间变化图

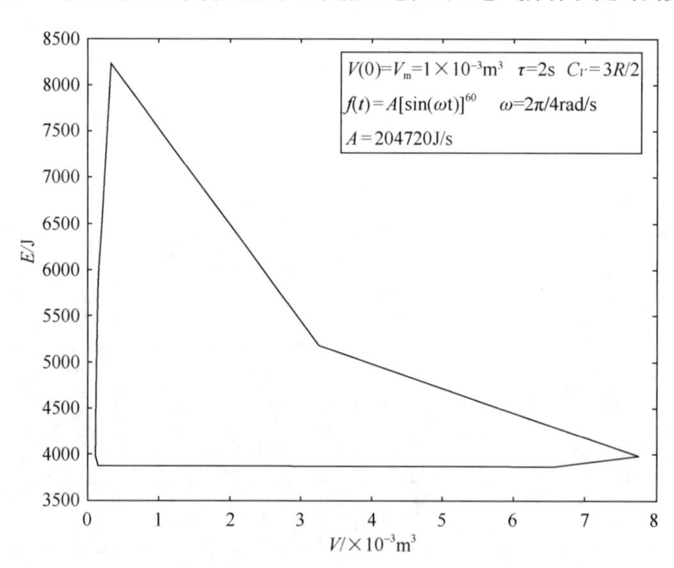

图 2.31　线性唯象传热规律下完全循环过程循环图

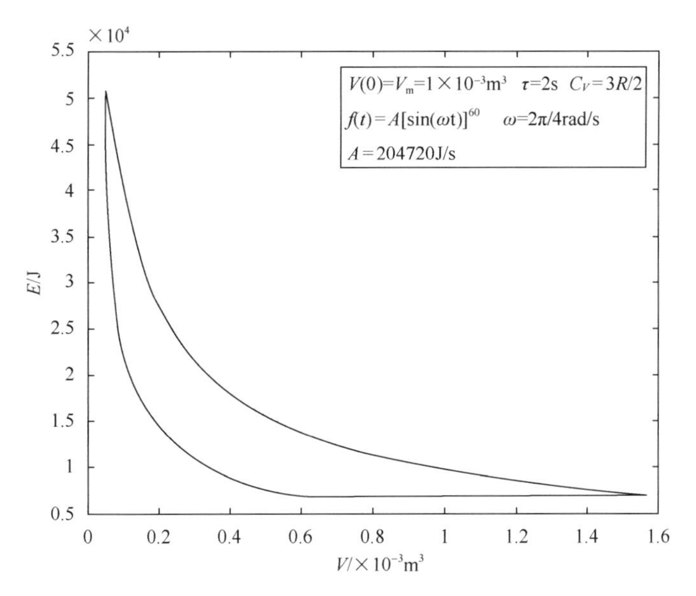

图 2.32　牛顿传热规律下完全循环过程循环图

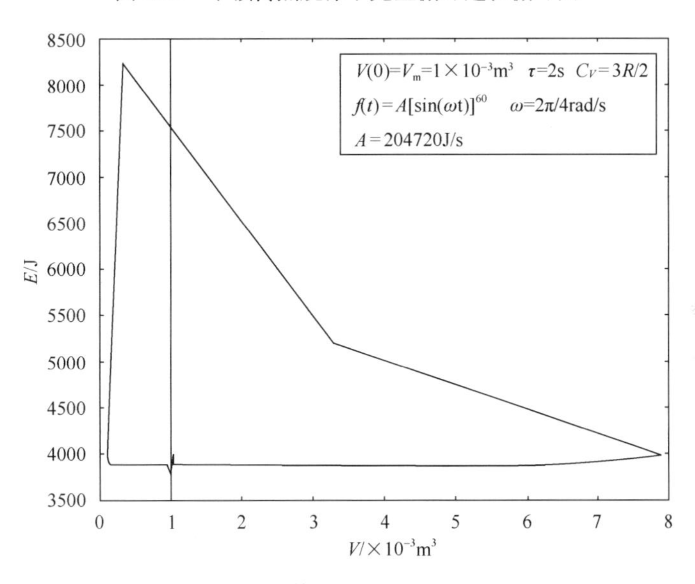

图 2.33　线性唯象传热规律下准循环过程循环图

在本数值算例中，线性唯象传热规律下完全循环的最优压缩比为 1∶65.425，由图 2.29 可见，其压缩比要大于文献[435]所给出的牛顿传热规律下完全循环的压缩比(1∶48)，线性唯象传热规律下完全循环的稳态初始温度为 310.7742K，最大循环功为 7135.2J，效率为 16.99%，最大循环功与对应的效率都小于文献[435]所给出的牛顿传热规律下完全循环的情况，这一现象是由于热导率 k 较大，功率冲

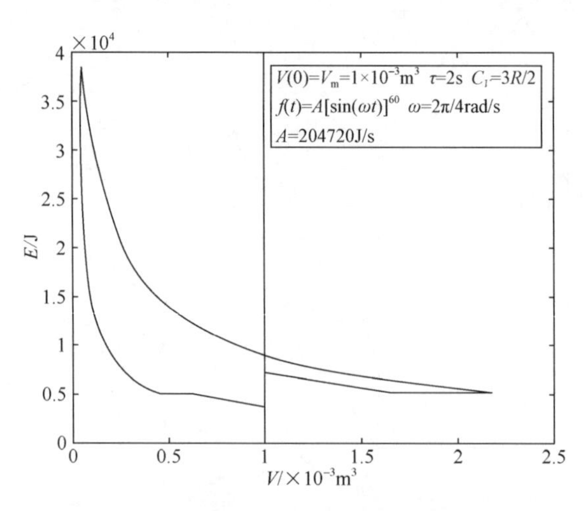

图 2.34 牛顿传热规律下准循环过程循环图

程中气缸向环境放热较多，从图 2.31 中也可以看出，在压缩冲程中气缸理想气体温度较低，与热槽的热交换量不大，而功率冲程中气缸理想气体温度较高，向外界放热主要发生在这一冲程中。本算例中线性唯象传热规律下准循环的最优压缩比为 1∶66.610，最大循环功为 7142.3J，效率为 17.01%。从图 2.33 和图 2.34 可以看出，准循环过程只满足$V(t_i)=V(t_i+\tau)$，而并不满足热力学能的周期性变化，每一个循环结束，缸内理想气体温度都有提高，当缸内理想气体温度达到稳态初始温度$\left[E(t_i)/C_V\right]$时，工质进入完全循环，理想气体温度与热力学能同时周期性变化。

2.4 广义辐射传热规律下变热导率加热气体最优膨胀规律

2.4.1 物理模型

模型如图 2.35 所示，设活塞式气缸中含有1mol理想气体，伴有给定的泵入热流率$f(t)$(类似于内燃机喷油燃烧发热量)，气缸内理想气体与外热槽的热交换服从广义辐射传热规律[$q\propto(\Delta T)^n$]，式中q为穿过气缸壁的热流率(类似于内燃机冷却水带走的热流率)，T和T_{ex}分别为工质和热槽的温度，k为热导率，d为活塞直径，理想气体的初始热力学能和体积$E(0)$、$V(0)$和终态体积V_m已知。热导率k取决于与工质气体接触的那部分气缸壁的面积，而与工质气体接触的那部分气缸壁的面积是随着活塞的运动不断变化的。因此，热导率k是一个时间的函数。然而，为了使问题简化，文献[38]、[69]、[430]~[436]和本书 2.2 节将热导率k作为一个常数处理。本节将考虑活塞运动对热导率的影响，建立一个更加符合实际的不可逆膨胀过程模型。

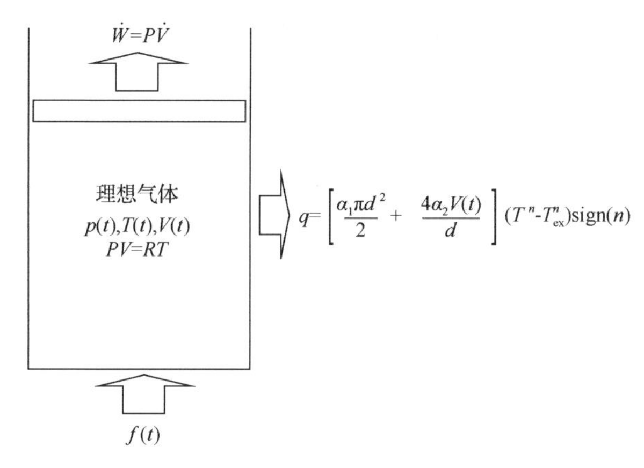

图 2.35　变热导率条件下活塞式气缸示意图

忽略气体和活塞的惯性影响，不计活塞运动的摩擦效应，则由热力学第一定律有

$$\dot{E}(t)=f(t)-\dot{W}(t)-\left[\frac{\alpha_1\pi d^2}{2}+\frac{4\alpha_2 V(t)}{d}\right]\left(T^n-T_{\text{ex}}^n\right)\text{sign}(n) \tag{2.4.1}$$

式中，$E(t)$为气体热力学能；$\dot{W}(t)$为功率，各量上的小点表示该量随时间变化的速率；α_1和α_2分别为气缸底和气缸壁的传热系数；$[\alpha_1\pi d^2/2+4\alpha_2 V(t)/d]$为传热过程的热导率；$\text{sign}(n)$为符号函数，当$n>0$时，$\text{sign}(n)=1$，当$n<0$时，$\text{sign}(n)=-1$。

优化的目标是使加热工质在给定时间$(0,t_{\text{m}})$内膨胀产生的功最大，即W最大：

$$W=\int_0^{t_{\text{m}}}p(t)\dot{V}(t)\text{d}t \tag{2.4.2}$$

式中，t_{m}为膨胀的总时间；p和V分别为工质的压力和体积。过程的不可逆效率为

$$\eta=\frac{W}{E_{\text{p}}+RT_{\text{ex}}\ln\left[V_{\text{m}}/V(0)\right]} \tag{2.4.3}$$

式中，E_{p}为泵入系统的总能量，$E_{\text{p}}=\int_0^{t_{\text{m}}}f(t)\text{d}t$，分母中第二项为工质在$T_{\text{ex}}$下从$V(0)$膨胀到$V_{\text{m}}$时所做的最大功。在给定$f(t)$、$T_{\text{ex}}$、$V_{\text{m}}$、$V(0)$和$t_{\text{m}}$的条件下，从式(2.4.3)可知最大功过程对应于最大效率过程。

2.4.2 优化方法

因为工质为理想气体，故有 $p = RT/V$ ， $E = C_V T$ ， C_V 为摩尔定容热容。由此有 $p = RE/(C_V V)$。故式(2.4.1)和式(2.4.2)变为

$$\dot{E}(t) = f(\mathrm{t}) - \frac{R}{C_V} E(t) \frac{\dot{V}(t)}{V(t)} - \left[\frac{\alpha_1 \pi d^2}{2} + \frac{4\alpha_2 V(t)}{d}\right]\left[\frac{E^n(t)}{C_V^n} - T_{\mathrm{ex}}^n\right] \mathrm{sign}(n) \tag{2.4.4}$$

$$W = \int_0^{t_{\mathrm{m}}} \frac{R}{C_V} E \frac{\dot{V}(t)}{V(t)} \mathrm{d}t \tag{2.4.5}$$

所求问题为在式(2.4.4)约束条件下使式(2.4.5)取得最大值，建立变更的拉格朗日函数：

$$\begin{aligned} L = & \frac{R}{C_V} \cdot \frac{E(t)\dot{V}(t)}{V(t)} + \lambda(t) \\ & \times \left\{ \dot{E}(t) - f(t) + \frac{R}{C_V} \cdot \frac{E(t)\dot{V}(t)}{V(t)} + \left[\frac{\alpha_1 \pi d^2}{2} + \frac{4\alpha_2 V(t)}{d}\right]\left[\frac{E^n(t)}{C_V^n} - T_{\mathrm{ex}}^n\right] \mathrm{sign}(n) \right\} \end{aligned} \tag{2.4.6}$$

式中，拉格朗日乘子 $\lambda(t)$ 为时间的函数。式(2.4.6)的欧拉-拉格朗日方程为

$$\frac{\partial L}{\partial E} - \frac{\mathrm{d}}{\mathrm{d}t}\frac{\partial L}{\partial \dot{E}} = 0, \quad \frac{\partial L}{\partial V} - \frac{\mathrm{d}}{\mathrm{d}t}\frac{\partial L}{\partial \dot{V}} = 0 \tag{2.4.7}$$

由式(2.4.7)求出最佳运动规律，再考虑边界条件，可得系统的总运动规律。

由式(2.4.6)可知，拉格朗日函数与 $\dot{E}(t)$ 和 $\dot{V}(t)$ 呈线性关系，因此由式(2.4.6)得到的欧拉-拉格朗日方程是关于 $\dot{E}(t)$ 和 $\dot{V}(t)$ 的一次方程。由文献[431]可知，所得的解没有足够的参数使系统任意的初态和末态连接起来。因此，最优的膨胀规律是由满足欧拉-拉格朗日方程的运动和边界运动组成的。对于本章研究的最优控制问题，边界运动是由无限快的绝热膨胀组成的。综上所述，最优膨胀规律是由满足欧拉-拉格朗日方程的运动和两个边界绝热膨胀部分组成的。

将式(2.4.6)代入式(2.4.7)可得

$$\dot{\lambda}(t) = [1 + \lambda(t)] \frac{R}{C_V} \frac{\dot{V}(t)}{V(t)} + \frac{\lambda(t) n E^{n-1}(t) \mathrm{sign}(n)}{C_V^n} \left[\frac{\alpha_1 \pi \mathrm{d}^2}{2} + \frac{4\alpha_2 V(t)}{d}\right] \tag{2.4.8}$$

$$4\alpha_2 \lambda(t) V(t) \left[T_{\mathrm{ex}}^n \mathrm{C}_V^n - E^n(t)\right] \mathrm{sign}(n) + Rd\mathrm{C}_V^{n-1} \left\{\dot{\lambda}(t) E(t) + [1 + \lambda(t)] \dot{E}(t)\right\} = 0 \tag{2.4.9}$$

将由式(2.4.8)得到的 $\dot{\lambda}(t)$ 和由式(2.4.4)得到的 $\dot{E}(t)$ 代入式(2.4.9)可得

$$\lambda(t)=\frac{R\left[E^n(t)-C_V^nT_{\mathrm{ex}}^n\right]\left[\alpha_1\pi d^3+8\alpha_2V(t)\right]\mathrm{sign}(n)-2df(t)C_V^nR}{\left[C_V^nT_{\mathrm{ex}}^n-E^n(t)\right]\left\{\alpha_1\pi d^3R\mathrm{sign}(n)+8\alpha_2V(t)\left[C_V+R\mathrm{sign}(n)\right]\right\}+nRE^n(t)\left[\alpha_1\pi d^3+8K_2V(t)\right]\mathrm{sign}(n)+2dRf(t)C_V^n} \tag{2.4.10}$$

式(2.4.10)对时间 t 求导可得

$$\dot{\lambda}=\frac{\begin{aligned}R\Big\{&nC_V^nE^n\dot{E}\Big\{nRT_{\mathrm{ex}}^n\left(\alpha_1\pi d^3+8\alpha_2V\right)^2+2df\left\{n\alpha_1\pi d^3R\mathrm{sign}(n)\right.\\&\left.+8\alpha_2V\left[nR\mathrm{Sign}(n)-C_V\right]\right\}\Big\}+8\alpha_1\alpha_2\pi d^3C_VE^{2n+1}\dot{V}\mathrm{sign}(n)\\&+8\alpha_2dC_V^{2n+1}T_{\mathrm{ex}}^nE\left\{\dot{V}\left[2f+\alpha_1\pi d^2T_{\mathrm{ex}}^n\mathrm{sign}(n)\right]-2V\dot{f}\right\}\\&-2dC_V^nE^{n+1}\Big\{\dot{f}\left\{n\alpha_1\pi d^3R\mathrm{sign}(n)-8\alpha_2V\left[C_V-nR\mathrm{sign}(n)\right]\right\}\\&+8\alpha_2\dot{V}\left\{\alpha_1\pi d^2C_VT_{\mathrm{ex}}^n\mathrm{sign}(n)+f\left[C_V-nR\mathrm{sign}(n)\right]\right\}\Big\}\Big\}\end{aligned}}{\begin{aligned}E\Big\{&2dRfC_V^n+nRE^n\left(\alpha_1\pi d^3+8\alpha_2V\right)\mathrm{sign}(n)\\&+\left(C_V^nT_{\mathrm{ex}}^n-E^n\right)\left\{\alpha_1\pi d^3R\mathrm{sign}(n)+8\alpha_2V\left[C_V+R\mathrm{sign}(n)\right]\right\}\Big\}^2\end{aligned}} \tag{2.4.11}$$

将由式(2.4.11)得到的 $\dot{\lambda}(t)$、由式(2.4.10)得到的 $\lambda(t)$ 和由式(2.4.4)得到的 $\dot{E}(t)$ 代入式(2.4.8)，可得 $\dot{V}(t)$ 关于 $E(t)$ 和 $V(t)$ 的表达式为

$$\dot{V}=-\frac{C_V^{1-n}V}{2dE}\cdot\frac{X}{Y} \tag{2.4.12}$$

式中，

$$\begin{aligned}X=&nE^{3n}\left\{(n-1)\alpha_1\pi d^3R\mathrm{sign}(n)-8\alpha_2V\left[C_V-(n-1)R\mathrm{sign}(n)\right]\right\}\\&\times\left(\alpha_1\pi d^3+8\alpha_2V\right)^2+2nC_V^nE^{2n}\left(\alpha_1\pi d^3+8\alpha_2V\right)^2\left\{2dRf+T_{\mathrm{ex}}^n\right.\\&\left.\times\left\{\alpha_1\pi d^3R\mathrm{sign}(n)+8\alpha_2V\left[C_V+R\mathrm{sign}(n)\right]\right\}\right\}-nC_V^{2n}E^n\left[2df\right.\\&\left.+T_{\mathrm{ex}}^n\left(\alpha_1\pi d^3+8\alpha_2V\right)\mathrm{sign}(n)\right]\Big\{2df\left\{(n+1)\alpha_1\pi d^3R\mathrm{sign}(n)+8\alpha_2V\right.\\&\left.\times\left[(n+1)R\mathrm{sign}(n)-C_V\right]\right\}+T_{\mathrm{ex}}^n\left(\alpha_1\pi d^3+8\alpha_2V\right)\left\{(n+1)\alpha_1\pi d^3R\mathrm{sign}(n)\right.\\&\left.+8\alpha_2V\left[C_V+(n+1)R\mathrm{sign}(n)\right]\right\}\mathrm{sign}(n)\Big\}+32\alpha_2d^2C_V^{3n+1}T_{\mathrm{ex}}^nEV\dot{f}\\&+4d^2C_V^{2n}E^{n+1}\dot{f}\left\{n\alpha_1\pi d^3R\mathrm{sign}(n)-8\alpha_2V\left[C_V-nR\mathrm{sign}(n)\right]\right\}\end{aligned} \tag{2.4.13}$$

$$
\begin{aligned}
Y = & E^{2n}\Big\{n(n-1)\alpha_1^2\pi^2 d^6 R^2 - \Big[C_V^2 + (2n-1)C_V R - 2n(n-1)R^2\operatorname{sign}(n)\Big]8\alpha_1 \\
& \times\alpha_2\pi d^3 V\operatorname{sign}(n) + 64\alpha_2^2 V^2\Big[C_V^2 + (1-2n)C_V R\operatorname{sign}(n) + n(n-1)R^2\Big]\Big\} \\
& + 8\alpha_2 C_V^{2n+1} T_{\mathrm{ex}}^n V\Big\{T_{\mathrm{ex}}^n\Big\{\alpha_1\pi d^3(R-C_V)\operatorname{sign}(n) + 8\alpha_2 V\big[C_V + R\operatorname{sign}(n)\big]\Big\} \\
& + 2df(R-C_V)\Big\} + C_V^n E^n\Big\{2df\Big\{8\alpha_2 V\big[C_V-(n+1)R\big]\big[C_V - nR\operatorname{sign}(n)\big] \\
& + n(n+1)\alpha_1\pi d^3 R^2\operatorname{sign}(n)\Big\} + T_{\mathrm{ex}}^n\Big\{n(n+1)\alpha_1^2\pi^2 d^6 R^2 + 16\alpha_1\alpha_2\pi d^3 V \\
& \times\Big[C_V^2 + (n-1)C_V R + n(n+1)R^2\operatorname{sign}(n)\Big]\operatorname{sign}(n) - 64\alpha_2^2 V^2 \\
& \times\Big[2C_V^2 - 2(n-1)C_V R\operatorname{sign}(n) - n(n+1)R^2\Big]\Big\}\Big\}
\end{aligned}
\tag{2.4.14}
$$

由式(2.4.4)和式(2.4.12)可以得到热力学能$E(t)$和体积$V(t)$的最优时间变化关系。给定初始条件，则运动方程完全确定，式(2.4.4)和式(2.4.12)的最优控制过程称为欧拉-拉格朗日弧(简称 E-L 弧)。

由文献[431]可知，最大输出功时的最优运动由三级组成。这一问题称为最优控制理论的串接问题。本问题的解由以下三级串接组成：初始的绝热过程、中间的 E-L 弧及最后的绝热过程。

对于绝热过程，因为$f(t)$和$[\alpha_1\pi d^2/2 + 4\alpha_2 V(t)/d][E^n(t)/C_V^n - T_{\mathrm{ex}}^n]\operatorname{sign}(n)$为零，故对式(2.4.4)积分可得

$$
E(V) = E(V_{\mathrm{i}})(V/V_{\mathrm{i}})^{-R/C_V} \tag{2.4.15}
$$

设初始绝热过程的初始值($E(0),V(0)$)为给定值，其终点为($E'(0),V'(0)$)，则三级运动方程分别为

(1)在$t=0$时刻从$V(0)$到$V'(0)$的绝热膨胀：

$$
E'(0) = E(0)\big[V'(0)/V(0)\big]^{-R/C_V} \tag{2.4.16}
$$

(2)在$t=0\sim t_{\mathrm{m}}$的 E-L 弧，必须通过数值计算方法得到，详细计算方法见本书 2.2 节。

(3)在$t=t_{\mathrm{m}}$时刻到给定最终体积V_{m}的绝热膨胀：

$$
E_{\mathrm{m}} = E(t_{\mathrm{m}})\big[V_{\mathrm{m}}/V(t_{\mathrm{m}})\big]^{-R/C_V} \tag{2.4.17}
$$

式中，$E(t_{\mathrm{m}})$和$V(t_{\mathrm{m}})$可分别通过式(2.4.4)和式(2.4.12)求得。

在给定$E(0)$、$V(0)$和V_{m}的情况下，上述串接问题成为膨胀功W对$E'(0)$的

一维优化问题，即求出首次绝热膨胀过程的最佳终点，使膨胀功 W 最大。

$$W = \int_0^{t_m} f(t)\mathrm{d}t + E(0) - E_m - \int_0^{t_m}\left[\frac{\alpha_1 \pi d^2}{2} + \frac{4\alpha_2 V(t)}{d}\right]\left[\frac{E^n(t)}{C_V^n} - T_{ex}^n\right]\mathrm{sign}(n)\mathrm{d}t \tag{2.4.18}$$

现在的问题是确定最优的 $E'(0)$ 使得目标函数取得最大值。如果通过求解欧拉-拉格朗日方程，可以得到 $E(t)$ 和 $V(t)$ 关于 $f(t)$ 与 $E'(0)$ 的解析解，那么将式(2.4.18)代入等式 $\mathrm{d}W/\mathrm{d}E'(0)=0$，通过数值求解就可以确定最优的 $E'(0)$。

而当热导率随时间变化时，由于无法得到 $E(t)$ 和 $V(t)$ 关于 $f(t)$ 与 $E'(0)$ 的解析解，不能利用等式 $\mathrm{d}W/\mathrm{d}E'(0)=0$ 确定最优的 $E'(0)$。为了得到最优的 $E'(0)$，本章采用穷举法。将所有可能的数值赋给 $E'(0)$，通过式(2.4.4)、式(2.4.12)和式(2.4.18)迭代求出对应的目标函数的值。最后，通过比较即可得到最优的 $E'(0)$ 以及对应的最大的输出功。

2.4.3　特例分析

本章接下来将对不同传热规律下最优膨胀规律进行分析。

2.4.3.1　线性唯象传热规律下的最优膨胀规律

线性唯象传热规律下，传热指数 $n=-1$，符号函数 $\mathrm{sign}(n)=-1$。

将 $n=-1$ 代入式(2.4.12)和式(2.4.4)可得

$$\dot{V} = -\frac{C_V^2 V}{2dE}\cdot\frac{X_1}{Y_1} \tag{2.4.19}$$

$$\dot{E}(t) = f(t) - \frac{RE(t)\dot{V}(t)}{C_V V(t)} - \left[\frac{\alpha_1\pi d^2}{2} + \frac{4\alpha_2 V(t)}{d}\right]\left[\frac{1}{T_{ex}} - \frac{C_V}{E(t)}\right] \tag{2.4.20}$$

式中，

$$\begin{aligned} X_1 = & -2E^{-3}\left[\alpha_1\pi d^3 R - 4\alpha_2 V(C_V - 2R)\right]\left(\alpha_1\pi d^3 + 8\alpha_2 V\right)^2 - 2C_V^{-1}E^{-2}\{2dRf \\ & + T_{ex}^{-1}\left[8\alpha_2 V(C_V - R) - \alpha_1\pi d^3 R\right]\}\left(\alpha_1\pi d^3 + 8\alpha_2 V\right)^2 - 8C_V^{-2}E^{-1}\left[2df\right. \\ & \left. - T_{ex}^{-1}\left(\alpha_1\pi d^3 + 8\alpha_2 V\right)\right]\left[2\alpha_2 C_V dVf + \alpha_2 C_V V T_{ex}^{-1}\left(\alpha_1\pi d^3 + 8\alpha_2 V\right)\right] \\ & + 32\alpha_2 d^2 C_V^{-2} T_{ex}^{-1} EV\dot{f} + 4d^2 C_V^{-2}\dot{f}\left\{\alpha_1\pi d^3 R - 8\alpha_2 V(C_V - R)\right\} \end{aligned} \tag{2.4.21}$$

$$Y_1 = 2E^{-2}\Big[\alpha_1^2\pi^2 d^6 R^2 + 4\alpha_1\alpha_2\pi d^3 V\left(C_V^2 - 3C_V R + 4R^2\right) + 32\alpha_2^2 V^2\left(C_V - R\right) \times\left(C_V - 2R\right)\Big] + 8\alpha_2 C_V^{-1} T_{ex}^{-1} V\left(C_V - R\right)\Big[T_{ex}^{-1}\left(\alpha_1\pi d^3 + 8\alpha_2 V\right) - 2df\Big] + 16\alpha_2 E^{-1} V\Big[df\left(C_V - R\right) - T_{ex}^{-1}\left(C_V - 2R\right)\left(\alpha_1\pi d^3 + 8\alpha_2 V\right)\Big] \tag{2.4.22}$$

为了得到最优的$E'(0)$，必须采用穷举法。一旦$E'(0)$确定，则通过式(2.4.19)～式(2.4.22)可以迭代计算得到 E-L 弧。

2.4.3.2 牛顿传热规律下的最优膨胀规律

牛顿传热规律下，传热指数$n=1$，符号函数$\operatorname{sign}(n)=1$。

将$n=1$代入式(2.4.12)和式(2.4.4)可得

$$\dot{V} = -\frac{V}{2dE}\cdot\frac{X_2}{Y_2} \tag{2.4.23}$$

$$\dot{E}(t) = f(t) - \frac{RE(t)\dot{V}(t)}{C_V V(t)} - \left[\frac{\alpha_1\pi d^2}{2} + \frac{4\alpha_2 V(t)}{d}\right]\left[\frac{E(t)}{C_V} - T_{ex}\right] \tag{2.4.24}$$

式中，

$$X_2 = -8\alpha_2 C_V V E^3\left(\alpha_1\pi d^3 + 8\alpha_2 V\right)^2 + 2C_V E^2\left(\alpha_1\pi d^3 + 8\alpha_2 V\right)^2\Big\{2dRf + T_{ex} \times\Big[\alpha_1\pi d^3 R + 8\alpha_2 V\left(C_V + R\right)\Big]\Big\} - C_V^2 E\Big\{2df\Big[2\alpha_1\pi d^3 R + 8\alpha_2 V\left(2R - C_V\right)\Big] + 2T_{ex}\left(\alpha_1\pi d^3 + 8\alpha_2 V\right)\Big[\alpha_1\pi d^3 R + 4\alpha_2 V\left(C_V + 2R\right)\Big]\Big\}\Big[T_{ex}\left(\alpha_1\pi d^3 + 8\alpha_2 V\right) + 2df\Big] + 32\alpha_2 d^2 C_V^4 T_{ex} E V\dot{f} + 4d^2 C_V^2 E^2\dot{f}\Big[\alpha_1\pi d^3 R - 8\alpha_2 V\left(C_V - R\right)\Big] \tag{2.4.25}$$

$$Y_2 = 8\alpha_2 C_V E^2 V\Big[8\alpha_2 V\left(C_V - R\right) - \alpha_1\pi d^3\left(C_V + R\right)\Big] + 8\alpha_2 C_V^3 T_{ex} V \times\Big\{T_{ex}\Big[\alpha_1\pi d^3\left(R - C_V\right) + 8\alpha_2 V\left(C_V + R\right)\Big] + 2df\left(R - C_V\right)\Big\} + 2C_V E \times\Big\{2df\Big[4\alpha_2 V\left(C_V - 2R\right)\left(C_V - R\right) + \alpha_1\pi d^3 R^2\Big] + T_{ex}\Big[\alpha_1^2\pi^2 d^6 R^2 + 8\alpha_1\alpha_2\pi d^3 V\left(C_V^2 + 2R^2\right) - 64\alpha_2^2 V^2\left(C_V^2 - R^2\right)\Big]\Big\} \tag{2.4.26}$$

为了得到最优的$E'(0)$，必须采用穷举法。一旦$E'(0)$确定，则通过式(2.4.23)～式(2.4.26)可以迭代计算得到 E-L 弧。

2.4.3.3 平方传热规律下的最优膨胀规律

平方传热规律下，传热指数 $n=2$，符号函数 $\mathrm{sign}(n)=1$。

将 $n=2$ 代入式 (2.4.12) 和式 (2.4.4) 可得

$$\dot{V}=-\frac{C_V^{-1}V}{2dE}\cdot\frac{X_3}{Y_3} \tag{2.4.27}$$

$$\dot{E}(t)=f(t)-\frac{RE(t)\dot{V}(t)}{C_V V(t)}-\left[\frac{\alpha_1\pi d^2}{2}+\frac{4\alpha_2 V(t)}{d}\right]\left[\frac{E^2(t)}{C_V^2}-T_{\text{ex}}^2\right] \tag{2.4.28}$$

式中，

$$\begin{aligned}X_3={}&2E^6\left[\alpha_1\pi d^3R-8\alpha_2V(C_V-R)\right]\left(\alpha_1\pi d^3+8\alpha_2V\right)^2+\left(\alpha_1\pi d^3+8\alpha_2V\right)^2\\&\times4C_V^2E^4\left\{2dRf+T_{\text{ex}}^2\left[\alpha_1\pi d^3R+8\alpha_2V(C_V+R)\right]\right\}\\&-2C_V^4E^2\left[2df+T_{\text{ex}}^2\left(\alpha_1\pi d^3+8\alpha_2V\right)\right]\Big\{2df\left[3\alpha_1\pi d^3R+8\alpha_2V(3R-C_V)\right]\\&+T_{\text{ex}}^2\left(\alpha_1\pi d^3+8\alpha_2V\right)\left[3\alpha_1\pi d^3R+8\alpha_2V(C_V+3R)\right]\Big\}+32\alpha_2d^2C_V^7T_{\text{ex}}^2EV\dot{f}\\&+8d^2C_V^4E^3\dot{f}\left[\alpha_1\pi d^3R-4\alpha_2V(C_V-2R)\right]\end{aligned} \tag{2.4.29}$$

$$\begin{aligned}Y_3={}&2E^4\Big[\alpha_1^2\pi^2d^6R^2-4\alpha_1\alpha_2\pi d^3V(C_V+4R)(C_V-R)+32\alpha_2^2V^2(C_V-R)\\&\times(C_V-2R)\Big]+8\alpha_2C_V^5T_{\text{ex}}^2V\Big\{T_{\text{ex}}^2\left[\alpha_1\pi d^3(R-C_V)+8\alpha_2V(C_V+R)\right]+2df\\&\times(R-C_V)\Big\}+2C_V^2E^2\Big\{2df\left[4\alpha_2V(C_V-3R)(C_V-2R)+3\alpha_1\pi d^3R^2\right]\\&+T_{\text{ex}}^2\Big[3\alpha_1^2\pi^2d^6R^2+8\alpha_1\alpha_2\pi d^3V\left(C_V^2+C_VR+6R^2\right)-64\alpha_2^2V^2\\&\times\left(C_V^2-C_VR-3R^2\right)\Big]\Big\}\end{aligned} \tag{2.4.30}$$

为了得到最优的 $E'(0)$，必须采用穷举法。一旦 $E'(0)$ 确定，则通过式 (2.4.27)～式 (2.4.30) 可以迭代计算得到 E-L 弧。

2.4.3.4 立方传热规律下的最优膨胀规律

立方传热规律下，传热指数 $n=3$，符号函数 $\mathrm{sign}(n)=1$。

将 $n=3$ 代入式 (2.4.12) 和式 (2.4.4) 可得

$$\dot{V}=-\frac{C_V^{-2}V}{2dE}\cdot\frac{X_4}{Y_4} \tag{2.4.31}$$

$$\dot{E}(t)=f(t)-\frac{RE(t)\dot{V}(t)}{C_V V(t)}-\left[\frac{\alpha_1\pi d^2}{2}+\frac{4\alpha_2 V(t)}{d}\right]\left[\frac{E^3(t)}{C_V^3}-T_{\mathrm{ex}}^3\right] \tag{2.4.32}$$

式中，

$$\begin{aligned}X_4=&6E^9\left[\alpha_1\pi d^3R-4\alpha_2V\left(C_V-2R\right)\right]\left(\alpha_1\pi d^3+8\alpha_2V\right)^2+\left(\alpha_1\pi d^3+8\alpha_2V\right)^2\\&\times 6C_V^3E^6\left\{2dRf+T_{\mathrm{ex}}^3\left[\alpha_1\pi d^3R+8\alpha_2V\left(C_V+R\right)\right]\right\}-12C_V^6E^3\left[2df\right.\\&\left.+T_{\mathrm{ex}}^3\left(\alpha_1\pi d^3+8\alpha_2V\right)\right]\left\{2df\left[\alpha_1\pi d^3R+2\alpha_2V\left(4R-C_V\right)\right]+T_{\mathrm{ex}}^3\left(\alpha_1\pi d^3\right.\right.\\&\left.\left.+8\alpha_2V\right)\left[\alpha_1\pi d^3R+2\alpha_2V\left(C_V+4R\right)\right]\right\}+32\alpha_2d^2C_V^{10}T_{\mathrm{ex}}^3EV\dot{f}\\&+4d^2C_V^6E^4\dot{f}\left[3\alpha_1\pi d^3R-8\alpha_2V\left(C_V-3R\right)\right]\end{aligned} \tag{2.4.33}$$

$$\begin{aligned}Y_4=&2E^6\left[3\alpha_1^2\pi^2d^6R^2-4\alpha_1\alpha_2\pi d^3V\left(C_V^2+5C_VR-12R^2\right)+32\alpha_2^2V^2\left(C_V-2R\right)\right.\\&\left.\times\left(C_V-3R\right)\right]+8\alpha_2\left\{T_{\mathrm{ex}}^3\left[\alpha_1\pi d^3\left(R-C_V\right)+8\alpha_2V\left(C_V+R\right)\right]+2df\left(R-C_V\right)\right\}\\&\times C_V^7T_{\mathrm{ex}}^3V+C_V^3E^3\left\{8df\left[2\alpha_2V\left(C_V-4R\right)\left(C_V-3R\right)+3\alpha_1\pi d^3R^2\right]+4T_{\mathrm{ex}}^n\left[3\alpha_1^2\right.\right.\\&\left.\left.\times\pi^2d^6R^2+4\alpha_1\alpha_2\pi d^3V\left(C_V^2+2C_VR+12R^2\right)-32\alpha_2^2V^2\left(C_V^2-2C_VR-6R^2\right)\right]\right\}\end{aligned} \tag{2.4.34}$$

为了得到最优的 $E'(0)$，必须采用穷举法。一旦 $E'(0)$ 确定，则通过式(2.4.31)~式(2.4.34)可以迭代计算得到 E-L 弧。

2.4.3.5 辐射传热规律下的最优膨胀规律

辐射传热规律下，传热指数 $n=4$，符号函数 $\mathrm{sign}(n)=1$。

将 $n=4$ 代入式(2.4.12)和式(2.4.4)可得

$$\dot{V}=-\frac{C_V^{-3}V}{2dE}\cdot\frac{X_5}{Y_5} \tag{2.4.35}$$

$$\dot{E}(t)=f(t)-\frac{RE(t)\dot{V}(t)}{C_V V(t)}-\left[\frac{\alpha_1\pi \mathrm{d}^2}{2}+\frac{4\alpha_2 V(t)}{d}\right]\left[\frac{E^4(t)}{C_V^4}-T_{\mathrm{ex}}^4\right] \tag{2.4.36}$$

式中，

$$\begin{aligned}X_5 &= 4E^{12}\left[3\alpha_1\pi d^3R - 8\alpha_2V\left(C_V - 3R\right)\right]\left(\alpha_1\pi d^3 + 8\alpha_2V\right)^2 + \left(\alpha_1\pi d^3 + 8\alpha_2V\right)^2\\&\times 8C_V^4E^8\left\{2dRf + T_{\text{ex}}^4\left[\alpha_1\pi d^3R + 8\alpha_2V\left(C_V + R\right)\right]\right\} - 4C_V^8E^4\left[2df + T_{\text{ex}}^4\right.\\&\left.\times\left(\alpha_1\pi d^3 + 8\alpha_2V\right)\right]\left\{2df\left[5\alpha_1\pi d^3R + 8\alpha_2V\left(5R - C_V\right)\right] + \left(\alpha_1\pi d^3 + 8\alpha_2V\right)\right.\\&\left.\times T_{\text{ex}}^4\left[5\alpha_1\pi d^3R + 8\alpha_2V\left(C_V + 5R\right)\right]\right\} + 32\alpha_2d^2C_V^{13}T_{\text{ex}}^4EV\dot{f} + 16d^2C_V^8E^5\dot{f}\\&\times\left[\alpha_1\pi d^3R - 2\alpha_2V\left(C_V - 4R\right)\right]\end{aligned}\tag{2.4.37}$$

$$\begin{aligned}Y_5 &= 4E^8\left[3\alpha_1^2\pi^2d^6R^2 - 2\alpha_1\alpha_2\pi d^3V\left(C_V^2 + 7C_VR - 24R^2\right) + 16\alpha_2^2V^2\right.\\&\left.\times\left(C_V - 3R\right)\left(C_V - 4R\right)\right] + 8\alpha_2C_V^9T_{\text{ex}}^4V\left\{\left[\alpha_1\pi d^3\left(R - C_V\right) + 8\alpha_2V\left(C_V + R\right)\right]\right.\\&\left.\times T_{\text{ex}}^4 + 2df\left(R - C_V\right)\right\} + \left\{2df\left[2\alpha_2V\left(C_V - 5R\right)\left(C_V - 4R\right) + 5\alpha_1\pi d^3R^2\right]\right.\\&+ T_{\text{ex}}^4\left[5\alpha_1^2\pi^2d^6R^2 + 4\alpha_1\alpha_2\pi d^3V\left(C_V^2 + 3C_VR + 20R^2\right) - 32\alpha_2^2V^2\right.\\&\left.\left.\times\left(C_V - 5R\right)\left(C_V + 2R\right)\right]\right\}4C_V^4E^4\end{aligned}\tag{2.4.38}$$

为了得到最优的 $E'(0)$，必须采用穷举法。一旦 $E'(0)$ 确定，则通过式(2.4.35)~式(2.4.38)可以迭代计算得到 E-L 弧。

2.4.4　数值算例与讨论

取气缸内工质的初始体积为 $V(0)=1\times10^{-3}\text{m}^3$，末态体积为 $V_{\text{m}}=8\times10^{-3}\text{m}^3$，活塞直径 $d=0.0798\text{m}$，摩尔定容热容 $C_V=3R/2$，热槽温度 $T_{\text{ex}}=300\text{K}$，理想气体初始热力学能为 $E(0)=3780\text{J}$，膨胀过程总时间为 $t_{\text{m}}=2\text{s}$，给定的泵入热流率 $f(t)=a\cdot t\cdot\exp(-t/b)$，其中 $a=4200\,\text{W/s}$，$b=1\text{s}$。

在本数值算例中，为了便于分析传热系数对不可逆膨胀过程最优构型的影响，假定气缸底的传热系数 α_1 与气缸壁的传热系数 α_2 相等，即 $\alpha_1=\alpha_2=\alpha$。

采用穷举法来确定最优的 $E'(0)$。以线性唯象传热规律下的情况为例，对于每一个给定的 $E'(0)$，由式(2.4.16)可得与其对应的 $V'(0)$。然后通过式(2.4.19)和式(2.4.20)迭代计算得到对应的 E-L 弧。最后，将数值计算得到的 $E(t)$ 和 $V(t)$ 代入式(2.4.18)可得对应的目标函数 W。通过将所有可能的值赋给 $E'(0)$，并重复上述程序，可以确定使得目标函数 W 最大时的 $E'(0)$。一旦确定了最优的 $E'(0)$，通过数值计算可以确定整个 E-L 弧。

2.4.4.1 线性唯象传热规律下的数值算例

表 2.6 为传热系数 α 变化时各状态量所对应的值，图 2.36 为热导率可变时 E-L 弧工质热力学能的最佳时间变化关系，图 2.37 为热导率可变时 E-L 弧工质体积的最佳时间变化关系，图 2.38 为热导率可变和热导率为常数时 E-L 弧工质热力学能的最佳时间变化关系，图 2.39 为热导率可变和热导率为常数时 E-L 弧工质体积的最佳时间变化关系。

表 2.6 线性唯象传热规律下 α 变化时的各对应值

参数	数值		
传热系数 $\alpha/(\mathrm{W\cdot K/m^2})$	1×10^7	2×10^7	3×10^7
绝热过程末态体积 $V'(0)/\times10^{-3}\mathrm{m}^3$	1.3742	1.2215	1.1620
绝热过程末态热力学能 $E'(0)/\mathrm{J}$	3058.19	3308.05	3419.89
E-L 弧末态体积 $V(t_{\mathrm{m}})/\times10^{-3}\mathrm{m}^3$	6.8420	7.3828	7.5795
E-L 弧末态热力学能 $E(t_{\mathrm{m}})/\mathrm{J}$	2937.34	3153.57	3277.01
膨胀过程末态热力学能 $E_{\mathrm{m}}/\mathrm{J}$	2646.57	2989.22	3161.14
膨胀功 W/J	4629.81	4784.30	4872.71
膨胀过程不可逆效率 η	0.6028	0.6229	0.6344

在本数值算例中，E-L 弧上热力学能随时间的变化不是单调的，证明整个膨胀过程中应该有一个最大的热力学能值，这说明在膨胀过程中气体温度并不是单调变小的。根据 $E=C_V T$ 以及图 2.36，可以发现整个 E-L 弧过程中气缸内工质温度都低于热槽温度 $T_{\mathrm{ex}}=300\mathrm{K}$，这说明在这个膨胀过程中工质对环境是吸热而不是放热，吸入的热量和泵入的热流共同通过膨胀转化为对外做的功，从而使输出功达到最大。随着传热系数 α 的增加，过程的最大功逐渐增加，所对应的效率也逐渐增加，这是因为传热系数越大，E-L 弧过程中吸入的热量就越多，对外做的功就越多，效率也就越高。

由图 2.36 还可以发现，E-L 弧工质热力学能的时间变化曲线为类抛物线型，这意味着 E-L 弧部分工质热力学能存在一个最大点。另外，E-L 弧部分末态热力学能 $\left[E(t_{\mathrm{m}})\right]$ 小于 E-L 弧部分初始时刻热力学能 $\left[E'(0)\right]$。由图 2.37 可知，E-L 弧部分初始阶段，工质受到轻微的压缩，然后工质体积单调增加直到膨胀过程结束。

由图 2.38 可知，热导率可变时的最优 $E'(0)$ 与热导率为常数时的最优 $E'(0)$ 相比，存在较大的差异。热导率可变时，$E'(0)=3308.05\mathrm{J}$，热导率为常数时，

$E'(0)=3426.76\text{J}$ 。热导率可变和热导率为常数时 E-L 弧的主要异同点有：工质热力学能的时间变化曲线均为类抛物线型，即 E-L 弧部分工质热力学能存在一个最大点；与热导率为常数时相比，热导率可变时 E-L 弧部分工质热力学能随时间的变化幅度更大。热导率为常数时 E-L 弧上最大热力学能点对应的时刻为 $t=1\text{s}$ ，而热导率可变时 E-L 弧上最大热力学能点对应的时刻为 $t=0.644\text{s}$ 。

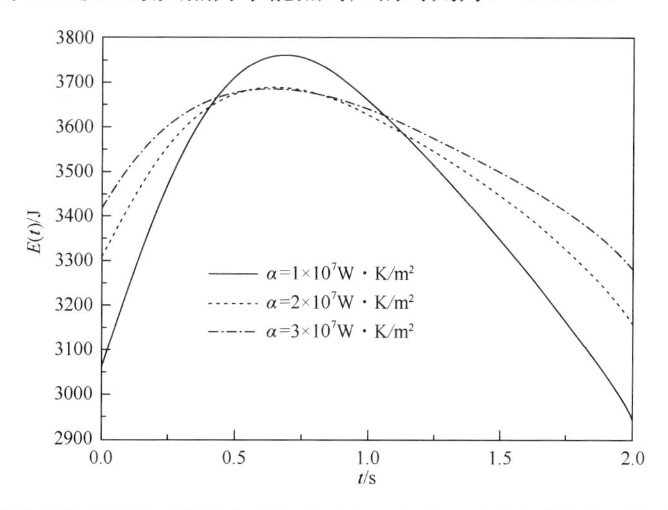

图 2.36　线性唯象传热规律下热导率可变时 E-L 弧部分工质热力学能的最佳时间变化关系

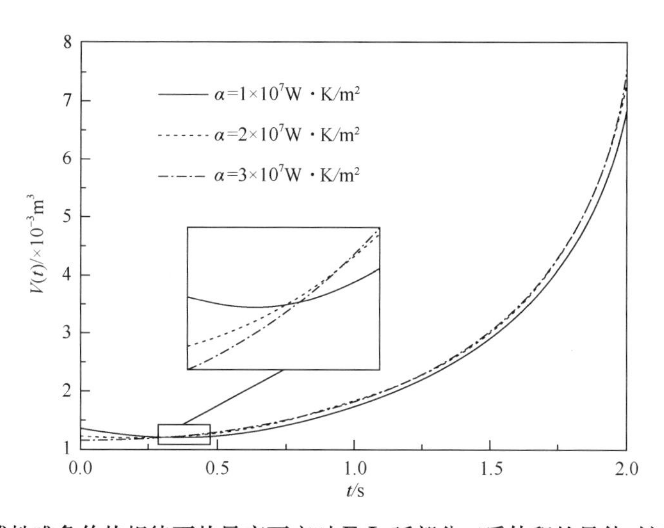

图 2.37　线性唯象传热规律下热导率可变时 E-L 弧部分工质体积的最佳时间变化关系

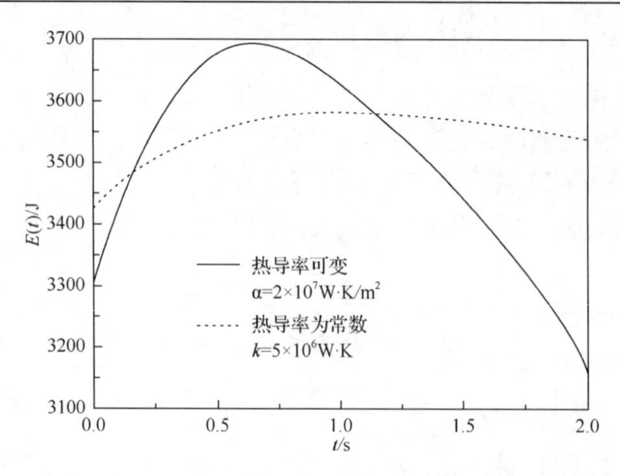

图 2.38 线性唯象传热规律下热导率为常数和可变时 E-L 弧部分工质热力学能的最佳时间变化关系

由图 2.39 可知，热导率可变时在 E-L 弧初始阶段存在轻微的压缩过程，并且压缩过程持续的时间大约为 0.17s，而热导率为常数时，这一轻微的压缩过程就消失了。另外，与热导率为常数时相比，热导率可变时 $V(t)$-t 曲线的曲率较大。这意味着热导率可变时，E-L 弧初始阶段工质膨胀速度较慢，而在 E-L 弧末期，工质迅速膨胀。

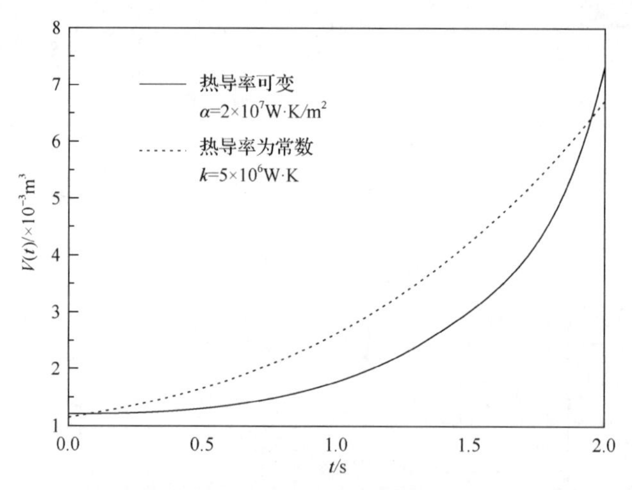

图 2.39 线性唯象传热规律下热导率为常数和可变时 E-L 弧部分工质体积的最佳时间变化关系

两种不同热导率条件下 E-L 弧不同的主要原因如下。热导率为常数时，工质与外热槽的热流率 q 仅仅是工质热力学能 $E(t)$ 的函数，这意味着体积的变化对热流率没有任何影响。而热导率可变时，气缸工质与外热槽的热流率 q 不仅是工质

热力学能 $E(t)$ 的函数，也是工质体积 $V(t)$ 的函数，这意味着体积的变化对热流率 q 有直接的影响。与热导率为常数时相比，膨胀过程中热导率可变时热流率 q 随时间的变化幅度更大。由式(2.4.1)和式(2.4.12)可知，热流率 q 对最优膨胀过程有十分重要的影响。因此，气缸工质与外热槽的热流率 q 的不同，是两种不同热导率条件下 E-L 弧不同的主要原因。

2.4.4.2　牛顿传热规律下的数值算例

表 2.7 为传热系数 α 变化时各状态量所对应的值，图 2.40 为热导率可变时 E-L 弧工质热力学能的最佳时间变化关系，图 2.41 为热导率可变时 E-L 弧工质体积的最佳时间变化关系，图 2.42 为热导率可变和热导率为常数时 E-L 弧工质热力学能的最佳时间变化关系，图 2.43 为热导率可变和热导率为常数时 E-L 弧工质体积的最佳时间变化关系。

表 2.7　牛顿传热规律下 α 变化时的各对应值

参数	数值		
传热系数 $\alpha/\left[W/(m^2\cdot K)\right]$	100	110	120
绝热过程末态体积 $V'(0)/\times10^{-3}m^3$	1.5939	1.5582	1.5251
绝热过程末态热力学能 $E'(0)/J$	2770.20	2812.38	2852.95
E-L 弧末态体积 $V(t_m)/\times10^{-3}m^3$	5.7032	5.8476	5.9427
E-L 弧末态热力学能 $E(t_m)/J$	3204.13	3234.52	3261.84
膨胀过程末态热力学能 E_m/J	2556.98	2624.64	2675.43
膨胀功 W/J	4585.08	4606.90	4627.67
膨胀过程不可逆效率 η	0.5970	0.5998	0.6025

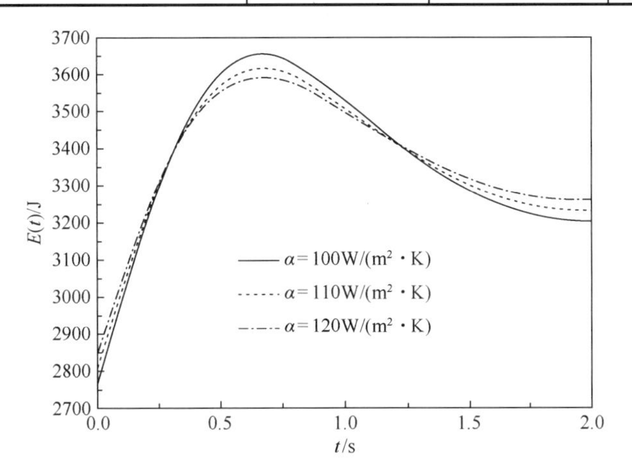

图 2.40　牛顿传热规律下热导率可变时 E-L 弧部分工质热力学能的最佳时间变化关系

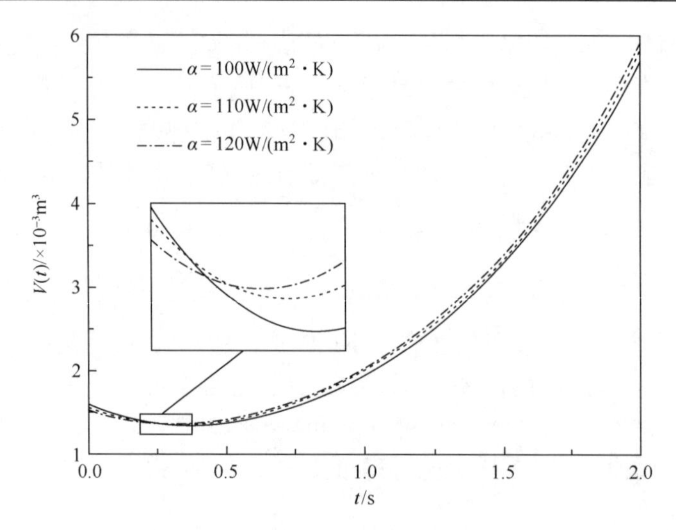

图 2.41 牛顿传热规律下热导率可变时 E-L 弧部分工质体积的最佳时间变化关系

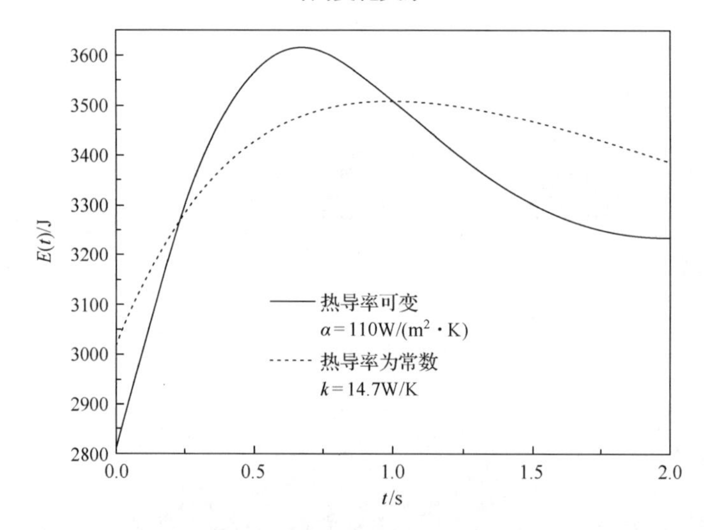

图 2.42 牛顿传热规律下热导率为常数和可变时 E-L 弧部分工质热力学能的最佳时间变化关系

在本数值算例中，整个 E-L 弧过程中气缸内工质温度仍然低于热槽温度，说明整个膨胀过程中工质同样从环境吸热，正是由于吸热，随着传热系数 α 的增加，工质热力学能、过程的最大输出功和对应的效率都有所增加。由图 2.40～图 2.43 可知，牛顿传热规律下的基本特性与线性唯象传热规律下的结论是相似的。

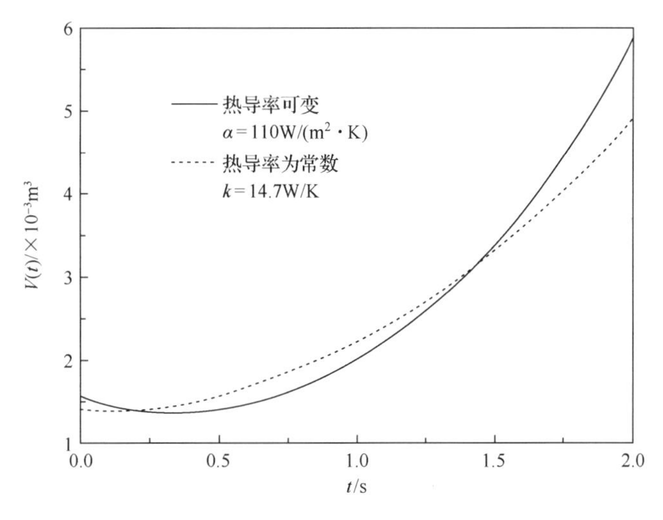

图 2.43　牛顿传热规律下热导率为常数和可变时 E-L 弧部分工质体积的最佳时间变化关系

2.4.4.3　平方传热规律下的数值算例

表 2.8 为传热系数 α 变化时各状态量所对应的值，图 2.44 为热导率可变时 E-L 弧工质热力学能的最佳时间变化关系，图 2.45 为热导率可变时 E-L 弧工质体积的最佳时间变化关系，图 2.46 为热导率可变和热导率为常数时 E-L 弧工质热力学能的最佳时间变化关系，图 2.47 为热导率可变和热导率为常数时 E-L 弧工质体积的最佳时间变化关系。

表 2.8　平方传热规律下 α 变化时的各对应值

参数	数值		
传热系数 $\alpha/\left[\mathrm{W}/(\mathrm{m}^2\cdot\mathrm{K}^2)\right]$	0.212	0.312	0.412
绝热过程末态体积 $V'(0)/\times10^{-3}\mathrm{m}^3$	1.5156	1.3924	1.3176
绝热过程末态热力学能 $E'(0)/\mathrm{J}$	2864.91	3031.46	3145.15
E-L 弧末态体积 $V(t_m)/\times10^{-3}\mathrm{m}^3$	5.8898	6.4166	6.7294
E-L 弧末态热力学能 $E(t_m)/\mathrm{J}$	3273.79	3376.63	3442.50
膨胀过程末态热力学能 E_m/J	2669.28	2914.91	3067.59
膨胀功 W/J	4627.95	4728.02	4799.87
膨胀过程不可逆效率 η	0.6026	0.6156	0.6250

在本数值算例中，整个 E-L 弧过程中气缸内工质温度仍然低于热槽温度，说明整个膨胀过程中工质同样从环境吸热，正是由于吸热，随着传热系数 α 的增加，工质热力学能、过程的最大输出功和对应的效率都有所增加。由图 2.44~图 2.47 可知，平方传热规律下的基本特性与线性唯象传热规律下的结论是相似的。

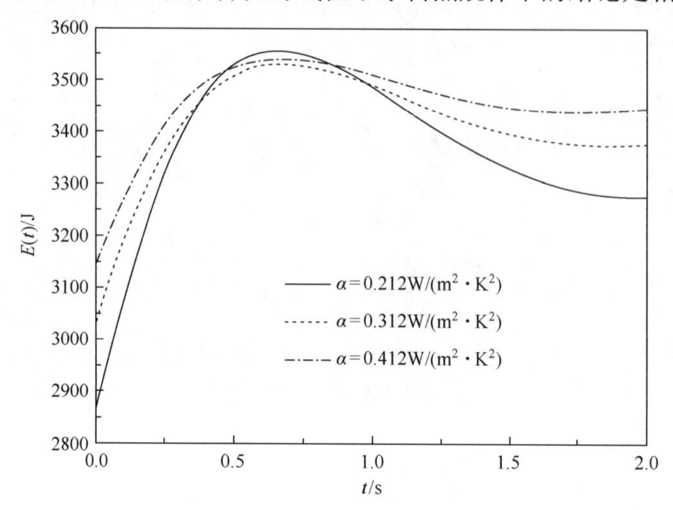

图 2.44 平方传热规律下热导率可变时 E-L 弧部分工质热力学能的最佳时间变化关系

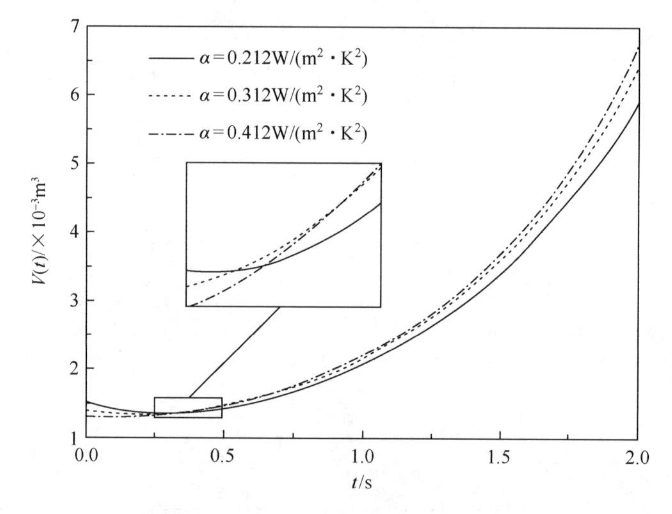

图 2.45 平方传热规律下热导率可变时 E-L 弧部分工质体积的最佳时间变化关系

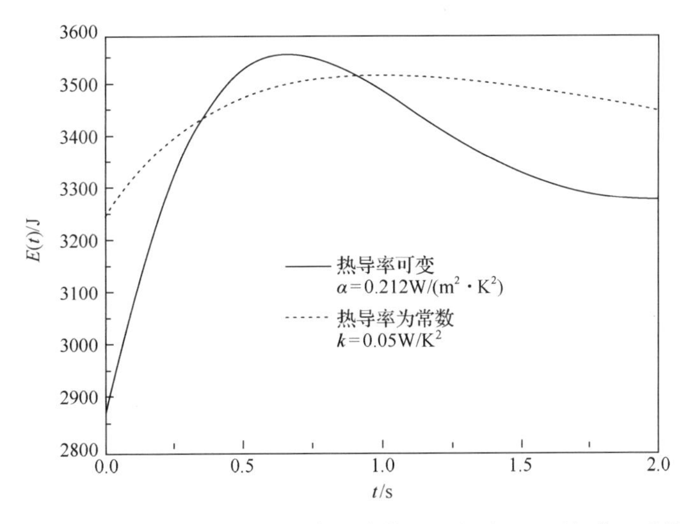

图 2.46　平方传热规律下热导率为常数和可变时 E-L 弧部分工质热力学能的最佳时间变化关系

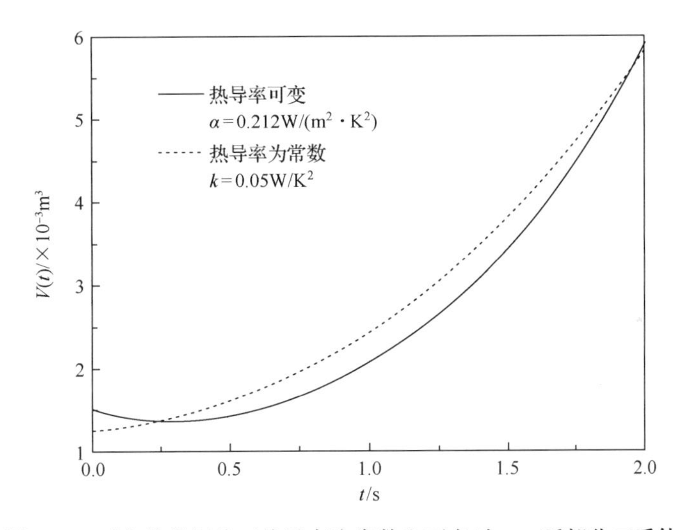

图 2.47　平方传热规律下热导率为常数和可变时 E-L 弧部分工质体积的最佳时间变化关系

2.4.4.4　立方传热规律下的数值算例

表 2.9 为传热系数 α 变化时各状态量所对应的值，图 2.48 为热导率可变时 E-L 弧工质热力学能的最佳时间变化关系，图 2.49 为热导率可变时 E-L 弧工质体积的最佳时间变化关系，图 2.50 为热导率可变和热导率为常数时 E-L 弧工质热力学能的最佳时间变化关系，图 2.51 为热导率可变和热导率为常数时 E-L 弧工质体积的

最佳时间变化关系。

在本数值算例中，整个 E-L 弧过程中气缸内工质温度仍然低于热槽温度，说明整个膨胀过程中工质同样从环境吸热，正是由于吸热，随着传热系数α的增加，工质热力学能、过程的最大输出功和对应的效率都有所增加。由图 2.48~图 2.51 可知，立方传热规律下的基本特性与线性唯象传热规律下的结论是相似的。

表 2.9 立方传热规律下 α 变化时的各对应值

参数	数值		
传热系数 $\alpha/\left[\times 10^{-4}\ \mathrm{W/(m^2 \cdot K^3)}\right]$	3	4	5
绝热过程末态体积 $V'(0)/\times 10^{-3}\mathrm{m}^3$	1.6740	1.5777	1.5027
绝热过程末态热力学能 $E'(0)$/J	2681.17	2789.15	2881.17
E-L 弧末态体积 $V(t_{\mathrm{m}})/\times 10^{-3}\mathrm{m}^3$	4.8792	5.4301	5.8119
E-L 弧末态热力学能 $E(t_{\mathrm{m}})$/J	3172.60	3230.71	3285.90
膨胀过程末态热力学能 E_{m}/J	2281.69	2495.22	2655.47
膨胀功 W/J	4516.85	4575.07	4629.33
膨胀过程不可逆效率 η	0.5881	0.5957	0.6027

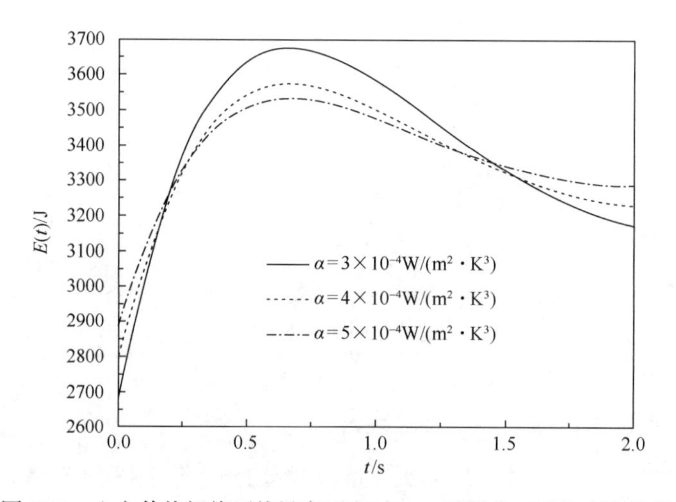

图 2.48 立方传热规律下热导率可变时 E-L 弧部分工质热力学能的最佳时间变化关系

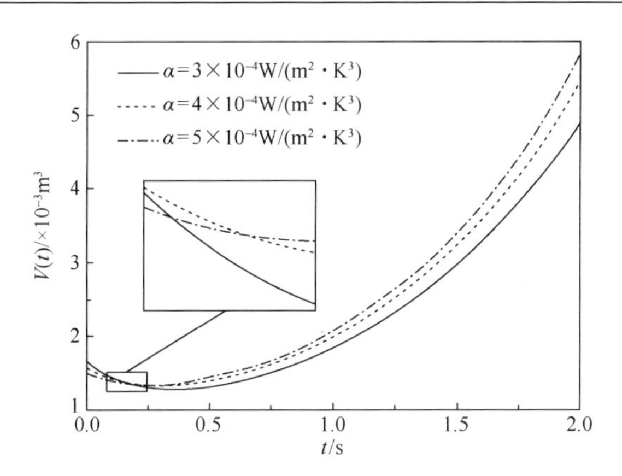

图 2.49　立方传热规律下热导率可变时 E-L 弧部分工质体积的最佳时间变化关系

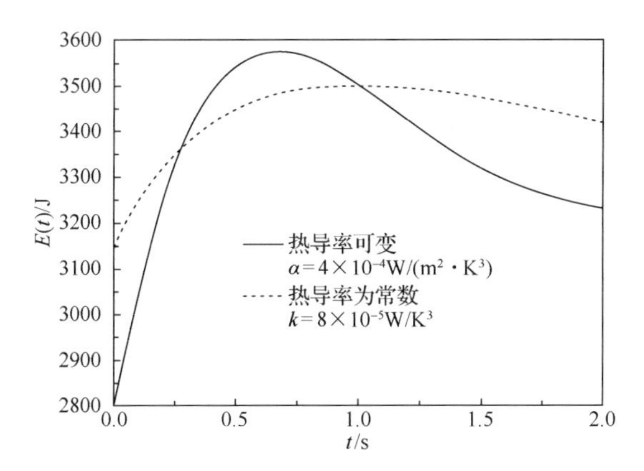

图 2.50　立方传热规律下热导率为常数和可变时 E-L 弧部分工质热力学能的最佳时间变化关系

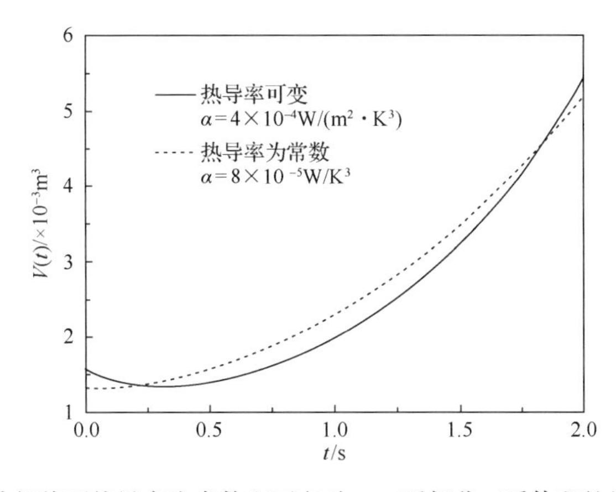

图 2.51　立方传热规律下热导率为常数和可变时 E-L 弧部分工质体积的最佳时间变化关系

2.4.4.5 辐射传热规律下的数值算例

表 2.10 为传热系数 α 变化时各状态量值，图 2.52 为热导率可变时 E-L 弧工质热力学能的最佳时间变化关系，图 2.53 为热导率可变时 E-L 弧工质体积的最佳时间变化关系，图 2.54 为热导率可变和热导率为常数时 E-L 弧工质热力学能的最佳时间变化关系，图 2.55 为热导率可变和热导率为常数时 E-L 弧工质体积的最佳时间变化关系。

表 2.10 辐射传热规律下 α 变化时的各对应值

参数	数值		
传热系数 $\alpha/[\times10^{-6}\ \mathrm{W/(m^2\cdot K^4)}]$	1.31	2.31	3.31
绝热过程末态体积 $V'(0)/\times10^{-3}\mathrm{m}^3$	1.4930	1.3272	1.2452
绝热过程末态热力学能 $E'(0)/\mathrm{J}$	2893.63	3129.05	3265.81
E-L 弧末态体积 $V(t_\mathrm{m})/\times10^{-3}\mathrm{m}^3$	5.7172	6.5451	6.9625
E-L 弧末态热力学能 $E(t_\mathrm{m})/\mathrm{J}$	3294.70	3431.12	3506.55
膨胀过程末态热力学能 E_m/J	2633.57	3001.37	3196.42
膨胀功 W/J	4628.14	4781.82	4873.69
膨胀过程不可逆效率 η	0.6026	0.6226	0.6346

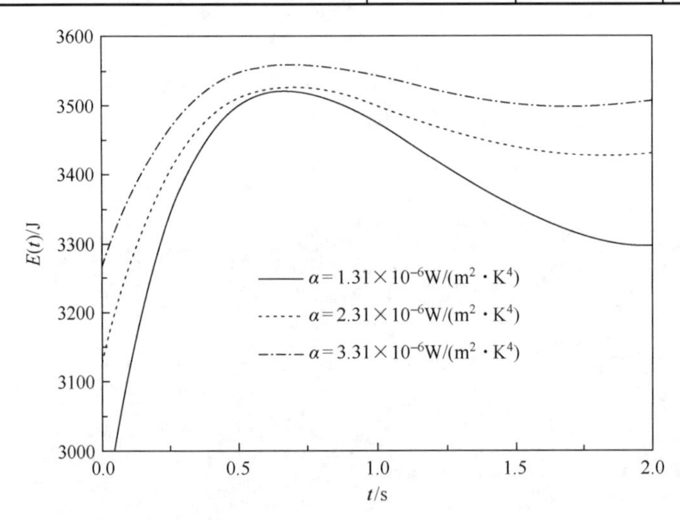

图 2.52 辐射传热规律下热导率可变时 E-L 弧部分工质热力学能的最佳时间变化关系

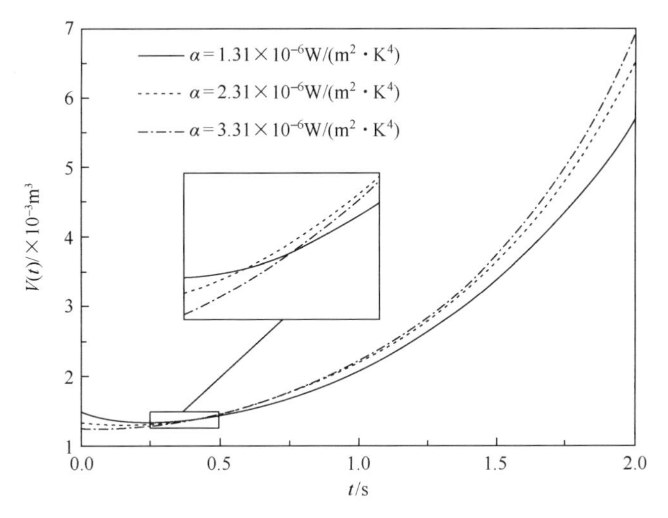

图 2.53　辐射传热规律下热导率可变时 E-L 弧部分工质体积的最佳时间变化关系

在本数值算例中，整个 E-L 弧过程中气缸内工质温度仍然低于热槽温度，说明整个膨胀过程中工质同样从环境吸热，正是由于吸热，随着传热系数 α 的增加，工质热力学能、过程的最大输出功和对应的效率都有所增加。由图 2.52～图 2.55 可知，辐射传热规律下的基本特性与线性唯象传热规律下的结论是相似的。

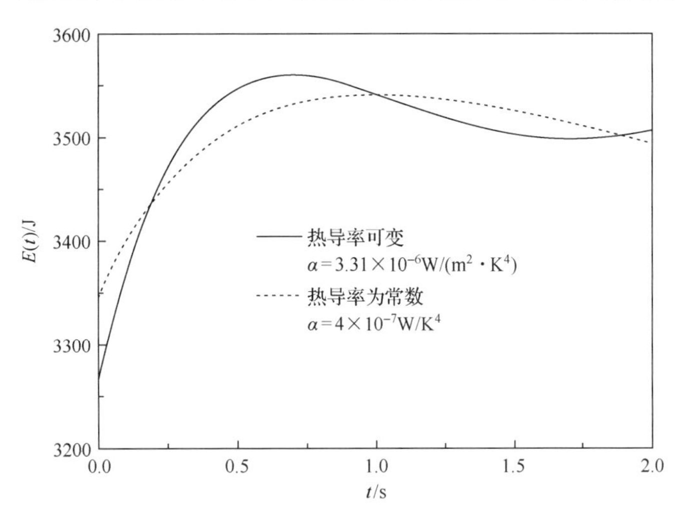

图 2.54　辐射传热规律下热导率为常数和可变时 E-L 弧部分工质热力学能的最佳时间变化关系

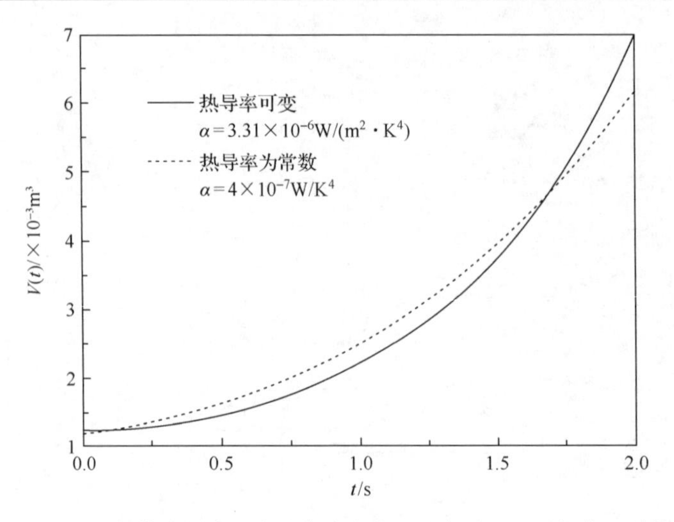

图 2.55　辐射传热规律下热导率为常数和可变时 E-L 弧部分工质体积的最佳时间变化关系

2.4.4.6　五种特殊传热规律下最优膨胀规律的比较

在本算例中，当$n=-1$时取α=$1\times10^7\ \mathrm{W\cdot K/m^2}$，当$n=1$时取$\alpha$=$120\ \mathrm{W/\left(m^2\cdot K\right)}$，当$n=2$时取$\alpha$=$0.212\ \mathrm{W/\left(m^2\cdot K^2\right)}$，当$n=3$时取$\alpha$=$5\times10^{-4}\ \mathrm{W/\left(m^2\cdot K^3\right)}$，当$n=4$时取$\alpha$=$1.31\times10^{-6}\ \mathrm{W/\left(m^2\cdot K^4\right)}$。由表 4.1~表 4.5 可知，当传热系数$\alpha$取上述值时，不同传热规律条件下不可逆效率$\eta$非常接近。图 2.56 为五种特殊传热规律下 E-L

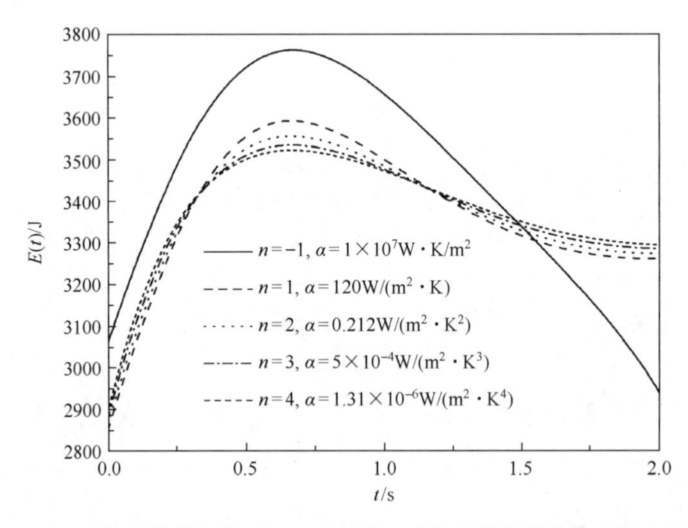

图 2.56　五种特殊传热规律下 E-L 弧部分工质热力学能的最佳时间变化关系

弧工质热力学能的最佳时间变化关系，图 2.57 为五种特殊传热规律下 E-L 弧工质体积的最佳时间变化关系。

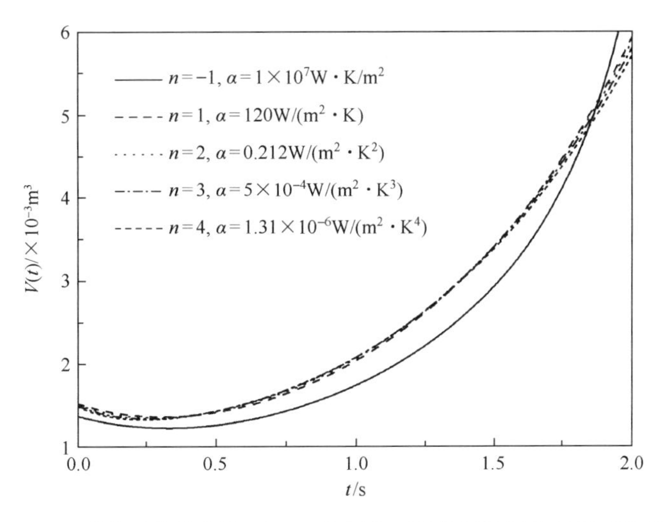

图 2.57　五种特殊传热规律下 E-L 弧部分工质体积的最佳时间变化关系

由图 2.56 可知，不同传热规律下工质热力学能最大点对应的时刻几乎相同。当传热指数 $n \geqslant 1$ 时，不同传热规律下的 $E(t)$-t 曲线非常相似，而且随着传热指数 n 的增加，E-L 弧上工质热力学能的最大值逐渐减小。当传热指数 $n=-1$ 时的 $E(t)$-t 曲线与其他四种传热规律下的 $E(t)$-t 曲线存在明显区别：$n=-1$ 时 E-L 弧部分初始热力学能 $\left[E'(0)\right]$ 和工质热力学能的最大值大于其他四种传热规律下得到的值，而 E-L 弧部分末态热力学能 $\left[E(t_{\mathrm{m}})\right]$ 小于其他四种传热规律下得到的值；$n=-1$ 时，E-L 弧部分末态热力学能 $\left[E(t_{\mathrm{m}})\right]$ 小于 E-L 弧部分初始热力学能 $\left[E'(0)\right]$，而其他四种传热规律下，E-L 弧部分末态热力学能 $\left[E(t_{\mathrm{m}})\right]$ 大于 E-L 弧部分初始热力学能 $\left[E'(0)\right]$。由图 2.57 可知，在 E-L 弧的初始阶段，不同传热规律下均存在一段压缩过程，并且随着传热指数 n 的增加，压缩过程持续的时间逐渐缩短。

2.5　本 章 小 结

本章建立了广义辐射传热规律下活塞式气缸加热气体膨胀模型，利用最优控制理论对给定初态热力学能、初态体积、末态体积以及过程时间时，加热气体膨胀过程的最优构型进行了研究，求出了最大膨胀功输出时膨胀过程的最优构型。利用泰勒级数展开的方法得出了各分支之间转换点参数的近似解析解，给出了数值算例，将几种特殊传热规律下加热气体膨胀过程的最优构型进行了比较，并将优化的结果应用到线性唯象传热规律下活塞式加热气缸不可逆膨胀过程的功率优化、外燃机运行过程优化以及内燃机运行过程优化中；进一步考虑活塞运动对热导率的影响，建立了一个热导率随时间变化的、更符合实际的活塞式加热气缸中理想气体不可逆膨胀过程的理论模型，并基于此模型，在广义辐射传热规律 $\left[q \propto \Delta(T^n)\right]$ 下，以膨胀功最大为优化目标，通过建立变更的拉格朗日函数，对不可逆膨胀过程的最优构型进行了研究。给出了线性唯象（$n=-1$）、牛顿（$n=1$）、平方（$n=2$）、立方（$n=3$）和辐射（$n=4$）传热规律下，热导率可变时不可逆膨胀过程最优构型的数值算例，分析了变热导率和传热规律对不可逆膨胀过程最优构型的影响。本章主要结论如下。

(1)广义辐射传热规律下的最优膨胀规律均由两级瞬时绝热过程和一级 E-L 弧串接组成，且初始的和最终的绝热过程形式完全一致。

(2)将几种特殊传热规律下加热气体膨胀的最优构型进行了研究比较，可知这几种不同的传热规律下循环的最优构型有显著不同：虽然几种特殊传热规律下的最优膨胀规律均由两级瞬时绝热过程和一个最大膨胀功输出分支(E-L 弧)串接组成，但几种传热规律下的 E-L 弧形式完全不同，初始绝热过程的终点位置也不相同；由于 E-L 弧不同，故整个膨胀规律、所做出的最大功也不相同，E-L 弧也称最大膨胀功弧，E-L 弧对整体性能有很大影响，所以研究传热规律对膨胀规律的影响是十分必要的。

(3)几种特殊传热规律下活塞式加热气缸膨胀的最优构型 E-L 弧过程中的气缸内工质温度都是低于热槽温度的，说明整个膨胀过程中理想气体是从环境吸热而不是放热，随着热导率 k 的增加，过程的最大功逐渐增加，所对应的效率也逐渐增加。

(4)线性唯象传热规律下活塞式加热气缸膨胀过程功率优化的最优构型中，随着热导率 k 的增加，最大输出功率和给定功率时的最大膨胀功都逐渐增加，这是因为整个 E-L 弧过程中气缸内理想气体温度都是低于热槽温度的，整个膨胀过程中理想气体对环境是吸热而不是放热，吸入的热量和泵入的热流共同通过膨胀转化为对外做的功。

(5)线性唯象传热规律下的内燃机最优运行过程与牛顿传热规律下的内燃机最优运行过程都由初始的绝热过程、中间的一个最大膨胀功输出分支(E-L 弧)及最后的绝热过程组成；但是两种传热规律下压缩与功率冲程的过程完全不同。

(6)线性唯象传热规律下的外燃机最优循环与牛顿传热规律下的外燃机最优循环都由准循环过程和完全循环过程组成，当缸内理想气体温度达到稳态初始温度时，发生由准循环向完全循环过程的转变；但是两种传热规律下准循环与完全循环的最优压缩比、最大膨胀功和对应的效率都不同，稳态初始温度也不同。

(7) 热导率可变和热导率为常数时 E-L 弧的主要异同点有：工质热力学能的时间变化曲线均为类抛物线型，即 E-L 弧部分工质热力学能存在一个最大点；与热导率为常数时相比，热导率可变时 E-L 弧部分工质热力学能随时间的变化幅度更大，并且 $V(t)-t$ 曲线的曲率较大；不同类型热导率条件下，得到的最大热力学能点所对应的时刻有明显差异。

(8) 热导率可变时，不同传热规律下 E-L 弧的主要异同点有：不同传热规律下工质热力学能最大点对应的时刻几乎相同。当传热指数 $n \geqslant 1$ 时，不同传热规律下的 $E(t)-t$ 曲线非常相似，而且随着传热指数 n 的增加，E-L 弧上工质热力学能的最大值逐渐减小。传热指数 $n=-1$ 时的 $E(t)-t$ 曲线与其他四种传热规律下的 $E(t)-t$ 曲线存在明显区别：$n=-1$ 时 E-L 弧部分初始热力学能 $\left[E'(0)\right]$ 和工质热力学能的最大值大于其他四种传热规律下得到的值，而 E-L 弧部分末态热力学能 $\left[E(t_{\mathrm{m}})\right]$ 小于其他四种传热规律下得到的值；$n=-1$ 时，E-L 弧部分末态热力学能 $\left[E(t_{\mathrm{m}})\right]$ 小于 E-L 弧部分初始热力学能 $\left[E'(0)\right]$，而其他四种传热规律下，E-L 弧部分末态热力学能 $\left[E(t_{\mathrm{m}})\right]$ 大于 E-L 弧部分初始热力学能 $\left[E'(0)\right]$。在 E-L 弧的初始阶段，不同传热规律下均存在一段压缩过程，并且随着传热指数 n 的增加，压缩过程持续的时间逐渐缩短。

(9) 本章研究结果表明，热导率可变时的 E-L 弧与热导率为常数时的 E-L 弧存在明显的差别，因此，建立一个更符合实际的活塞式加热气缸中理想气体不可逆膨胀过程的理论模型，以及在此模型下重新研究不可逆膨胀过程的最优构型是十分必要的。

第 3 章　内燃机活塞运动最优路径

3.1　引　　言

1981~1982 年，Mozurkewich 和 Berry[450, 451]研究了牛顿传热规律[$q \propto \Delta(T)$]下存在摩擦和热漏损失的 Otto 循环内燃机最大输出功时整个循环活塞运动的最优路径。1985 年，Hoffmann 等[452]进一步考虑燃料有限燃烧速率对内燃机性能的影响，研究了牛顿传热规律下存在摩擦、热漏和燃料不完全燃烧等损失的 Diesel 循环内燃机最大输出功时活塞运动的最优路径。作为最优控制理论外的可取方法，1995 年，Blaudeck 和 Hoffmann[453]采用蒙特卡罗模拟的方法研究了牛顿传热规律下 Diesel 循环内燃机输出功最大时活塞运动的最优路径。

实际传热规律不总是服从牛顿传热规律的，传热规律不仅影响给定热力过程的最优性能[253-268]，而且影响给定优化目标下的最优热力过程。Burzler[126]、Burzler 和 Hoffmann[468]考虑热漏服从牛顿-辐射复合传热规律[$q \propto \Delta(T) + \Delta(T^4)$]和非理想工质等因素，以最大输出功为目标对 Diesel 循环内燃机压缩冲程及功率冲程活塞运动的最优路径进行了研究。

本章将考虑气缸内工质与气缸外壁间传热服从广义辐射传热规律[$q \propto \Delta(T^n)$]，应用最优控制理论以循环最大输出功为目标分别优化 Otto 循环和 Diesel 循环内燃机活塞运动路径。

3.2　广义辐射传热规律下 Otto 循环内燃机最大输出功

3.2.1　物理模型

考虑一类四冲程 Otto 循环内燃机，忽略燃料有限燃烧速率对内燃机性能的影响，认为燃烧过程瞬时完成，耗油量给定等效为功率冲程工质初始温度给定，假定活塞式气缸内部的工质为理想气体，在活塞运动过程中能始终保持内平衡。另外，根据文献[126]、[449]~[453]、[468]、[516]对内燃机的主要损失和传统内燃机活塞运动规律进行了定性和定量的描述与简化。

3.2.1.1　热漏损失

在实际内燃机中，由于气缸内工质与缸外壁的传热而引起的功率损失约占总功率的 12%[449]。在如图 3.1 所示活塞式气缸模型[516]中，设内部工质温度为 T，气缸外壁温度为 T_{w}，传热系数为 α，气缸内径为 d，活塞所处的位置为 X，工质与气缸外壁间传热服从广义辐射传热规律[$q \propto \Delta(T^n)$]，得热漏流率 q_{w} 为

$$q_{\mathrm{w}} = \alpha \pi d(d/2 + X)(T^n - T_{\mathrm{w}}^n) \tag{3.2.1}$$

传热只对功率冲程有重要影响，在其他冲程可以忽略。

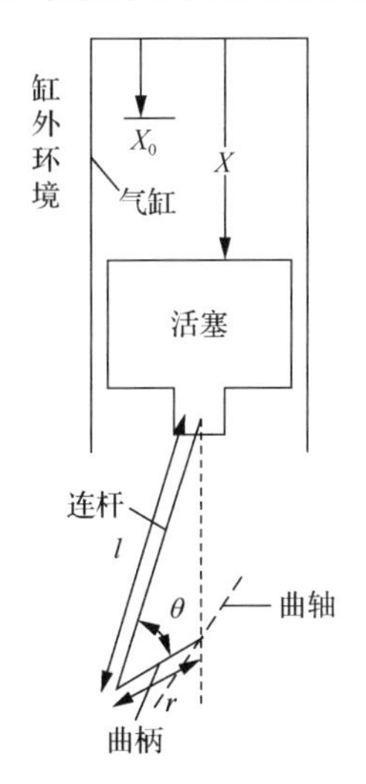

图 3.1　内燃机活塞式气缸模型

3.2.1.2　其他各项损失

在实际内燃机中，摩擦损失约占内燃机总功率的 20%，其中 75%是由于活塞环和气缸壁之间的摩擦带来的损失，另外 25%是由曲轴轴承的摩擦带来的损失[449]，后者与活塞运动规律无关。若内燃机每循环可逆功为 W_{rev}，每循环摩擦损失功为 $W_{f,\tau}$，则 $W_{f,\tau} = 0.15 W_{\mathrm{rev}}$。不考虑工质的黏性，假设摩擦力与活塞的速度成正比。在内燃机压缩冲程及排气冲程中，设活塞与气缸壁之间的摩擦系数为 μ，活塞速度为 v，则摩擦力为 $f = \mu v$。在功率冲程中，由于活塞的上端面必须承受内部工质的巨大压力作用，相应的摩擦力较大，本节假定功率冲程的摩擦系数为 2μ。对于进气冲程，当气体通过进气阀时由于黏性引起压降而产生的损失，这一压差与速度呈正比关系[449]，所以这一损失可以包含在摩擦项中，本节假定进气冲程的摩擦系数为 3μ。此外，对于功率冲程的燃料燃烧引起的时间损失、排气冲程的压降损失及该冲程结束前排气阀提前开启造成的排气损失等各种损失，因为与热漏损失和摩擦损失相比较小予以忽略。

3.2.2 传统内燃机活塞运动规律

图 3.1 为典型的活塞式气缸结构，X_0 为功率冲程活塞初始位置，l 为连杆长度，r 为曲柄长度，θ 为曲轴旋转角度。分析该结构各部件的几何关系易得活塞的运动方程为[516]

$$v=\dot{X}=(2\pi\Delta X/\tau)(\sin\theta)\{1+r\cos\theta[1-(r/l)^2\sin^2\theta]/l\}^{-1/2} \tag{3.2.2}$$

式中，$\theta=4\pi t/\tau$；$\Delta X=2r$；τ 为循环总时间(四冲程内燃机每循环曲轴旋转两圈)。若功率冲程活塞末态位置为 $X_{\rm f}$，显然有 $X_{\rm f}=X_0+2r$。当 $t=0$ 时，$X=X_0$。如果 $r/l=0$，活塞的运动就是纯正弦运动规律。

3.2.3 优化方法

优化问题的求解包含两个方面：第一，寻求每个冲程的活塞最优运动规律；第二，优化循环总时间 τ 在每个冲程的分配。内燃机的四个冲程分为功率冲程和无功冲程两类。无功冲程包括进气冲程、压缩冲程和排气冲程，三者皆为耗功冲程且不考虑热漏损失，因此对三个无功冲程可作为一个整体进行优化。相应地，优化过程分为无功冲程优化和功率冲程优化。具体的优化步骤为：首先对于三个无功冲程，以摩擦损失最小为目标优化每个无功冲程的活塞运动规律；然后以三个无功冲程总的摩擦损失 $W_{f,t_{\rm np}}$ 最小为目标优化无功冲程总时间 $t_{\rm np}$ 在各个无功冲程的时间分配；接着对于功率冲程，以冲程输出功 $W_{\rm p}$ 最大为目标优化活塞运动规律；最后对于整个循环，以循环输出功 W_τ 最大为目标优化循环总时间 τ 在无功冲程总时间 $t_{\rm np}$ 和功率冲程时间 $t_{\rm p}$ 之间的分配。

3.2.3.1 无功冲程优化

首先，以摩擦损失最小为目标优化每个无功冲程的活塞运动规律。在时间为 t_1 的单个无功冲程内，摩擦损失 W_{f,t_1} 为

$$W_{f,t_1}=\int_0^{t_1}\mu v^2{\rm d}t \tag{3.2.3}$$

由文献[126]、[450]~[453]的无功冲程优化结果可知，当无加速度约束时，无功冲程的活塞运动最优规律为：整个冲程活塞匀速运行，速度为冲程长度 ΔX 与该冲程所耗时间 t_1 之比；当限制加速度为 $a_{\max}$ 时，无功冲程活塞运动的最优规律变为：从初速度 $v=0$ 开始，以最大加速度 $a_{\max}$ 加速运行直到某一时间 $t_{\rm a}$，然后以速度 $v=a_{\rm m}t_{\rm a}$ 运行直到时刻 $t_1-t_{\rm a}$，最后再以最大加速度 $-a_{\max}$ 减速运行到终点同时

$v=0$。对于限制加速度条件下的无功冲程活塞最优运动规律，时间 t_a 及摩擦损失 W_{f,t_1} 按如下方法计算：在时间 t_1 内活塞运行距离 ΔX 为

$$\Delta X = a_{\max} t_a^2 + a_{\max} t_a (t_1 - 2t_a) \tag{3.2.4}$$

求解 t_a 得

$$t_a = t_1(1-y_1)/2 \tag{3.2.5}$$

式中，$y_1 = (1-4\Delta X / a_{\max} {t_1}^2)^{1/2}$，对式(3.2.3)分段积分得

$$W_{f,t_1} = \mu[2\int_0^{t_a} (a_{\max} t)^2 \mathrm{d}t + \int_{t_a}^{t_1-t_a} (a_{\max} t_a)^2 \mathrm{d}t] \tag{3.2.6}$$

将式(3.2.5)代入式(3.2.6)得

$$W_{f,t_1} = \mu a_{\max}^2 {t_1}^3 (1+2y_1)(1-y_1)^2 / 12 \tag{3.2.7}$$

其次，以三个无功冲程总的摩擦损失 $W_{f,t_{np}}$ 最小为目标优化无功冲程总时间 t_{np} 在各个无功冲程的时间分配。因为排气和压缩冲程的摩擦系数相同，所以在这两个冲程耗费时间也均为 t_1。进气冲程的摩擦系数为 3μ，设其耗费的时间为 t_2，则三个无功冲程的总时间为 $t_{np} = 2t_1 + t_2$。由式(3.2.7)进一步得三个无功冲程总的摩擦损失 $W_{f,t_{np}}$ 为

$$W_{f,t_{np}} = \mu a_{\max}^2 [2{t_1}^3 (1-y_1)^2 (1+2y_1) + 3{t_2}^3 (1-y_2)^2 (1+2y_2)]/12 \tag{3.2.8}$$

式中，$y_2 = (1-4\Delta X / a_{\max} {t_2}^2)^{1/2}$。由极值条件 $\partial W_{f,t_{np}} / \partial t_2 = 0$ 得

$${t_1}^2 (1-y_1)^2 = 3{t_2}^2 (1-y_2)^2 \tag{3.2.9}$$

给定无功冲程总时间 t_{np}，由式(3.2.9)通过数值计算可得 t_1 和 t_2。

对于无加速度约束情形即 $a_{\max} \to \infty$，式(3.2.9)变为

$$t_2 = \sqrt{3} t_1 \tag{3.2.10}$$

此时三个无功冲程总摩擦损失即式(3.2.8)变为

$$W_{f,t_{np}} = \mu (2+\sqrt{3})^2 (\Delta X)^2 / t_{np} \tag{3.2.11}$$

3.2.3.2 功率冲程优化

对于功率冲程，以冲程输出功W_{p}最大为目标优化活塞运动规律，即确定冲程输出功W_{p}与时间t_{p}的最优关系。与无功冲程优化仅考虑摩擦不同，功率冲程优化需要同时考虑热漏和摩擦对活塞运动最优路径的影响。

1. 无时间约束情形

用活塞位置X代替时间t，就不必对功率冲程的时间范围作出特殊的限定。设气缸内工质摩尔数为N，气体常数为R，工质热容为C。根据热力学第一定律有

$$\frac{\mathrm{d}T}{\mathrm{d}X}=-\frac{1}{NC}\left[\frac{NRT}{X}+\frac{\alpha\pi d}{v}\left(\frac{d}{2}+X\right)(T^n-T_{\mathrm{w}}^n)\right] \tag{3.2.12}$$

优化目标为获得功率冲程的最大输出功W_{p}，即

$$\max \quad W_{\mathrm{p}}=\int_{X_0}^{X_{\mathrm{f}}}\left(\frac{NRT}{X}-2\mu v\right)\mathrm{d}X \tag{3.2.13}$$

现在的问题是在式(3.2.12)的约束下求式(3.2.13)中W_{p}的最大值，建立哈密顿函数如下。

$$H=\frac{NRT}{X}-2\mu v-\frac{\lambda}{NC}\left[\frac{NRT}{X}+\frac{\alpha\pi d}{v}\left(\frac{d}{2}+X\right)(T^n-T_{\mathrm{w}}^n)\right] \tag{3.2.14}$$

优化问题的协态方程为

$$\frac{\mathrm{d}\lambda}{\mathrm{d}X}=-\frac{\partial H}{\partial T}=-\frac{NR}{X}+\frac{\lambda R}{CX}+\frac{\lambda n\alpha\pi d(d/2+X)T^{n-1}}{NCv} \tag{3.2.15}$$

由极值条件$\partial H/\partial v=0$得

$$v=\sqrt{\frac{\lambda\alpha\pi d(d/2+X)(T^n-T_{\mathrm{w}}^n)}{2\mu NC}} \tag{3.2.16}$$

边界条件为

$$T(X_0)=T_{\mathrm{p0}},\quad \lambda(X_{\mathrm{f}})=0 \tag{3.2.17}$$

式中，T_{p0}为活塞在位置X_0处气缸内工质的温度。优化问题无解析解，需要用

数值方法求解。对于数值计算，首先需要猜测一个初值 $\lambda(X_0)$，由式(3.2.12)、式(3.2.15)和式(3.2.16)迭代计算求解 $\lambda(X_{\mathrm{f}})$，然后不断改变 $\lambda(X_0)$ 的值，直到 $\lambda(X_{\mathrm{f}})=0$。

2. 无加速度约束情形

此时，加速度可取任意值，即速度可实现突变，因此不必对活塞在功率冲程两个端点的速度作出限定。优化问题变为求解时间 t_{p} 内功率冲程最大输出功，即

$$\max \quad W_{\mathrm{p}}=\int_0^{t_{\mathrm{p}}}(NRT\dot{X}/X-2\mu\dot{X}^2)\mathrm{d}t \tag{3.2.18}$$

式(3.2.12)变为

$$\dot{T}=\frac{-1}{NC}\left[\frac{NRT\dot{X}}{X}+\alpha\pi d\left(\frac{d}{2}+X\right)(T^n-T_{\mathrm{w}}^n)\right] \tag{3.2.19}$$

式中，$\dot{T}=\mathrm{d}T/\mathrm{d}t$，参数上带点表示对时间的导数。对于带微分式(3.2.19)的最优控制问题，建立变更的拉格朗日函数如下：

$$L=\frac{NRT\dot{X}}{X}-2\mu\dot{X}^2+\lambda\left[\dot{T}+\frac{RT\dot{X}}{CX}+\frac{\alpha\pi d}{NC}\left(\frac{d}{2}+X\right)(T^n-T_{\mathrm{w}}^n)\right] \tag{3.2.20}$$

式中，λ 为与时间 t 有关的拉格朗日乘子。式(3.2.20)取极大值的必要条件为如下的欧拉-拉格朗日方程组成立：

$$\frac{\partial L}{\partial X}-\frac{\mathrm{d}}{\mathrm{d}t}\left(\frac{\partial L}{\partial\dot{X}}\right)=0,\quad \frac{\partial L}{\partial T}-\frac{\mathrm{d}}{\mathrm{d}t}\left(\frac{\partial L}{\partial\dot{T}}\right)=0 \tag{3.2.21}$$

将式(3.2.20)代入式(3.2.21)经推导得下列微分方程组：

$$\dot{X}=v \tag{3.2.22}$$

$$\dot{v}=\frac{\alpha\pi d}{4\mu NC}\left\{\frac{NR}{X}\left(\frac{d}{2}+X\right)(T_{\mathrm{w}}^n-T^n)+\lambda\left[\frac{RT_{\mathrm{w}}^n}{CX}\left(\frac{d}{2}+X\right)-(T^n-T_{\mathrm{w}}^n)\right]\right\} \tag{3.2.23}$$

$$\dot{\lambda}=\frac{NRv}{X}+\frac{\lambda Rv}{CX}+\frac{\lambda n\alpha\pi dT^{n-1}}{NC}\left(\frac{d}{2}+X\right) \tag{3.2.24}$$

边界条件为

$$X(0)=X_0,\quad X(t_{\mathrm{p}})=X_{\mathrm{f}},\quad T(0)=T_{\mathrm{p0}},\quad \lambda(t_{\mathrm{p}})=\partial L/\partial T\,|_{t=t_{\mathrm{p}}}=0 \tag{3.2.25}$$

式(3.2.19)和式(3.2.22)~式(3.2.24)确定了优化问题的最优解，可求出以时间t_{p}函数的最大输出功W_{p}和相应的功率冲程活塞运动最优路径即v-X最优关系。由于$\tau = t_{\mathrm{np}} + t_{\mathrm{p}}$，代入$t_{\mathrm{p}}$得无功冲程总时间$t_{\mathrm{np}}$，由$t_{\mathrm{np}}$的值和式(3.2.10)进一步得每个无功冲程的时间及相应冲程活塞运动最优路径。

3. 限制加速度情形

此时，必须考虑活塞在功率冲程两个端点处的速度为零，同时加速度限定在有限值。优化问题的性能指标函数依然为式(3.2.18)，而约束条件除了式(3.2.19)和式(3.2.22)，还有

$$\dot{v} = a \tag{3.2.26}$$

$$-a_{\max} \leqslant a \leqslant a_{\max} \tag{3.2.27}$$

对比无加速度约束情形，限制加速度条件下多了一个不等式约束式(3.2.27)。建立哈密顿函数如下：

$$H = \frac{NRTv}{X} - 2\mu v^2 - \frac{\lambda_1}{NC}\left[\frac{NRTv}{X} + \alpha\pi d\left(\frac{d}{2} + X\right)(T^n - T_{\mathrm{w}}^n)\right] + \lambda_2 v + \lambda_3 a \tag{3.2.28}$$

优化问题的协态方程为

$$\dot{\lambda}_1 = -\frac{\partial H}{\partial T} = -\frac{NRv}{X} + \frac{\lambda_1 Rv}{CX} + \frac{\lambda_1 n\alpha\pi d T^{n-1}}{NC}\left(\frac{b}{2} + X\right) \tag{3.2.29}$$

$$\dot{\lambda}_2 = -\frac{\partial H}{\partial X} = \frac{NRTv}{X^2} - \frac{\lambda_1 RTv}{CX^2} + \frac{\lambda_1 \alpha\pi d}{NC}(T^n - T_{\mathrm{w}}^n) \tag{3.2.30}$$

$$\dot{\lambda}_3 = -\frac{\partial H}{\partial v} = -\frac{NRT}{X} + 4\mu v + \frac{\lambda_1 RT}{CX} - \lambda_2 \tag{3.2.31}$$

由极值条件$\partial H / \partial a = 0$得

$$\lambda_3 = 0 \tag{3.2.32}$$

如果式(3.2.32)不仅仅在加速度区间$[-a_{\max}, a_{\max}]$上某个孤立点成立，得

$$\dot{\lambda}_3 = 0 \tag{3.2.33}$$

联立式(3.2.30)、式(3.2.31)和式(3.2.33)消去λ_2，得到一组与无加速度约束情形下相同的微分方程组。由此可见，限制加速度时功率冲程活塞运动最优路径由两

个边界运动段(最大加速初段和最大减速末段)和与它们相连的满足式(3.2.19)和式(3.2.22)~式(3.2.24)的中间运动段组成。

3.2.4 特例分析

3.2.4.1 牛顿传热规律下的最优路径[450, 451]

当$n=1$时，式(3.2.19)、式(3.2.23)和式(3.2.24)分别变为

$$\dot{T}=\frac{-1}{NC}\left[\frac{NRT\dot{X}}{X}+\alpha\pi d\left(\frac{d}{2}+X\right)(T-T_{\mathrm{w}})\right] \tag{3.2.34}$$

$$\dot{v}=\frac{\alpha\pi d}{4\mu NC}\left\{\frac{NR}{X}\left(\frac{d}{2}+X\right)(T_{\mathrm{w}}-T)+\lambda\left[\frac{RT_{\mathrm{w}}}{CX}\left(\frac{d}{2}+X\right)-(T-T_{\mathrm{w}})\right]\right\} \tag{3.2.35}$$

$$\dot{\lambda}=\frac{NRv}{X}+\frac{\lambda Rv}{CX}+\frac{\lambda\alpha\pi b}{NC}\left(\frac{d}{2}+X\right) \tag{3.2.36}$$

式(3.2.34)~式(3.2.36)为文献[450]和[451]中牛顿传热规律下 Otto 循环内燃机最大输出功时的优化结果。

3.2.4.2 线性唯象传热规律下的最优路径

当$n=-1$时，式(3.2.19)、式(3.2.23)和式(3.2.24)分别变为

$$\dot{T}=\frac{-1}{NC}\left[\frac{NRT\dot{X}}{X}+\alpha\pi b\left(\frac{d}{2}+X\right)\left(\frac{1}{T}-\frac{1}{T_{\mathrm{w}}}\right)\right] \tag{3.2.37}$$

$$\dot{v}=\frac{\alpha\pi d}{4\mu NC}\left\{\frac{NR}{X}\left(\frac{d}{2}+X\right)\left(\frac{1}{T_{\mathrm{w}}}-\frac{1}{T}\right)+\lambda\left[\frac{R}{CT_{\mathrm{w}}X}\left(\frac{d}{2}+X\right)-\left(\frac{1}{T}-\frac{1}{T_{\mathrm{w}}}\right)\right]\right\} \tag{3.2.38}$$

$$\dot{\lambda}=\frac{NRv}{X}+\frac{\lambda Rv}{CX}-\frac{\lambda\alpha\pi d}{NCT^2}\left(\frac{d}{2}+X\right) \tag{3.2.39}$$

式(3.2.37)~式(3.2.39)为线性唯象传热规律下 Otto 循环内燃机最大输出功时的优化结果。

3.2.4.3 辐射传热规律下的最优路径

当$n=4$时，式(3.2.19)、式(3.2.23)和式(3.2.24)分别变为

$$\dot{T}=\frac{-1}{NC}\left[\frac{NRT\dot{X}}{X}+\alpha\pi d\left(\frac{d}{2}+X\right)\left(T^4-T_{\mathrm{w}}^4\right)\right] \tag{3.2.40}$$

$$\dot{v}=\frac{\alpha\pi d}{4\mu NC}\left\{\frac{NR}{X}\left(\frac{d}{2}+X\right)(T_{\mathrm{w}}^4-T^4)+\lambda\left[\frac{RT_{\mathrm{w}}^4}{CX}\left(\frac{d}{2}+X\right)-(T^4-T_{\mathrm{w}}^4)\right]\right\} \tag{3.2.41}$$

$$\dot{\lambda}=\frac{NRv}{X}+\frac{\lambda Rv}{CX}+\frac{4\lambda\alpha\pi dT^3}{NC}\left(\frac{d}{2}+X\right) \tag{3.2.42}$$

式(3.2.40)~式(3.2.42)为辐射传热规律下 Otto 循环内燃机最大输出功时的优化结果。

3.2.5 数值算例与讨论

3.2.5.1 相关计算常数和参数的确定

本算例的部分计算参数来源于文献[126]、[449]~[453]、[516]。初始位置 $X_0=1\,\mathrm{cm}$，终点位置为 $X_{\mathrm{f}}=8\,\mathrm{cm}$，冲程长度为 $\Delta X=7\,\mathrm{cm}$，气缸内径为 $d=7.98\,\mathrm{cm}$，气缸体积为 $V=400\,\mathrm{cm}^3$，对应于转速 $u=3600\,\mathrm{r/min}$ 的循环周期 $\tau=33.3\,\mathrm{ms}$，气体常数为 $R=8.314\,\mathrm{J/(mol\cdot K)}$。功率冲程的初始温度为 $T_{\mathrm{p}0}=2795\,\mathrm{K}$，气体的摩尔数为 $N_{\mathrm{p}}=0.0157\,\mathrm{mol}$，气体的定容热容为 $C_{V,\mathrm{p}}=3.35R$；压缩冲程的初始温度为 $T_{\mathrm{c}0}=333\,\mathrm{K}$，气体的摩尔数为 $N_{\mathrm{c}}=0.0144\,\mathrm{mol}$，气体的定容热容为 $C_{V,\mathrm{c}}=2.5\,R$。缸外壁温度恒为 $T_{\mathrm{w}}=600\,\mathrm{K}$，每循环由于曲轴摩擦造成的功损失为定值 $W_{\mathrm{B}}=50\,\mathrm{J}$。摩擦系数 $\mu=12.9\,\mathrm{kg/s}$。对于传统活塞运动规律，运动方程式(3.2.2)中 r/l 的典型值在 0.16~0.40[516]。计算中取 $r/l=0.25$，r/l 值的改变基本上对优化结果没有影响。可逆 Otto 循环内燃机每循环输出的可逆功 W_{rev} 为

$$W_{\mathrm{rev}}=N_{\mathrm{p}}C_{V,\mathrm{p}}T_{\mathrm{p}0}[1-(X_0/X_{\mathrm{f}})^{R/C_{V,\mathrm{p}}}]+N_{\mathrm{c}}C_{V,\mathrm{c}}T_{\mathrm{c}0}[1-(X_{\mathrm{f}}/X_0)^{R/C_{V,\mathrm{c}}}] \tag{3.2.43}$$

经计算得 $W_{\mathrm{rev}}=435.9\mathrm{J}$。除以上参数外，数值计算还必须确定传热系数 α 的值。

传热系数 α 的值采用试凑法确定。令 $\overline{q}_w$ 和 $\overline{\eta}$ 表示平均热漏流率及热效率，由热漏造成的功损失 W_Q 近似为

$$W_Q\approx\overline{\eta}\,\overline{q}_{\mathrm{w}}\tau/4 \tag{3.2.44}$$

由式(3.2.1)得

$$\overline{q}_{\mathrm{w}}\approx\alpha(d/2+\overline{X})(\pi d)(\overline{T}^n-T_{\mathrm{w}}^n) \tag{3.2.45}$$

令活塞平均位移 $\bar{X}=4.5\,\text{cm}$，工质平均温度 $\bar{T}=1800\,\text{K}$。取 $\bar{\eta}=0.157$[449]，根据模型假设近似取 $W_Q/W_{\text{rev}}=0.1$，由式(3.2.44)和式(3.2.45)可解得牛顿传热规律（$n=1$）下传热系数为 $\alpha=1305\ \text{W/(K}\cdot\text{m}^2)$，线性唯象传热规律（$n=-1$）下传热系数为 $\alpha=-1.41\times10^9\ \text{W}\cdot\text{K/m}^2$，辐射传热规律（$n=4$）下传热系数为 $\alpha=1.5106\times10^{-7}\ \text{W/(m}^2\cdot\text{K}^4)$。

在以下数值计算结果中，$v_{\max}$ 为功率冲程活塞最大速度，T_{f} 为功率冲程结束时工质的温度，Q_{w} 为功率冲程热漏损失，W_Q 为由于热漏造成的功损失，其计算式为

$$W_Q=N_{\text{p}}C_{V,\text{p}}T_{\text{p0}}[1-(X_0/X_{\text{f}})^{R/C_{V,\text{p}}}]-W_{\text{p}}-W_{f,t_{\text{p}}} \tag{3.2.46}$$

式中，$W_{f,t_{\text{p}}}$ 为功率冲程的摩擦损失。η 为循环输出功 W_τ 与循环可逆功 W_{R} 之比，即第二定律效率[510]，其中循环输出功 W_τ 的计算式为

$$W_\tau=W_{\text{p}}-W_{f,t_{\text{np}}}+N_{\text{c}}C_{V,\text{c}}T_{\text{c0}}[1-(X_{\text{f}}/X_0)^{R/C_{V,\text{c}}}]-W_{\text{B}} \tag{3.2.47}$$

本节将首先给出线性唯象传热规律下的数值算例，然后比较牛顿、线性唯象和辐射等三种传热规律下的优化结果。

3.2.5.2　线性唯象传热规律下的数值算例

1. 无加速度约束的活塞运动最优路径

计算工具采用软件“Matlab 7.0.4 365(R14)”，首先通过对功率冲程无时间约束情形下的活塞运动最优路径的求解，得到合理的无加速度约束情形下速度初始值和加速度初值；然后采用 Matlab 两点边值问题求解工具箱“bvp4c”求解无加速度约束情形，由无时间约束情形下的最优解提供其合理的计算初值，采用非线性方程求解函数“fsolve”求解方程(3.2.9)。3.2.5.1 节给出的是标准参数，为分析各参数变化对优化结果的影响，表 3.1 给出了无加速度约束时各种情形下选取的计算参数，其他计算参数与 3.2.5.1 节相同。

表 3.1　线性唯象传热规律无加速度约束时各种情形下选取的计算参数值

情形	μ / (kg / s)	α / ($\times10^9$ W · K / m^2)	τ / ms	u / (r / min)
(1)	12.9	1.41	33.33	3600
(2)	7.5	2.50	33.33	3600
(3)	17.2	0.80	33.33	3600
(4)	12.9	1.41	25.00	4800
(5)	12.9	1.41	50.00	2400

表 3.2 给出了这些参数下相应的计算结果，其中传统运动规律取为修正正弦运动规律。由表可见，各种情形下活塞运动最优路径下的 v_{max} 值均大于对应的传统运动规律下的 v_{max} 值。由于最大速度 v_{max} 出现在功率冲程，所以活塞运动最优路径与传统运动规律相比功率冲程的摩擦损失大，但是功率冲程活塞运动速度的增大将会缩短功率冲程时间 t_p。因此，一方面功率冲程中高温工质与缸外环境的接触时间变短，从而显著减少热漏损失，另一方面各无功冲程时间的相对增加而降低相应冲程活塞运动的平均速度，从而减少三个无功冲程总的摩擦损失。但三个无功冲程的摩擦损失减少量总是大于功率冲程摩擦损失增加量的，因此总的摩擦损失也会减少。由于热漏损失与总的摩擦损失均减少，优化后的活塞运动规律较传统活塞运动规律下循环输出功 W_τ 与第二定律效率 η 均有所提高。

表 3.2 线性唯象传热规律无加速度约束条件下的计算结果

情形		v_{max}/(m/s)	t_p/ms	T_{pf}/K	$W_{f,\tau}$/J	Q_w/J	W_Q/J	$\frac{W_Q}{Q_w}$	W_p/J	W_τ/J	η
(1)	传统	13.3	8.33	1044.2	66.6	242.4	42.0	0.173	504.2	277.4	0.636
	最优	18.1	5.30	1166.4	56.8	168.0	21.0	0.125	518.9	308.2	0.707
(2)	传统	13.3	8.33	804.7	38.7	378.1	72.9	0.193	481.3	274.3	0.629
	最优	29.5	3.81	1073.0	39.7	211.7	23.9	0.113	519.1	322.4	0.740
(3)	传统	13.3	8.33	1223.6	88.8	145.6	23.6	0.162	516.2	273.5	0.628
	最优	13.1	6.59	1262.9	70.2	120.2	15.5	0.129	523.5	300.2	0.689
(4)	传统	17.7	6.25	1144.0	88.7	188.3	31.5	0.167	508.4	265.8	0.610
	最优	19.3	4.63	1208.9	71.5	147.5	19.1	0.130	517.9	295.4	0.678
(5)	传统	8.86	12.5	876.2	44.3	336.2	62.3	0.185	490.2	279.3	0.641
	最优	17.1	6.21	1106.6	42.8	196.0	22.9	0.117	519.6	320.2	0.735

2. 限制加速度条件下活塞运动最优路径

限制加速度条件下功率冲程活塞运动最优路径由三段组成，数值计算采用逆向计算方法。第一步，最大减速段计算。猜测功率冲程末态温度 T_{pf}，选取合理的功率冲程最大减速段时间，迭代计算得最大减速段之初的各参数。第二步，中间微分方程组运动段计算。采用第一步的计算结果继续逆推计算，求解微分方程组采用龙格-库塔数值计算方法。因为中间运动段的初始速度与活塞位置有关，以此作为第二步计算的终止条件。第三步，最大加速段计算。以第二步的计算结果作为第三步的计算初值，逆推计算工质初态温度，并在误差允许的范围内与已知值 T_{p0} 比较，若不等则改变第一步中末态温度值 T_{pf} 直到两者相等，若相等则计算出

循环输出功 W_τ。第四步，改变第一步中最大减速段时间，重复前面三个步骤直到所有的减速段时间循环计算完。第五步，比较各种减速段时间下的输出功 W_τ 取其最大值即所求最优解。

限制加速度条件下，加速度计算参数的下限值根据传统内燃机活塞运动规律选取，上限值根据无加速度约束时活塞运动最优路径中间段的加速度值选择[450, 451]，变化范围为 $6\times10^3 \sim 5\times10^4\,\mathrm{m/s^2}$。表 3.3 给出了各种加速度约束值下的计算结果，图 3.2 给出了各种加速度约束下功率冲程的活塞运动最优路径。由图可见，最大加速度限制为 $5\times10^4\,\mathrm{m/s^2}$ 时活塞运动最优路径的中间段与无加速度约束时活塞运动最优路径相似，这是因为加速度无约束的最优解与限制加速度条件下的最优解的中间运动段均须满足的微分方程组是相同的，只是边界条件不同。但两者在活塞运行初态和末态不同，因为加速度限制为 $5\times10^4\,\mathrm{m/s^2}$ 时的活塞运动最优路径还包含最大加速段和最大减速段(初态与末态速度均为零)，需要弥补这两段所耗费的时间差，而对于无加速度约束可认为最大加速度限制趋于无穷大，速度可实现瞬时突变。

图 3.3 给出了各种约束条件下功率冲程活塞运动规律。图中包含传统的活塞运动规律、加速度约束为 $6\times10^3\,\mathrm{m/s^2}$ 时的活塞运动最优路径以及对称的活塞运动规律。对称的活塞运动规律主要考虑四个冲程的活塞运动规律和耗费时间相同，其最大加速度限制取为 $1\times10^4\,\mathrm{m/s^2}$。由图可见，与传统的活塞运动规律相比，对称的活塞运动规律最大速度出现于功率冲程早期，这样使工质在高温段与缸外环境接触的时间变短从而减少热漏，从表 3.3 中热漏损失 Q_w 的计算结果可看出相应的变化。对称的活塞运动规律与传统运动规律相比，循环输出功 W_τ 与效率 η 均有所提高。对称的活塞运动规律与限制加速度为 $6\times10^3\,\mathrm{m/s^2}$ 时的活塞运动最优路径相比，由于各个冲程速度分布较为均匀，能有效减少摩擦损失，从表 3.3 的计算结果也可看出 $W_{f,\tau}$ 显著减少。

表 3.3　线性唯象传热规律限制加速度条件下的计算结果

情形		$v_{\max}$/(m/s)	t_p / ms	T_pf/K	$W_{f,\tau}$ / J	Q_w / J	W_Q / J	$\dfrac{W_Q}{Q_\mathrm{w}}$	W_p / J	W_τ / J	η
传统		13.3	8.33	1044.2	66.6	242.4	42.0	0.173	504.2	277.4	0.636
限制加速度值 $a_{\max}/(\mathrm{m/s^2})$	6×10^3	16.5	7.41	1081.6	60.9	221.2	36.5	0.165	507.4	288.5	0.662
	1×10^4	17.1	6.50	1123.6	58.6	197.1	30.8	0.156	511.2	296.6	0.680
	2×10^4	17.4	5.82	1150.8	57.6	180.8	26.7	0.148	514.1	301.6	0.692
	5×10^4	17.8	5.50	1164.2	57.1	173.0	25.0	0.144	515.2	303.9	0.697
加速度无约束		18.1	5.30	1166.4	56.8	168.0	21.0	0.125	518.9	308.2	0.707
对称		15.5	8.33	1007.6	57.9	251.3	34.6	0.138	511.3	293.4	0.673

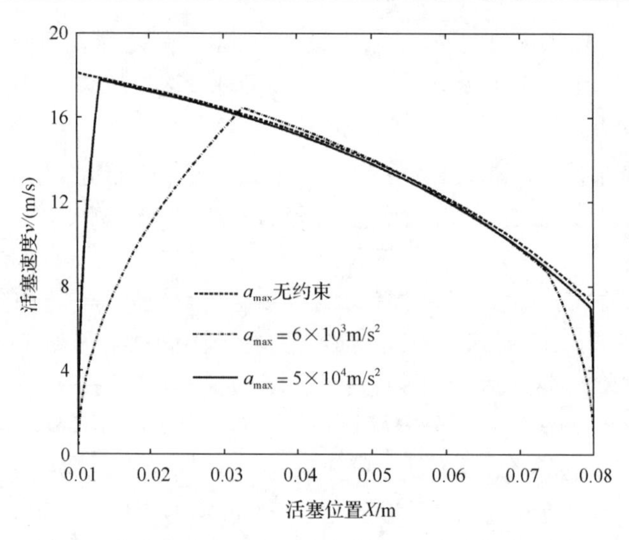

图 3.2 各种加速度约束下的功率冲程活塞运动最优路径

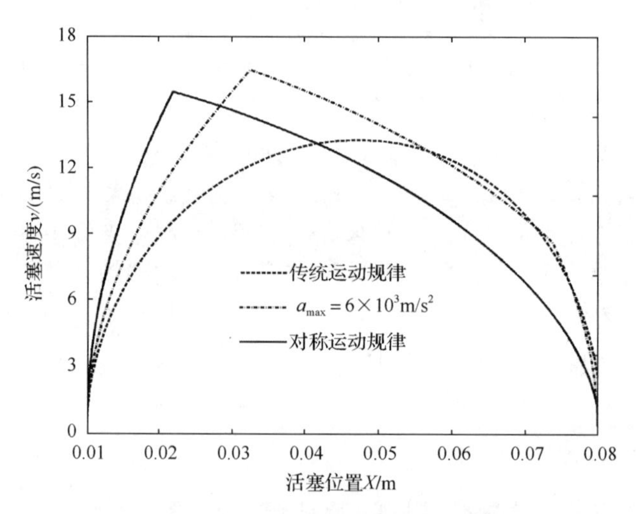

图 3.3 各种约束条件下功率冲程活塞运动规律

图 3.4 给出了一个循环周期内活塞运动最优路径，其加速度限制为 $a_{max}=2\times10^4m/s^2$。实现这种最优路径可有多种途径，其一是采用特殊轮廓线设计的凸轮轴机械传动，其二是采用电磁联轴节[128, 509]。

3. 活塞运动最优路径与传统运动规律的比较

表 3.4 给出了各种条件下活塞运动最优路径与传统活塞运动规律的比较结果。由表可见，除对称的活塞运动规律外，优化活塞运动规律后热漏损失 Q_w 和由热漏造成的功损失 W_Q 均减少，并且优化对于 W_Q 的影响要比 Q_w 大。原因主要有两

点：第一，热漏主要发生在内燃机功率冲程，而优化活塞运动规律后功率冲程所耗时间显著变短即工质与缸外环境接触时间变短，因此 W_Q 和 Q_w 均减少；第二，热漏损失主要发生在功率冲程前期(温度较高)，而由图 3.2 及图 3.3 可见最大速度出现在功率冲程前期，工质在高温区与缸外环境的接触时间相对较短，因此 W_Q 和 Q_w 也均减少，同时节省的这部分热量在高温运动段将更多地转化为有用功使整个循环的输出功和效率增加，所以优化对于 W_Q 的影响要比 Q_w 大。

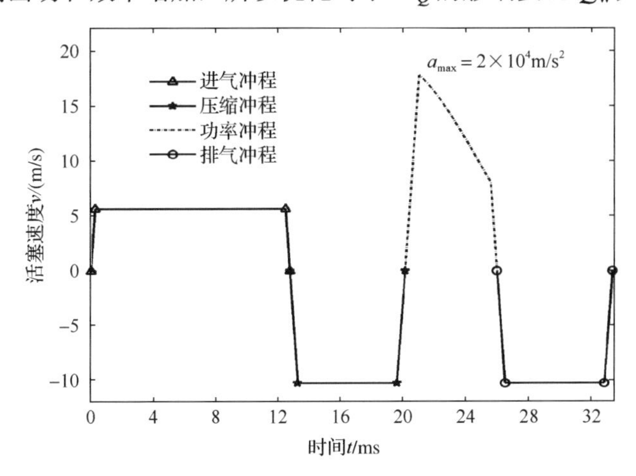

图 3.4　一个循环周期内活塞运动最优路径

表 3.4　活塞运动最优路径与传统活塞运动规律的比较结果

情形		a_{max}/(m/s²)	η 增加量/%	Q_w 减少量/%	W_Q 减少量/%	$W_{f,\tau}$ 减少量/%
限制加速度	—	6×10^3	4.09	8.75	13.10	8.56
	—	1×10^4	6.92	18.69	26.67	12.01
	对称	1×10^4	5.82	–3.67	17.62	13.06
	—	2×10^4	8.81	25.41	36.42	13.51
	—	5×10^4	9.59	28.63	40.48	14.26
无加速度约束	(1)	∞	11.16	69.31	50.00	14.71
	(2)	∞	17.65	44.01	67.22	-2.58
	(3)	∞	9.71	17.45	34.32	20.95
	(4)	∞	11.15	21.67	39.37	19.39
	(5)	∞	14.66	41.70	63.24	3.39

表 3.2 和表 3.3 中温度 T_{pf} 值变化也均表明，由于优化后的活塞运动规律与传统活塞运动规律相比热漏损失减小，所以优化后的功率冲程工质末态温度 T_{pf} 升高；但对于第(3)种无加速度约束下效率的增加还有很大部分是由于摩擦损失 $W_{f,\tau}$ 的减少，这是因为其摩擦系数 μ 值较大。由表 3.3 和表 3.4 可见，当加速度约束值大于 $1\times10^4\,\text{m}/\text{s}^2$ 时，优化活塞运动规律后摩擦损失不再减少，这时效率的增加主要通过减少 W_Q 实现；对于无加速度约束的各类情形，效率 η 的增加范围在 $9.71\%\sim17.65\%$，W_Q 减少幅度在 $34.32\%\sim67.22\%$，但 $W_{f,\tau}$ 的减少不会超过 20.95%，特别是无加速度约束下的第(2)种情形，η 增加了 17.65%，W_Q 减少的量为 67.22%，但是 $W_{f,\tau}$ 却增加了 2.58%，显然优化后效率提高主要是通过减少热漏损失功 W_Q 实现的；当加速度限制为 $1\times10^4\,\text{m}/\text{s}^2$ 时，优化活塞运动规律后效率增加了 6.92%；当加速度限制为 $2\times10^4\,\text{m}/\text{s}^2$ 时，优化活塞运动规律后效率增加了 8.81%；当加速度限制为 $5\times10^4\,\text{m}/\text{s}^2$ 时，优化活塞运动规律后效率增加了 9.59%，可见对于优化的活塞运动规律，随着加速度约束值的增加，效率增加值相应提高，但增加值不会超过无加速度约束情形下的效率增加值 11.16%。

3.2.5.3　几种特殊传热规律下优化结果的比较

图 3.5 给出了各种条件下功率冲程活塞速度随活塞位置的变化规律，包括传统活塞运动规律和各种传热规律无加速度约束下最优活塞运动规律。图 3.6 给出了各种条件下一个循环周期内活塞运动规律，包括传统运动规律和各种传热规律下最大加速度限制为 2×10^4 m/s^2 时最优活塞运动规律。

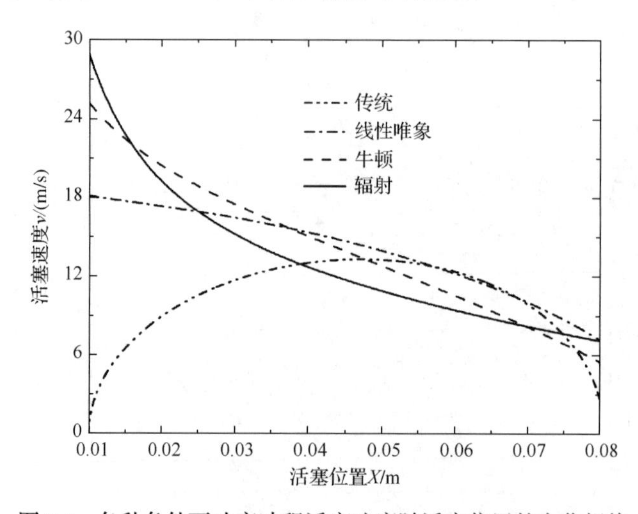

图 3.5　各种条件下功率冲程活塞速度随活塞位置的变化规律

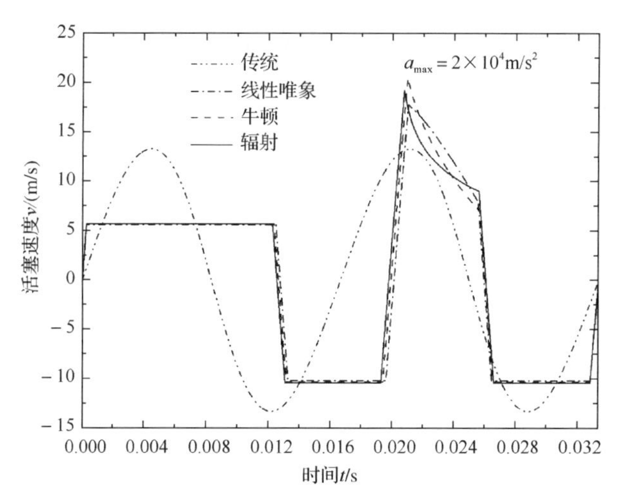

图 3.6　各种条件下一个循环周期内活塞运动规律

从图 3.5 可见，牛顿传热规律下速度 v 随位置 X 近似呈线性规律变化，线性唯象传热规律下最优 v-X 曲线是上凸的，辐射传热规律下最优 v-X 曲线是下凹的，由此可见，不同传热规律无加速度约束下功率活塞最优运动规律明显不同，这种差异产生的原因在于传热规律的不同和各种传热规律下传热系数数值上相差较大。表 3.5 给出了各种特殊传热规律下优化结果，其中限制加速度条件为 $a_{max}=2\times10^4\text{m/s}^2$。由表可见，牛顿[450, 451]、线性唯象、辐射等三种传热规律限制加速度下优化活塞运动规律后可使内燃机输出功和效率比相应传统正弦活塞运动规

表 3.5　各种特殊传热规律下优化结果

情形		v_{max}/(m/s)	t_p/ms	T_{pf}/K	$W_{f,\tau}$/J	Q_w/J	W_Q/J	$\frac{W_Q}{Q_w}$	W_p/J	W_τ/J	η
牛顿	传统	13.3	8.33	1100.5	66.6	224.8	48.9	0.218	497.3	270.4	0.620
	限制加速度	20.5	6.08	1179.4	57.5	171.6	29.9	0.175	511.1	298.4	0.685
	加速度无约束	25.2	5.72	1183.0	57.7	160.1	20.4	0.127	519.1	307.9	0.706
线性唯象	传统	13.3	8.33	1044.2	66.6	242.4	42.0	0.173	504.2	277.4	0.636
	限制加速度	17.4	5.82	1150.8	57.6	180.8	26.7	0.148	514.1	301.6	0.692
	加速度无约束	18.1	5.30	1166.4	56.8	168.0	21.0	0.125	518.9	308.2	0.707
辐射传热	传统	13.3	8.33	1143.9	66.6	234.2	77.4	0.331	468.8	242.0	0.555
	限制加速度	19.3	6.28	1220.0	56.2	172.3	47.3	0.274	495.4	282.4	0.648
	加速度无约束	28.9	6.03	1240.0	56.3	142.5	27.7	0.195	513.5	301.9	0.693

律分别提高 10%、8.81%和 16.8%以上；三种不同传热规律下内燃机最大输出功时功率冲程最佳时间 t_p 值不同，即循环总时间 τ 在各冲程的时间分配值也不同。

限制加速度条件下不同传热规律的活塞最优运动规律异同点主要有：各种传热规律下各冲程活塞运动最优路径均由三段运动组成，且均包含两个边界运动段(最大加速段与最大减速段)和一个中间运动段；中间运动段均与对应的无加速度条件下的最优解满足的微分方程相同，因此各种传热规律无加速度约束下活塞运动最优路径的不同直接导致了限制加速度条件下活塞运动最优路径的不同，如图 3.6 所示。

3.3　广义辐射传热规律下 Diesel 循环内燃机最大输出功

3.3.1　物理模型

考虑一类四冲程 Diesel 循环内燃机，循环周期、每循环燃料输入量、油气混合物的组成和空气压缩比等均认为是常数。本节的 Diesel 循环内燃机的热漏损失和各冲程摩擦损失与 Otto 循环内燃机相同，详见 3.2.1 节。本节对于功率冲程的燃料燃烧引起的时间损失、燃料喷射耗功损失、排气冲程的压降损失及该冲程结束前排气阀提前开启造成的排气损失等各种损失均予以忽略不计；对于多次喷射共轨柴油机的燃烧性能以及活塞运动规律改变造成的喷油损失等影响也均予以忽略。与 3.2.1 节 Otto 循环内燃机不同，本节 Diesel 循环内燃机还需要考虑燃料的有限燃烧速率[452, 453]的影响。

在 Diesel 循环内燃机中，燃料在压缩冲程之末喷入气缸。喷入燃料后，在其有效地蒸发并燃烧引发温度和压力的骤然增加以前通常有一时间滞延。一部分喷入油料迅速地在功率冲程的早期燃烧，而另外一部分则在蒸发后扩散到可以持续燃烧的富氧区相对缓慢地燃烧。在中等和大负荷发动机中，这一燃烧过程在大部分功率冲程中持续进行。假定喷油时间是调整好了的，因此温度在最小体积处开始升高，有限速率的燃烧过程近似由下列描述反应程度的时间相关函数描述[452, 453]：

$$\mathrm{Rn}(t)=F+(1-F)[1-\exp(-t/t_b)] \tag{3.3.1}$$

式中，F 是燃烧分量，即在初始瞬间燃烧中消耗燃料混合物分量；t_b 是大部分燃烧完成的时间，而相应的加热函数 $h(t)$ 为

$$h(t)=Q_c\dot{\mathrm{R}}\mathrm{n}(t) \tag{3.3.2}$$

式中，Q_c 是每摩尔油气混合物的燃烧热，本节假设 Q_c 为固定值与温度无关，参数上带点表示对时间的导数。假设气缸内工质的摩尔数 N 和热容 C 与在活塞燃烧

室内燃烧反应的程度有关，根据文献[452]和[453]将这些关系表述为

$$N = N(t) = N_{\mathrm{i}} + (N_{\mathrm{f}} - N_{\mathrm{i}})\mathrm{Rn}(t) \tag{3.3.3}$$

$$C = C(t) = C_{\mathrm{i}} + (C_{\mathrm{f}} - C_{\mathrm{i}})\mathrm{Rn}(t) \tag{3.3.4}$$

式中，下标 i 和 f 分别对应于 $\mathrm{Rn}(t)=0$ 和 $\mathrm{Rn}(t)=1$，同时还假定参与燃烧反应的各反应物和生成物的热容与温度变化无关。Diesel 循环内燃机不完全燃烧引起的损失，可由描述反应程度的函数 $\mathrm{Rn}(t)$ 确定。

3.3.2 优化方法

Diesel 循环内燃机优化与 Otto 循环内燃机优化主要区别在于 Diesel 循环考虑了燃料有限燃烧速率的影响，即两者功率冲程优化存在不同。Diesel 循环内燃机无功冲程优化与 Otto 循环内燃机无功冲程优化一样，详见 3.2.3.1 节。本节主要研究 Diesel 循环内燃机功率冲程优化，与 Otto 循环内燃机功率冲程优化仅考虑摩擦和热漏因素不同，Diesel 循环内燃机功率冲程优化需要同时考虑摩擦、热漏和燃料有限燃烧速率等三种因素的影响。本节将首先研究无加速度约束情形下功率冲程优化，然后研究限制加速度情形下功率冲程优化。

1. 无加速度约束情形

现在的问题是使功率冲程输出功最大化，建立目标函数如下：

$$\max \quad W_{\mathrm{p}} = \int_0^{t_{\mathrm{p}}} (NRTv / X - 2\mu v^2)\,\mathrm{d}t \tag{3.3.5}$$

与状态变量温度 T 和位置 X 相关的状态方程分别为

$$\dot{T} = -\frac{1}{NC}\left[\frac{NRTv}{X} + \alpha\pi d(d/2 + X)(T^n - T_{\mathrm{w}}^n) - N_{\mathrm{i}}h(t)\right] \tag{3.3.6}$$

$$\dot{X} = v \tag{3.3.7}$$

由式(3.3.2)得加热函数 $h(t)$ 与燃烧热 Q_{c} 和燃烧时间 t_{b} 之间的函数关系为

$$h(t) = Q_{\mathrm{c}}(1-F)(1/t_{\mathrm{b}})\exp(-t/t_{\mathrm{b}}) \tag{3.3.8}$$

优化问题的哈密顿函数 H 为

$$H = NRTv/X - 2\mu v^2 - \frac{\lambda_1}{NC}\left[\frac{NRTv}{X} + \alpha\pi d(d/2 + X)(T^n - T_{\mathrm{w}}^n) - N_{\mathrm{i}}h(t)\right] + \lambda_2 v \tag{3.3.9}$$

式中，λ_1 和 λ_2 分别为对应于状态变量温度 T 和位置 X 的协态变量，由式(3.3.9)进一步得对应于状态方程式(3.3.6)和式(3.3.7)的协态方程分别为

$$\dot{\lambda}_1 = -\frac{\partial H}{\partial T} = \frac{NRv}{X}\left(\frac{\lambda_1}{NC}-1\right)+\frac{\lambda_1 n\alpha\pi d(d/2+X)T^{n-1}}{NC} \tag{3.3.10}$$

$$\dot{\lambda}_2 = -\frac{\partial H}{\partial X} = \frac{NRTv}{X^2}\left(1-\frac{\lambda_1}{NC}\right)+\frac{\lambda_1}{NC}\alpha\pi d(T^n - T_{\mathrm{w}}^n) \tag{3.3.11}$$

由极值条件 $\partial H/\partial v = 0$ 得

$$v = \frac{NRT}{4\mu X}\left(1-\frac{\lambda_1}{NC}\right)+\frac{\lambda_2}{4\mu} \tag{3.3.12}$$

微分方程式(3.3.6)、式(3.3.7)、式(3.3.10)和式(3.3.11)的边界条件为

$$T(0)=T_{\mathrm{p0}},\quad X(0)=X_0,\quad X(t_{\mathrm{p}})=X_{\mathrm{f}},\ \lambda_1(t_{\mathrm{p}})=0 \tag{3.3.13}$$

当活塞处于位置 $X(0)$ 时，还需要考虑最小体积约束 $X(0)\geqslant X_0$，没有这一约束，由式(3.3.6)、式(3.3.7)和式(3.3.10)~式(3.3.12)求解得到的活塞初始位置可能小于 X_0，有了活塞位置约束后，可预先使用一个两分支通道，沿着这一通道的控制变量分别为

$$v(t)=\begin{cases} 0, & 0\leqslant t\leqslant t_{\mathrm{d}} \\ \dfrac{NRT}{4\mu X}\left(1-\dfrac{\lambda_1}{NC}\right)+\dfrac{\lambda_2}{4\mu}, & t_{\mathrm{d}}\leqslant t\leqslant t_{\mathrm{p}} \end{cases} \tag{3.3.14}$$

式中，t_{d} 为活塞运动延滞时间，由微分方程组迭代求解和约束条件 $X(t)\geqslant X_0$ 确定。

2. 限制加速度情形

此时目标函数为式(3.3.5)，状态方程为式(3.3.6)和式(3.3.7)，控制变量变为加速度 a，与加速度相关的约束等式为

$$\dot{v}=a \tag{3.3.15}$$

最大加速度约束为如下不等式：

$$-a_{\max}\leqslant a\leqslant a_{\max} \tag{3.3.16}$$

优化问题的哈密顿函数为

$$H=\frac{NRTv}{X}-2\mu v^2-\frac{\lambda_1}{NC}\left[\frac{NRTv}{X}+\alpha\pi d(d/2+X)(T^n-T_{\mathrm{w}}^n)-h(t)\right]+\lambda_2 v+\lambda_3 a \tag{3.3.17}$$

式中，λ_3 为对应于状态变量速度 v 的协态变量。对应于状态方程式(3.3.6)和式(3.3.7)的协态方程分别为式(3.3.10)和式(3.3.11)，对应于状态微分方程式(3.3.15)的协态方程为

$$\dot{\lambda}_3 = -\frac{\partial H}{\partial v} = 4\mu v - \lambda_2 + \frac{NRT}{X}\left(1 - \frac{\lambda_1}{NC}\right) \tag{3.3.18}$$

边界条件为式(3.3.13)以及活塞在两个端点处的速度为零。由式(3.3.17)可见，哈密顿函数为控制变量 a 的线性函数，根据极小值原理对 H 求极大值得

$$a = \begin{cases} a_{\max}, & \lambda_3 > 0 \\ -a_{\max}, & \lambda_3 < 0 \end{cases} \tag{3.3.19}$$

当 $\lambda_3 = 0$ 时，哈密顿函数式(3.3.17)变为式(3.3.9)，H 最大化不显含 a，如果在区间 $[t_{\mathrm{d}}, t']$ 上 $\lambda_3 = 0$，t' 满足约束 $0 \leqslant t_{\mathrm{d}} \leqslant t' < t_{\mathrm{p}}$，显然有

$$\dot{\lambda}_3 = 0 \tag{3.3.20}$$

求解式(3.3.18)和式(3.3.20)得速度为剩下的状态变量和协态变量的函数，得到的表达式显然与式(3.3.12)相同。

综上所述，限制加速度情形下活塞运动最优路径由三段组成：①从 $t=0$ 到活塞运动延滞时间 $t = t_{\mathrm{d}}$，活塞在位置 X_0 处速度为零；②从 $t = t_{\mathrm{d}}$ 开始，活塞沿着式(3.3.12)的中间弧运行；③在 $t = t'$ 时，中间弧转化为 $a = -a_{\max}$ 的最大减速段，活塞沿着此最终弧直到末态时间 $t = t_{\mathrm{p}}$ 同时速度为零。

3.3.3　特例分析

3.3.3.1　牛顿传热规律下的最优路径

当 $n=1$ 时，式(3.3.6)、式(3.3.10)和式(3.3.11)分别变为

$$\dot{T} = -\frac{1}{NC}\left[\frac{NRTv}{X} + \alpha\pi d(d/2 + X)(T - T_{\mathrm{w}}) - N_{\mathrm{i}}h(t)\right] \tag{3.3.21}$$

$$\dot{\lambda}_1 = -\frac{\partial H}{\partial T} = \frac{NRv}{X}\left(\frac{\lambda_1}{NC} - 1\right) + \frac{\lambda_1 \alpha\pi d(d/2 + X)}{NC} \tag{3.3.22}$$

$$\dot{\lambda}_2 = -\frac{\partial H}{\partial X} = \frac{NRTv}{X^2}\left(1 - \frac{\lambda_1}{NC}\right) + \frac{\lambda_1}{NC}\alpha\pi d(T - T_{\mathrm{w}}) \tag{3.3.23}$$

式(3.3.21)~式(3.3.23)为文献[452]和[453]中牛顿传热规律下 Diesel 循环内燃机最大输出功时的优化结果。

3.3.3.2 线性唯象传热规律下的最优路径

当$n=-1$时，式(3.3.6)、式(3.3.10)和式(3.3.11)分别变为

$$\dot{T}=-\frac{1}{NC}\left[\frac{NRTv}{X}+\alpha\pi d(d/2+X)(T^{-1}-T_{\mathrm{w}}^{-1})-N_{\mathrm{i}}h(t)\right] \tag{3.3.24}$$

$$\dot{\lambda}_1=-\frac{\partial H}{\partial T}=\frac{NRv}{X}\left(\frac{\lambda_1}{NC}-1\right)-\frac{\lambda_1\alpha\pi d(d/2+X)}{NCT^2} \tag{3.3.25}$$

$$\dot{\lambda}_2=-\frac{\partial H}{\partial X}=\frac{NRTv}{X^2}\left(1-\frac{\lambda_1}{NC}\right)+\frac{\lambda_1}{NC}\alpha\pi d(T^{-1}-T_{\mathrm{w}}^{-1}) \tag{3.3.26}$$

式(3.3.24)~式(3.3.26)为线性唯象传热规律下 Diesel 循环内燃机最大输出功时的优化结果。

3.3.3.3 辐射传热规律下的最优路径

当$n=4$时，式(3.3.6)、式(3.3.10)和式(3.3.11)分别变为

$$\dot{T}=-\frac{1}{NC}\left[\frac{NRTv}{X}+\alpha\pi d(d/2+X)(T^{4}-T_{\mathrm{w}}^{4})-N_{\mathrm{i}}h(t)\right] \tag{3.3.27}$$

$$\dot{\lambda}_1=-\frac{\partial H}{\partial T}=\frac{NRv}{X}\left(\frac{\lambda_1}{NC}-1\right)+\frac{4\lambda_1\alpha\pi d(d/2+X)T^3}{NC} \tag{3.3.28}$$

$$\dot{\lambda}_2=-\frac{\partial H}{\partial X}=\frac{NRTv}{X^2}\left(1-\frac{\lambda_1}{NC}\right)+\frac{\lambda_1}{NC}\alpha\pi d(T^{4}-T_{\mathrm{w}}^{4}) \tag{3.3.29}$$

式(3.3.27)~式(3.3.29)为辐射传热规律下 Diesel 循环内燃机最大输出功时的优化结果。

3.3.4 数值算例与讨论

3.3.4.1 常数和参数的确定

根据文献[126]、[449]、[452]、[453]、[468]、[516]选取计算参数，压缩比为16，初始位置$X_0=0.5\ \mathrm{cm}$，$X_{\mathrm{f}}=8.0\ \mathrm{cm}$，气缸直径为$d=7.98\ \mathrm{cm}$，气缸体积为$V=400\ \mathrm{cm}^3$，对应于转速$u=3600\ \mathrm{r/min}$的循环周期为$\tau=33.3\ \mathrm{ms}$，气体常数为

$R = 8.314\ \text{J/(mol} \cdot \text{K)}$，压缩冲程初始温度为 $T_{0,\text{C}} = 329K$，气体摩尔数为 $N_{\text{i}} = 0.0144\ \text{mol}$ 和 $N_{\text{f}} = 0.0157\ \text{mol}$，定容热容分别为 $C_{\text{i}} = 2.5R$ 和 $C_{\text{f}} = 3.35R$，气缸外壁温度为 $T_{\text{w}} = 600\ \text{K}$，大气环境温度为 $T_3 = 300\ \text{K}$，摩擦系数为 $\mu = 12.9\ \text{kg/s}$，牛顿传热规律下取 α=1305 $\text{W/(m}^2 \cdot \text{K)}$，线性唯象传热规律下取 $\alpha = -1.41 \times 10^9 \text{W} \cdot \text{K/m}^2$，辐射传热规律下取 $\alpha = 1.05 \times 10^{-7}\ \text{W/(m}^2 \cdot \text{K}^4)$。在加热函数 $h(t)$ 相关参数中，燃烧分量 $F = 0.5$，燃烧时间 $t_{\text{b}} = 2.5 \times 10^{-3}\ \text{s}$，每摩尔油气混合物的燃烧热 $Q_{\text{c}} = 5.75 \times 10^4\ \text{J}$，最大加速度约束与气缸所能承受的最大压力(Diesel 内燃机气缸最大压力为 200bar, 1bar=10^5pa) 和活塞的质量等因素有关，本节取为 $a_{\max} = 3.0 \times 10^4\ \text{m/s}^2$。运动方程式(3.2.2)中 r/l 的典型值在 0.16~0.40[516]，计算中取 $r/l = 0.25$，r/l 值的改变基本上对结果没有影响。在以下数值计算结果中，总的摩擦损失为 $W_{f,\tau}$，功率冲程热漏损失为 Q_{w}，尾气排放到环境的热耗散损失为 $Q_{\text{ex1}} = N(t_{\text{p}})C(t_{\text{p}})(T_{\text{pf}} - T_3)$，燃料不完全燃烧损失为 $Q_{\text{ex2}} = [N_{\text{f}} - N(t_{\text{p}})]Q_{\text{c}}$，$W_{\text{p}}$ 为功率冲程输出功，$W_{\text{p,exp}} = W_{\text{p}} + W_{f,t_{\text{p}}}$ 为功率冲程气缸内工质膨胀推动活塞所做的膨胀功，$W_{f,t_{\text{p}}}$ 为功率冲程摩擦损失，压缩冲程耗功 $W_{\text{com}}=N_{\text{i}}C_{\text{i}}T_{\text{c0}}[(X_{\text{f}}/X_0)^{R/}C_{\text{i}}-1]$，循环净输出功 $W_\tau=W_{\text{p}}-W_{f,t_{\text{np}}}-W_{\text{com}}$，净效率 $\eta_1 = W_\tau/(N_{\text{i}}Q_{\text{c}})$，热效率 $\eta_2=(W_{\text{p,exp}}-W_{\text{com}})/(N_{\text{i}}Q_{\text{c}})$。

3.3.4.2　线性唯象传热规律下的数值算例

1. 限制加速度条件下的活塞运动最优路径

限制加速度条件下功率冲程活塞运动最优路径由三段组成，数值计算采用逆向计算方法，具体计算步骤与 Otto 循环内燃机相同，详见 3.2.5 节。3.3.4.1 节给出的均为标准参数，此外为分析相关参数变化对优化结果的影响，表 3.6 给出了线性唯象传热规律 6 种不同情形下的计算参数。表 3.7 列出了线性唯象传热规律活塞运动最优路径下时间和温度相关参数计算结果。图 3.7 为情形(1)下功率冲程温度、活塞位置、速度和热漏流率随时间的最优变化规律。由图可见，在 $0 \leqslant t \leqslant t_{\text{d}}$ 的活塞运动延滞段，活塞速度 v 保持为零，活塞位置 $X(t) = X_0$，此时气缸腔室体积不变，燃料定容燃烧，工质温度 T 升高，热漏流率 q_{w} 增大，虽然工质温度升高导致热漏损失增加，但同时也使系统的最大可用能增加；在 $t_{\text{d}} \leqslant t \leqslant t'$ 的中间活塞运动段，活塞运动速度 v 由零先迅速增加然后缓慢降低，此时虽然燃料在继续燃烧，但随着气缸腔室体积迅速增大，工质温度 T 降低，由于此时传热面积增加，所以热漏流率 q_{w} 继续升高，但是在温度较高处，活塞运行速度较快，一定程度上有利于降低热漏损失；由于温度的降低，热漏损失在总损失中的比例减少，摩擦损失的比例升高，所以活塞速度的降低有利于降低总损失，而由于速度 v 的降低，虽然传热面积依然增加，但其相对增加量减少，而温度则一直降低，所以热漏流率在达到一个极大值后减少；在 $t'\leqslant t\leqslant t_p$ 的末态活塞减速段，活塞以最大加速度 $a_{max}=3\times10^4\,m/s^2$ 减速运行至功率冲程末端 $X(t_p)=X_f$ 同时速度 $v=0$，气缸内工质温度 T 和热漏流率 q_w 均继续降低。图 3.8 和图 3.9 分别为各种情形下功率冲程活塞速度和气缸内工质温度随时间的最优变化规律。由图可以很直观地看出各参数变化对内燃机最大输出功时功率冲程活塞速度和温度变化规律的影响。

表 3.6　线性唯象传热规律各种情形下的计算参数

情形	参数变化
(1)	无变化
(2)	$t_b=1.0$ ms
(3)	$t_b=5.0$ ms
(4)	$\tau=50.00$ ms
(5)	$\alpha=-2.82\times10^9$ W·K/m^2
(6)	$\mu=25.8$ kg/s

表 3.7　线性唯象传热规律下活塞运动最优路径的时间和温度相关参数计算结果

情形	t_d/ms	$T(t_d)$/K	t_b/ms	t_p/ms
(1)	3.68	2869.8	2.50	10.27
(2)	1.97	3045.1	1.00	8.31
(3)	4.99	2662.7	5.00	11.89
(4)	3.78	2874.0	2.50	11.15
(5)	2.31	2653.3	2.50	7.45
(6)	2.90	2825.3	2.50	9.68

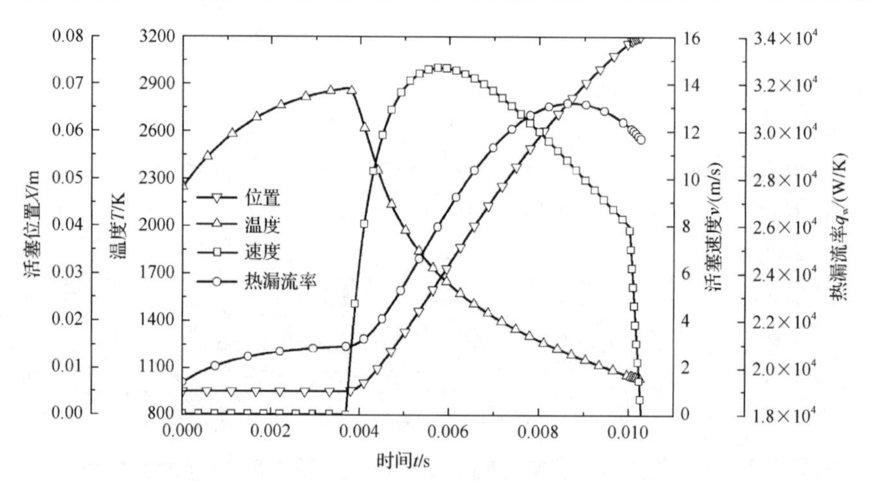

图 3.7　情形(1)下功率冲程温度、活塞位置、速度和热漏流率随时间的最优变化规律

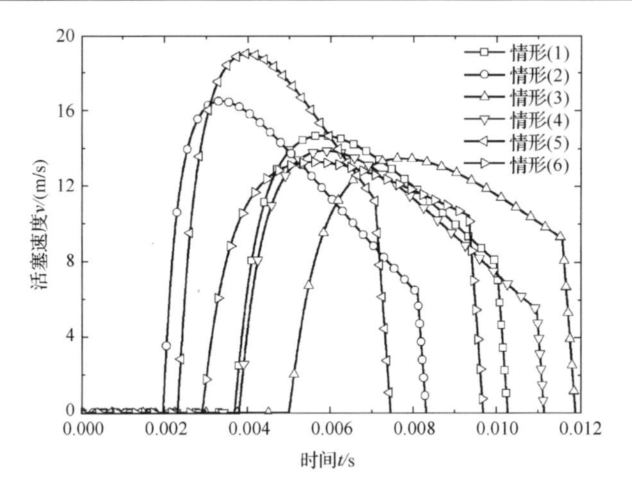

图 3.8 各种情形下功率冲程活塞速度随时间的最优变化规律

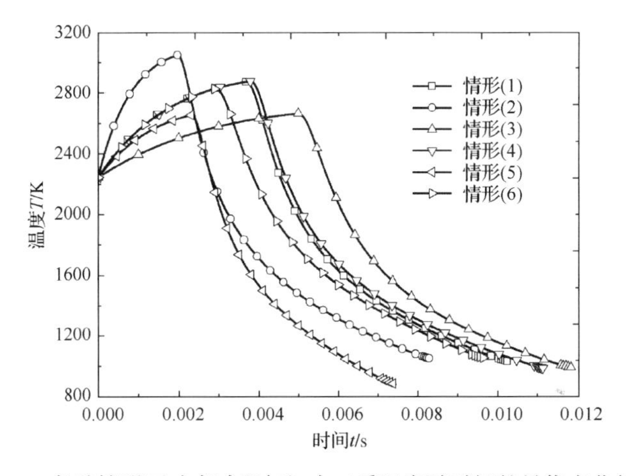

图 3.9 各种情形下功率冲程气缸内工质温度随时间的最优变化规律

2. 活塞运动最优路径与传统运动规律比较

表 3.8 列出了线性唯象传热规律下传统和优化的活塞运动规律的参数计算结果。表 3.9 列出了各种情形下活塞运动最优路径与传统运动规律的相对比较结果。由表可见，对于情形(1)，优化活塞运动规律后摩擦损失 $W_{f,\tau}$ 减少了 9.47%，热漏损失 Q_{w} 增加了 26.43%，尾气热耗散损失 Q_{ex1} 减少了 6.95%，循环净输出功 W_{τ} 及净效率 η_1 增加了 12.90%；对于情形(2)，相比情形(1)燃烧时间常数 t_{b} 减少，优化活塞运动规律后热漏损失相比传统运动规律减少了 3.70%，尾气热耗散损失 Q_{ex1} 增加了 1.32%，循环净输出功 W_{τ} 及净效率 η_1 增加了 6.72%，小于情形(1)的增加量；对于情形(3)，相比情形(1)燃烧时间常数 t_{b} 增加，优化活塞运动规律后比相应传统运动规律摩擦损失 $W_{f,\tau}$ 减少了 14.28%，热漏损失 Q_{w} 增加了 28.50%，尾气

热耗散损失 Q_{ex1} 减少了 6.84%，循环净输出功 W_τ 及净效率 η_1 增加了 15.81%，由此可见，燃料平均燃烧时间越长，优化活塞运动规律的潜在理论价值越重大；对于情形(4)，循环周期为情形(1)的 2 倍，优化活塞运动规律后摩擦损失 $W_{f,\tau}$ 和尾气热排放损失 Q_{ex1} 分别增加了 35.47%和 13.44%，热漏损失 Q_w 减少了 14.24%，循环净输出功 W_τ 及净效率 η_1 增加了 3.03%，增加量较情形(1)要少；对于情形(5)，传热系数为情形(1)的 2 倍，优化活塞运动规律后热漏损失 Q_w 比传统运动规律减少了 11.3%，但尾气热排放损失 Q_{ex1} 却增加了 15.75%，所以总体上循环净输出功 W_τ 及净效率 η_1 增加了 8.20%，比情形(1)增加量少；对于情形(6)，摩擦系数为情形(1)时的 2 倍，优化活塞运动规律后热漏损失 Q_w 比传统运动规律仅增加了 6.13%，但摩擦损失 $W_{f,\tau}$ 和尾气热耗散损失 Q_{ex1} 相比传统运动规律分别减少了 41.18%和 4.35%，所以循环净输出功 W_τ 及净效率 η_1 增加了 32.94%，优化活塞运动规律的优势较为明显。

表 3.8　线性唯象传热规律下传统和优化的活塞运动规律的参数计算结果

情形		$W_{f,\tau}$ /J	Q_w /J	Q_{ex1} /J	Q_{ex2} /J	$W_{p,exp}$ /J	W_p /J	W_τ /J	η_1	η_2
(1)	传统	76.33	231.39	343.63	14.77	651.06	629.25	374.68	0.4525	0.5447
	最优	69.10	257.69	319.74	6.81	692.16	668.40	423.02	0.5109	0.5943
(2)	传统	76.33	233.54	324.30	0.10	718.13	696.32	441.75	0.5335	0.6257
	最优	66.79	224.89	328.57	0.10	738.29	713.05	471.44	0.5694	0.6500
(3)	传统	76.33	217.60	319.49	78.20	590.02	568.20	313.63	0.3788	0.4710
	最优	71.59	279.62	297.64	38.39	634.87	612.32	363.22	0.4387	0.5251
(4)	传统	50.89	325.84	265.08	2.79	662.20	647.67	411.27	0.4967	0.5582
	最优	68.94	279.43	300.71	4.79	692.73	671.06	423.74	0.5118	0.5950
(5)	传统	76.33	394.01	218.45	14.77	608.66	586.85	332.28	0.4013	0.4935
	最优	70.92	349.21	252.85	21.03	630.49	599.67	359.52	0.4342	0.5199
(6)	传统	152.67	231.57	344.07	14.77	651.81	608.20	299.10	0.3612	0.5456
	最优	89.80	245.77	329.09	8.62	687.49	641.82	397.64	0.4802	0.5887

表 3.9　活塞运动最优路径与传统活塞运动规律的相对比较结果

情形	$W_{f,\tau}$ 减少量/%	Q_w 减少量/%	Q_{ex1} 减少量/%	Q_{ex2} 减少量/%	W_τ 增加量/%	η_1 增加量/%	η_2 增加量/%
(1)	9.47	–26.3	6.95	53.90	12.90	12.90	9.11
(2)	12.50	3.70	–1.32	0.00	6.72	6.72	5.02
(3)	14.28	–28.50	6.84	50.91	15.81	15.81	10.31
(4)	–35.47	14.24	–13.44	–71.68	3.03	3.03	6.59
(5)	7.09	11.37	–15.75	–42.38	8.20	8.20	5.34
(6)	41.18	–6.13	4.35	41.64	32.94	32.94	7.90

3.3.4.3 几种特殊传热规律下优化结果的比较

文献[452]和[453]研究了牛顿传热规律下 Diesel 循环内燃机活塞运动最优路径，因此本节的研究结果可与文献[452]和[453]相比较。计算中不同传热规律下除参数α外，其他参数取值与情形(1)相同。牛顿传热规律下取$\alpha=1305\ \mathrm{W/(m^2\cdot K)}$，线性唯象传热规律下取$\alpha=-1.41\times10^9\mathrm{W\cdot K/m^2}$，辐射传热规律下取$\alpha=1.05\times10^7\mathrm{W/(m^2\cdot K^4)}$。图 3.10~图 3.13 分别为不同传热规律下功率冲程活塞速度、工质温度、热漏流率和活塞位置随时间的变化规律，包括了牛顿、线性唯象和辐射传热规律下传统和最优的活塞运动规律。由图可见，因为优化活塞运动规律后功率冲程平均温度和时间均增加，所以总的热漏损失增加；但初始温度升高使系统的可用能也增加，功率冲程末态温度降低导致尾气的热耗散损失减少，优化活塞运动后总的摩擦损失也减少，所以热机的循环输出功和效率均增加；各种传热规律下 Diesel 循环内燃机最大输出功时的活塞运动最优路径由三段构成，均包含一个初始运动延滞段、一个中间运动段和一个末态最大减速段，但各种传热规律下的功率冲程总时间及各段时间分配均不同；各种传热规律下功率冲程温度均随时间先升高后降低，功率冲程初始段平均温度均较传统活塞运动规律要高，同时优化活塞运动规律后气缸内工质温度峰值升高，比 3.2.5.1 节 Otto 循环内燃机温度峰值 2795K 略高，导致对气缸的材料质量要求变高，在实际内燃机最优设计时必须予以考虑；各种传热规律下热漏流率随时间的最优变化规律存在显著不同；由于不同传热规律下功率冲程活塞速度随时间的最优变化规律不同，所以活塞位置随时间的最优变化规律也不同，差异产生的主要原因是传热规律及相应传热系数取值均不同。

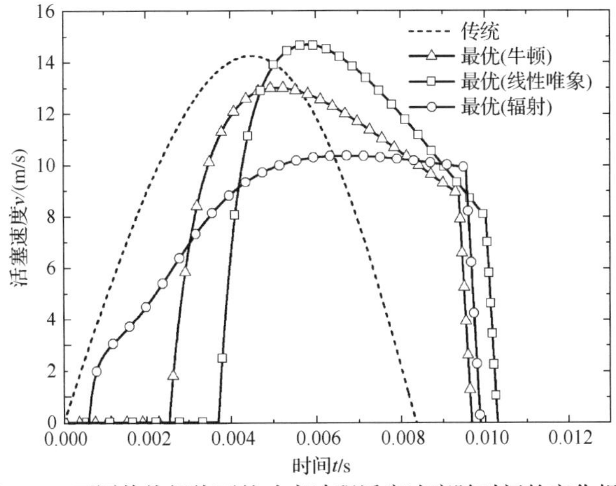

图 3.10 不同传热规律下的功率冲程活塞速度随时间的变化规律

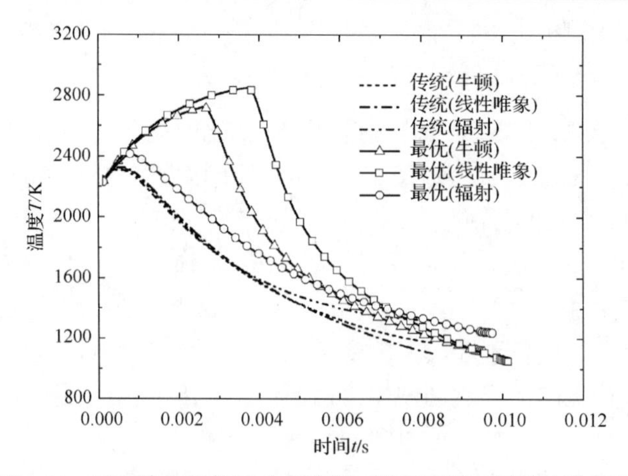

图 3.11　不同传热规律下功率冲程工质温度随时间的变化规律

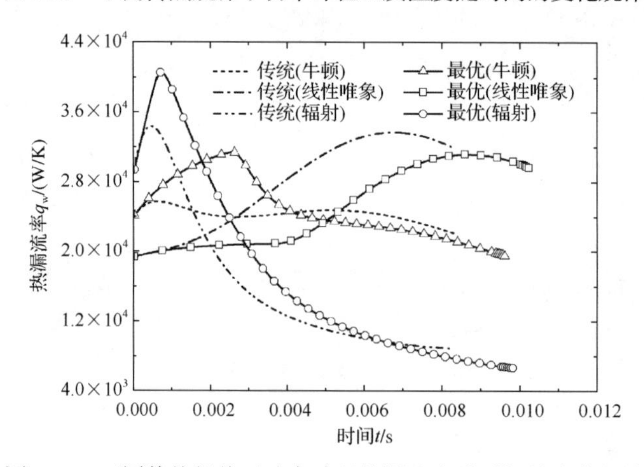

图 3.12　不同传热规律下功率冲程热漏流率随时间的变化规律

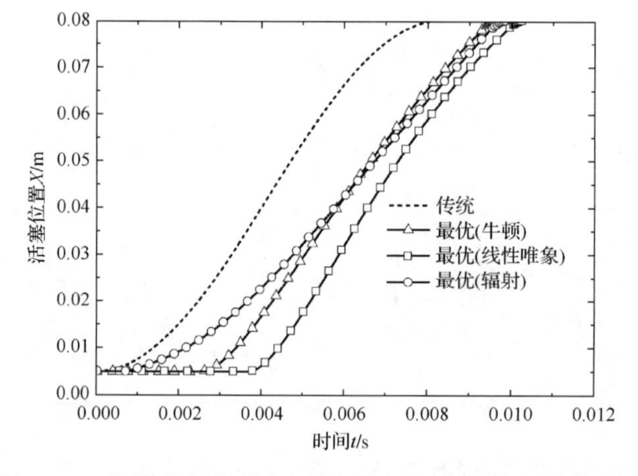

图 3.13　不同传热规律下功率冲程活塞位置随时间的变化规律

表 3.10 给出了各种传热规律下传统和优化的活塞运动规律参数计算结果比较。由表可见，牛顿传热规律下优化活塞运动规律后净输出功和净效率相比传统运动规律提高了 8.54%，线性唯象传热规律下提高了 12.90%，辐射传热规律下提高了约 7.40%。

表 3.10　各种传热规律下传统和优化的活塞运动规律参数计算结果比较

情形		$W_{f,\tau}$ /J	Q_w /J	Q_{ex1} /J	Q_{ex2} /J	$W_{p,exp}$ /J	W_p /J	W_τ /J	η_1	η_2
牛顿	传统	76.33	202.92	374.46	14.77	648.52	626.71	372.14	0.4494	0.5416
	最优	65.77	240.44	347.38	8.69	669.74	648.05	403.92	0.4878	0.5673
线性唯象	传统	76.33	231.39	343.63	14.77	651.06	629.25	374.68	0.4525	0.5447
	最优	69.10	257.69	319.74	6.81	692.16	668.40	423.02	0.5109	0.5943
辐射	传统	76.33	133.91	439.48	14.77	652.49	630.68	376.11	0.4542	0.5464
	最优	62.12	168.51	403.84	8.00	666.11	648.49	403.94	0.4878	0.5629

图 3.14 为各种传热规律下一个循环周期内活塞运动速度随时间的变化规律，包括传统活塞运动规律和活塞运动最优路径。实现这种活塞运动最优路径可有多种途径，其一是采用特殊轮廓线设计的凸轮轴机械传动，其二是采用电磁联轴节[128, 509]。由图可见，由于不同传热规律下功率冲程总时间以及活塞运动最优路径不同，所以各种传热规律下整个循环周期内活塞运动最优路径以及各冲程的时间分配也不同，相应地，循环输出功和效率也均不相同。

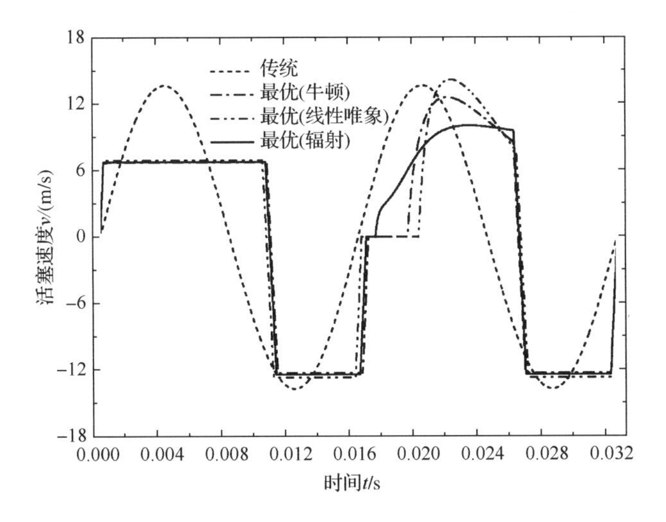

图 3.14　一个循环周期内活塞速度随时间的变化规律

3.4 本 章 小 结

本章考虑气缸内工质与气缸外壁间传热服从广义辐射传热规律[$q \propto \Delta(T^n)$]，应用最优控制理论以循环输出功最大为目标分别优化了 Otto 循环和 Diesel 循环内燃机的活塞运动路径。得到的主要结论如下。

(1) 限制加速度约束下 Otto 循环内燃机最大输出功时各冲程活塞运动最优路径由三段构成，且均包含一个初始最大加速段和一个末端最大减速段，功率冲程中间段为由一组微分方程构成的中间运动段，无功冲程中间段为匀速运行段；考虑燃料的有限速率燃烧影响后，限制加速度约束下 Diesel 循环内燃机最大输出功时各冲程活塞运动最优路径也均由三段构成，Diesel 循环无功冲程活塞运动最优路径与 Otto 循环优化结果相同，功率冲程活塞运动最优路径的初始段由原来 Otto 循环的最大加速段变为 Diesel 循环的运动延滞段(活塞速度为零)，同时两者的中间运动段所服从的微分方程组也不同。

(2) Otto 循环内燃机活塞运动路径优化后输出功和效率的提高主要是通过减少功率冲程初始段热漏损失实现的；Diesel 循环内燃机活塞运动路径优化后输出功和效率的提高主要是通过升高功率冲程初始段工质平均温度实现的；各种传热规律下 Otto 和 Diesel 循环内燃机活塞运动路径与循环周期最优分配规律均显著不同，因此研究传热规律对 Otto 和 Diesel 循环内燃机最大输出功时活塞运动最优路径的影响是十分有必要的。

(3) 优化活塞运动规律不仅增加了内燃机输出功和效率，而且降低了热漏损失及摩擦损失，这些对于实际内燃机的设计意义重大。摩擦损失的减少有利于延长内燃机使用寿命，热漏损失的减少降低了冷却系统的热负荷并提高了排放尾气温度，可考虑采用以简单的气体冷却系统代替复杂的液体冷却系统，利用蓄热器回收尾气的热量以供二次利用。

第 4 章　光化学发动机活塞运动最优路径

4.1　引　　言

Nitzan 和 Ross[476]研究了光照射条件下定容气缸内发生[A]$\rightleftharpoons$[B] 型化学反应的系统，结果表明该系统具有多重稳定状态、非稳定性和阻尼振荡的特点。Zimmermann 和 Ross[477]、Zimmermann 等[478]研究了光照射条件下定容气缸内发生 $S_2O_6F_2 \rightleftharpoons 2SO_3F$ 型实际双分子化学反应的系统，结果表明该化学反应也存在多重稳定状态和迟滞现象。

在文献[476]~[478]的基础上，Mozurkewich 和 Berry[479]建立了一个由 [A]$\rightleftharpoons$[B] 型化学反应系统驱动的耗散型光驱动发动机模型，发现在该发动机系统的多重稳定状态点中，至少有一个非稳定节点和一个非稳定焦点。Watowich 等[480]进一步研究了牛顿传热规律[$q \propto \Delta(T)$]下存在热漏和摩擦等不可逆性、以 [A]$\rightleftharpoons$[B] 型化学反应系统为工质的光驱动发动机，导出了其在输出功最大和熵产生最小两种优化目标下活塞运动最优路径。Watowich 等[481]进一步研究了牛顿传热规律下存在热漏和摩擦等不可逆性、以 $2SO_3F \rightleftharpoons S_2O_6F_2$ 型双分子化学反应系统为工质的光驱动发动机，导出了其在输出功最大和熵产生最小两种优化目标下活塞运动最优路径。

然而，光驱动发动机气缸内工质与外界环境间的传热不总是服从牛顿传热规律的。本章将在文献[480]和[481]的基础上，首先基于存在热漏和摩擦等不可逆性、以 [A]$\rightleftharpoons$[B] 型化学反应系统为工质的光驱动发动机模型，考虑缸内工质和外界环境间传热服从广义辐射传热规律[$q \propto \Delta(T^n)$]，导出其在循环输出功最大和熵产生最小两种优化目标下活塞运动最优路径；然后基于存在热漏和摩擦等不可逆性、以 $2SO_3F \rightleftharpoons S_2O_6F_2$ 型双分子反应系统为工质的光驱动发动机模型，考虑缸内工质和外界环境间传热服从线性唯象传热规律[$q \propto \Delta(T^{-1})$]，导出其在循环输出功最大和熵产生最小两种优化目标下活塞运动最优路径。

除了循环输出功最大和熵产生最小等性能指标，1991 年，Angulo-Brow[250]在研究热机时，以式(4.1.1)为目标优化了热机的性能：

$$E' = P - T_L \sigma \tag{4.1.1}$$

式中，P 为热机输出功率；T_L 为低温热源温度；σ 为熵产率。由于该目标在一定意义上与生态学的长期目标具有相似性，故称为“生态学”目标。Yan[251]认为 Angulo-Brown 提出的生态学目标 E' 没有注意到能量(热量)与功的本质区别，将输出功率(㶲)与㶲损失放在一起作比较是不完备的，并提出以式(4.1.2)代替 E'：

$$E'' = P - T_0\sigma \tag{4.1.2}$$

式中，T_0 为环境温度。本书著者等[252]基于㶲分析的观点，建立了各种循环统一的㶲分析生态学函数：

$$E_C = \frac{A_1 - T_0\Delta S}{t_C} = \frac{A_1}{t_C} - T_0\sigma \tag{4.1.3}$$

式中，A_1 为循环输出㶲；ΔS 为循环熵产；t_C 为循环周期。

为了进一步丰富与完善有限时间热力学理论，本章最后将生态学性能指标引入上述 $[A]\rightleftharpoons[B]$ 型和 $2SO_3F\rightleftharpoons S_2O_6F_2$ 型两类光驱动发动机优化中，考虑缸内工质和外界环境间传热服从广义辐射传热规律，导出其在生态学目标函数最大时活塞运动最优路径。

4.2　广义辐射传热规律下 $[A]\rightleftharpoons[B]$ 型光驱动发动机最大输出功和最小熵产生

4.2.1　物理模型

耗散型光驱动发动机模型如图 4.1 所示。气缸横截面积为 A，气缸的一端为质量为 m 的活塞，另一端为透明。环境温度为 T_0，压力为 P_0。假设气缸里的气体的弛豫过程非常快，认为工作气体内部只发生可逆变化，而所有的不可逆性都是由于缸内气体与外界环境间相互作用而产生的，即工质内部发生的各种过程的弛豫时间远短于发动机工作循环所用时间。工质气体空间均匀分布，反应系统处于内平衡。发动机主要的不可逆性为活塞运动时与气缸壁的摩擦以及缸内工质与外界环境间的热漏损失。

气缸内充满缓冲气体工质，缓冲气体不参与反应，缸内发生的化学反应如下：

$$[A]\rightleftharpoons[B] \tag{4.2.1}$$

由于存在大量缓冲气体，可以把工质看作热容为常数 C_V 的理想气体，其摩尔数为

N。另外，忽略化学反应焓变对流入发动机内部的热流率的影响。物质[A]选择性地吸收射入的光能，发生另一个反应：

$$[\mathrm{A}] + \text{光能} \longrightarrow [\mathrm{A}]^* \longrightarrow [\mathrm{A}] + \text{热能} \tag{4.2.2}$$

入射光的波长是经过选择的，因此只有物质[A]可以吸收。激发态$[\mathrm{A}]^*$迅速释放能量重新变为原始状态[A]。反应$[\mathrm{A}]^* \longrightarrow [\mathrm{A}]+$热能在液体和气体里的时间尺度分别只有$10^{-12}\mathrm{s}$和$10^{-9}\mathrm{s}$[476]。由文献[477]可知，以荧光形式存在的辐射功率远小于系统在典型试验条件下吸收的功率的 1%。因此，荧光性可以忽略，那么被吸收的辐射能就以热能的形式释放出来，用来升高系统的温度。对于热机而言，工质在高温吸热，在低温放热。只要反应(4.2.1)是放热反应，系统就可以像热机一样对外做功。当物质[A]吸收光能并将光能转变为热能时，混合物的温度升高，使化学反应平衡向生成更多[A]的方向移动。于是，系统便建立了正反馈，通过系统的热传递来控制温度。

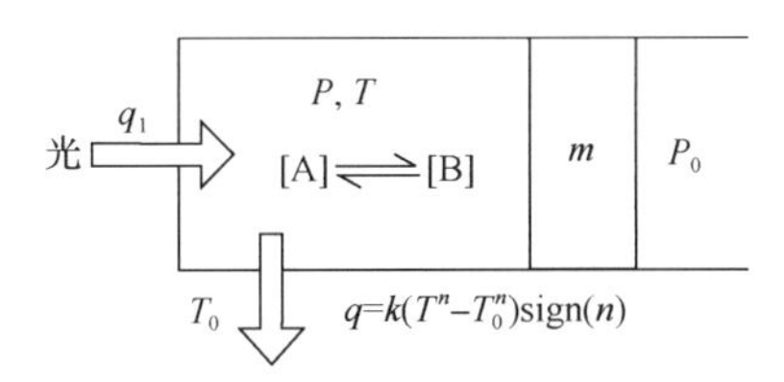

图 4.1　耗散型光驱动发动机模型

对于不受控制的、活塞自由运动的发动机，其动力学方程为

$$\frac{\mathrm{d}x}{\mathrm{d}t} = v \tag{4.2.3}$$

$$\frac{\mathrm{d}v}{\mathrm{d}t} = \frac{1}{m}\left[A\left(\frac{NRT}{Ax} - p_0\right) - \mu v\right] \tag{4.2.4}$$

式(4.2.3)中，x为活塞位移；v为活塞运动速度。式(4.2.4)中，假定作用于活塞的外部环境压为常数p_0，并且活塞所受的摩擦阻力与活塞运动速度成正比[439]，摩擦系数为μ。式(4.2.4)中等式右边μv项为作用于活塞上的摩擦力；$NRT/(Ax)$项为利用克拉佩龙方程得到的工质内部压力；$\mathrm{d}v/\mathrm{d}t$为活塞加速度。

对于该系统，由热力学第一定律可得

$$\dot{E} = C_V N\dot{T} = q - \frac{NRTv}{x} \tag{4.2.5}$$

式中，$\dot{E}$ 为工质热力学能随时间的变化率；$\dot{T}$ 为工质温度随时间的变化率，并有

$$q = q_1 - q_2 \tag{4.2.6}$$

式中，

$$q_1 = \beta \tan^{-1}\left[s\left(\frac{T - T_S}{T_S}\right)\right] \tag{4.2.7}$$

$$q_2 = k\left(T^n - T_0^n\right)\text{sign}(n) \tag{4.2.8}$$

式(4.2.6)~式(4.2.8)中，进入系统的热流率 q 由两部分组成：假定反应式(4.2.1)达到平衡，由朗伯-比尔定律得到的系统吸收辐射能而产生的热流率 q_1；气缸内工质与环境之间的传热服从广义辐射传热规律[$q \propto \Delta(T^n)$]时，工质与环境间热流率为 q_2，$\text{sign}(n)$ 为符号函数，当 $n>0$ 时，$\text{sign}(n)=1$，当 $n<0$ 时，$\text{sign}(n)=-1$。工质与环境间传热的总热导率为 k，β 为辐射能流或者光进入系统的强度，T_S 为开关温度阈值，s 决定开关函数的陡峭度。当 $T<T_S$ 时，平衡反应方程式(4.2.1)向右移动，当 $T>T_S$ 时，平衡反应方程式(4.2.1)向左移动。当 $s \to \infty$ 时，辐射能函数变为阶跃函数。

定义如下的无量纲参数：

$$\xi = \frac{x}{x_0},\quad \theta = \frac{T}{T_0},\quad \upsilon = \frac{vNC_V}{T_0^{n-1}kx_0} \text{ 和 } \tau = \frac{tkT_0^{n-1}}{NC_V} \tag{4.2.9}$$

来分别描述位移、温度、速度和时间。式中，x_0 为活塞的总位移。

利用定义的无量纲参数，式(4.2.3)~式(4.2.5)变为

$$\dot{\xi} = \upsilon \tag{4.2.10}$$

$$\dot{\upsilon} = \beta_4\theta/\xi - \beta_5 - \beta_6\upsilon \tag{4.2.11}$$

$$\dot{\theta} = \frac{-\beta_1\theta\upsilon}{\xi} + \beta_2 \arctan\left[s(\theta-1)\right] - \left(\theta^n - 1\right)\text{sign}(n) \tag{4.2.12}$$

式中，无量纲参数分别为 $\beta_1 = R/C_V$，$\beta_2 = \beta\Big/\left(kT_0^n\right)$，$\beta_4 = \left(NC_V\right)^2 NR\Big/\left(T_0^{2n-3}k^2x_0^2m\right)$，$\beta_5 = \left(NC_V\right)^2 Ap_0\Big/\left(T_0^{2n-2}k^2x_0m\right)$ 和 $\beta_6 = \mu C_V N\Big/\left(mkT_0^{n-1}\right)$。参数上带点表示该参数对无量纲时间的导数。

由文献[479]可知，本章研究的光驱动发动机有三个平衡态，并且至少有一个

平衡态满足$\left(\partial h/\partial T\right)_p > 0$，定义为非稳定节点，或者满足$\left(\partial h/\partial T\right)_S > 0$，定义为非稳定焦点，式中，$h$为每循环进入系统的总的热流率，$T$、$S$和$p$分别为工质的温度、熵和压力。后一个条件是循环过程对外做功的必要条件。由文献[479]还可知，光驱动发动机中间的平衡态是一个非稳定焦点，而另外两个是稳定平衡态。如果将活塞与功源连接，可以利用系统处于非稳定平衡态时，其偏离非稳定平衡态的振荡趋势做功。可以通过设计活塞与功源的连接，使活塞能够沿任意的路径运动。

4.2.2　优化方法

本节将分别以循环输出功最大和循环熵产生最小为优化目标，研究光驱动发动机活塞运动最优路径。优化问题为以位移$\xi(\tau)$和温度$\theta(\tau)$的动力学方程为约束条件，通过控制活塞运动速度$\upsilon(\tau)$，从而达到预定的性能优化目标。

每一个循环都分为膨胀冲程和压缩冲程。假定每个冲程所用的时间已知，并且活塞位移和工质温度在各个冲程结束时刻的边界值给定。每个循环的活塞初始位移和工质初始温度均相同。在膨胀过程中，活塞位移增加而工质温度同时降低。膨胀冲程结束时，活塞位移和工质温度达到给定的边界值。然后工质开始被压缩。在压缩冲程中，工质的温度逐渐升高。压缩冲程结束时的活塞位移和工质温度与循环的初始值相同。每个冲程的输出功达到最大的同时，平均输出功率也为最大。在各个冲程的边界值给定的条件下，求解每个冲程的活塞最优运动规律等价于求解整个循环的活塞最优运动规律。

在固定的时间间隔$t_{\mathrm{i}} \to t_{\mathrm{f}}$内活塞净输出功为

$$W_{\mathrm{net}} = \int_{t_{\mathrm{i}}}^{t_{\mathrm{f}}} \left(\frac{NRTv}{x} - \mu v^2 \right) \mathrm{d}t \tag{4.2.13}$$

这段时间的熵产生为

$$\Delta S_{\mathrm{irr}} = \int_{t_{\mathrm{i}}}^{t_{\mathrm{f}}} \left[-k\left(T^n - T_0^n\right)\left(\frac{1}{T} - \frac{1}{T_0}\right)\mathrm{sign}(n) + \frac{\mu v^2}{T_0} \right] \mathrm{d}t \tag{4.2.14}$$

如式(4.2.14)所示，假设系统的熵产生仅仅是由于存在热漏和摩擦这两种不可逆性，并且认为由于摩擦而耗散的能量全部传给环境。

利用定义的无量纲参数，式(4.2.13)和式(4.2.14)相应变为

$$\bar{W}_{\mathrm{net}} = \int_{\tau_{\mathrm{i}}}^{\tau_{\mathrm{f}}} \left(\frac{\theta \upsilon}{\xi} - \beta_3 \upsilon^2 \right) \mathrm{d}\tau \tag{4.2.15}$$

$$\Delta\bar{S}_{\mathrm{irr}}=\int_{\tau_{\mathrm{i}}}^{\tau_{\mathrm{f}}}\left[-\left(\theta^{\mathrm{n}}-1\right)\left(\frac{1}{\theta}-1\right)\mathrm{sign}\left(\mathrm{n}\right)+\beta_1\beta_3\upsilon^2\right]\mathrm{d}\tau \tag{4.2.16}$$

式中，$\bar{W}_{\mathrm{net}}=W_{\mathrm{net}}/\beta_0$，$\Delta\bar{S}_{\mathrm{irr}}=\beta_1 T_0\Delta S_{\mathrm{irr}}/\beta_0$，$\beta_0=NRT_0$和$\beta_3=\beta_6/\beta_4$。状态变量$\xi$和$\theta$分别满足约束条件式(4.2.10)和式(4.2.12)。

膨胀冲程的边界条件为

$$\theta(\tau_{\mathrm{i}})=\theta_{\mathrm{i}},\quad \theta(\tau_{\mathrm{f}})=\theta_{\mathrm{f}},\quad \xi(\tau_{\mathrm{i}})=\xi_{\mathrm{i}}\text{和}\xi(\tau_{\mathrm{f}})=\xi_{\mathrm{f}} \tag{4.2.17}$$

压缩冲程的边界条件为

$$\theta(\tau_{\mathrm{i}})=\theta_{\mathrm{f}},\quad \theta(\tau_{\mathrm{f}})=\theta_{\mathrm{i}},\quad \xi(\tau_{\mathrm{i}})=\xi_{\mathrm{f}}\text{和}\xi(\tau_{\mathrm{f}})=\xi_{\mathrm{i}} \tag{4.2.18}$$

后面将分别以式(4.2.15)和式(4.2.16)给出的无量纲循环输出功和无量纲熵产生为目标进行优化。

以循环输出功最大为优化目标，建立哈密顿函数如下：

$$H_W=\frac{\theta\upsilon}{\xi}-\beta_3\upsilon^2+\lambda_1\left\{\frac{-\beta_1\theta\upsilon}{\xi}+\beta_2\arctan\left[s(\theta-1)\right]-\left(\theta^n-1\right)\mathrm{sign}(n)\right\}+\lambda_2\upsilon \tag{4.2.19}$$

式中，λ_1和λ_2分别为协态变量。式(4.2.19)的协态方程和控制方程分别为

$$\dot{\lambda}_1=-\frac{\partial H_W}{\partial\theta}=\lambda_1\left\{\frac{\beta_1\upsilon}{\xi}-\frac{\beta_2 s}{1+\left[s(\theta-1)\right]^2}+n\theta^{n-1}\mathrm{sign}(n)\right\}-\frac{\upsilon}{\xi} \tag{4.2.20}$$

$$\dot{\lambda}_2=-\frac{\partial H_W}{\partial\xi}=\frac{\theta\upsilon}{\xi^2}(1-\lambda_1\beta_1)\beta_1 \tag{4.2.21}$$

$$\upsilon=\frac{\theta+\lambda_2\xi-\lambda_1\beta_1\theta}{2\beta_3\xi} \tag{4.2.22}$$

以循环熵产生最小为优化目标，建立哈密顿函数如下：

$$H_S=\left(\theta^n-1\right)\left(\frac{1}{\theta}-1\right)\mathrm{sign}(n)-\beta_1\beta_3\upsilon^2+\lambda_3\left\{\frac{-\beta_1\theta\upsilon}{\xi}+\beta_2\arctan\left[s(\theta-1)\right]-\left(\theta^n-1\right)\mathrm{sign}(n)\right\}+\lambda_4\upsilon \tag{4.2.23}$$

式中，λ_3和λ_4分别为协态变量。式(4.2.23)的协态方程和控制方程分别为

$$\dot{\lambda}_3 = -\frac{\partial H_S}{\partial \theta} = \lambda_3 \left\{ \frac{\beta_1 \upsilon}{\xi} - \frac{\beta_2 s}{1+\left[s(\theta-1)\right]^2} + n\theta^{n-1}\mathrm{sign}(n) \right\} \\ + \frac{1}{\theta^2}\left(\theta^n - 1\right)\mathrm{sign}(n) - n\theta^{n-1}\left(\frac{1}{\theta} - 1\right)\mathrm{sign}(n) \tag{4.2.24}$$

$$\dot{\lambda}_4 = -\frac{\partial H_S}{\partial \xi} = \frac{-\beta_1 \lambda_3 \theta \upsilon}{\xi^2} \tag{4.2.25}$$

$$\upsilon = \frac{\lambda_4 \xi - \beta_1 \theta \lambda_3}{2\beta_1 \beta_3 \xi} \tag{4.2.26}$$

通过上述方程可以发现，协态变量$\lambda_1(\tau)$、$\lambda_2(\tau)$、$\lambda_3(\tau)$和$\lambda_4(\tau)$的终点值并不要求给定，$\lambda_1(\tau)$和$\lambda_2(\tau)$的边界值可通过采用打靶法确定。首先分别任意选取协态变量初值$\lambda_1(0)$和$\lambda_2(0)$。然后利用猜测的$\lambda_1(\tau)$和$\lambda_2(\tau)$的初值，从$\tau=\tau_{\mathrm{i}}$时刻[该时刻θ和ξ对应于膨胀和压缩冲程的边界值由式(4.2.17)和式(4.2.18)给定]起，关于$\lambda_1(\tau)$和$\lambda_2(\tau)$的方程式(4.2.10)、式(4.2.12)和式(4.2.20)~式(4.2.22)可以通过数值计算联立求解。将求得的$\tau=\tau_{\mathrm{f}}$时刻的边界值与预期得到的边界值进行比较，如果两者误差小于容许误差则终止计算，否则，需重新选取$\lambda_1(0)$和$\lambda_2(0)$，然后重复上述步骤。一旦确定出合理的$\lambda_1(0)$和$\lambda_2(0)$，可通过式(4.2.10)、式(4.2.12)和式(4.2.20)~式(4.2.22)得到循环输出功最大时光驱动发动机活塞运动最优路径。在此基础上还可以进一步通过数值计算得到循环的摩擦损失功$\overline{W}_f$、工质与环境之间的循环热漏损失$\overline{Q}_{\mathrm{L}}$、摩擦损失引起的循环熵产生$\Delta\overline{S}_f$、热漏损失引起的循环熵产生$\Delta\overline{S}_{\mathrm{L}}$、热机吸收的辐射能$\overline{Q}_{\mathrm{R}}$和循环效率$\eta$。

无量纲循环摩擦损失功$\overline{W}_f$为

$$\overline{W}_f = \beta_3 \int_{\mathrm{cycle}} \upsilon^2 \mathrm{d}\tau \tag{4.2.27}$$

无量纲循环热漏损失$\overline{Q}_{\mathrm{L}}$为

$$\overline{Q}_{\mathrm{L}} = \beta_1^{-1} \int_{\mathrm{cycle}} \left(\theta^n - 1\right)\mathrm{sign}(n)\,\mathrm{d}\tau \tag{4.2.28}$$

摩擦损失和热漏损失引起的无量纲熵产生分别为

$$\Delta\overline{S}_f = \beta_1 \beta_3 \int_{\mathrm{cycle}} \upsilon^2 \mathrm{d}\tau \tag{4.2.29}$$

$$\Delta\bar{S}_{\mathrm{L}}=\int_{\mathrm{cycle}}\left(1-\theta^{n}\right)\left(\frac{1}{\theta}-1\right)\mathrm{sign}\left(n\right)\mathrm{d}\tau \tag{4.2.30}$$

发动机吸收的无量纲辐射能 $\bar{Q}_{\mathrm{R}}$ 为

$$\bar{Q}_{\mathrm{R}}=\frac{1}{\beta_{1}}\int_{\mathrm{cycle}}q_{\mathrm{R}}\mathrm{d}\tau \tag{4.2.31}$$

式中，

$$q_{\mathrm{R}}=\begin{cases}\beta_{2}\tan^{-1}\left[s\left(\theta-1\right)\right] & ,\theta\geqslant1.0\\0 & ,\theta<1.0\end{cases} \tag{4.2.32}$$

定义循环效率 η_{net} 为

$$\eta_{\mathrm{net}}=\frac{\bar{W}_{\mathrm{net}}}{\bar{Q}_{\mathrm{R}}} \tag{4.2.33}$$

4.2.3 特例分析

本节将基于上述广义辐射传热规律下的优化结果，进一步导出线性唯象（$n=-1$）、牛顿（$n=1$）和辐射（$n=4$）等三种特殊传热规律下的优化结果。

4.2.3.1 线性唯象传热规律下的优化结果

线性唯象传热规律下，传热指数 $n=-1$，符号函数 $\mathrm{sign}(n)=-1$。

将 $n=-1$ 代入式(4.2.19)，可得以循环输出功最大为优化目标时对应的哈密顿函数为

$$H_{W}=\frac{\theta\upsilon}{\xi}-\beta_{3}\upsilon^{2}+\lambda_{1}\left\{\frac{-\beta_{1}\theta\upsilon}{\xi}+\beta_{2}\arctan\left[s\left(\theta-1\right)\right]+\frac{1}{\theta}-1\right\}+\lambda_{2}\upsilon \tag{4.2.34}$$

协态方程和控制方程分别为

$$\dot{\lambda}_{1}=-\frac{\partial H_{W}}{\partial\theta}=\lambda_{1}\left\{\frac{\beta_{1}\upsilon}{\xi}-\frac{\beta_{2}s}{1+\left[s\left(\theta-1\right)\right]^{2}}+\frac{1}{\theta^{2}}\right\}-\frac{\upsilon}{\xi} \tag{4.2.35}$$

$$\dot{\lambda}_{2}=-\frac{\partial H_{W}}{\partial\xi}=\frac{\theta v}{\xi^{2}}(1-\beta_{1}\lambda_{1}) \tag{4.2.36}$$

$$\upsilon = \frac{\theta + \lambda_2 \xi - \lambda_1 \beta_1 \theta}{2\beta_3 \xi} \tag{4.2.37}$$

联立式(4.2.10)、式(4.2.12)和式(4.2.35)~式(4.2.37)，通过数值计算可以确定循环输出功最大时的光驱动发动机活塞运动最优路径。

将 $n=-1$ 代入式(4.2.23)，可得以循环熵产生最小为优化目标时对应的哈密顿函数为

$$H_S = -\left(\frac{1}{\theta} - 1\right)^2 - \beta_1 \beta_3 \upsilon^2 + \lambda_3 \left\{ \frac{-\beta_1 \theta \upsilon}{\xi} + \beta_2 \arctan\left[s(\theta - 1)\right] + \frac{1}{\theta} - 1 \right\} + \lambda_4 \upsilon \tag{4.2.38}$$

协态方程和控制方程分别为

$$\dot{\lambda}_3 = -\frac{\partial H_S}{\partial \theta} = \lambda_3 \left\{ \frac{\beta_1 \upsilon}{\xi} - \frac{\beta_2 s}{1 + \left[s(\theta - 1)\right]^2} + \frac{1}{\theta^2} \right\} - \frac{2(1 - \theta)}{\theta^3} \tag{4.2.39}$$

$$\dot{\lambda}_4 = -\frac{\partial H_S}{\partial \xi} = \frac{-\beta_1 \lambda_3 \theta \upsilon}{\xi^2} \tag{4.2.40}$$

$$\upsilon = \frac{\lambda_4 \xi - \beta_1 \theta \lambda_3}{2\beta_1 \beta_3 \xi} \tag{4.2.41}$$

联立式(4.2.10)、式(4.2.12)和式(4.2.39)~式(4.2.41)，通过数值计算可以确定循环熵产生最小时的光驱动发动机活塞运动最优路径。

4.2.3.2　牛顿传热规律下的优化结果[480]

牛顿传热规律下，传热指数 $n=1$，符号函数 $\mathrm{sign}(n)=1$。

将 $n=1$ 代入式(4.2.19)，可得以循环输出功最大为优化目标时对应的哈密顿函数为

$$H_W = \frac{\theta \upsilon}{\xi} - \beta_3 \upsilon^2 + \lambda_1 \left\{ \frac{-\beta_1 \theta \upsilon}{\xi} + \beta_2 \arctan\left[s(\theta - 1)\right] - \theta + 1 \right\} + \lambda_2 \upsilon \tag{4.2.42}$$

协态方程和控制方程分别为

$$\dot{\lambda}_1 = -\frac{\partial H_W}{\partial \theta} = \lambda_1 \left\{ \frac{\beta_1 \upsilon}{\xi} - \frac{\beta_2 s}{1 + \left[s(\theta - 1)\right]^2} + 1 \right\} - \frac{\upsilon}{\xi} \tag{4.2.43}$$

$$\dot{\lambda}_2 = -\frac{\partial H_W}{\partial \xi} = \frac{\theta \upsilon}{\xi^2}(1-\beta_1\lambda_1) \tag{4.2.44}$$

$$\upsilon = \frac{\theta + \lambda_2 \xi - \lambda_1 \beta_1 \theta}{2\beta_3 \xi} \tag{4.2.45}$$

联立式(4.2.10)、式(4.2.12)和式(4.2.43)~式(4.2.45)，通过数值计算可以确定光驱动发动机循环输出功最大时活塞运动最优路径。

将$n=1$代入式(4.2.23)，可得以循环熵产生最小为优化目标时对应的哈密顿函数为

$$H_S = (\theta-1)\left(\frac{1}{\theta}-1\right) - \beta_1\beta_3\upsilon^2 + \lambda_3\left\{\frac{-\beta_1\theta\upsilon}{\xi} + \beta_2 \arctan\left[s(\theta-1)\right] - \theta + 1\right\} + \lambda_4 \upsilon \tag{4.2.46}$$

协态方程和控制方程分别为

$$\dot{\lambda}_3 = -\frac{\partial H_S}{\partial \theta} = \lambda_3\left\{\frac{\beta_1\upsilon}{\xi} - \frac{\beta_2 s}{1+\left[s(\theta-1)\right]^2} + 1\right\} + 1 - \frac{1}{\theta^2} \tag{4.2.47}$$

$$\dot{\lambda}_4 = -\frac{\partial H_S}{\partial \xi} = \frac{-\beta_1\lambda_3\theta\upsilon}{\xi^2} \tag{4.2.48}$$

$$\upsilon = \frac{\lambda_4\xi - \beta_1\theta\lambda_3}{2\beta_1\beta_3\xi} \tag{4.2.49}$$

联立式(4.2.10)、式(4.2.12)和式(4.2.47)~式(4.2.49)，通过数值计算可以确定光驱动发动机循环熵产生最小时活塞运动最优路径。

4.2.3.3 辐射传热规律下的优化结果

辐射传热规律下，传热指数$n=4$，符号函数$\mathrm{sign}(n)=1$。

将$n=4$代入式(4.2.19)，可得以循环输出功最大为优化目标时对应的哈密顿函数为

$$H_W = \frac{\theta\upsilon}{\xi} - \beta_3\upsilon^2 + \lambda_1\left\{\frac{-\beta_1\theta\upsilon}{\xi} + \beta_2 \arctan\left[s(\theta-1)\right] - \theta^4 + 1\right\} + \lambda_2\upsilon \tag{4.2.50}$$

协态方程和控制方程分别为

$$\dot{\lambda}_1 = -\frac{\partial H_W}{\partial \theta} = \lambda_1 \left\{ \frac{\beta_1 \upsilon}{\xi} - \frac{\beta_2 s}{1 + \left[s(\theta - 1) \right]^2} + 4\theta^3 \right\} - \frac{\upsilon}{\xi} \tag{4.2.51}$$

$$\dot{\lambda}_2 = -\frac{\partial H_W}{\partial \xi} = \frac{\theta \upsilon}{\xi^2} (1 - \beta_1 \lambda_1) \tag{4.2.52}$$

$$\upsilon = \frac{\theta + \lambda_2 \xi - \lambda_1 \beta_1 \theta}{2\beta_3 \xi} \tag{4.2.53}$$

联立式(4.2.10)、式(4.2.12)和式(4.2.51)~式(4.2.53)，通过数值计算可以确定循环光驱动发动机输出功最大时活塞运动最优路径。

将 $n = 4$ 代入式(4.2.23)，可得以循环熵产生最小为优化目标时对应的哈密顿函数为

$$H_S = (\theta^4 - 1)\left(\frac{1}{\theta} - 1\right) - \beta_1 \beta_3 \upsilon^2 + \lambda_3 \left\{ \frac{-\beta_1 \theta \upsilon}{\xi} + \beta_2 \arctan\left[s(\theta - 1) \right] - \theta^4 + 1 \right\} + \lambda_4 \upsilon \tag{4.2.54}$$

协态方程和控制方程分别为

$$\dot{\lambda}_3 = -\frac{\partial H_S}{\partial \theta} = \lambda_3 \left\{ \frac{\beta_1 \upsilon}{\xi} - \frac{\beta_2 s}{1 + \left[s(\theta - 1) \right]^2} + 4\theta^3 \right\} + 4\theta^3 - 3\theta^2 - \frac{1}{\theta^2} \tag{4.2.55}$$

$$\dot{\lambda}_4 = -\frac{\partial H_S}{\partial \xi} = \frac{-\beta_1 \lambda_3 \theta \upsilon}{\xi^2} \tag{4.2.56}$$

$$\upsilon = \frac{\lambda_4 \xi - \beta_1 \theta \lambda_3}{2\beta_1 \beta_3 \xi} \tag{4.2.57}$$

联立式(4.2.10)、式(4.2.12)和式(4.2.55)~式(4.2.57)，通过数值计算可以确定光驱动发动机循环熵产生最小时活塞运动最优路径。

4.2.4 数值算例与讨论

本节将给出线性唯象、牛顿和辐射传热规律下光驱动发动机循环输出功最大和熵产生最小时的数值算例，并将三种特殊传热规律下的优化结果进行比较。在此数值算例中，取膨胀冲程时间 $\tau_f - \tau_i = 1$，压缩冲程时间 $\tau_f - \tau_i = 1$，边界点温度 $\theta_i = 1.1$，$\theta_f = 0.9$，边界点位置 $\xi_i = 1.0$，$\xi_f = 2.0$，辐射热流开关流 $s = 10.0$，无

量纲参数 $\beta_1=0.4$，$\beta_2=0.4$ 和 $\beta_3=0.01$。为分析方便，以 $\overline{W}_{\text{net}}=\max$ 表示最大输出功路径，以 $\Delta\overline{S}_{\text{irr}}=\min$ 表示最小熵产生路径。

4.2.4.1 线性唯象传热规律下的数值算例

表 4.1 给出了线性唯象传热规律最大输出功和最小熵产生两种优化目标下的计算结果。$\Delta\overline{S}_{\text{irr}}=\min$ 时，输出功 $\overline{W}_{\text{net}}=0.0093$，熵产生 $\Delta\overline{S}_{\text{irr}}=0.0154$，分别仅为 $\overline{W}_{\text{net}}=\max$ 时的 5.12% 和 7.49%。由表 4.1 可知，$\overline{W}_{\text{net}}=\max$ 时，可以使发动机吸收更多的辐射能 $\overline{Q}_{\text{R}}$，$\overline{Q}_{\text{R}}=1.5288$，由于光驱动发动机的输出功主要来自于吸收的辐射能，此时的输出功 $\overline{W}_{\text{net}}$ 最大；同时，由于 $\overline{W}_{\text{net}}=\max$ 时的膨胀冲程与压缩冲程的摩擦损失功 $\overline{W}_f$ 和热漏损失 $\overline{Q}_{\text{L}}$ 都较大，这就使得摩擦损失和热漏损失引起的熵产生较大；压缩冲程的摩擦损失功 $\overline{W}_f$、总的熵产生 $\Delta\overline{S}_{\text{irr}}$、摩擦引起的熵产生 $\Delta\overline{S}_f$、热漏引起的熵产生 $\Delta\overline{S}_{\text{L}}$ 和吸收的辐射能 $\overline{Q}_{\text{R}}$ 都较小，分别仅为膨胀冲程时结果的 34.33%、20.67%、34.33%、15.70% 和 27.95%。而 $\Delta\overline{S}_{\text{irr}}=\min$ 时，由于发动机吸收的辐射能 $\overline{Q}_{\text{R}}$ 较小，$\overline{Q}_{\text{R}}=0.4375$，此时输出功 $\overline{W}_{\text{net}}$ 较小；$\Delta\overline{S}_{\text{irr}}=\min$ 时，各个冲程的摩擦损失功 $\overline{W}_f$ 和热漏损失 $\overline{Q}_{\text{L}}$ 都较小，这就意味着在整个循环中，活塞的绝对速度较小，而且工质与环境的温差较小，因此，循环熵产生最小。另外，虽然光驱动发动机在两种不同优化目标下，膨胀冲程工质均对环境放热，压缩冲程工质均从环境吸热，但是循环总的热漏损失是不同的：$\overline{W}_{\text{net}}=\max$ 时，总的热漏损失 $\overline{Q}_{\text{L}}=0.6764$，即工质对环境放热，而 $\Delta\overline{S}_{\text{irr}}=\min$ 时，总的热漏损失 $\overline{Q}_{\text{L}}=-0.0045$，即工质从环境吸热。

表 4.1 线性唯象传热规律两种优化目标下的计算结果

目标	冲程	$\overline{W}_{\text{net}}$	$\overline{W}_f$	$\overline{Q}_{\text{L}}$	$\Delta\overline{S}_{\text{irr}}$	$\Delta\overline{S}_f$	$\Delta\overline{S}_{\text{L}}$	$\overline{Q}_{\text{R}}$	η_{net}
$\overline{W}_{\text{net}}=\max$	膨胀	0.8105	0.1136	0.7794	0.1703	0.0454	0.1248	1.1948	0.1187
	压缩	–0.6290	0.0390	–0.1030	0.0352	0.0156	0.0196	0.3340	
	总计	0.1815	0.1526	0.6764	0.2055	0.0610	0.1444	1.5288	
$\Delta\overline{S}_{\text{irr}}=\min$	膨胀	0.6986	0.0118	0.0692	0.0077	0.0047	0.0030	0.3645	0.0213
	压缩	–0.6893	0.0124	–0.0737	0.0077	0.0049	0.0028	0.0730	
	总计	0.0093	0.0242	–0.0045	0.0154	0.0096	0.0058	0.4375	

图 4.2 给出了线性唯象传热规律循环输出功最大和循环熵产生最小两种不同目标下活塞运动速度随时间最优变化规律。由图可知，在 $\tau=1$ 时刻，即循环由膨胀冲程变为压缩冲程的时刻，活塞运动速度出现了不连续性。这是由于没有考虑

活塞加速度的约束，可以认为此时的活塞加速度为无穷大，从而实现活塞速度在 $\tau=1$ 时刻的突变。另外，$\Delta\overline{S}_{\text{irr}}=\min$ 时，活塞速度随时间变化较为平缓，并且在数值上不大，因此，整个循环过程中，摩擦损失功 $\overline{W}_f$ 和摩擦引起的熵产生 $\Delta\overline{S}_f$ 都很小。而 $\overline{W}_{\text{net}}=\max$ 时，活塞速度随时间发生剧烈的变化，并且速度的绝对值较大，因此整个循环过程中，摩擦损失功 $\overline{W}_f$ 和摩擦引起的熵产生 $\Delta\overline{S}_f$ 都较大。另外，对比两种不同目标下的优化结果可见，不仅活塞速度的最优构型完全不同，膨胀冲程和压缩冲程的活塞初始速度也不相同。

图 4.3 给出了线性唯象传热规律循环输出功最大和循环熵产生最小两种优化目标下活塞位移 ξ 随时间 τ 最优变化规律。由图 4.3 可知，$\Delta\overline{S}_{\text{irr}}=\min$ 时，膨胀冲程活塞位移单调增加，压缩冲程活塞位移单调减小。$\overline{W}_{\text{net}}=\max$ 时，膨胀冲程中工质先被压缩，从而增加了下一阶段膨胀过程的膨胀比，因此对外做功增加；压缩冲程的初期和末期均存在轻微的膨胀过程，这意味着压缩冲程中存在两个对外做功过程，从而减少了压缩冲程活塞耗功。

图 4.4 给出了线性唯象传热规律循环输出功最大和循环熵产生最小两种优化目标下工质温度 θ 随时间 τ 最优变化规律。对比图 4.3 和图 4.4 可知，图 4.3 中的膨胀过程对应于图 4.4 中工质温度的降低，而图 4.3 的压缩过程对应于图 4.4 中工质温度的升高。另外，$\Delta\overline{S}_{\text{irr}}=\min$ 时，工质与环境的温差不大，因此热漏损失 $\overline{Q}_{\text{L}}$ 和热漏引起的熵产生 $\Delta\overline{S}_{\text{L}}$ 很小。而 $\overline{W}_{\text{net}}=\max$ 时，工质温度随时间呈现较大波动，并且工质和环境温差较大，因此热漏损失 $\overline{Q}_{\text{L}}$ 和热漏引起的熵产生 $\Delta\overline{S}_{\text{L}}$ 较大。

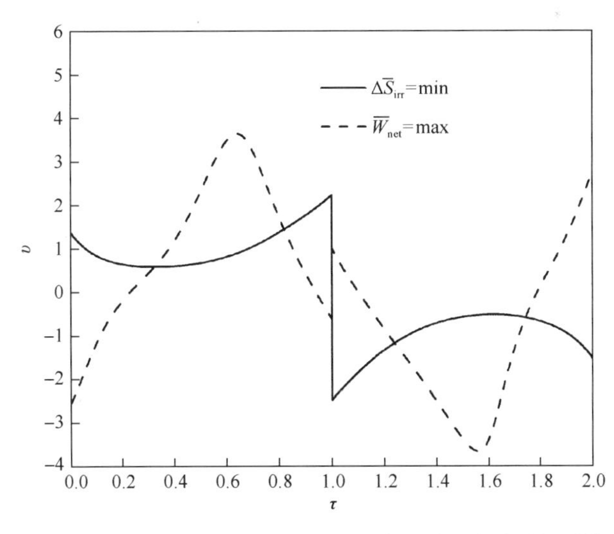

图 4.2　线性唯象传热规律两种不同目标下活塞运动速度随时间最优变化规律

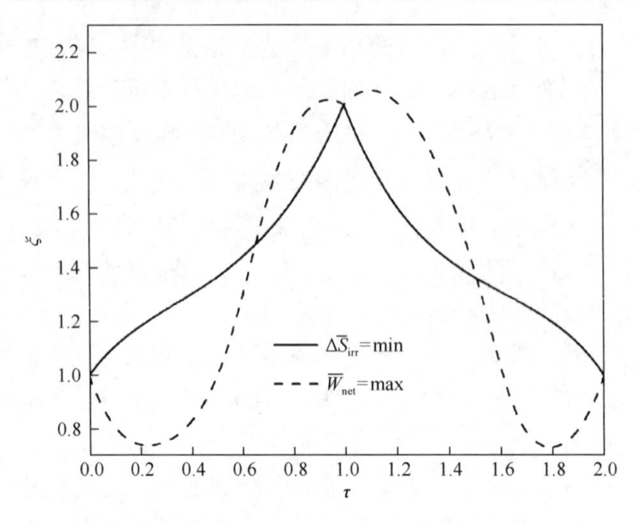

图 4.3　线性唯象传热规律两种不同目标下活塞位移 ξ 随时间 τ 最优变化规律

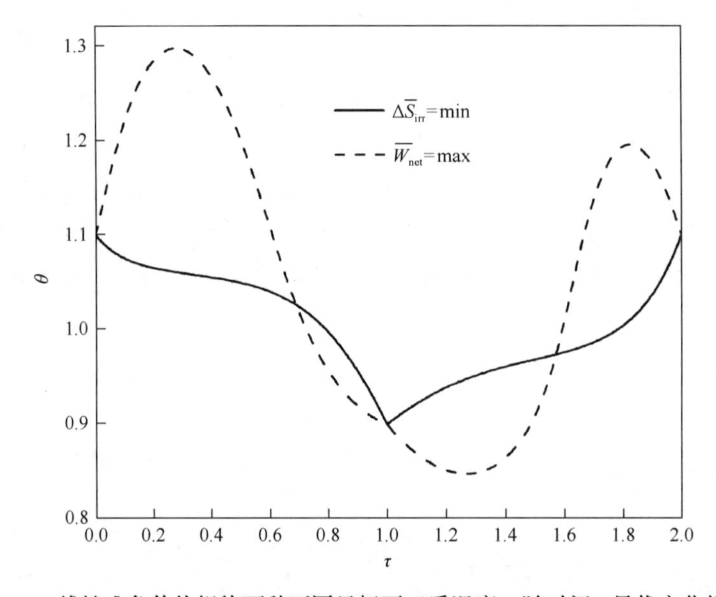

图 4.4　线性唯象传热规律两种不同目标下工质温度 θ 随时间 τ 最优变化规律

4.2.4.2　牛顿传热规律下的数值算例

表 4.2 给出了牛顿传热规律最大输出功和最小熵产生两种优化目标下的计算结果。$\Delta\overline{S}_{irr}=\min$ 时，输出功 $\overline{W}_{net}=0.0088$，熵产生 $\Delta\overline{S}_{irr}=0.0155$，分别仅为 $\overline{W}_{net}=\max$ 时的 7.44% 和 19.72%。由表 4.2 可知，$\overline{W}_{net}=\max$ 时，可以使发动机吸收更多的辐射能 $\overline{Q}_R$，$\overline{Q}_R=1.1068$，因此输出功 $\overline{W}_{net}$ 最大；由于膨胀冲程与压

缩冲程的摩擦损失功$\overline{W}_f$和热漏损失$\overline{Q}_\mathrm{L}$都较大，这就使得摩擦损失和热漏损失引起的熵产生较大；摩擦损失功$\overline{W}_f$和摩擦引起的熵产生$\Delta\overline{S}_f$均较小，分别仅为热漏损失$\overline{Q}_\mathrm{L}$和热漏引起的熵产生$\Delta\overline{S}_\mathrm{L}$的 26.62%和 63.41%。而$\Delta\overline{S}_\mathrm{irr}=\min$时，由于发动机吸收的辐射能$\overline{Q}_\mathrm{R}$较小，$\overline{Q}_\mathrm{R}=0.4480$，此时输出功$\overline{W}_\mathrm{net}$较小；各个冲程的摩擦损失功$\overline{W}_f$和热漏损失$\overline{Q}_\mathrm{L}$都较小，这就意味着在整个循环中，活塞的绝对速度较小，而且工质与环境的温差较小；热漏损失$\overline{Q}_\mathrm{L}$和热漏引起的熵产生$\Delta\overline{S}_\mathrm{L}$较小，分别仅为摩擦损失功$\overline{W}_f$和摩擦引起的熵产生$\Delta\overline{S}_f$的 62.60%和 56.57%。另外，光驱动发动机在两种不同优化目标下，膨胀冲程工质均对环境放热，而压缩冲程工质均从环境吸热。

表 4.2　牛顿传热规律两种不同优化目标下的计算结果

目标	冲程	$\overline{W}_\mathrm{net}$	$\overline{W}_f$	$\overline{Q}_\mathrm{L}$	$\Delta\overline{S}_\mathrm{irr}$	$\Delta\overline{S}_f$	$\Delta\overline{S}_\mathrm{L}$	$\overline{Q}_\mathrm{R}$	η_net
	膨胀	0.7486	0.0366	0.3186	0.0438	0.0147	0.0291	0.7355	
$\overline{W}_\mathrm{net}=\max$	压缩	−0.6303	0.0394	−0.0331	0.0348	0.0158	0.0190	0.3713	0.1069
	总计	0.1183	0.0760	0.2855	0.0786	0.0305	0.0481	1.1068	
	膨胀	0.6977	0.0121	0.0795	0.0079	0.0049	0.0030	0.3710	0.0196
$\Delta\overline{S}_\mathrm{irr}=\min$	压缩	−0.6889	0.0125	−0.0641	0.0076	0.0050	0.0026	0.0770	
	总计	0.0088	0.0246	0.0154	0.0155	0.0099	0.0056	0.4480	

图 4.5 给出了牛顿传热规律循环输出功最大和循环熵产生最小两种优化目标下活塞运动速度v随时间τ最优变化规律。由图可知，在$\tau=1$时刻，即循环由膨胀冲程变为压缩冲程的时刻，活塞运动速度出现了不连续性，这意味着此时的活塞加速度趋于无穷大。另外，$\Delta\overline{S}_\mathrm{irr}=\min$时，活塞速度随时间变化较为平缓，并且在数值上不大，因此，整个循环过程中，摩擦损失功$\overline{W}_f$和摩擦引起的熵产生$\Delta\overline{S}_f$都很小。而$\overline{W}_\mathrm{net}=\max$时，活塞速度的变化曲线在膨胀和压缩冲程中均类似于正弦曲线，并且速度的绝对值较大，因此整个循环过程中，摩擦损失功$\overline{W}_f$和摩擦引起的熵产生$\Delta\overline{S}_f$都较大。另外，在两种不同优化目标下，不仅活塞速度的最优构型完全不同，膨胀冲程和压缩冲程的活塞初始速度也不相同。

图 4.6 给出了牛顿传热规律循环输出功最大和循环熵产生最小两种优化目标下活塞位移ξ随时间τ最优变化规律。由图可知，$\Delta\overline{S}_\mathrm{irr}=\min$时，膨胀冲程活塞位移单调增加，压缩冲程活塞位移单调减小。$\overline{W}_\mathrm{net}=\max$时，与线性唯象传热规律下$\overline{W}_\mathrm{net}=\max$时的情况相似，膨胀冲程中初期存在轻微的压缩，从而增加了下一阶段膨胀过程的膨胀比，因此对外做功增加；压缩冲程的初期和末期均存在轻微的膨胀

过程，这意味着压缩冲程中存在两个对外做功过程，从而减少了压缩冲程活塞耗功。

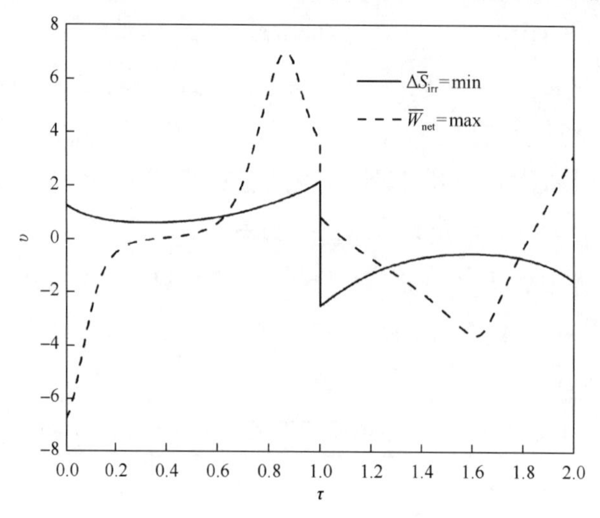

图 4.5 牛顿传热规律两种不同目标下活塞运动速度 v 随时间 τ 最优变化规律

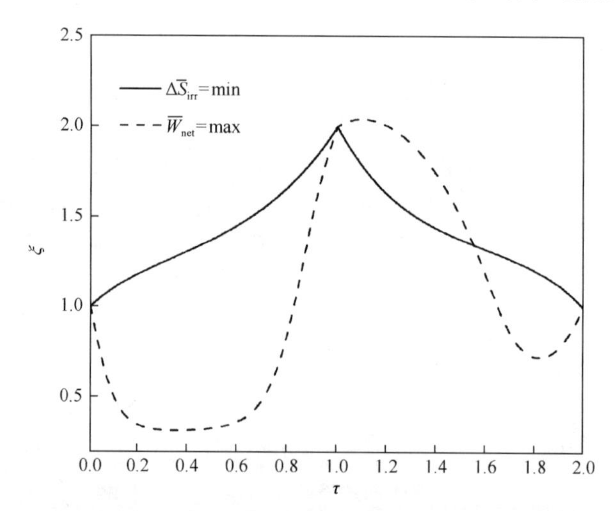

图 4.6 牛顿传热规律两种不同目标下活塞位移 ξ 随时间 τ 最优变化规律

图 4.7 给出了牛顿传热规律循环输出功最大和循环熵产生最小两种优化目标下工质温度随时间最优变化规律。对比图 4.6 和图 4.7 可知，图 4.6 中的膨胀过程对应于图 4.7 中工质温度的降低，而图 4.6 的压缩过程对应于图 4.7 中工质温度的升高。另外，$\Delta\overline{S}_{irr}=\min$ 时，工质与环境的温差不大，因此热漏损失 $\overline{Q}_L$ 和热漏引起的熵产生 $\Delta\overline{S}_L$ 很小。而 $\overline{W}_{net}=\max$ 时，工质温度随时间呈现较大波动，并且工质和环境温差较大，因此热漏损失 $\overline{Q}_L$ 和热漏引起的熵产生 $\Delta\overline{S}_L$ 较大。

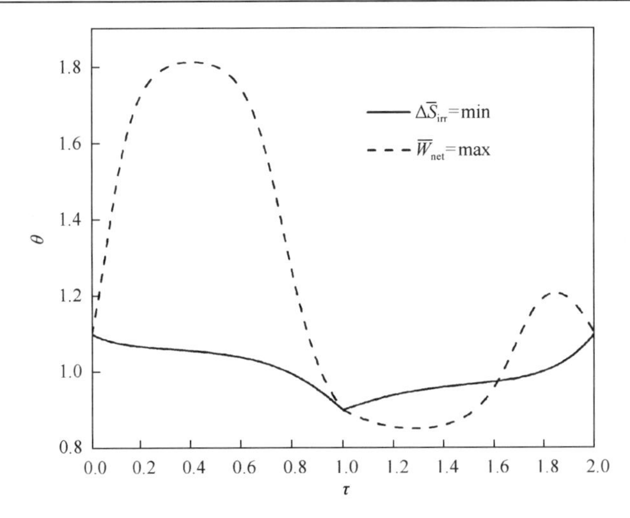

图 4.7　牛顿传热规律两种不同优化目标下工质温度随时间最优变化规律

4.2.4.3　辐射传热规律下的数值算例

表 4.3 给出了辐射传热规律最大输出功和最小熵产生两种优化目标下的计算结果。由表 4.3 可知，两种不同优化目标下，膨胀冲程所做的功小于压缩冲程消耗的功，因此两种循环下输出功和效率均为负值。$\overline{W}_{net}=\max$ 时，发动机吸收更多的辐射能 $\overline{Q}_R$，$\overline{Q}_R=0.5173$；压缩冲程的摩擦损失功 $\overline{W}_f$、摩擦引起的熵产生 $\Delta\overline{S}_f$ 和热漏引起的熵产生 $\Delta\overline{S}_L$ 都较小，分别仅为膨胀冲程时结果的 39.09%、39.39% 和 39.19%。$\Delta\overline{S}_{irr}=\min$ 时，发动机吸收的辐射能 $\overline{Q}_R$ 较小，$\overline{Q}_R=0.4893$；与膨胀冲程相比，压缩冲程的摩擦损失功 $\overline{W}_f$、摩擦引起的熵产生 $\Delta\overline{S}_f$ 和热漏引起的熵产生 $\Delta\overline{S}_L$ 较小。光驱动发动机在两种不同优化目标下，膨胀冲程工质均从环境吸热，而压缩冲程工质均对环境放热。

表 4.3　辐射传热规律两种不同优化目标下的计算结果

目标	冲程	$\overline{W}_{net}$	$\overline{W}_f$	$\overline{Q}_L$	$\Delta\overline{S}_{irr}$	$\Delta\overline{S}_f$	$\Delta\overline{S}_L$	$\overline{Q}_R$	η_{net}
$\overline{W}_{net}=\max$	膨胀	0.6016	0.0330	−0.9758	0.0844	0.0132	0.0712	0.0273	−0.2254
	压缩	−0.7182	0.0129	0.5839	0.0330	0.0052	0.0279	0.4900	
	总计	−0.1166	0.0459	−0.3919	0.1174	0.0184	0.0991	0.5173	
$\Delta\overline{S}_{irr}=\min$	膨胀	0.5914	0.0329	−0.9685	0.0836	0.0132	0.0704	0.0233	−0.2657
	压缩	−0.7214	0.0139	0.5838	0.0319	0.0055	0.0264	0.4660	
	总计	−0.1300	0.0468	−0.3847	0.1155	0.0187	0.0968	0.4893	

图 4.8 给出了辐射传热规律循环输出功最大和循环熵产生最小两种目标下活

塞运动速度随时间最优变化规律。由图可知，在$\tau=1$时刻，即循环由膨胀冲程变为压缩冲程的时刻，活塞运动速度出现了不连续性，这意味着此时的活塞加速度趋于无穷大。另外，对于两种不同优化目标下的循环，不仅活塞速度的最优构型完全不同，膨胀冲程和压缩冲程的活塞初始速度也不相同。

图 4.9 给出了辐射传热规律循环输出功最大和循环熵产生最小两种优化目标下活塞位移随时间最优变化规律。由图 4.9 可知，膨胀冲程，$\overline{W}_{\rm net}=\max$ 和 $\Delta\overline{S}_{\rm irr}=\min$ 时，活塞位移的时间变化曲线十分相似，两条曲线几乎重叠；压缩冲程，$\overline{W}_{\rm net}=\max$ 时，活塞位移单调减小，而 $\Delta\overline{S}_{\rm irr}=\min$ 时，活塞先压缩，在压缩冲程末期，轻微的膨胀使得压缩冲程结束时刻满足式(4.2.18)给定的边界条件。

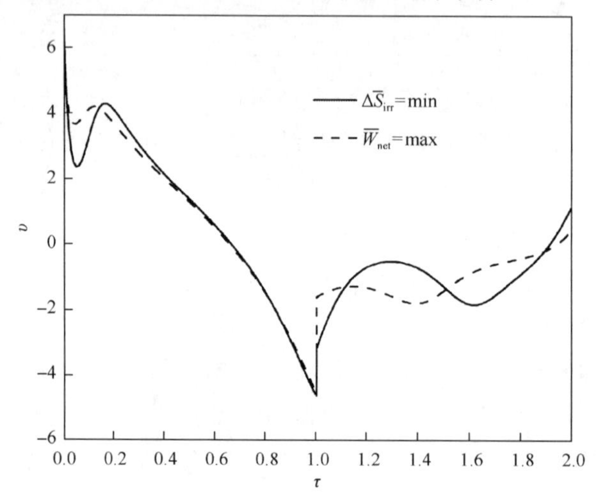

图 4.8　辐射传热规律两种不同优化目标下活塞运动速度随时间最优变化规律

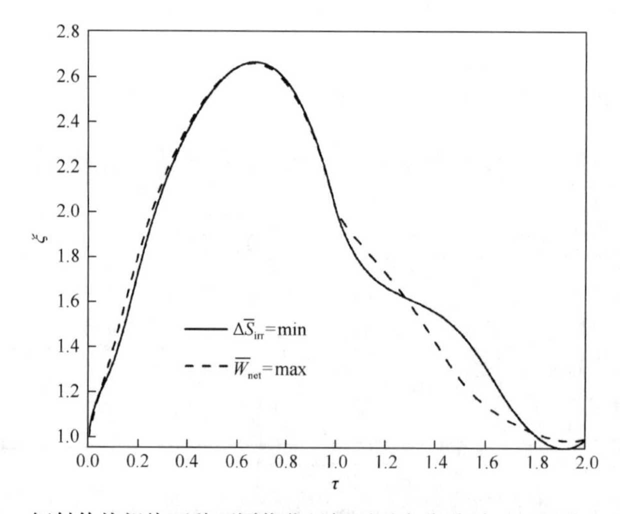

图 4.9　辐射传热规律两种不同优化目标下活塞位移随时间最优变化规律

图 4.10 给出了辐射传热规律循环输出功最大和循环熵产生最小两种不同优化目标下工质温度随时间最优变化规律。由图 4.10 可知，膨胀冲程，$\overline{W}_{\mathrm{net}}=\max$ 和 $\Delta\overline{S}_{\mathrm{irr}}=\min$ 时，工质温度的时间变化曲线十分相似，两条曲线几乎重叠；压缩冲程，尽管两条曲线不同，但在压缩冲程的末期，工质温度都存在一定程度的降低。

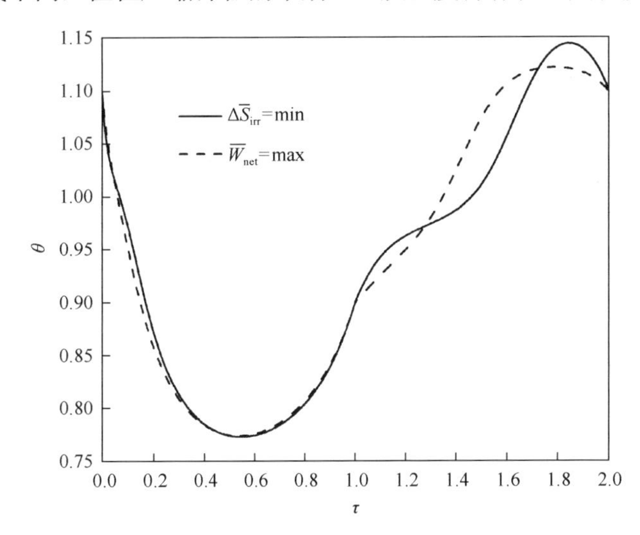

图 4.10　辐射传热规律两种不同优化目标下工质温度随时间最优变化规律

4.2.4.4　三种特殊传热规律下光驱动发动机最优构型的比较

对比表 4.1~表 4.3 可知，三种特殊传热规律下发动机最优构型的主要区别在于：$n=-1$ 和 $n=1$ 时，$\overline{W}_{\mathrm{net}}=\max$ 时吸收的辐射能 $\overline{Q}_{\mathrm{R}}$ 较大，分别为 $\Delta\overline{S}_{\mathrm{irr}}=\min$ 时的 3.49 倍和 2.47 倍，因此 $\overline{W}_{\mathrm{net}}=\max$ 时的输出功 $\overline{W}_{\mathrm{net}}$ 较大，分别为 $\Delta\overline{S}_{\mathrm{irr}}=\min$ 时的输出功的 19.52 倍和 13.44 倍，而 $n=4$ 时，$\overline{W}_{\mathrm{net}}=\max$ 时吸收的辐射能 $\overline{Q}_{\mathrm{R}}$ 与 $\Delta\overline{S}_{\mathrm{irr}}=\min$ 时的结果相比，仅仅增加了 6.38%，因此两种不同优化目标的循环输出功 $\overline{W}_{\mathrm{net}}$ 相差不大；$n=-1$ 和 $n=1$ 时，两种不同优化目标下，在膨胀冲程中发动机可以吸收更多的辐射能 $\overline{Q}_{\mathrm{R}}$，$n=-1$ 时，$\overline{W}_{\mathrm{net}}=\max$ 和 $\Delta\overline{S}_{\mathrm{irr}}=\min$ 下膨胀冲程吸收的辐射能分别为压缩冲程吸收辐射能的 3.58 倍和 4.99 倍，$n=1$ 时，$\overline{W}_{\mathrm{net}}=\max$ 和 $\Delta\overline{S}_{\mathrm{irr}}=\min$ 下膨胀冲程吸收的辐射能分别为压缩冲程吸收辐射能的 1.98 倍和 4.82 倍，而 $n=4$ 时，光驱动发动机两种不同优化目标下，在压缩冲程中发动机可以吸收更多的辐射能 $\overline{Q}_{\mathrm{R}}$，$\overline{W}_{\mathrm{net}}=\max$ 和 $\Delta\overline{S}_{\mathrm{irr}}=\min$ 下压缩冲程吸收的辐射能分别为膨胀冲程吸收辐射能的 17.95 倍和 20.00 倍；$n=-1$ 和 $n=1$ 时，$\overline{W}_{\mathrm{net}}=\max$ 时的循环熵产生 $\Delta\overline{S}_{\mathrm{irr}}$ 主要是由热漏引起的，$n=-1$ 和 $n=1$ 时热漏引起的熵产生 $\Delta\overline{S}_{\mathrm{L}}$

分别占总熵产生的70.27%和61.20%，$\Delta\overline{S}_{\text{irr}}=\min$ 时的循环熵产生 $\Delta\overline{S}_{\text{irr}}$ 主要是由摩擦引起的，$n=-1$ 和 $n=1$ 时摩擦引起的熵产生 $\Delta\overline{S}_f$ 分别占总熵产生的62.34%和63.87%，而 $n=4$ 时，两种不同优化目标下循环熵产生 $\Delta\overline{S}_{\text{irr}}$ 主要都是由热漏引起的，$\overline{W}_{\text{net}}=\max$ 和 $\Delta\overline{S}_{\text{irr}}=\min$ 时热漏引起的熵产生 $\Delta\overline{S}_{\text{L}}$ 分别占总熵产生的84.71%和84.31%；$n=-1$ 和 $n=1$ 时，光驱动发动机循环在两种优化目标下，膨胀冲程工质均对环境放热，而压缩冲程工质均从环境吸热，而 $n=4$ 时，两种不同优化目标下的光驱动发动机，都是在膨胀冲程从环境吸热，压缩冲程对环境放热，并且总的循环热漏损失 $\overline{Q}_{\text{L}}$ 均为负值。

由式(4.2.19)~式(4.2.26)组成的两个最优控制问题，活塞速度 $\upsilon(\tau)$ 作为控制变量，直接决定状态变量 $\xi(\tau)$ 和 $\theta(\tau)$ 的最优构型。因此，接下来将比较三种特殊传热规律下活塞速度 $\upsilon(\tau)$ 的最优构型。图 4.11 和图 4.12 分别给出了三种特殊传热规律下循环输出功最大和循环熵产生最小时活塞速度随时间最优变化规律。由图可知，传热规律不仅影响活塞速度的最优构型，而且直接影响膨胀冲程和压缩冲程的活塞初始速度。另外，$n=-1$ 和 $n=1$ 时，$\Delta\overline{S}_{\text{irr}}=\min$ 下的活塞速度的最优构型几乎重叠，并且在膨胀冲程活塞速度始终为正，而压缩冲程活塞速度始终为负；而 $n=4$ 时，活塞速度的最优构型与 $n=-1$ 和 $n=1$ 时完全不同，并且在膨胀冲程末期活塞速度为负值，这表明此时存在压缩过程，而压缩冲程末期活塞速度为正值，这表明此时存在膨胀过程。

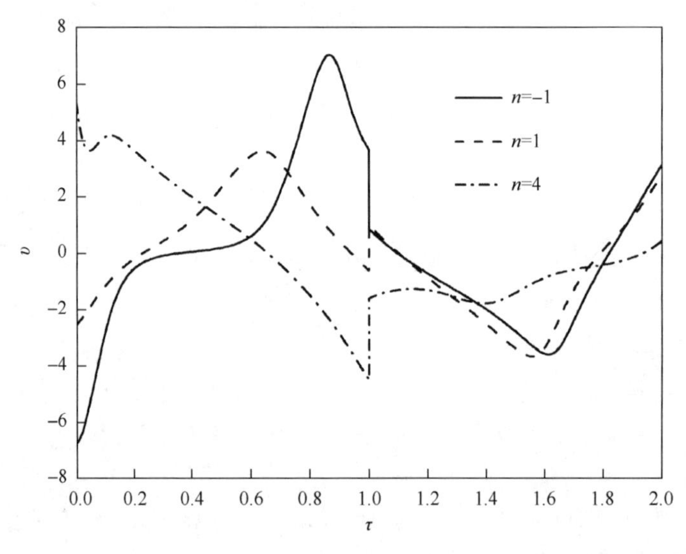

图 4.11　三种特殊传热规律下最大输出功时活塞速度随时间最优变化规律

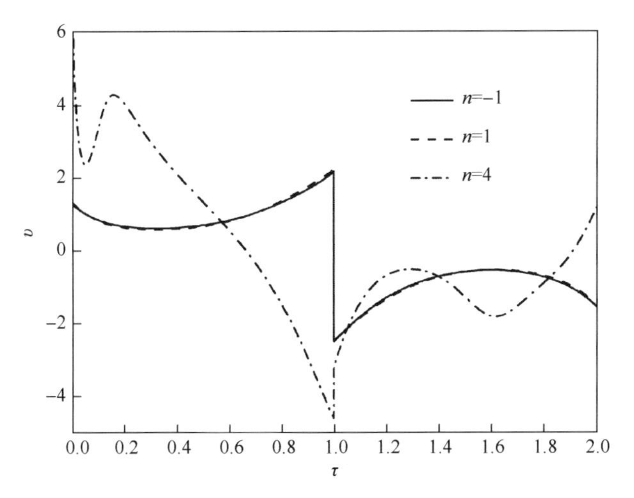

图 4.12　三种特殊传热规律下最小熵产生活塞速度随时间最优变化规律

4.3　广义辐射传热规律下[A]$\rightleftharpoons$[B]型光驱动发动机的最大生态学函数

4.2.1 节已经对该光驱动发动机模型进行了详细的描述，而本节所研究的[A]$\rightleftharpoons$[B]型光驱动发动机模型与 4.2.1 节所描述的发动机模型完全一样。

4.3.1　优化方法

对于 4.2.1 节描述的[A]$\rightleftharpoons$[B]型光驱动发动机，在固定的时间间隔 $t_{\rm i} \to t_{\rm f}$ 内活塞净输出功为

$$W_{\rm net} = \int_{t_{\rm i}}^{t_{\rm f}} \left(\frac{NRTv}{x} - \mu v^2 \right) {\rm d}t \tag{4.3.1}$$

这段时间的不可逆熵产生为

$$\Delta S_{\rm irr} = \int_{t_{\rm i}}^{t_{\rm f}} \left[-k\left(T^n - T_0^n\right)\left(\frac{1}{T} - \frac{1}{T_0}\right){\rm sign}(n) + \frac{\mu v^2}{T_0} \right] {\rm d}t \tag{4.3.2}$$

如式(4.3.2)所示，假设系统的熵产生仅仅是由于存在热漏和摩擦这两种不可逆性，并且认为由于摩擦而耗散的能量全部传给环境。

对于该光驱动发动机，其生态学目标函数为

$$E_{\mathrm{C}}=\frac{W_{\mathrm{net}}-T_0\Delta S_{\mathrm{irr}}}{t_{\mathrm{f}}-t_{\mathrm{i}}}=\frac{1}{t_{\mathrm{f}}-t_{\mathrm{i}}}\int_{t_{\mathrm{i}}}^{t_{\mathrm{f}}}\left[\frac{NRTv}{x}-k\left(T^n-T_0^n\right)\left(1-\frac{T_0}{T}\right)\mathrm{sign}(n)-2\mu v^2\right]\mathrm{d}t \tag{4.3.3}$$

利用 4.2.1 节定义的无量纲参数，式(4.3.1)~式(4.3.3)相应变为

$$\bar{W}_{\mathrm{net}}=\int_{\tau_{\mathrm{i}}}^{\tau_{\mathrm{f}}}\left(\frac{\theta\upsilon}{\xi}-\beta_3\upsilon^2\right)\mathrm{d}\tau \tag{4.3.4}$$

$$\Delta\bar{S}_{\mathrm{irr}}=\int_{\tau_{\mathrm{i}}}^{\tau_{\mathrm{f}}}\left[-\left(\theta^n-1\right)\left(\frac{1}{\theta}-1\right)\mathrm{sign}(n)+\beta_1\beta_3\upsilon^2\right]\mathrm{d}\tau \tag{4.3.5}$$

$$\bar{E}_{\mathrm{C}}=\frac{1}{\tau_{\mathrm{f}}-\tau_{\mathrm{i}}}\int_{\tau_{\mathrm{i}}}^{\tau_{\mathrm{f}}}\left[\frac{\theta\upsilon}{\xi}-2\beta_3\upsilon^2+\frac{\left(\theta^n-1\right)\mathrm{sign}(n)}{\beta_1}\left(\frac{1}{\theta}-1\right)\right]\mathrm{d}\tau \tag{4.3.6}$$

式中，$\bar{W}_{\mathrm{net}}=W_{\mathrm{net}}/\beta_0$，$\Delta\bar{S}_{\mathrm{irr}}=\beta_1T_0\Delta S_{\mathrm{irr}}/\beta_0$，$\bar{E}_{\mathrm{C}}=E_{\mathrm{C}}/\beta_7$，$\beta_0=NRT_0$，$\beta_3=\beta_6/\beta_4$ 和 $\beta_7=kRT_0^n/C_V$。

膨胀冲程的边界条件为

$$\theta(\tau_{\mathrm{i}})=\theta_{\mathrm{i}},\quad \theta(\tau_{\mathrm{f}})=\theta_{\mathrm{f}},\quad \xi(\tau_{\mathrm{i}})=\xi_{\mathrm{i}}\text{ 和 }\xi(\tau_{\mathrm{f}})=\xi_{\mathrm{f}} \tag{4.3.7}$$

压缩冲程的边界条件为

$$\theta(\tau_{\mathrm{i}})=\theta_{\mathrm{f}},\quad \theta(\tau_{\mathrm{f}})=\theta_{\mathrm{i}},\quad \xi(\tau_{\mathrm{i}})=\xi_{\mathrm{f}}\text{ 和 }\xi(\tau_{\mathrm{f}})=\xi_{\mathrm{i}} \tag{4.3.8}$$

以生态学函数最大为优化目标，建立哈密顿函数如下：

$$\begin{aligned}H_E=&\frac{\theta\upsilon}{\xi}-2\beta_3\upsilon^2+\frac{\left(\theta^n-1\right)\mathrm{sign}(n)}{\beta_1}\left(\frac{1}{\theta}-1\right)\\&+\lambda_1\left\{\frac{-\beta_1\theta\upsilon}{\xi}+\beta_2\arctan\left[s(\theta-1)\right]-\left(\theta^n-1\right)\mathrm{sign}(n)\right\}+\lambda_2\upsilon\end{aligned} \tag{4.3.9}$$

式中，λ_1 和 λ_2 分别为协态变量。

式(4.3.9)的协态方程和控制方程分别为

$$\begin{aligned}\dot{\lambda}_1=&-\frac{\partial H_E}{\partial\theta}\\=&-\frac{\upsilon}{\xi}-\frac{1}{\beta_1}\left[n\theta^{n-1}\left(\frac{1}{\theta}-1\right)-\frac{1}{\theta^2}\left(\theta^n-1\right)\right]\mathrm{sign}(n)\\&+\lambda_1\left\{\frac{\beta_1\upsilon}{\xi}-\frac{\beta_2 s}{1+\left[s(\theta-1)\right]^2}+\theta^{n-1}\right\}\end{aligned} \tag{4.3.10}$$

$$\dot{\lambda}_2 = -\frac{\partial H_E}{\partial \xi} = \frac{\theta \upsilon}{\xi^2}(1-\beta_1\lambda_1) \tag{4.3.11}$$

$$\upsilon = \frac{\theta + \lambda_2\xi - \lambda_1\beta_1\theta}{4\beta_3\xi} \tag{4.3.12}$$

4.3.2 特例分析

本节将基于上述广义辐射传热规律下的优化结果，进一步导出线性唯象（$n=-1$）、牛顿（$n=1$）和辐射（$n=4$）等三种特殊传热规律下的优化结果。

4.3.2.1 线性唯象传热规律下的优化结果

线性唯象传热规律下，传热指数 $n=-1$，符号函数 $\mathrm{sign}(n)=-1$。

将 $n=-1$ 代入式(4.3.9)，可得此时的哈密顿函数为

$$H_E = \frac{\theta\upsilon}{\xi} - 2\beta_3\upsilon^2 - \frac{1}{\beta_1}\left(\frac{1}{\theta}-1\right)^2 + \lambda_1\left\{\frac{-\beta_1\theta\upsilon}{\xi} + \beta_2\arctan\left[s(\theta-1)\right] + \frac{1}{\theta} - 1\right\} + \lambda_2\upsilon \tag{4.3.13}$$

协态方程和控制方程分别为

$$\dot{\lambda}_1 = -\frac{\partial H_E}{\partial \theta} = -\frac{\upsilon}{\xi} - \frac{2(1-\theta)}{\beta_1\theta^3} + \lambda_1\left\{\frac{\beta_1\upsilon}{\xi} - \frac{\beta_2 s}{1+\left[s(\theta-1)\right]^2} + \frac{1}{\theta^2}\right\} \tag{4.3.14}$$

$$\dot{\lambda}_2 = -\frac{\partial H_E}{\partial \xi} = \frac{\theta \upsilon}{\xi^2}(1-\beta_1\lambda_1) \tag{4.3.15}$$

$$\upsilon = \frac{\theta + \lambda_2\xi - \lambda_1\beta_1\theta}{4\beta_3\xi} \tag{4.3.16}$$

联立式(4.2.10)、式(4.2.12)和式(4.3.14)~式(4.3.16)，通过数值计算，可以确定线性唯象传热规律下光驱动发动机循环最大生态学时活塞运动最优路径。

4.3.2.2 牛顿传热规律下的优化结果

牛顿传热规律下，传热指数 $n=1$，符号函数 $\mathrm{sign}(n)=1$。

将 $n=1$ 代入式(4.3.9)，可得此时的哈密顿函数为

$$H_E = \frac{\theta \upsilon}{\xi} - 2\beta_3 \upsilon^2 + \frac{1}{\beta_1}(\theta - 1)\left(\frac{1}{\theta} - 1\right) + \lambda_1 \left\{ \frac{-\beta_1 \theta \upsilon}{\xi} + \beta_2 \arctan\left[s(\theta - 1)\right] - \theta + 1 \right\} + \lambda_2 \upsilon \tag{4.3.17}$$

协态方程和控制方程分别为

$$\dot{\lambda}_1 = -\frac{\partial H_E}{\partial \theta} = -\frac{\upsilon}{\xi} - \frac{1 - \theta^2}{\beta_1 \theta^2} + \lambda_1 \left\{ \frac{\beta_1 \upsilon}{\xi} - \frac{\beta_2 s}{1 + \left[s(\theta - 1)\right]^2} + 1 \right\} \tag{4.3.18}$$

$$\dot{\lambda}_2 = -\frac{\partial H_E}{\partial \xi} = \frac{\theta \upsilon}{\xi^2}(1 - \beta_1 \lambda_1) \tag{4.3.19}$$

$$\upsilon = \frac{\theta + \lambda_2 \xi - \lambda_1 \beta_1 \theta}{4\beta_3 \xi} \tag{4.3.20}$$

联立式(4.2.10)、式(4.2.12)和式(4.3.18)~式(4.3.20)，通过数值计算，可以确定牛顿传热规律下光驱动发动机循环最大生态学时活塞运动最优路径。

4.3.2.3　辐射传热规律下的优化结果

辐射传热规律下，传热指数 $n = 4$，符号函数 $\text{sign}(n) = 1$。

将 $n = 4$ 代入式(4.3.9)，可得此时的哈密顿函数为

$$H_E = \frac{\theta \upsilon}{\xi} - 2\beta_3 \upsilon^2 + \frac{1}{\beta_1}\left(\theta^4 - 1\right)\left(\frac{1}{\theta} - 1\right) + \lambda_1 \left\{ \frac{-\beta_1 \theta \upsilon}{\xi} + \beta_2 \arctan\left[s(\theta - 1)\right] - \theta^4 + 1 \right\} + \lambda_2 \upsilon \tag{4.3.21}$$

协态方程和控制方程分别为

$$\dot{\lambda}_1 = -\frac{\partial H_E}{\partial \theta} = -\frac{\upsilon}{\xi} - \frac{1}{\beta_1}\left(3\theta^2 - 4\theta^3 + \frac{1}{\theta^2}\right) + \lambda_1 \left\{ \frac{\beta_1 \upsilon}{\xi} - \frac{\beta_2 s}{1 + \left[s(\theta - 1)\right]^2} + 4\theta^3 \right\} \tag{4.3.22}$$

$$\dot{\lambda}_2 = -\frac{\partial H_E}{\partial \xi} = \frac{\theta \upsilon}{\xi^2}(1 - \beta_1 \lambda_1) \tag{4.3.23}$$

$$\upsilon = \frac{\theta + \lambda_2 \xi - \lambda_1 \beta_1 \theta}{4\beta_3 \xi} \tag{4.3.24}$$

联立式(4.2.10)、式(4.2.12)和式(4.3.22)~式(4.3.24)，通过数值计算，可以确定辐射传热规律下光驱动发动机循环最大生态学时活塞运动最优路径。

4.3.3　数值算例与讨论

本节将给出线性唯象、牛顿和辐射传热规律下，[A]$\rightleftharpoons$[B] 型光驱动发动机最大生态学时活塞运动最优路径数值算例，将所得结果与最大输出功和最小熵产生等目标下的优化结果进行比较，并进一步将三种特殊传热规律下光驱动发动机最大生态学时的优化结果进行比较。为分析方便，同样以 $\overline{E}_{\mathrm{C}}=\max$ 表示最大生态学函数目标下的优化结果，以 $\overline{W}_{\mathrm{net}}=\max$ 表示最大输出功目标下的优化结果，以 $\Delta\overline{S}_{\mathrm{irr}}=\min$ 表示最小熵产生目标下的优化结果。

在此数值算例中，取膨胀冲程时间 $\tau_{\mathrm{f}}-\tau_{\mathrm{i}}=1$，压缩冲程时间 $\tau_{\mathrm{f}}-\tau_{\mathrm{i}}=1$，边界点温度 $\theta_{\mathrm{i}}=1.1$，$\theta_{\mathrm{f}}=0.9$，边界点位置 $\xi_{\mathrm{i}}=1.0$，$\xi_{\mathrm{f}}=2.0$，辐射热流开关流 $s=10.0$，无量纲参数 $\beta_1=0.4$，$\beta_2=0.4$ 和 $\beta_3=0.01$。

4.3.3.1　线性唯象传热规律下的数值算例

表 4.4 列出了线性唯象传热规律三种不同优化目标下各个冲程过程量的数值计算结果。如表 4.4 所示，$\overline{W}_{\mathrm{net}}=\max$ 时，与 $\Delta\overline{S}_{\mathrm{irr}}=\min$ 时相比，循环输出功 $\overline{W}_{\mathrm{net}}$ 增加了 0.1722，循环熵产生 $\Delta\overline{S}_{\mathrm{irr}}$ 也增加了 0.1901。$\overline{E}_{\mathrm{C}}=\max$ 时，与 $\overline{W}_{\mathrm{net}}=\max$ 时相比，循环输出功 $\overline{W}_{\mathrm{net}}$ 减小了 0.1312，而循环熵产生 $\Delta\overline{S}_{\mathrm{irr}}$ 大幅减小了 0.1815；与 $\Delta\overline{S}_{\mathrm{irr}}=\min$ 时相比，循环输出功 $\overline{W}_{\mathrm{net}}$ 大幅增加了 0.0410，而循环熵产生 $\Delta\overline{S}_{\mathrm{irr}}$ 仅增加了 0.0056。由此可知，以生态学函数最大为目标时，以一定的循环输出功为代价，较大地降低了循环熵产生，生态学目标函数反映了循环输出功和循环熵产生之间的最佳折中。

表 4.4　线性唯象传热规律三种优化目标下循环的计算结果

目　标	冲　程	$\overline{W}_{\mathrm{net}}$	$\Delta\overline{S}_{\mathrm{irr}}$	$\overline{E}_{\mathrm{C}}$
$\overline{W}_{\mathrm{net}}=\max$	膨　胀	0.8105	0.1703	–0.1666
	压　缩	–0.6290	0.0352	
	总　计	0.1815	0.2055	
$\Delta\overline{S}_{\mathrm{irr}}=\min$	膨　胀	0.6986	0.0077	–0.0146
	压　缩	–0.6893	0.0077	
	总　计	0.0093	0.0154	
$\overline{E}_{\mathrm{C}}=\max$	膨　胀	0.7160	0.0101	–0.0011
	压　缩	–0.6657	0.0109	
	总　计	0.0503	0.0210	

由表 4.4 还可以看出，三种最优构型下均有 $\overline{E}_{\mathrm{C}}<0$，这意味着循环输出功率要小于循环㶲损失率。循环㶲损失主要是由于热漏和摩擦这两种不可逆性造成的，

减小热漏和摩擦损失可以有效控制循环煳损失，一旦这两种不可逆性造成的煳损失控制到较小的范围，光驱动发动机的生态学函数就可以为正数。另外，光驱动发动机作为一种新型发动机，与传统发动机有明显的区别：传统发动机的输出功来自于各种不同燃料的化学能，昂贵而且污染严重，而光驱动发动机的输出功来自于其内部化学反应所吸收的光的辐射能，便宜而且污染小。与此同时，对能源需求的不断增加和全球性的能源危机这对矛盾，已经严重制约了全球的经济发展。对诸如光驱动发动机的一类新型发动机的研究，可以有效提高能源利用率，减少能源消耗。生态学函数是光驱动发动机的一个重要性能指标，以生态学函数最大为优化目标对光驱动发动机最优构型进行研究，结果不仅对实际光驱动发动机的优化设计具有一定的参考价值，而且可以丰富有限时间热力学理论，使其更加系统和完善。

图 4.13 给出了线性唯象传热规律三种优化目标下循环活塞运动速度随时间最优变化规律。由图可知，在 $\tau=1$ 时刻，即循环由膨胀冲程变为压缩冲程的时刻，活塞运动速度出现了不连续性。由于没有考虑活塞加速度的约束，可以认为此时的活塞加速度为无穷大，从而实现活塞速度在 $\tau=1$ 时刻的突变。$\overline{W}_{\mathrm{net}}=\max$ 时，膨胀冲程初期，活塞速度为负，这表明膨胀冲程初期存在一段压缩过程，通过初期的压缩过程，增加了下一阶段膨胀过程的膨胀比，从而增加了膨胀冲程的输出功；压缩冲程，活塞速度先减小后增加，并且在压缩冲程初期和末期活塞速度为负，这表明在压缩冲程中存在两个膨胀过程。$\Delta\overline{S}_{\mathrm{irr}}=\min$ 时，膨胀冲程活塞速度始终为正，压缩冲程始终为负。$\overline{E}_{\mathrm{C}}=\max$ 时，膨胀冲程，活塞速度始终为正；在压缩冲程末期，活塞速度为正，并且可以发现，此时的 υ-τ 曲线介于 $\overline{W}_{\mathrm{net}}=\max$ 和 $\Delta\overline{S}_{\mathrm{irr}}=\min$ 时的 υ-τ 曲线之间。

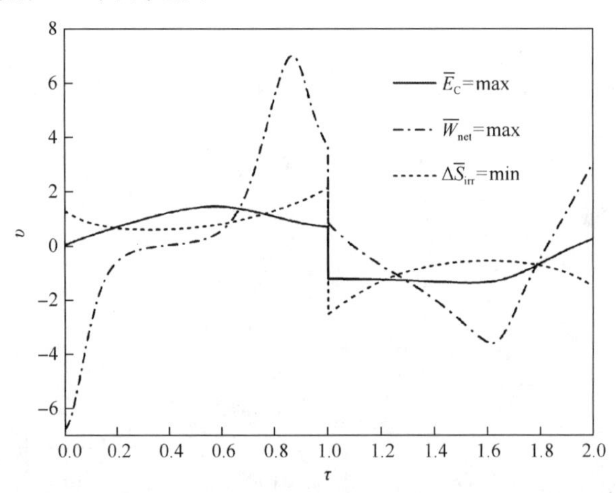

图 4.13　线性唯象传热规律三种优化目标下循环活塞运动速度随时间最优变化规律

图 4.14 给出了线性唯象传热规律三种优化目标下循环活塞位移随时间最优变化规律。$\overline{W}_{\mathrm{net}}=\max$ 时，膨胀冲程活塞先压缩后急剧膨胀；压缩冲程活塞先轻微

地膨胀，然后急剧压缩，最后通过一段轻微的膨胀过程结束整个循环。$\Delta\overline{S}_{\rm irr}=\min$ 时，膨胀冲程活塞位移单调增加，压缩冲程活塞位移单调减小。$\overline{E}_{\rm C}=\max$ 时，膨胀冲程活塞位移单调增加；压缩冲程活塞位移先减小后增加，并且此时的 ξ-τ 曲线介于 $\overline{W}_{\rm net}=\max$ 和 $\Delta\overline{S}_{\rm irr}=\min$ 时 ξ-τ 曲线之间。

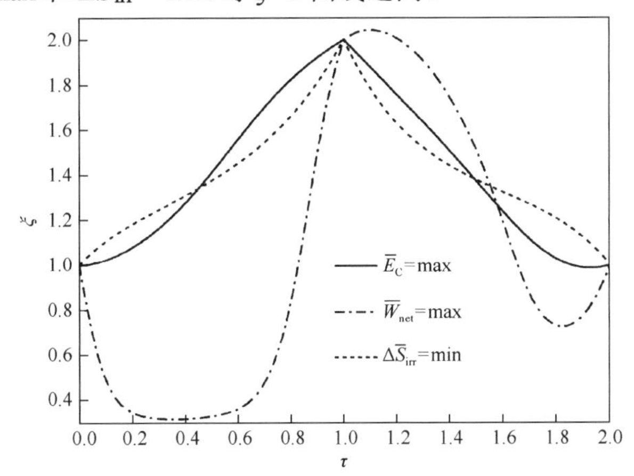

图 4.14　线性唯象传热规律三种优化目标下循环活塞位移随时间最优变化规律

图 4.15 给出了线性唯象传热规律三种优化目标下循环工质温度随时间最优变化规律。$\overline{W}_{\rm net}=\max$ 时，膨胀冲程工质温度先升高后降低；压缩冲程的工质温度先降低，然后迅速升高，最后在压缩冲程末期有轻微的降低。$\Delta\overline{S}_{\rm irr}=\min$ 时，膨胀冲程工质温度单调降低，压缩冲程工质温度单调升高。$\overline{E}_{\rm C}=\max$ 时，膨胀冲程工质温度先轻微升高，然后迅速降低；压缩冲程工质温度是单调升高的，并且此时的 θ-τ 曲线介于 $\overline{W}_{\rm net}=\max$ 和 $\Delta\overline{S}_{\rm irr}=\min$ 时的 θ-τ 曲线之间。

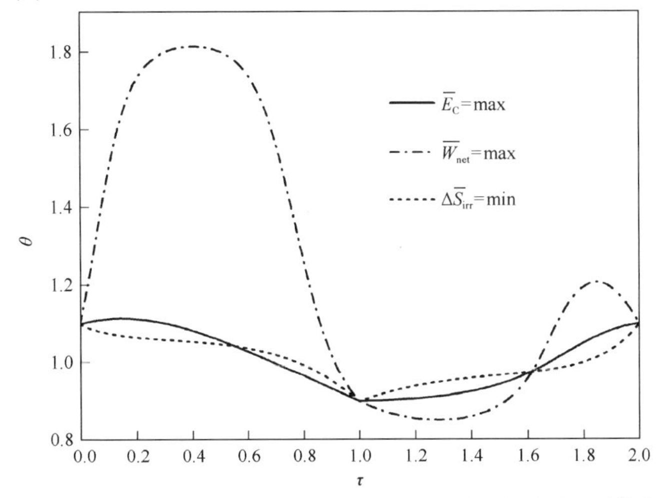

图 4.15　线性唯象传热规律三种优化目标下循环工质温度随时间最优变化规律

4.3.3.2 牛顿传热规律下的数值算例

表 4.5 列出了牛顿传热规律三种优化目标下循环各个冲程过程量的数值计算结果。如表 4.5 所示，$\overline{W}_{net} = \max$ 时，与 $\Delta\overline{S}_{irr} = \min$ 时相比，循环输出功 $\overline{W}_{net}$ 增加了 0.1095，循环熵产生 $\Delta\overline{S}_{irr}$ 也增加了 0.0631。$\overline{E}_C = \max$ 时，与 $\overline{W}_{net} = \max$ 时相比，循环输出功 $\overline{W}_{net}$ 减小了 0.0686，而循环熵产生 $\Delta\overline{S}_{irr}$ 大幅减小了 0.0574；与 $\Delta\overline{S}_{irr} = \min$ 时相比，循环输出功 $\overline{W}_{net}$ 大幅增加了 0.0409，而循环熵产生 $\Delta\overline{S}_{irr}$ 仅增加了 0.0057。由此可知，以生态学函数最大为目标时，以一定的循环输出功为代价，较大地降低了循环熵产生，生态学目标函数反映了循环输出功和循环熵产生之间的最佳折中。由表 4.5 还可以看出，三种最优构型下均有 $\overline{E}_C < 0$，这意味着循环功率要小于循环㶲损失率。

图 4.16 给出了牛顿传热规律三种优化目标下循环活塞运动速度随时间最优变化规律。由图可知，在 $\tau = 1$ 时刻，活塞运动速度出现了不连续性。$\overline{W}_{net} = \max$ 时，膨胀冲程活塞速度先增加后减小，并且在膨胀冲程初期和末期，活塞速度为负，这表明在膨胀冲程初期和末期分别存在一段压缩过程；压缩冲程活塞速度先减小后增加，并且在压缩冲程初期和末期，活塞速度为正，这表明在压缩冲程初期和末期分别存在一段膨胀过程。$\Delta\overline{S}_{irr} = \min$ 时，膨胀冲程活塞速度先减小后增加，并且始终为正，压缩冲程活塞速度先增加后减小，并且始终为负。$\overline{E}_C = \max$ 时，膨胀冲程活塞速度先增加后减小，并且始终为正；压缩冲程活塞速度先减小后增加，并且在压缩冲程末期，活塞速度为正，这表明在压缩冲程末期存在一段膨胀过程。在整个最优构型下，此时的 υ-τ 曲线介于 $\overline{W}_{net} = \max$ 和 $\Delta\overline{S}_{irr} = \min$ 时的 υ-τ 曲线之间。

表 4.5 牛顿传热规律三种优化目标下循环的计算结果

目 标	冲 程	$\overline{W}_{net}$	$\Delta\overline{S}_{irr}$	$\overline{E}_C$
$\overline{W}_{net} = \max$	膨 胀	0.7486	0.0438	–0.0391
	压 缩	–0.6303	0.0348	
	总 计	0.1183	0.0786	
$\Delta\overline{S}_{irr} = \min$	膨 胀	0.6977	0.0079	–0.0150
	压 缩	–0.6889	0.0076	
	总 计	0.0088	0.0155	
$\overline{E}_C = \max$	膨 胀	0.7137	0.0101	–0.0017
	压 缩	–0.6640	0.0111	
	总 计	0.0497	0.0212	

图 4.17 给出了牛顿传热规律三种优化目标下循环活塞位移随时间最优变化规律。$\overline{W}_{\rm net}=\max$ 时，膨胀冲程初期和末期分别存在一段压缩过程；压缩冲程初期和末期分别存在一段膨胀过程。$\Delta\overline{S}_{\rm irr}=\min$ 时，膨胀冲程活塞位移单调增加，压缩冲程活塞位移单调减小。$\overline{E}_{\rm C}=\max$ 时，膨胀冲程活塞位移单调增加；压缩冲程末期存在一段轻微的膨胀过程。在整个最优构型下，此时的 ξ - τ 曲线介于 $\overline{W}_{\rm net}=\max$ 和 $\Delta\overline{S}_{\rm irr}=\min$ 时的 ξ - τ 曲线之间。

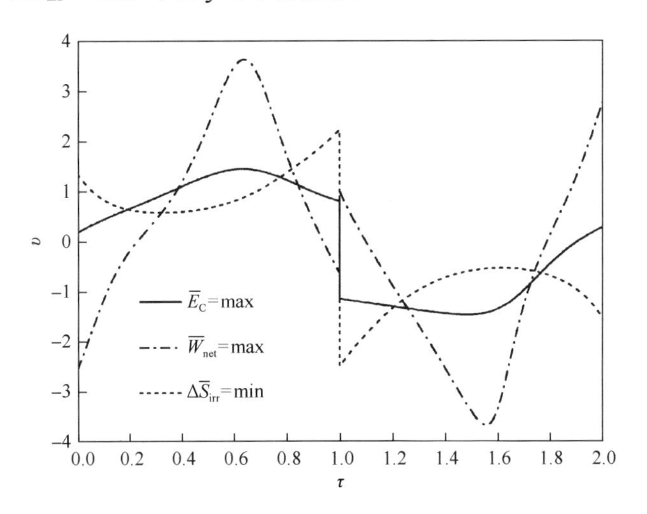

图 4.16　牛顿传热规律三种优化目标下循环活塞运动速度随时间最优变化规律

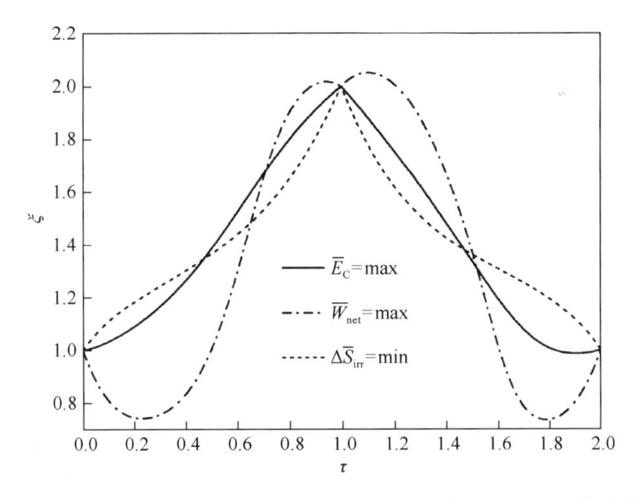

图 4.17　牛顿传热规律三种优化目标下循环活塞位移随时间最优变化规律

图 4.18 给出了牛顿传热规律三种优化目标下循环工质温度随时间最优变化规律。$\overline{W}_{\rm net}=\max$ 时，膨胀冲程工质温度先升高后降低；压缩冲程的工质温度先降

低，然后迅速升高，最后在压缩冲程末期有轻微的降低。$\Delta\overline{S}_{\text{irr}}=\min$ 时，膨胀冲程工质温度单调降低，压缩冲程工质温度单调升高。$\overline{E}_{\text{C}}=\max$ 时，膨胀冲程工质温度先轻微升高，然后迅速降低；压缩冲程工质温度是单调升高的。在整个最优构型下，此时的 θ-τ 曲线介于 $\overline{W}_{\text{net}}=\max$ 和 $\Delta\overline{S}_{\text{irr}}=\min$ 时的 θ-τ 曲线之间。

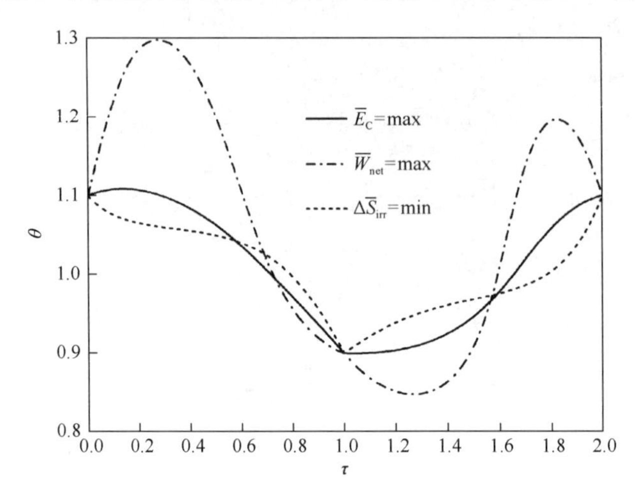

图 4.18　牛顿传热规律三种优化目标下循环工质温度随时间最优变化规律

4.3.3.3　辐射传热规律下的数值算例

表 4.6 列出了辐射传热规律三种优化目标下循环各个冲程过程量的数值计算结果。如表 4.6 所示，光驱动发动机在三种不同优化目标下，膨胀冲程所做的功小于压缩冲程耗功，因此三种最优循环下总的输出功 $\overline{W}_{\text{net}}$ 为负值。$\overline{W}_{\text{net}}=\max$ 时，与 $\Delta\overline{S}_{\text{irr}}=\min$ 时相比，循环输出功 $\overline{W}_{\text{net}}$ 增加了 0.0134，循环熵产生 $\Delta\overline{S}_{\text{irr}}$ 也增加了 0.0019。$\overline{E}_{\text{C}}=\max$ 时，与 $\overline{W}_{\text{net}}=\max$ 时相比，循环输出功 $\overline{W}_{\text{net}}$ 减小了 0.0037，循环熵产生 $\Delta\overline{S}_{\text{irr}}$ 减小了 0.0016；与 $\Delta\overline{S}_{\text{irr}}=\min$ 时相比，循环输出功 $\overline{W}_{\text{net}}$ 增加了 0.0097，而循环熵产生 $\Delta\overline{S}_{\text{irr}}$ 仅增加了 0.0003。由表 4.6 还可以看出，三种最优构型下均有 $\overline{E}_{\text{C}}<0$，这意味着循环功率要小于循环㶲损失率。

图 4.19 给出了辐射传热规律三种优化目标下循环活塞运动速度随时间最优变化规律。由图可知，在 $\tau=1$ 时刻，活塞运动速度出现了不连续性。三种最优构型下，膨胀冲程末期，活塞速度均为负，这表明三种最优构型下膨胀冲程末期都存在一段压缩过程；压缩冲程活塞速度均始终为负。$\overline{E}_{\text{C}}=\max$ 时的 υ-τ 曲线介于 $\overline{W}_{\text{net}}=\max$ 和 $\Delta\overline{S}_{\text{irr}}=\min$ 时 υ-τ 曲线之间。

表 4.6　辐射传热规律三种优化目标下循环的计算结果

目　标	冲　程	$\overline{W}_{net}$	$\Delta\overline{S}_{irr}$	$\overline{E}_C$
$\overline{W}_{net}=\max$	膨　胀	0.6016	0.0844	−0.2051
	压　缩	−0.7182	0.0330	
	总　计	−0.1166	0.1174	
$\Delta\overline{S}_{irr}=\min$	膨　胀	0.5914	0.0836	−0.2094
	压　缩	−0.7214	0.0319	
	总　计	−0.1300	0.1155	
$\overline{E}_C=\max$	膨　胀	0.5988	0.0837	−0.2049
	压　缩	−0.7191	0.0321	
	总　计	−0.1203	0.1158	

图 4.20 给出了辐射传热规律三种优化目标下循环活塞位移随时间最优变化规律。三种最优构型下，膨胀冲程活塞位移随时间先增加，达到最大值后逐渐减小；而压缩冲程中，活塞位移均是单调减小的。$\overline{E}_C=\max$ 时的 ξ-τ 曲线介于 $\overline{W}_{net}=\max$ 和 $\Delta\overline{S}_{irr}=\min$ 时 ξ-τ 曲线之间。

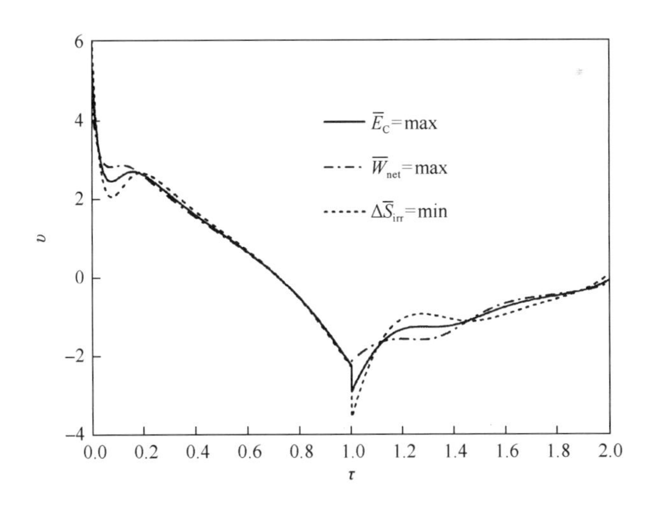

图 4.19　辐射传热规律三种优化目标下循环活塞运动速度随时间最优变化规律

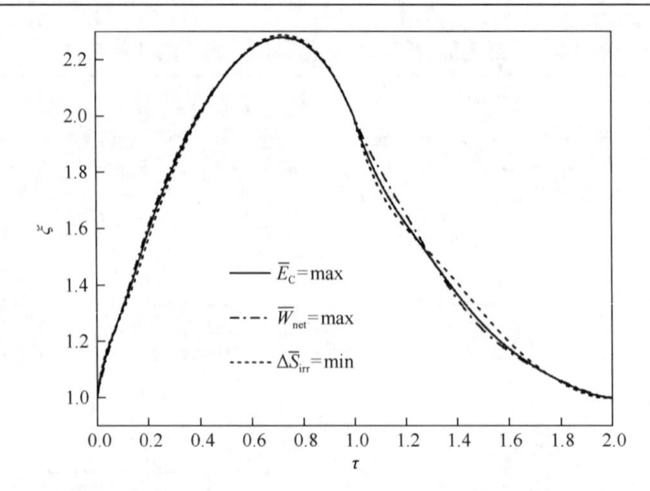

图 4.20　辐射传热规律三种优化目标下循环活塞位移随时间最优变化规律

图 4.21 给出了辐射传热规律三种优化目标下循环工质温度随时间最优变化规律。光驱动发动机在三种不同优化目标下，膨胀冲程工质温度均随时间先迅速降低，达到最低值后逐渐升高；压缩冲程工质温度均随时间逐渐升高，在压缩冲程末期均有轻微的降低。$\overline{E}_C = \max$ 时的 θ - τ 曲线介于 $\overline{W}_{net} = \max$ 和 $\Delta\overline{S}_{irr} = \min$ 时的 θ - τ 曲线之间。

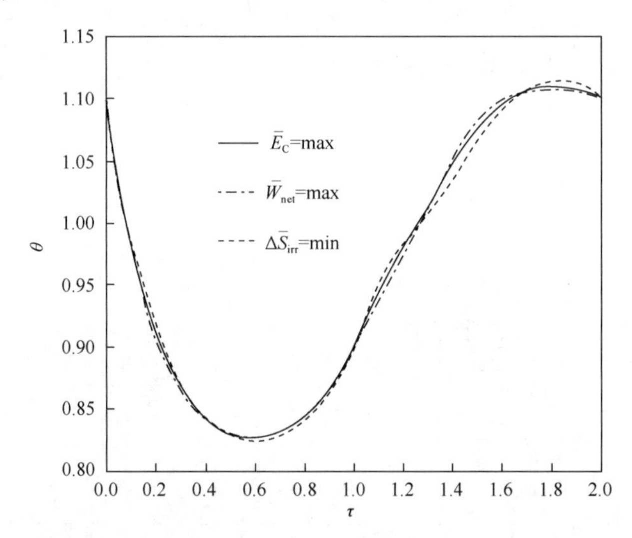

图 4.21　辐射传热规律三种优化目标下循环工质温度随时间最优变化规律

4.3.3.4　三种特殊传热规律下最优路径的比较

首先，对比表 4.4~表 4.6 可知，三种特殊传热规律下发动机最大生态学路径

（$\overline{E}_C = \max$）的主要区别在于：虽然三种传热规律下的 $\overline{E}_C$ 均为负值，但随着 n 的增加，循环输出功 $\overline{W}_{net}$ 和生态学函数 $\overline{E}_C$ 是逐渐减小的，而循环熵产生 $\Delta\overline{S}_{irr}$ 是逐渐增大的；$n=-1$ 和 $n=1$ 时，膨胀冲程所做的功大于压缩冲程消耗的功，因此总的输出功 $\overline{W}_{net}$ 为正值，而 $n=4$ 时，膨胀冲程所做的功小于压缩冲程消耗的功，因此总的输出功 $\overline{W}_{net}$ 为负值；$n=-1$ 和 $n=1$ 时的循环熵产生 $\Delta\overline{S}_{irr}$ 较小，分别仅为 0.0210 和 0.0212，而 $n=4$ 时的循环熵产生 $\Delta\overline{S}_{irr}$ 较大，为 0.1158。综上所述，传热规律对光驱动发动机的最大生态学时活塞运动最优路径有直接的影响。

图 4.22 给出了三种特殊传热规律下 $\overline{E}_C = \max$ 时活塞速度的时间变化曲线。由图可知，$n=-1$ 和 $n=1$ 时，膨胀冲程和压缩冲程的 υ-τ 曲线非常相似：膨胀冲程 υ-τ 曲线均为类抛物线型，且活塞速度始终为正；压缩冲程活塞速度随着时间的增加，均先减小后增加，并且在压缩冲程末期，活塞速度为正，这表明压缩冲程末期都存在一段轻微的膨胀过程。而 $n=4$ 时，υ-τ 曲线与 $n=-1$ 和 $n=1$ 时差别较大：在膨胀冲程中，从 $\tau=0.724$ 时刻起，活塞速度为负，这表明从 $\tau=0.724$ 时刻开始，活塞开始压缩；压缩冲程活塞速度随时间增加逐渐增加，并且始终为负值。当 $n=1$ 时，由式(4.2.8)可知环境和工质之间的传热率 q_2 与工质温度 T 呈线性关系，当 $n=-1$ 时，q_2 与工质温度的倒数（$1/T$）呈线性关系，这就使得 $n=-1$ 和 $n=1$ 的活塞速度的最优构型非常相似，而当 $n=4$ 时，q_2 与工质温度 T 存在强烈的非线性关系，因此，此时的活塞速度最优构型与 $n=-1$ 和 $n=1$ 时的差别较大。因此，传热规律对光驱动发动机活塞运动速度的最优构型有直接的影响作用。

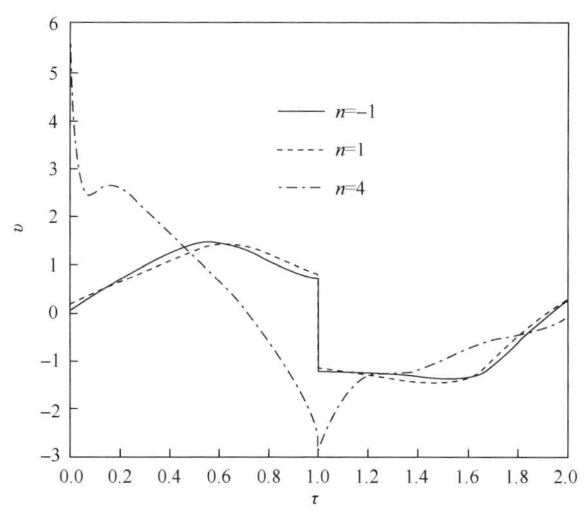

图 4.22　三种特殊传热规律下最大生态学路径活塞速度随时间的最优变化规律

4.4 线性唯象传热规律下 $2SO_3F \rightleftharpoons S_2O_6F_2$ 型双分子光驱动发动机最大输出功和最小熵产生

4.4.1 物理模型

双分子光驱动发动机模型如图 4.23 所示。气缸横截面积为 A，气缸的一端为质量为 m 的活塞，另一端为透明。环境温度为 T_0，压力为 p_0。假设气缸里的气体的弛豫过程非常快，认为工作气体内部只发生可逆变化，而所有的不可逆性都是由于缸内气体与外界环境间相互作用而产生的，即工质内部发生的各种过程的弛豫时间远短于发动机工作循环所用时间。工质气体空间均匀分布，反应系统处于内平衡。发动机主要的不可逆性为活塞运动时与气缸壁的摩擦以及缸内工质与外界环境间的热漏损失。

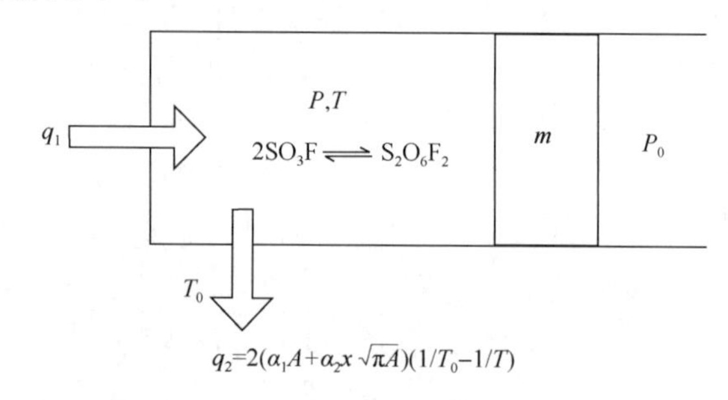

图 4.23 双分子光驱动发动机模型

气缸内充满缓冲气体工质，缓冲气体不参与反应，缸内发生的化学反应如下：

$$2SO_3F \rightleftharpoons S_2O_6F_2 \tag{4.4.1}$$

由于存在大量缓冲气体，可以把工质看作热容为常数 C_V 的理想气体，其摩尔数为 N。忽略反应系统引起的焓变对流入发动机内部的热流率的影响。硫酸氟自由基选择性地吸收射入的光能，发生另一个反应：

$$SO_3F + \text{光能} \longrightarrow SO_3F^* \rightarrow SO_3F + \text{热能} \tag{4.4.2}$$

入射光的波长是经过选择的，因此只有 SO_3F 可以吸收。在本例中，入射光的波长为 488nm。硫酸氟自由基的受激发态 SO_3F^* 迅速变为原始状态 SO_3F。反应 $SO_3F^* \longrightarrow SO_3F + \text{热能}$ 的时间尺度只有 10^{-9} s[476]。根据文献[477]可知，荧光形式存在的辐射功率远小于系统在典型试验条件下吸收的功率的 1%。因此，荧光性可以忽略，那么被吸收的辐射能就以热能的形式释放出来，用来提高系统的温度。对于热机而言，工质在高温吸热，在低温放热。由于反应(4.4.1)是放热反应，系统可以像热机一样对外做功。当SO_3F吸收光能并将光能转变为热能时，混合物的温度升高，使化学反应平衡向生成更多SO_3F的方向移动。于是，系统便建立了正反馈，通过系统的热传递来控制温度。

对于不受控制的、活塞自由运动的发动机，其动力学方程为

$$\frac{\mathrm{d}x}{\mathrm{d}t}=v \tag{4.4.3}$$

$$\frac{\mathrm{d}v}{\mathrm{d}t}=\frac{1}{m}\left[A\left(\frac{NRT}{Ax}-p_0\right)-\mu v\right] \tag{4.4.4}$$

式(4.4.3)中，x为活塞位移；v为活塞运动速度。式(4.4.4)中，假定作用于活塞的外部环境压为常数p_0，并且活塞所受的摩擦阻力与活塞速度成正比[449]，摩擦系数为μ。式(4.4.4)中等式右边μv项为作用于活塞上的摩擦力；$NRT/(Ax)$项为利用克拉佩龙方程得到的工质内部压力；$\mathrm{d}v/\mathrm{d}t$为利用牛顿定律得到的活塞加速度。

对于该系统，由热力学第一定律可得

$$\dot{E}=C_V N\dot{T}=q-\frac{NRTv}{x} \tag{4.4.5}$$

式中，$\dot{E}$为工质热力学能随时间的变化率；$\dot{T}$为工质温度随时间的变化率，并有

$$q=q_1-q_2 \tag{4.4.6}$$

式中，

$$q_1=\phi\left\{1-\exp\left[\frac{-\alpha_0}{4RTK_p}\left(-x+\sqrt{x^2+\frac{16N_0RTxK_p}{A}}\right)\right]\right\} \tag{4.4.7}$$

$$q_2=2\left(A\alpha_1+x\alpha_2\sqrt{\pi A}\right)\left(\frac{1}{T_0}-\frac{1}{T}\right) \tag{4.4.8}$$

式(4.4.6)~式(4.4.8)中，进入系统的热流率q由两部分组成：假定反应式(4.4.1)达到平衡，由朗伯-比尔定律得到的系统吸收辐射能而产生的热流率q_1；气缸内工质与环境之间的热交换服从线性唯象传热规律[$q\propto\Delta\left(T^{-1}\right)$]时，气缸与环境之间交换的热流率$q_2$。气缸底部和气缸壁的传热系数分别为$\alpha_1$、$\alpha_2$，并假定两个传

热系数在整个工作温度范围内均为常数。式(4.4.7)中，K_p 是压力平衡常数，$K_0 = 1\text{atm}^{-1}(1\text{atm}=1.01325\times10^5\text{pa})$。

硫酸氟自由基吸收强度为ϕ的入射光线，吸收率为α_0。气缸内工质的总摩尔数为$N = N_{SO_3F} + N_{S_2O_6F_2} + Z \approx Z$，$N_{SO_3F}$、$N_{S_2O_6F_2}$和$Z$分别为$SO_3F$、$S_2O_6F_2$和缓冲气体的摩尔数。假设初始时系统有$N_0$摩尔$S_2O_6F_2$和$Z$摩尔缓冲气体。在发动机整个工作温度和压力条件下，认为反应式(4.4.1)引起的焓变ΔH和熵变ΔS均为常数。

定义如下的无量纲参数：

$$\xi = \frac{x}{x_0}, \quad \theta = \frac{T}{T_0}, \quad \upsilon = \frac{vNC_V T_0^2}{2x_0 A\alpha_1} \text{和} \tau = \frac{2tA\alpha_1}{NC_V T_0^2} \tag{4.4.9}$$

来分别描述位移、温度、速度和时间。式中，x_0为活塞的总位移。

利用定义的无量纲参数，式(4.4.3)~式(4.4.5)变为

$$\dot{\xi} = \upsilon \tag{4.4.10}$$

$$\dot{\upsilon} = \beta_7\left(\frac{\theta}{\xi} - \frac{p'}{\beta_4\beta_5} - \beta_6\upsilon\right) \tag{4.4.11}$$

$$\dot{\theta} = \frac{-\beta_1\theta\upsilon}{\xi} + \omega \tag{4.4.12}$$

式中，热流率的无量纲表达式ω为

$$\omega = \beta_3\left\{1 - \exp\left[\frac{-\alpha_0}{\beta_4\theta\delta}\left(-\xi + \sqrt{\xi^2 + \beta_4\beta_5\theta\xi\delta}\right)\right]\right\} - (1+\beta_2\xi)\left(1 - \frac{1}{\theta}\right) \tag{4.4.13}$$

式中，

$$\delta = \exp\left[\frac{-h' + s'\theta}{\theta}\right] \tag{4.4.14}$$

无量纲系统的其他参数定义如下：$h' = \Delta H/(RT_0)$，$s' = \Delta S/R$，$p' = 16p_0N_0/Z$，$\beta_1 = R/C_V$，$\beta_2 = x_0\alpha_2\sqrt{\pi}/(\alpha_1\sqrt{A})$，$\beta_3 = T_0\phi/(2A\alpha_1)$，$\beta_4 = 4RT_0K_0/x_0$，$\beta_5 = 4N_0/A$，$\beta_6 = 2\alpha A\alpha_1 x_0^2/(RT_0^3C_VN^2)$和$\beta_7 = N^3C_V^2RT_0^5/(4mA^2\alpha_1^2x_0^2)$。参数上带点表示为无量纲时间的导数。

对于表 4.7 给出的热化学参数和机械参数，该光驱动发动机呈现出多重平衡

态。由文献[479]可知，以坐标系(ξ,υ,θ)来表示，光驱动发动机平衡态分别出现在点$s_1=(0.8947,0.00,1.0033)$、$s_2=(1.2569,0.00,1.4096)$和$s_3=(1.5741,0.00,1.7653)$。该系统的稳定性研究指出，点s_1和s_3是稳定平衡态，而点s_2是一个非稳定焦点。如果将活塞与功源连接，可以利用系统处于非稳定平衡态时，其偏离非稳定平衡态的振荡趋势做功。可以通过设计活塞与功源的连接，使活塞能够沿任意的路径运动。

表 4.7　发动机参数[481]

参数	值	参数	值	参数	值
h'	–36.884	Z/N_0	1.0×10^3	β_7	32.092
s'	–18.378	β_1	0.4	$\tau_f-\tau_i$	0.5
α_0 /(cm^2 / mol)	2.0×10^6	β_2	1.0	ξ_i	1.0
T_0 / K	300.0	β_3	52.632	ξ_f	2.0
x_0 / cm	1.0	β_4	98468.0	θ_i	1.6280
p_0 / Pa	2.666×10^4	β_5	3.8643×10^{-8}	θ_f	1.2464
C_V/R	2.5	β_6	1.0211×10^{-2}		

4.4.2　优化方法

本节目的在于分别确定以循环输出功最大和循环熵产生最小为目标时的活塞最优运动规律。现在，假设活塞不再是自由的，而是与一个用于控制活塞运动变化的连杆连接，因此可以任意调整活塞速度。每一个循环都分为膨胀冲程和压缩冲程。假定每个冲程所用的时间已知，并且活塞位移和工质温度在各个冲程结束时刻的边界值给定。每个循环的活塞初始位移和工质初始温度均相同。在膨胀过程中，活塞位移增加而工质温度同时降低。膨胀冲程结束时，活塞位移和工质温度达到给定的边界值。然后工质开始被压缩。在压缩冲程中，工质的温度逐渐升高。压缩冲程结束时的活塞位移和工质温度与循环的初始值相同。每个冲程的输出功达到最大的同时，平均输出功率也为最大。在各个冲程的边界值给定的条件下，构造每个冲程的活塞最优运动规律等价于构造整个循环的活塞最优运动规律。

在固定的时间间隔$t_i\to t_f$内活塞净输出功为

$$W_{net}=\int_{t_i}^{t_f}\left(\frac{NRTv}{x}-\mu v^2\right)dt \tag{4.4.15}$$

这段时间的不可逆熵产生为

$$\Delta S_{\text{irr}}=\int_{t_{\text{i}}}^{t_{\text{f}}}\left[\left(2A\alpha_1+2x\alpha_2\sqrt{\pi A}\right)\left(\frac{1}{T}-\frac{1}{T_0}\right)^2+\frac{\mu v^2}{T_0}\right]\text{d}t \tag{4.4.16}$$

如式(4.4.16)所示，假设系统的熵产生仅仅是由于存在热漏和摩擦这两种不可逆性，并且认为由于摩擦而耗散的能量全部传给环境。

利用定义的无量纲参数，式(4.4.15)和式(4.4.16)相应变为

$$\overline{W}_{\text{net}}=\int_{\tau_{\text{i}}}^{\tau_{\text{f}}}\left(\frac{\theta\upsilon}{\xi}-\beta_6\upsilon^2\right)\text{d}\tau \tag{4.4.17}$$

$$\Delta\overline{S}_{\text{irr}}=\int_{\tau_{\text{i}}}^{\tau_{\text{f}}}\left[\left(1+\beta_2\xi\right)\left(\frac{1}{\theta}-1\right)^2+\beta_1\beta_6\upsilon^2\right]\text{d}\tau \tag{4.4.18}$$

式中，$\overline{W}_{\text{net}}=W_{\text{net}}/\beta_0$，$\Delta\overline{S}_{\text{irr}}=\beta_1T_0\Delta S_{\text{irr}}/\beta_0$ 和 $\beta_0=NRT_0$。状态变量 ξ 和 θ 分别受约束条件式(4.4.10)和式(4.4.12)的约束。

膨胀冲程的边界条件为

$$\theta(\tau_{\text{i}})=\theta_{\text{i}},\quad \theta(\tau_{\text{f}})=\theta_{\text{f}},\quad \xi(\tau_{\text{i}})=\xi_{\text{i}}\text{ 和 }\xi(\tau_{\text{f}})=\xi_{\text{f}} \tag{4.4.19}$$

压缩冲程的边界条件为

$$\theta(\tau_{\text{i}})=\theta_{\text{f}},\quad \theta(\tau_{\text{f}})=\theta_{\text{i}},\quad \xi(\tau_{\text{i}})=\xi_{\text{f}}\text{ 和 }\xi(\tau_{\text{f}})=\xi_{\text{i}} \tag{4.4.20}$$

以循环输出功最大为优化目标，建立哈密顿函数：

$$H_W=\frac{\theta\upsilon}{\xi}-\beta_6\upsilon^2+\lambda_1\left(\frac{-\beta_1\theta\upsilon}{\xi}+\omega\right)+\lambda_2\upsilon \tag{4.4.21}$$

式中，λ_1 和 λ_2 分别为协态变量，ω 由式(4.4.13)定义。式(4.4.21)的协态方程和控制方程分别为

$$\begin{aligned}\dot{\lambda}_1&=-\frac{\partial H_W}{\partial\theta}\\&=\left\{\frac{\beta_1\upsilon}{\xi}+\frac{1+\beta_2\xi}{\theta^2}+\frac{\alpha_0\beta_3\left(\theta+h'\right)}{\beta_4\theta^2\delta}\exp\left[\frac{-\alpha_0\left(-\xi+\psi\right)}{\beta_4\theta\delta}\right]\left[\frac{\left(-\xi+\psi\right)}{\theta}-\frac{\beta_4\beta_5\xi\delta}{2\psi}\right]\right\}\\&\quad\times\lambda_1-\frac{\upsilon}{\xi}\end{aligned} \tag{4.4.22}$$

$$\dot{\lambda}_2=-\frac{\partial H_W}{\partial \xi}$$
$$=\frac{\upsilon\theta}{\xi^2}-\lambda_1\left\{\beta_2\left(\frac{1}{\theta}-1\right)+\frac{\beta_1\upsilon\theta}{\xi^2}+\frac{\alpha_0\beta_3}{\beta_4\theta\delta}\exp\left[\frac{-\alpha_0\left(-\xi+\psi\right)}{\beta_4\theta\delta}\right]\left(-1+\frac{2\xi+\beta_4\beta_5\theta\delta}{2\psi}\right)\right\}\tag{4.4.23}$$

$$\upsilon=\frac{-1}{2\beta_6\xi}\left(\beta_1\lambda_1\theta-\lambda_2\xi-\theta\right)\tag{4.4.24}$$

式中，

$$\psi=\sqrt{\xi^2+\beta_4\beta_5\xi\theta\delta}\tag{4.4.25}$$

以循环熵产生最小为优化目标，建立哈密顿函数：

$$H_S=-\left(1+\beta_2\xi\right)\left(\frac{1}{\theta}-1\right)^2-\beta_1\beta_6\upsilon^2+\lambda_3\left(\frac{-\beta_1\theta\upsilon}{\xi}+\omega\right)+\lambda_4\upsilon\tag{4.4.26}$$

式中，λ_3 和 λ_4 分别为协态变量，ω 由式(4.4.13)定义。

式(4.4.26)的协态方程和控制方程分别为

$$\dot{\lambda}_3=-\frac{\partial H_S}{\partial \theta}$$
$$=\frac{2\left(1+\beta_2\xi\right)\left(\theta-1\right)}{\theta^3}+\lambda_3$$
$$\times\left\{\frac{\beta_1\upsilon}{\xi}+\frac{1+\beta_2\xi}{\theta^2}+\frac{\alpha_0\beta_3\left(\theta+h'\right)}{\beta_4\theta^2\delta}\exp\left[\frac{-\alpha_0\left(-\xi+\psi\right)}{\beta_4\theta\delta}\right]\left[\frac{\left(-\xi+\psi\right)}{\theta}-\frac{\beta_4\beta_5\xi\delta}{2\psi}\right]\right\}\tag{4.4.27}$$

$$\dot{\lambda}_4=-\frac{\partial H_S}{\partial \xi}$$
$$=\beta_2\left(\frac{1}{\theta}-1\right)^2-\lambda_3\tag{4.4.28}$$
$$\times\left\{\beta_2\left(\frac{1}{\theta}-1\right)+\frac{\beta_1\upsilon\theta}{\xi^2}+\frac{\alpha_0\beta_3}{\beta_4\theta\delta}\exp\left[\frac{-\alpha_0\left(-\xi+\psi\right)}{\beta_4\theta\delta}\right]\left(-1+\frac{2\xi+\beta_4\beta_5\theta\delta}{2\psi}\right)\right\}$$

$$\upsilon=\frac{-1}{2\beta_1\beta_6\xi}\left(\beta_1\lambda_3\theta-\lambda_4\xi\right)\tag{4.4.29}$$

与 4.2.2 节类似，发动机活塞运动最优路径确定之后，可以进一步通过数值计算得到循环的摩擦损失功$\overline{W}_f$、工质与环境之间的循环热漏损失$\overline{Q}_L$、摩擦损失引起的循环熵产生$\Delta\overline{S}_f$、热漏损失引起的循环熵产生$\Delta\overline{S}_L$、热机吸收的辐射能$\overline{Q}_R$和循环效率η。

除了$\Delta\overline{S}_{irr}$，其余的无量纲量均可以通过乘以β_0将量纲变为能量的量纲。文献[481]已经定义了牛顿传热规律下的摩擦损失功$\overline{W}_f$、热漏损失$\overline{Q}_L$、热机吸收的辐射能$\overline{Q}_R$和循环效率η。本节将给出线性唯象传热规律下这些参数的表达式。

线性唯象传热规律下，各冲程的无量纲循环输出功$\overline{W}_{net}$和循环熵产生$\Delta\overline{S}_{irr}$分别由式(4.4.17)和式(4.4.18)计算得到。无量纲循环摩擦损失功$\overline{W}_f$为

$$\overline{W}_f = \beta_6 \int_{cycle} \upsilon^2 d\tau \tag{4.4.30}$$

无量纲循环热漏损失$\overline{Q}_L$为

$$\overline{Q}_L = \beta_1^{-1} \int_{cycle} (1+\beta_2\xi)\left(\frac{1}{\theta}-1\right) d\tau \tag{4.4.31}$$

发动机吸收的无量纲辐射能$\overline{Q}_R$为

$$\overline{Q}_R = \frac{\beta_3}{\beta_1} \int_{cycle} \left\{1-\exp\left[\frac{-\alpha_0}{\beta_4\theta\delta}\left(-\xi+\sqrt{\xi^2+\beta_4\beta_5\theta\xi\delta}\right)\right]\right\} d\tau \tag{4.4.32}$$

定义循环效率η_{net}为

$$\eta_{net} = \frac{\overline{W}_{net}}{\overline{Q}_R} \tag{4.4.33}$$

4.4.3 数值算例与讨论

接下来是确定线性唯象传热规律下具有如表 4.7 所示机械和热化学参数的光驱动发动机两种最优控制循环的最优构型，并与牛顿传热规律下光驱动发动机最优构型[481]的计算结果进行比较。确定了随时间变化的活塞路径，可以计算得到与路径有关的过程量，特别是输出功、熵产生和热流。为了分析方便，以$\overline{W}_{net} = \max$表示最大输出功时的优化结果，以$\Delta\overline{S}_{irr} = \min$表示最小熵产生时的优化结果。

表 4.8 列出了线性唯象和牛顿传热规律最大功输出和最小熵产生两种目标下循环各个冲程过程量的数值计算结果。由表 4.8 可知，在两种传热规律下，热漏

造成的损失是摩擦造成的损失的 3~5 倍。因此，与降低摩擦损失相比，减少热漏损失有可能更好地改善发动机工作性能。牛顿传热规律下，$\overline{W}_{\text{net}} = \max$ 时得到的循环输出功 $\overline{W}_{\text{net}}$ 和 $\Delta\overline{S}_{\text{irr}} = \min$ 时得到的熵产生 $\Delta\overline{S}_{\text{irr}}$ 均大于线性唯象传热规律下的结果。这是因为牛顿传热规律下，发动机吸收的无量纲辐射能 $\overline{Q}_{\text{R}}$ 更大，而光驱动发动机的输出功主要来自于吸收的辐射能，因此，牛顿传热规律下循环输出功 $\overline{W}_{\text{net}}$ 更大。另外，由表 4.8 还可知，两种传热规律时的两种最优构型下，循环热漏损失 $\overline{Q}_{\text{L}} < 0$，这意味工质是从环境吸热的。

表 4.8　两种传热规律不同优化目标下循环各个冲程过程量的数值计算结果

情形	目标	冲程	$\overline{W}_{\text{net}}$	$\Delta\overline{S}_{\text{irr}}$	$\overline{W}_{f}$	$\overline{Q}_{\text{L}}$	$\overline{Q}_{\text{R}}$	η_{net}
牛顿传热	$\overline{W}_{\text{net}} = \max$	膨胀	1.0122	0.1923	0.0323	−0.2229	1.4826	0.0192
		压缩	−0.9607	0.1596	0.0420	−0.1858	1.1968	
		总计	0.0515	0.3519	0.0743	−0.4087	2.6794	
	$\Delta\overline{S}_{\text{irr}} = \min$	膨胀	0.9865	0.1738	0.0259	−0.2143	1.3978	0.0037
		压缩	−0.9771	0.1468	0.0274	−0.1853	1.1629	
		总计	0.0094	0.3206	0.0533	−0.3996	2.5607	
线性唯象传热	$\overline{W}_{\text{net}} = \max$	膨胀	0.9902	0.1149	0.0521	−0.1420	0.9759	0.0148
		压缩	−0.9645	0.0873	0.0359	−0.1180	0.7609	
		总计	0.0257	0.2022	0.0880	−0.2600	1.7368	
	$\Delta\overline{S}_{\text{irr}} = \min$	膨胀	0.9811	0.1100	0.0404	−0.1419	0.9545	0.0079
		压缩	−0.9674	0.0851	0.0254	−0.1207	0.7661	
		总计	0.0137	0.1951	0.0658	−0.2626	1.7206	

图 4.24 和图 4.25 分别给出了线性唯象和牛顿传热规律下，循环输出功最大和循环熵产生最小时活塞运动速度随时间最优变化规律。在 $\tau = 0.5$ 时刻，即循环由膨胀冲程变为压缩冲程的时刻，活塞运动速度出现了不连续性。对于输出功最大和熵产生最小这两个最优构型问题，由于没有考虑活塞加速度的约束，可以认为此时的活塞加速度为无穷大，从而实现活塞速度在 $\tau = 0.5$ 时刻的突变。

由图 4.24 可知，牛顿传热规律下，$\overline{W}_{\text{net}} = \max$ 时，活塞速度在 $\tau = 0.5$ 时刻的突变仅为 $\Delta\upsilon = 0.071$，此时活塞运动速度的不连续性几乎可以忽略不计，而线性唯象传热规律下，$\overline{W}_{\text{net}} = \max$ 时，活塞速度在 $\tau = 0.5$ 时刻的突变为 $\Delta\upsilon = 3.186$。显然，$\overline{W}_{\text{net}} = \max$ 时，线性唯象传热规律下的活塞速度在 $\tau = 0.5$ 时刻的突变更加明显。

由图 4.25 可知，牛顿传热规律下，$\Delta\overline{S}_{\rm irr}=\min$ 时，活塞速度在 $\tau=0.5$ 时刻的突变为 $\Delta\upsilon=4.048$，而线性唯象传热规律下，$\Delta\overline{S}_{\rm irr}=\min$ 时，活塞速度在 $\tau=0.5$ 时刻的突变仅为 $\Delta\upsilon=0.778$。显然，$\Delta\overline{S}_{\rm irr}=\min$ 时，牛顿传热规律下的活塞速度在 $\tau=0.5$ 时刻的突变更加明显。另外，由图 4.24 和图 4.25 还可以发现，传热规律不仅影响两种最优控制循环的活塞的最优运动路径，而且影响膨胀冲程和压缩冲程的活塞初始速度。

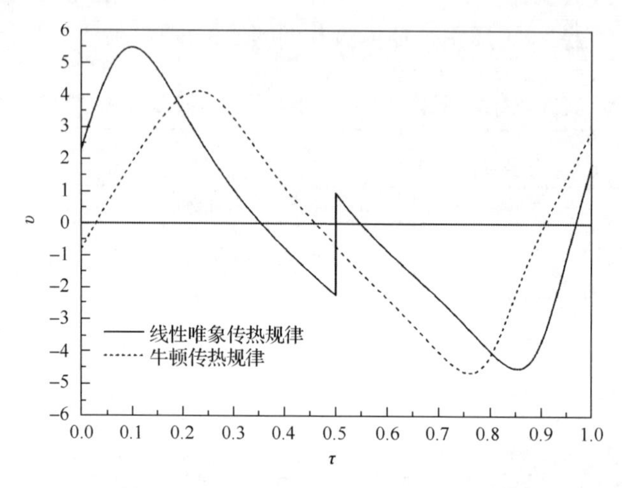

图 4.24　线性唯象和牛顿传热规律下最大输出功循环活塞运动速度随时间最优变化规律

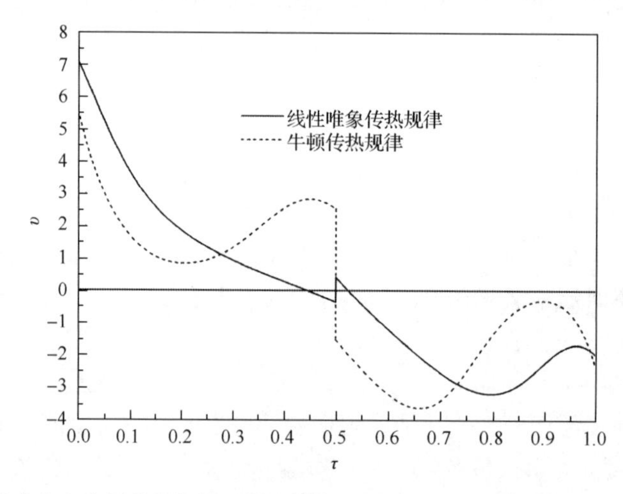

图 4.25　线性唯象和牛顿传热规律下最小熵产生循环活塞运动速度随时间最优变化规律

图 4.26 和图 4.27 分别给出了线性唯象和牛顿传热规律下，循环输出功最大和循环熵产生最小时活塞位移随时间最优变化规律。由图 4.26 可知，牛顿传热规律下，$\overline{W}_{\rm net}=\max$ 时，活塞在膨胀冲程初期和末期有轻微的压缩，而在压缩冲程末

期，有一定程度的膨胀。线性唯象传热规律下，$\overline{W}_{\mathrm{net}} = \max$ 时，活塞位移迅速增加，在膨胀冲程末期有一定程度的压缩，而在压缩冲程的初期和末期分别存在轻微的膨胀。由图 4.27 可知，牛顿传热规律下，$\Delta\overline{S}_{\mathrm{irr}} = \min$ 时，活塞位移在膨胀冲程是单调增加的，在压缩冲程是单调减小的。线性唯象传热规律下，$\Delta\overline{S}_{\mathrm{irr}} = \min$ 时，活塞位移迅速增加，在膨胀冲程末期存在轻微的压缩，活塞位移在压缩冲程初期有轻微的膨胀，随后，活塞位移迅速减小，直到压缩冲程结束。另外，由图 4.26 和图 4.27 还可以得到，线性唯象传热规律下，$\overline{W}_{\mathrm{net}} = \max$ 和 $\Delta\overline{S}_{\mathrm{irr}} = \min$ 时，活塞位移的时间变化曲线在数值上明显大于牛顿传热规律下得到的曲线。

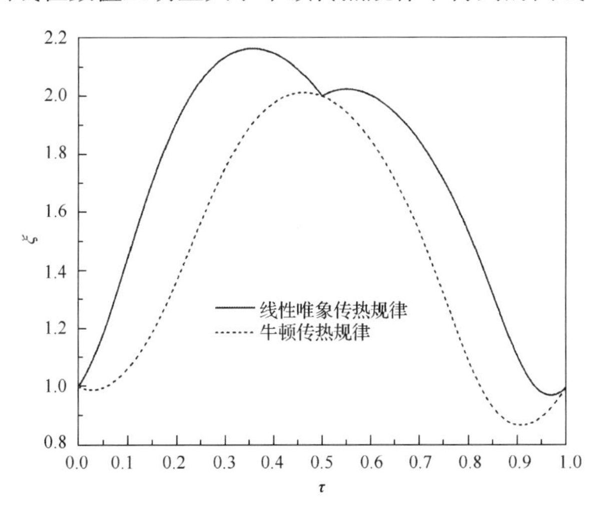

图 4.26　线性唯象和牛顿传热规律下最大输出功循环活塞位移随时间最优变化规律

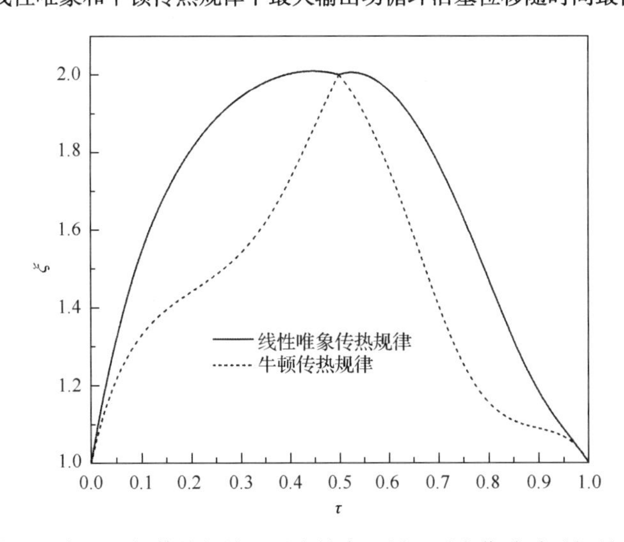

图 4.27　线性唯象和牛顿传热规律下最小熵产生循环活塞位移随时间最优变化规律

图 4.28 和图 4.29 分别给出了线性唯象和牛顿传热规律下，循环输出功最大和循环熵产生最小时工质温度随时间最优变化规律。由图 4.28 可知，牛顿传热规律下，$\overline{W}_{net}=\max$ 时，由于膨胀冲程初期的轻微压缩，工质温度在膨胀冲程初期有一定程度的升高，然后工质温度迅速降低，在压缩冲程的初期和末期工质温度有一定程度的降低，而在压缩冲程的大部分时间，工质温度是逐渐升高的。线性唯象传热规律下，$\overline{W}_{net}=\max$ 时，工质温度迅速降低，在膨胀冲程末期有一定程度的升高，在压缩冲程的初期和末期工质温度有一定程度的降低，而在压缩冲程的大部分时间，工质温度是逐渐升高的。另外，由图 4.28 和图 4.29 还可以得到，线性唯象传热规律下，$\overline{W}_{net}=\max$ 和 $\Delta\overline{S}_{irr}=\min$ 时，工质温度的时间变化曲线在数值上明显低于牛顿传热规律下得到的曲线。

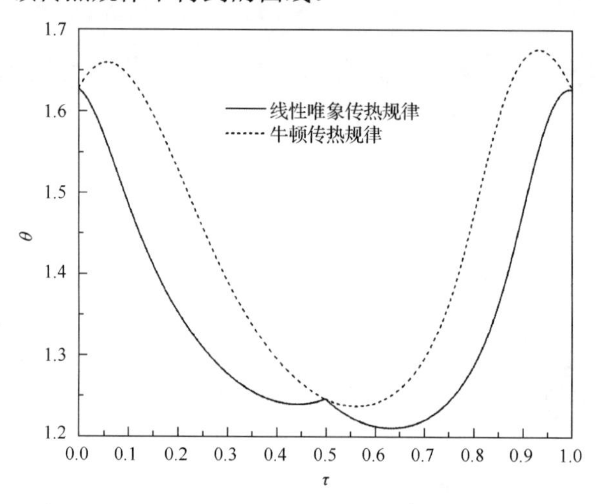

图 4.28　线性唯象和牛顿传热规律下最大输出功循环工质温度随时间最优变化规律

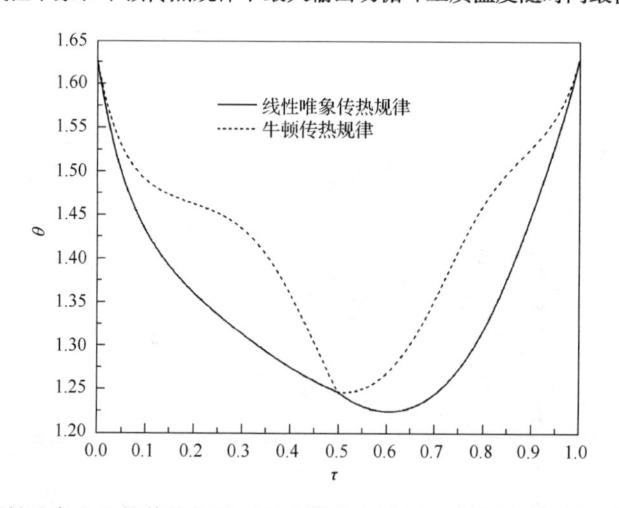

图 4.29　线性唯象和牛顿传热规律下最小熵产生循环工质温度随时间最优变化规律

图 4.30 给出了线性唯象和牛顿传热规律下，光驱动发动机在两种不同优化目标下输出功 $\overline{W}$ 随时间积分的计算结果。$\overline{W}_{\mathrm{net}} = \max$ 时，积分得到的输出功并非在每一个时刻都大于 $\Delta\overline{S}_{\mathrm{irr}} = \min$ 时积分得到的输出功，但循环结束时总的输出功大于最小熵产生循环总的输出功。图 4.31 给出了两种传热规律下，最大功输出循环和最小熵产生循环下熵产生 $\Delta\overline{S}$ 随时间积分的计算结果。

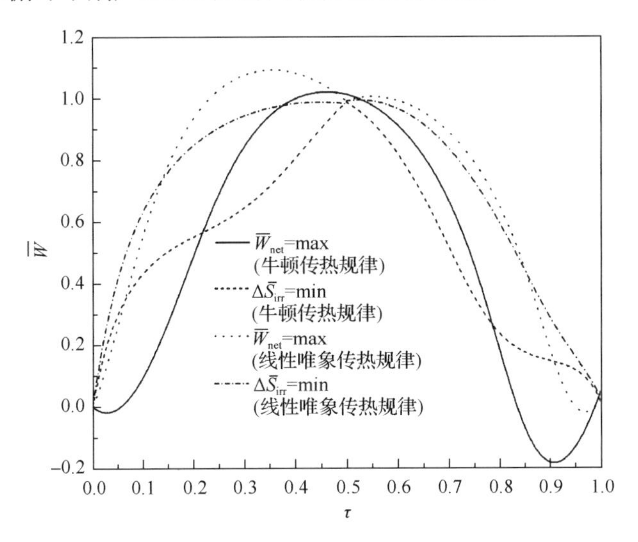

图 4.30　两种传热规律两种不同优化目标下输出功 $\overline{W}$ 随时间 τ 的变化曲线

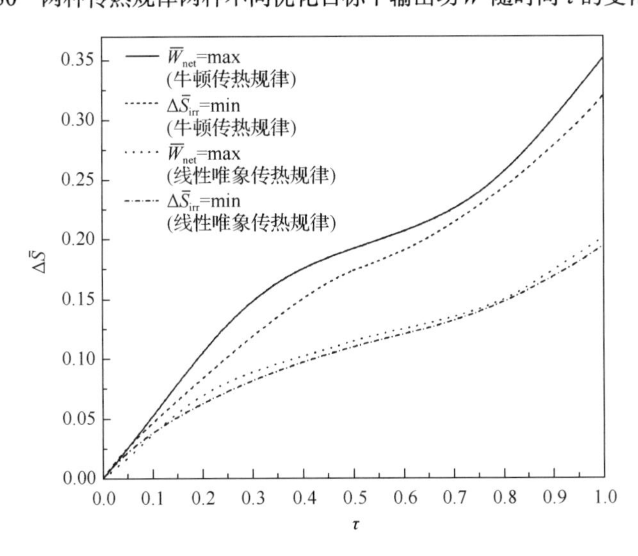

图 4.31　两种传热规律两种不同优化目标下熵产生 $\Delta\overline{S}$ 随时间 τ 的变化曲线

图 4.32 和图 4.33 分别给出了线性唯象和牛顿传热规律两种不同优化目标下协

态变量 λ_1、λ_2、λ_3 和 λ_4 随时间最优变化规律。

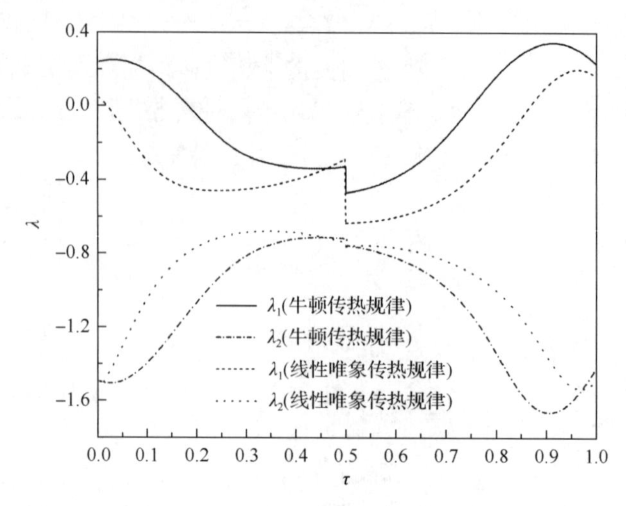

图 4.32　线性唯象和牛顿传热规律下最大输出功循环协态变量 λ_1 和 λ_2 随时间最优变化规律

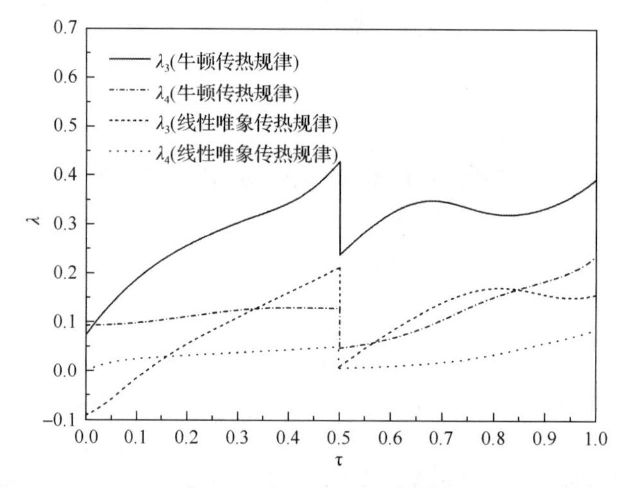

图 4.33　线性唯象和牛顿传热规律下最大输出功循环协态变量 λ_3 和 λ_4 随时间最优变化规律

4.5　传热规律对光驱动发动机最大生态学函数最优构型的影响

4.5.1　物理模型

一类 $2SO_3F \rightleftharpoons S_2O_6F_2$ 型双分子光驱动发动机模型如图 4.23 所示。4.4 节已经对该光驱动发动机模型进行了详细的描述。

本节所研究的光驱动发动机模型与 4.4.1 节描述的发动机模型的主要区别在于：气缸内工质与环境之间的传热不是服从线性唯象传热规律[$q \propto \Delta\left(T^{-1}\right)$]，而是用更为普适的广义辐射传热规律[$q \propto \Delta\left(T^{n}\right)$]代替。因此，式(4.4.8)变为

$$q_2 = 2\left(A\alpha_1 + x\alpha_2\sqrt{\pi A}\right)\left(T^n - T_0^n\right)\mathrm{sign}\left(n\right) \tag{4.5.1}$$

式中，$\mathrm{sign}(n)$为符号函数，当$n>0$时，$\mathrm{sign}\left(n\right)=1$，当$n<0$时，$\mathrm{sign}\left(n\right)=-1$。

传热规律改变后，定义的无量纲参数也要相应地改变，式(4.4.9)变为

$$\xi = \frac{x}{x_0}，\quad \theta = \frac{T}{T_0}，\quad \upsilon = \frac{vNC_V}{2x_0 A\alpha_1 T_0^{n-1}} \text{ 和 } \tau = \frac{2tA\alpha_1 T_0^{n-1}}{NC_V} \tag{4.5.2}$$

利用重新定义的无量纲参数，式(4.4.3)~式(4.4.5)变为

$$\dot{\xi} = \upsilon \tag{4.5.3}$$

$$\dot{\upsilon} = \beta_7\left(\frac{\theta}{\xi} - \frac{p'}{\beta_4\beta_5} - \beta_6\upsilon\right) \tag{4.5.4}$$

$$\dot{\theta} = \frac{-\beta_1\theta\upsilon}{\xi} + \omega \tag{4.5.5}$$

式中，热流率的无量纲表达式ω为

$$\omega = \beta_3\left\{1 - \exp\left[\frac{-\alpha_0}{\beta_4\theta\delta}\left(-\xi + \sqrt{\xi^2 + \beta_4\beta_5\theta\xi\delta}\right)\right]\right\} - \left(1 + \beta_2\xi\right)\left(\theta^n - 1\right)\mathrm{sign}\left(n\right) \tag{4.5.6}$$

式中，

$$\delta = \exp\left(\frac{-h' + s'\theta}{\theta}\right) \tag{4.5.7}$$

无量纲系统的其他参数定义如下：$h' = \Delta H/\left(RT_0\right)$，$s' = \Delta S/R$，$p' = 16p_0N_0/Z$，$\beta_1 = \mathrm{R}/C_V$，$\beta_2 = x_0\alpha_2\sqrt{\pi}/\left(\alpha_1\sqrt{A}\right)$，$\beta_3 = \phi/\left(2A\alpha_1T_0^n\right)$，$\beta_4 = 4RT_0K_0/x_0$，$\beta_5=4N_0/A$，$\beta_6 = 2\alpha A\alpha_1T_0^{n-2}x_0^2/\left(RC_VN^2\right)$和$\beta_7 = N^3C_V^2R/\left(4mA^2\alpha_1^2T_0^{2n-3}x_0^2\right)$。参数上带点表示为无量纲时间的导数。

4.4.1 节给出了该光驱动发动机的热化学参数和机械参数。

4.5.2 优化方法

对于$2SO_3F \rightleftharpoons S_2O_6F_2$型双分子光驱动发动机，在固定的时间间隔$t_i \to t_f$内活塞净输出功为

$$W_{net} = \int_{t_i}^{t_f} \left(\frac{NRTv}{x} - \mu v^2 \right) dt \tag{4.5.8}$$

由于气缸与环境之间的传热服从广义辐射传热规律，这段时间的不可逆熵产生为

$$\Delta S_{irr} = \int_{t_i}^{t_f} \left[\left(2A\alpha_1 + 2x\alpha_2\sqrt{\pi A}\right)\left(T^n - T_0^n\right)\left(\frac{1}{T_0} - \frac{1}{T}\right)\mathrm{sign}(n) + \frac{\mu v^2}{T_0} \right] dt \tag{4.5.9}$$

如式(4.5.9)所示，假设系统的熵产生仅仅是由于存在热漏和摩擦这两种不可逆性，并且认为由于摩擦而耗散的能量全部传给环境。

对于该双分子光驱动发动机，其生态学目标函数为

$$\begin{aligned} E_C &= \frac{W_{net} - T_0\Delta S_{irr}}{t_f - t_i} \\ &= \frac{1}{t_f - t_i}\int_{t_i}^{t_f} \left[\frac{NRTv}{x} - \left(2A\alpha_1 + 2x\alpha_2\sqrt{\pi A}\right)\left(T^n - T_0^n\right)\left(1 - \frac{T_0}{T}\right)\mathrm{sign}(n) - 2\mu v^2 \right] dt \end{aligned} \tag{4.5.10}$$

利用4.5.1节定义的无量纲参数，式(4.5.8)~式(4.5.10)相应变为

$$\overline{W}_{net} = \int_{\tau_i}^{\tau_f} \left(\frac{\theta \upsilon}{\xi} - \beta_6 \upsilon^2 \right) d\tau \tag{4.5.11}$$

$$\Delta\overline{S}_{irr} = \int_{\tau_i}^{\tau_f} \left[-(1 + \beta_2\xi)\left(\frac{1}{\theta} - 1\right)\left(\theta^n - 1\right)\mathrm{sign}(n) + \beta_1\beta_6\upsilon^2 \right] d\tau \tag{4.5.12}$$

$$\overline{E}_C = \frac{1}{\tau_f - \tau_i}\int_{\tau_i}^{\tau_f} \left[\frac{\theta\upsilon}{\xi} - 2\beta_6\upsilon^2 - \frac{1}{\beta_1}(1 + \beta_2\xi)\left(\theta^n - 1\right)\left(1 - \frac{1}{\theta}\right)\mathrm{sign}(n) \right] d\tau \tag{4.5.13}$$

式中，$\overline{W}_{net} = W_{net}/\beta_0$，$\Delta\overline{S}_{irr} = \beta_1 T_0 \Delta S_{irr}/\beta_0$，$\overline{E}_C = E_C/(\beta_1\beta_8)$，$\beta_0 = NRT_0$和$\beta_8 = 2AK_1T_0^n$。状态变量$\xi$和$\theta$分别受约束条件式(4.5.3)和式(4.5.5)的约束。

膨胀冲程的边界条件为

$$\theta(\tau_i)=\theta_i，\ \theta(\tau_f)=\theta_f，\ \xi(\tau_i)=\xi_i \text{ 和 } \xi(\tau_f)=\xi_f \tag{4.5.14}$$

压缩冲程的边界条件为

$$\theta(\tau_i)=\theta_f，\ \theta(\tau_f)=\theta_i，\ \xi(\tau_i)=\xi_f \text{ 和 } \xi(\tau_f)=\xi_i \tag{4.5.15}$$

以生态学函数最大为优化目标，建立哈密顿函数如下：

$$H_E=\frac{\theta\upsilon}{\xi}-2\beta_6\upsilon^2-\frac{1}{\beta_1}(1+\beta_2\xi)\left(\theta^n-1\right)\left(1-\frac{1}{\theta}\right)\mathrm{sign}(n)+\lambda_1\left(\frac{-\beta_1\theta\upsilon}{\xi}+\omega\right)+\lambda_2\upsilon \tag{4.5.16}$$

式中，λ_1 和 λ_2 分别为协态变量。式(4.5.16)的协态方程和控制方程分别为

$$\begin{aligned}\dot{\lambda}_1&=-\frac{\partial H_E}{\partial\theta}\\&=-\frac{\upsilon}{\xi}+\frac{(1+\beta_2\xi)\left[n\theta^{n+1}-(n-1)\theta^n-1\right]\mathrm{sign}(n)}{\beta_1\theta^2}+\lambda_1\left\{\frac{\alpha_0\beta_3(\theta+h')}{\beta_4\theta^2\delta}\right.\\&\quad\left.\times\left(\frac{\psi-\xi}{\theta}-\frac{\beta_4\beta_5\xi\delta}{2\psi}\right)\exp\left[\frac{-\alpha_0(\psi-\xi)}{\beta_4\theta\delta}\right]+n(1+\beta_2\xi)\theta^{n-1}\mathrm{sign}(n)+\frac{\beta_1\upsilon}{\xi}\right\}\end{aligned} \tag{4.5.17}$$

$$\begin{aligned}\dot{\lambda}_2&=-\frac{\partial H_E}{\partial\xi}\\&=\frac{\beta_2}{\beta_1}\left(1-\frac{1}{\theta}\right)\left(\theta^n-1\right)\mathrm{sign}(n)+\frac{\upsilon\theta}{\xi^2}-\lambda_1\left\{\frac{\beta_1\upsilon\theta}{\xi^2}\right.\\&\quad\left.+\beta_2\left(1-\theta^n\right)\mathrm{sign}(n)+\frac{\alpha_0\beta_3}{\beta_4\theta\delta}\left(-1+\frac{2\xi+\beta_4\beta_5\theta\delta}{2\psi}\right)\exp\left[\frac{-\alpha_0(\psi-\xi)}{\beta_4\theta\delta}\right]\right\}\end{aligned} \tag{4.5.18}$$

$$\upsilon=\frac{-1}{4\beta_6\xi}(\beta_1\lambda_1\theta-\lambda_2\xi-\theta) \tag{4.5.19}$$

式中，

$$\psi=\sqrt{\xi^2+\beta_4\beta_5\xi\theta\delta} \tag{4.5.20}$$

与 4.2.2 节类似，在发动机循环最优构型确定之后，可利用式(4.5.11)～

式(4.5.13)，数值计算得到最优构型下循环输出功 $\bar{W}_{net}$、循环熵产生 $\Delta\bar{S}_{irr}$ 和生态学函数 $\bar{E}_C$。

4.5.3 特例分析

本节将基于上述广义辐射传热规律下的优化结果，进一步导出线性唯象($n=-1$)、和牛顿($n=1$)传热规律下的优化结果。

4.5.3.1 线性唯象传热规律下的优化结果

将 $n=-1$ 代入式(4.5.16)，可得此时的哈密顿函数为

$$H_E=\frac{\theta\upsilon}{\xi}-2\beta_6\upsilon^2-\frac{1}{\beta_1}(1+\beta_2\xi)\left(1-\frac{1}{\theta}\right)^2+\lambda_1\left(\frac{-\beta_1\theta\upsilon}{\xi}+\omega\right)+\lambda_2\upsilon \quad (4.5.21)$$

协态方程和控制方程分别为

$$\begin{aligned}\dot{\lambda}_1=-\frac{\partial H_E}{\partial\theta}=&-\frac{\upsilon}{\xi}+\frac{2(1+\beta_2\xi)(\theta-1)}{\beta_1\theta^3}+\lambda_1\\&\times\left\{\frac{\beta_1\upsilon}{\xi}+\frac{1+\beta_2\xi}{\theta^2}+\frac{\alpha_0\beta_3(\theta+h')}{\beta_4\theta^2\delta}\left(\frac{\psi-\xi}{\theta}-\frac{\beta_4\beta_5\xi\delta}{2\psi}\right)\exp\left[\frac{-\alpha_0(\psi-\xi)}{\beta_4\theta\delta}\right]\right\}\end{aligned} \quad (4.5.22)$$

$$\begin{aligned}\dot{\lambda}_2=-\frac{\partial H_E}{\partial\xi}=&\frac{\beta_2}{\beta_1}\left(1-\frac{1}{\theta}\right)^2+\frac{\theta\upsilon}{\xi^2}-\lambda_1\\&\times\left\{\beta_2\left(\frac{1}{\theta}-1\right)+\frac{\beta_1\upsilon\theta}{\xi^2}+\frac{\alpha_0\beta_3}{\beta_4\theta\delta}\left(-1+\frac{2\xi+\beta_4\beta_5\theta\delta}{2\psi}\right)\exp\left[\frac{-\alpha_0(\psi-\xi)}{\beta_4\theta\delta}\right]\right\}\end{aligned} \quad (4.5.23)$$

$$\upsilon=\frac{-1}{4\beta_6\xi}(\beta_1\lambda_1\theta-\lambda_2\xi-\theta) \quad (4.5.24)$$

联立式(4.5.3)、式(4.5.5)和式(4.5.22)~式(4.5.24)，通过数值计算，可以确定线性唯象传热规律下双分子光驱动发动机的最大生态学时活塞运动最优路径。

4.5.3.2 牛顿传热规律下的优化结果

将 $n=1$ 代入式(4.5.16)，可得此时的哈密顿函数为

$$H_E=\frac{\theta\upsilon}{\xi}-2\beta_6\upsilon^2-\frac{1}{\beta_1}(1+\beta_2\xi)(\theta-1)\left(1-\frac{1}{\theta}\right)+\lambda_1\left(\frac{-\beta_1\theta\upsilon}{\xi}+\omega\right)+\lambda_2\upsilon \tag{4.5.25}$$

协态方程和控制方程分别为

$$\begin{aligned}\dot{\lambda}_1&=-\frac{\partial H_E}{\partial\theta}\\&=-\frac{\upsilon}{\xi}+\frac{(1+\beta_2\xi)\left(\theta^2-1\right)}{\beta_1\theta^2}+\lambda_1\\&\quad\times\left\{(1+\beta_2\xi)+\frac{\beta_1\upsilon}{\xi}+\frac{\alpha_0\beta_3(\theta+h')}{\beta_4\theta^2\delta}\left(\frac{-\xi+\psi}{\theta}-\frac{\beta_4\beta_5\xi\delta}{2\psi}\right)\exp\left[\frac{-\alpha_0(\psi-\xi)}{\beta_4\theta\delta}\right]\right\}\end{aligned} \tag{4.5.26}$$

$$\begin{aligned}\dot{\lambda}_2&=-\frac{\partial H_E}{\partial\xi}\\&=\frac{\beta_2}{\beta_1}\left(1-\frac{1}{\theta}\right)(\theta-1)+\frac{\upsilon\theta}{\xi^2}-\lambda_1\\&\quad\times\left\{\beta_2(1-\theta)+\frac{\beta_1\upsilon\theta}{\xi^2}+\frac{\alpha_0\beta_3}{\beta_4\theta\delta}\left(-1+\frac{2\xi+\beta_4\beta_5\theta\delta}{2\psi}\right)\exp\left[\frac{-\alpha_0(\psi-\xi)}{\beta_4\theta\delta}\right]\right\}\end{aligned} \tag{4.5.27}$$

$$\upsilon=\frac{-1}{4\beta_6\xi}(\beta_1\lambda_1\theta-\lambda_2\xi-\theta) \tag{4.5.28}$$

联立式(4.5.3)、式(4.5.5)和式(4.5.26)~式(4.5.28)，通过数值计算，可以确定牛顿传热规律下双分子光驱动发动机的最大生态学时活塞运动最优路径。

4.5.4　数值算例与讨论

本节将给出线性唯象和牛顿传热规律下，双分子光驱动发动机最大生态学路径的数值算例，将所得结果与最大输出功路径和最小熵产生路径进行比较，并进一步将两种特殊传热规律下的结果进行比较。为了分析方便，以 $\overline{E}_{\mathrm{C}}=\max$ 表示最大生态学下的优化结果，以 $\overline{W}_{\mathrm{net}}=\max$ 表示最大输出功下的优化结果，以 $\Delta\overline{S}_{\mathrm{irr}}=\min$ 表示最小熵产生下的优化结果。本数值算例的参数值同表 4.7。

4.5.4.1　线性唯象传热规律下的数值算例

表 4.9 列出了线性唯象传热规律三种优化目标下循环各个冲程过程量的数值计算结果。$\overline{W}_{\mathrm{net}}=\max$ 时，与 $\Delta\overline{S}_{\mathrm{irr}}=\min$ 时相比，循环输出功 $\overline{W}_{\mathrm{net}}$ 增加了 0.0120，

循环熵产生 $\Delta\bar{S}_{irr}$ 也增加了 0.0071。$\bar{E}_C = \max$ 时，与 $\bar{W}_{net} = \max$ 时相比，循环输出功 $\bar{W}_{net}$ 减小了 0.0021，而循环熵产生 $\Delta\bar{S}_{irr}$ 大幅减小了 0.0056；与 $\Delta\bar{S}_{irr} = \min$ 时相比，循环输出功 $\bar{W}_{net}$ 大幅增加了 0.0099，而循环熵产生 $\Delta\bar{S}_{irr}$ 仅增加了 0.0015。由此可知，以生态学函数最大为目标时，以一定的循环输出功为代价，较大地降低了循环熵产生，生态学目标函数反映了循环输出功和循环熵产生之间的最佳折中。由表 4.9 还可以看出，三种最优构型下均有 $\bar{E}_C < 0$，这意味着循环功率要小于循环㶲损失率。循环㶲损失主要是由于热漏和摩擦这两种不可逆性造成的，减小热漏和摩擦损失可以有效控制循环㶲损失，一旦这两种不可逆性造成的㶲损失控制到较小的范围，光驱动发动机的生态学函数就可以为正数。

图 4.34 给出了线性唯象传热规律三种优化目标下循环活塞运动速度随时间最优变化规律。在 $\tau = 0.5$ 时刻，活塞运动速度出现了不连续性。由于没有考虑活塞加速度的约束，可以认为此时的活塞加速度为无穷大，从而实现活塞速度在 $\tau = 0.5$ 时刻的突变。$\bar{W}_{net} = \max$ 时的活塞速度在 $\tau = 0.5$ 时刻的突变十分明显，为 $\Delta\upsilon = 3.186$。$\Delta\bar{S}_{irr} = \min$ 时的活塞速度在 $\tau = 0.5$ 时刻的突变较小，仅为 $\Delta\upsilon = 0.778$。$\bar{E}_C = \max$ 时的活塞速度在 $\tau = 0.5$ 时刻的突变介于 $\bar{W}_{net} = \max$ 和 $\Delta\bar{S}_{irr} = \min$ 控制策略之间，为 $\Delta\upsilon = 1.891$。$\bar{W}_{net} = \max$ 时，$\tau = 0$ 时刻活塞运动速度 $\upsilon = 2.241$，并且在每个冲程内活塞速度的时间曲线均为类抛物线型，即膨胀冲程存在一个最大活塞速度点，压缩冲程存在一个最小活塞速度点。$\Delta\bar{S}_{irr} = \min$ 时，$\tau = 0$ 时刻活塞运动速度 $\upsilon = 7.105$，并且膨胀冲程活塞速度是单调减小的，而压缩冲程的 υ-τ 曲线存在两个极值点。$\bar{E}_C = \max$ 时，$\tau = 0$ 时刻活塞运动速度 $\upsilon = 4.904$，并且活塞速度曲线位于 $\bar{W}_{net} = \max$ 和 $\Delta\bar{S}_{irr} = \min$ 时的曲线之间。从曲线形状上看，$\bar{E}_C = \max$ 时的活塞速度曲线与 $\bar{W}_{net} = \max$ 时的曲线相似，在每个冲程内活塞速度的时间曲线均为类抛物线型。

表 4.9　线性唯象传热规律三种优化目标下循环的计算结果

目　标	冲　程	$\bar{W}_{net}$	$\Delta\bar{S}_{irr}$	$\bar{E}_C$
$\bar{W}_{net} = \max$	膨　胀	0.9902	0.1149	−0.9596
	压　缩	−0.9645	0.0873	
	总　计	0.0257	0.2022	
$\Delta\bar{S}_{irr} = \min$	膨　胀	0.9811	0.1100	−0.9482
	压　缩	−0.9674	0.0851	
	总　计	0.0137	0.1951	
$\bar{E}_C = \max$	膨　胀	0.9875	0.1110	−0.9360
	压　缩	−0.9639	0.0856	
	总　计	0.0236	0.1966	

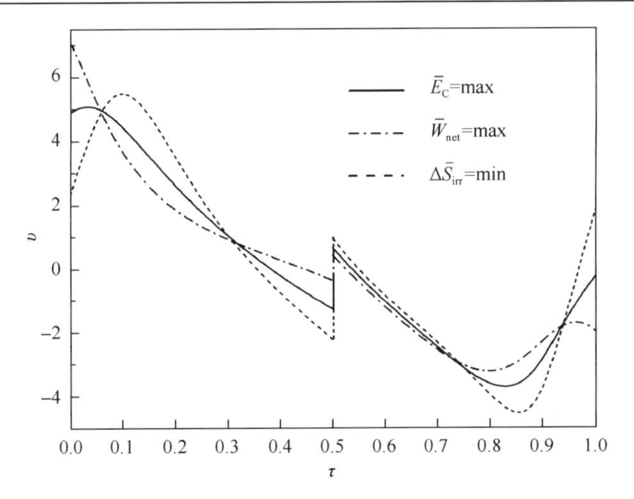

图 4.34　线性唯象传热规律三种优化目标下循环活塞运动速度随时间最优变化规律

图 4.35 给出了线性唯象传热规律三种优化目标下循环活塞位移随时间最优变化规律。$\overline{W}_{net}=\max$ 时，膨胀冲程末期存在轻微的压缩，压缩冲程初期和末期存在轻微的膨胀。$\Delta\overline{S}_{irr}=\min$ 和 $\overline{E}_C=\max$ 时，膨胀冲程末期存在轻微的压缩，压缩冲程初期存在轻微的膨胀。另外，在膨胀冲程初期和压缩冲程末期，$\overline{W}_{net}=\max$ 时的活塞位移小于 $\Delta\overline{S}_{irr}=\min$，而循环的其他时间，$\overline{W}_{net}=\max$ 时的活塞位移大于 $\Delta\overline{S}_{irr}=\min$。$\overline{E}_C=\max$ 时的活塞位移曲线始终位于 $\overline{W}_{net}=\max$ 和 $\Delta\overline{S}_{irr}=\min$ 时的曲线之间。

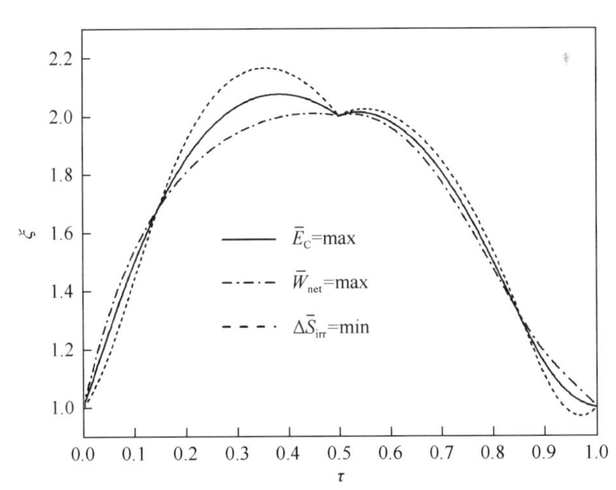

图 4.35　线性唯象传热规律三种优化目标下循环活塞位移随时间最优变化规律

图 4.36 给出了线性唯象传热规律三种优化目标下循环工质温度随时间最优变

化规律。$\overline{W}_{\text{net}}=\max$ 时，膨胀冲程，工质温度随时间先逐渐降低，由于膨胀冲程末期存在轻微的压缩，工质温度在膨胀冲程末期有轻微的升高；压缩冲程，由于初期和末期存在轻微的膨胀，工质温度相应有轻微的降低。$\Delta\overline{S}_{\text{irr}}=\min$ 时，膨胀冲程工质温度单调降低；由于压缩冲程初期存在轻微的膨胀，工质温度相应轻微地降低。$\overline{E}_{\text{C}}=\max$ 时的工质温度曲线始终位于 $\overline{W}_{\text{net}}=\max$ 和 $\Delta\overline{S}_{\text{irr}}=\min$ 时的曲线之间。

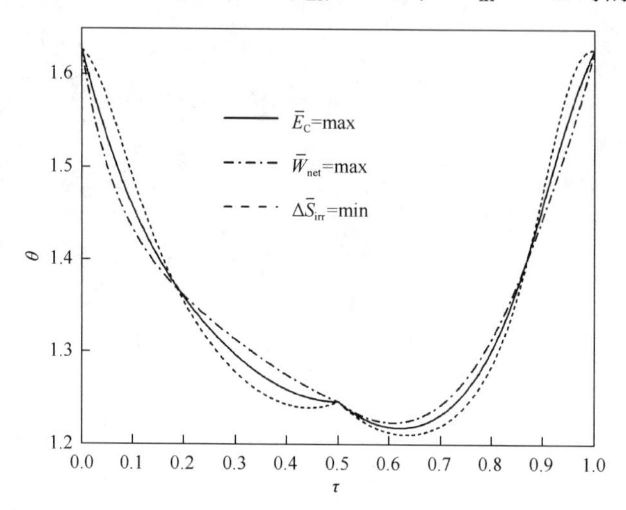

图 4.36　线性唯象传热规律三种优化目标下循环工质温度随时间最优变化规律

4.5.4.2　牛顿传热规律下的数值算例

表 4.10 列出了牛顿传热规律三种优化目标下循环各个冲程过程量的数值计算结果。如表 4.10 所示，$\overline{W}_{\text{net}}=\max$ 时，与 $\Delta\overline{S}_{\text{irr}}=\min$ 时相比，循环输出功 $\overline{W}_{\text{net}}$ 增加了 0.0421，循环熵产生 $\Delta\overline{S}_{\text{irr}}$ 也增加了 0.0313。$\overline{E}_{\text{C}}=\max$ 时，与 $\overline{W}_{\text{net}}=\max$ 时相比，循环输出功 $\overline{W}_{\text{net}}$ 减小了 0.0194，而循环熵产生 $\Delta\overline{S}_{\text{irr}}$ 大幅减小了 0.0277；与 $\Delta\overline{S}_{\text{irr}}=\min$ 时相比，循环输出功 $\overline{W}_{\text{net}}$ 大幅增加了 0.0227，而循环熵产生 $\Delta\overline{S}_{\text{irr}}$ 仅增加了 0.0036。由此可知，以生态学函数最大为目标时，以一定的循环输出功为代价，较大地降低了循环熵产生，生态学目标函数反映了循环输出功和循环熵产生之间的最佳折中。由表 4.10 还可以看出，三种最优构型下均有 $\overline{E}_{\text{C}}<0$，这意味着循环功率要小于循环㶲损失率。

图 4.37 给出了牛顿传热规律三种优化目标下循环活塞运动速度随时间最优变化规律。在 $\tau=0.5$ 时刻，活塞运动速度出现了不连续性。由于没有考虑活塞加速度的约束，可以认为此时的活塞加速度为无穷大，从而实现活塞速度在 $\tau=0.5$ 时刻的突变。$\overline{W}_{\text{net}}=\max$ 时的活塞速度在 $\tau=0.5$ 时刻的突变仅为 $\Delta\upsilon=0.071$，此时

活塞运动速度的不连续性可以忽略。$\Delta\overline{S}_{\text{irr}}=\min$ 时的活塞速度在 $\tau=0.5$ 时刻的突变非常明显，为 $\Delta\upsilon=4.048$。$\overline{E}_{\text{C}}=\max$ 时的活塞速度在 $\tau=0.5$ 时刻的突变介于 $\overline{W}_{\text{net}}=\max$ 和 $\Delta\overline{S}_{\text{irr}}=\min$ 控制策略之间，为 $\Delta\upsilon=2.221$。$\overline{W}_{\text{net}}=\max$ 时，$\tau=0$ 时刻活塞运动速度 $\upsilon=-0.802$，且在膨胀冲程末期，活塞运动速度为负值，这表明 $\overline{W}_{\text{net}}=\max$ 时膨胀冲程的初期和末期均存在轻微的压缩过程。在压缩冲程的末期，活塞运动速度为正值，这表明 $\overline{W}_{\text{net}}=\max$ 时的压缩冲程的末期存在一定程度的膨胀过程。$\overline{W}_{\text{net}}=\max$ 时的活塞运动速度曲线近似于正弦曲线。$\Delta\overline{S}_{\text{irr}}=\min$ 时，$\tau=0$ 时刻活塞运动速度较大，为 $\upsilon=5.561$，且在膨胀与压缩冲程中，活塞运动速度各存在一个极大值点和极小值点。$\overline{E}_{\text{C}}=\max$ 时，$\tau=0$ 时刻活塞运动速度 $\upsilon=3.035$，并且活塞速度曲线位于 $\overline{W}_{\text{net}}=\max$ 和 $\Delta\overline{S}_{\text{irr}}=\min$ 时的曲线之间。从曲线形状上看，$\overline{E}_{\text{C}}=\max$ 时的活塞速度曲线与 $\Delta\overline{S}_{\text{irr}}=\min$ 时的曲线相似，均在膨胀与压缩冲程中存在一个极大值点和极小值点。

表 4.10 牛顿传热规律三种优化目标下循环的计算结果

目 标	冲 程	$\overline{W}_{\text{net}}$	$\Delta\overline{S}_{\text{irr}}$	$\overline{E}_{\text{C}}$
$\overline{W}_{\text{net}}=\max$	膨 胀	1.0122	0.1923	−1.6569
	压 缩	−0.9607	0.1596	
	总 计	0.0515	0.3519	
$\Delta\overline{S}_{\text{irr}}=\min$	膨 胀	0.9865	0.1738	−1.5839
	压 缩	−0.9771	0.1468	
	总 计	0.0094	0.3206	
$\overline{E}_{\text{C}}=\max$	膨 胀	1.0012	0.1761	−1.5568
	压 缩	−0.9691	0.1481	
	总 计	0.0321	0.3242	

图 4.38 给出了牛顿传热规律三种优化目标下循环活塞位移随时间最优变化规律。由图 4.38 可知，$\overline{W}_{\text{net}}=\max$ 时，在膨胀冲程的初期和末期存在轻微的压缩，在压缩冲程的末期，存在一定程度的膨胀。$\Delta\overline{S}_{\text{irr}}=\min$ 和 $\overline{E}_{\text{C}}=\max$ 时的活塞位移都是单调变化的，即膨胀冲程活塞位移单调增加，压缩冲程单调减小。膨胀冲程初期和压缩冲程末期，$\overline{W}_{\text{net}}=\max$ 时的活塞位移小于 $\Delta\overline{S}_{\text{irr}}=\min$ 时的位移，而膨胀冲程末期和压缩冲程初期，$\overline{W}_{\text{net}}=\max$ 时的活塞位移大于 $\Delta\overline{S}_{\text{irr}}=\min$ 时的位移。$\overline{E}_{\text{C}}=\max$ 时的活塞位移曲线始终位于 $\overline{W}_{\text{net}}=\max$ 和 $\Delta\overline{S}_{\text{irr}}=\min$ 时的曲线之间。

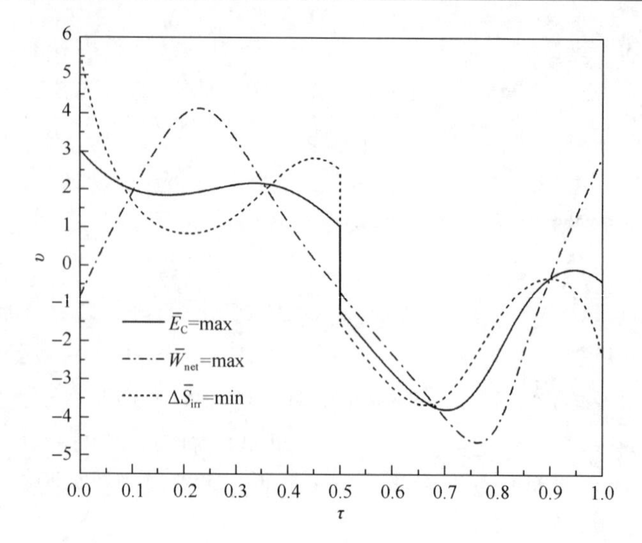

图 4.37 牛顿传热规律三种优化目标下循环活塞运动速度随时间最优变化规律

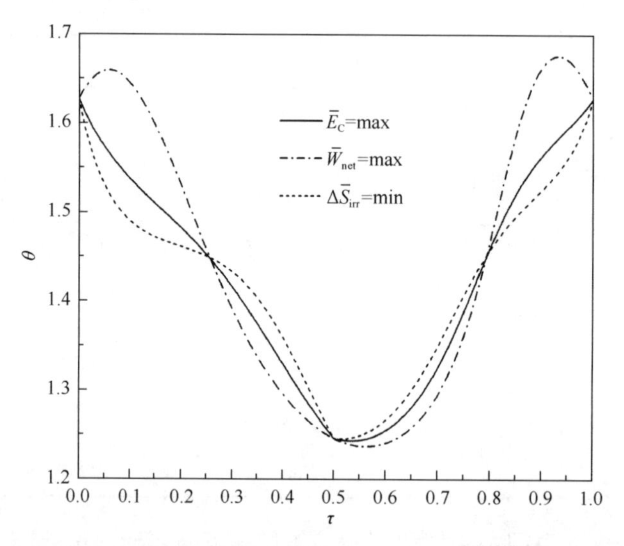

图 4.38 牛顿传热规律三种优化目标下循环活塞位移随时间最优变化规律

图 4.39 给出了牛顿传热规律三种优化目标下循环工质温度随时间最优变化规律。$\overline{W}_{\text{net}} = \max$ 时，由于膨胀冲程初期的轻微压缩，工质温度在膨胀冲程初期有一定程度的升高，然后温度逐渐降低。在压缩冲程的初期和末期工质温度有不同程度的降低，而在压缩冲程的大部分时间，工质温度是逐渐升高的。$\Delta\overline{S}_{\text{irr}} = \min$ 和 $\overline{E}_{\text{C}} = \max$ 时，工质温度都是单调变化的，即膨胀冲程工质温度逐渐降低，压缩冲程工质温度逐渐升高。膨胀冲程初期和压缩冲程末期，$\overline{W}_{\text{net}} = \max$ 时工质温度高于 $\Delta\overline{S}_{\text{irr}} = \min$ ，而膨胀冲程末期和压缩冲程初期，$\overline{W}_{\text{net}} = \max$ 时工质温度低于

$\Delta\overline{S}_{\mathrm{irr}}=\min$ 。$\overline{E}_{\mathrm{C}}=\max$ 时的工质温度曲线始终位于 $\overline{W}_{\mathrm{net}}=\max$ 和 $\Delta\overline{S}_{\mathrm{irr}}=\min$ 时的曲线之间。

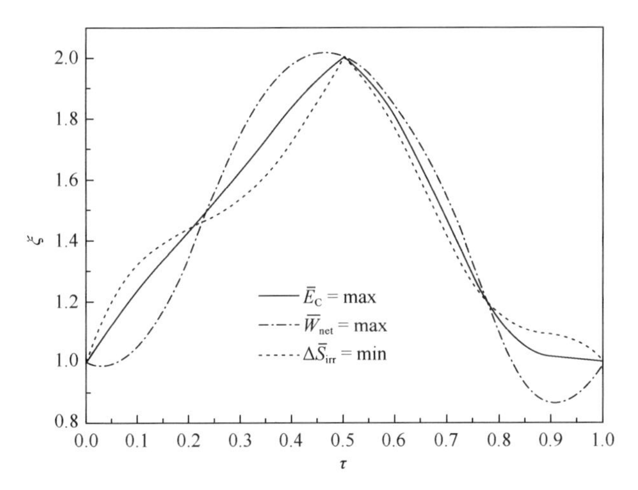

图 4.39　牛顿传热规律三种优化目标下循环工质温度随时间最优变化规律

4.5.4.3　两种特殊传热规律下最大生态学最优路径的比较

对比表 4.9 和表 4.10 可知，牛顿传热规律下 $\overline{E}_{\mathrm{C}}=\max$ 时，循环输出功和循环熵产生分别为 $\overline{W}_{\mathrm{net}}=0.0321$ 和 $\Delta\overline{S}_{\mathrm{irr}}=0.3242$ ，与线性唯象传热规律下 $\overline{E}_{\mathrm{C}}=\max$ 时的结果相比，分别增加了 0.0085 和 0.1276 。还可以看出，虽然牛顿和线性唯象传热规律时生态学函数 $\overline{E}_{\mathrm{C}}$ 均为负值，但线性唯象传热规律时 $\overline{E}_{\mathrm{C}}$ 值较大，与牛顿传热规律时相比增加了 0.6208 。

图 4.40 给出了两种特殊传热规律下 $\overline{E}_{\mathrm{C}}=\max$ 时活塞速度随时间最优变化规律。由图可知，线性唯象传热规律下，$\tau=0$ 时刻的活塞速度为 $\upsilon=4.904$ ，与牛顿传热规律下的结果相比增加了 61.6%。牛顿传热规律下，活塞速度在膨胀冲程始终为正，在压缩冲程始终为负。线性唯象传热规律下，膨胀冲程末期，活塞速度为负，这表明膨胀冲程末期存在一定程度的压缩，而在压缩冲程初期，活塞速度为正，这表明压缩冲程初期存在轻微的膨胀。

图 4.41 给出了两种特殊传热规律下 $\overline{E}_{\mathrm{C}}=\max$ 时活塞位移随时间最优变化规律。由图可知，牛顿传热规律下，活塞位移是单调变化的：膨胀冲程活塞位移逐渐增加，压缩冲程活塞位移逐渐减小。线性唯象传热规律下，在膨胀冲程末期，存在轻微的压缩，而在压缩冲程初期，存在轻微的膨胀。另外，线性唯象传热规律下的活塞位移始终大于牛顿传热规律下的活塞位移。

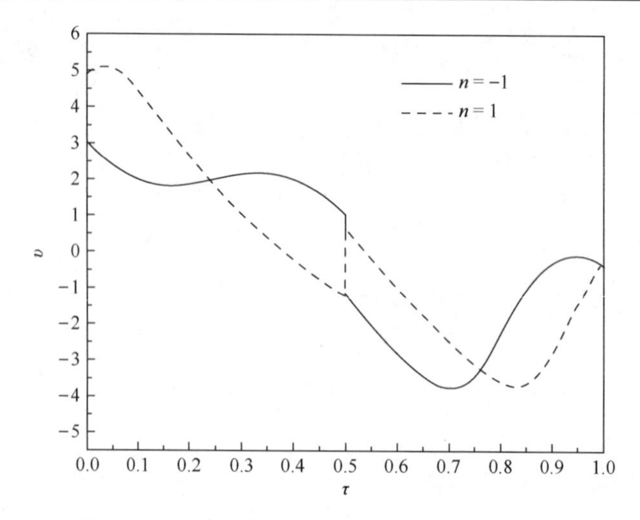

图 4.40　两种特殊传热规律最大生态学目标下活塞速度随时间最优变化规律

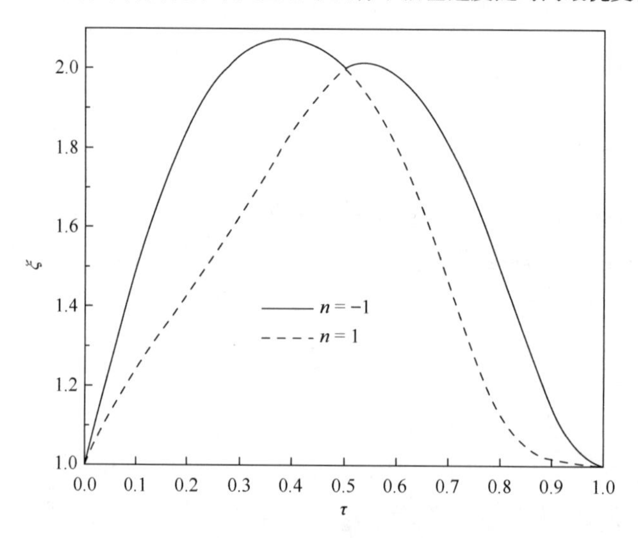

图 4.41　两种特殊传热规律最大生态学目标下活塞位移随时间最优变化规律

图 4.42 给出了两种特殊传热规律下 $\overline{E}_{\mathrm{C}} = \max$ 时工质温度随时间最优变化规律。由图可知，两种传热规律下工质温度随时间的变化趋势相似：膨胀冲程工质温度单调降低，压缩冲程工质温度先一定程度地降低，然后迅速升高。尽管如此，工质温度曲线仍然区别十分明显：膨胀冲程，牛顿传热规律下的曲线为上凸的，而线性唯象传热规律下的曲线是下凹的；压缩冲程的初始阶段，线性唯象传热规律下工质温度降低幅度更大，而且持续的时间更长。线性唯象传热规律下的工质温度始终低于牛顿传热规律下的工质温度。

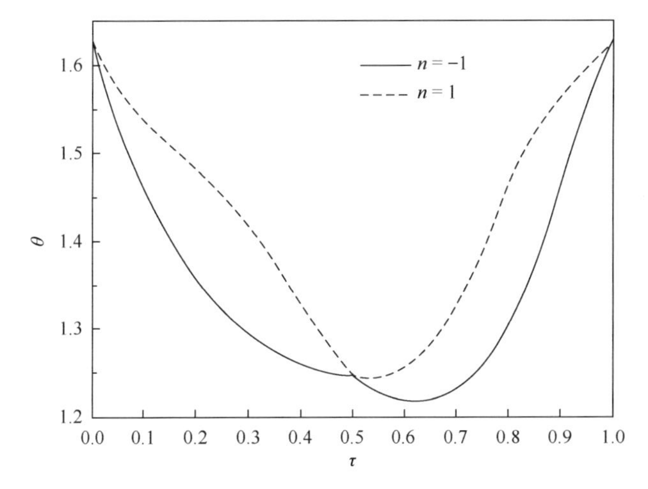

图 4.42　两种特殊传热规律最大生态学目标下工质温度随时间最优变化规律

4.6　本 章 小 结

本章首先基于一类存在热漏、摩擦等不可逆性，以 $[A] \rightleftharpoons [B]$ 型化学反应系统为工质的光驱动发动机模型，在广义辐射传热规律[$q \propto \Delta(T^n)$]下，分别以循环输出功最大和循环熵产生最小为目标进行优化，给出了线性唯象、牛顿和辐射传热规律下的数值算例，并将三种特殊传热规律下的优化结果进行了比较；进一步基于一类存在热漏、摩擦等不可逆性，以 $2SO_3F \rightleftharpoons S_2O_6F_2$ 型双分子反应系统为工质的光驱动发动机模型，在线性唯象传热规律[$q \propto \Delta(T^{-1})$]下，分别以循环输出功最大和循环熵产生最小为目标进行优化，给出了数值算例，并将结果与牛顿传热规律[$q \propto \Delta(T)$]下的结果[481]进行了比较；最后针对上述两类光驱动发动机模型，引入生态学性能指标，在广义辐射传热规律下对其进行了优化，并将优化结果与最大输出功路径和最小熵产生路径下的结果进行了比较，讨论了传热规律的影响。本章主要结论如下。

(1) 对于广义辐射传热规律以化学反应系统 $[A] \rightleftharpoons [B]$ 为工质的光驱动发动机，在 $\tau = 1$ 时刻，即循环由膨胀冲程变为压缩冲程的时刻，循环输出功最大和熵产生最小两种最优控制循环的活塞运动速度均出现了不连续性。

(2) 传热规律对以 $[A] \rightleftharpoons [B]$ 型化学反应系统为工质的光驱动发动机最优构型的主要影响在于：$n = -1$ 和 $n = 1$ 时，$\overline{W}_{\rm net} = \max$ 时吸收的辐射能 $\overline{Q}_{\rm R}$ 较大，因此输出功 $\overline{W}_{\rm net}$ 较大，而 $n = 4$ 时，$\overline{W}_{\rm net} = \max$ 时吸收的辐射能 $\overline{Q}_{\rm R}$ 与 $\Delta\overline{S}_{\rm irr} = \min$ 时

的结果相比，仅仅增加了6.38%，因此两种优化目标下的输出功$\overline{W}_{\text{net}}$相差不大；$n=-1$和$n=1$时，光驱动发动机在两种优化目标下，在膨胀冲程中发动机可以吸收更多的辐射能$\overline{Q}_{\text{R}}$，而$n=4$时，两种优化目标下，在压缩冲程中发动机可以吸收更多的辐射能$\overline{Q}_{\text{R}}$；$n=-1$和$n=1$时，$\overline{W}_{\text{net}}=\max$时的循环熵产生$\Delta\overline{S}_{\text{irr}}$主要是由热漏引起的，$\Delta\overline{S}_{\text{irr}}=\min$时的循环熵产生$\Delta\overline{S}_{\text{irr}}$主要是由摩擦引起的，而$n=4$时，两种优化目标下循环熵产生$\Delta\overline{S}_{\text{irr}}$主要都是由热漏引起的；$n=-1$和$n=1$时，光驱动发动机在两种优化目标下，膨胀冲程工质均对环境放热，而压缩冲程工质均从环境吸热，而$n=4$时，光驱动发动机在两种优化目标下，都是在膨胀冲程从环境吸热，压缩冲程对环境放热，并且总的循环热漏损失$\overline{Q}_{\text{L}}$均为负值；$n=-1$和$n=1$时，$\Delta\overline{S}_{\text{irr}}=\min$下的活塞速度的最优构型几乎重叠，并且在膨胀冲程活塞速度始终为正，而压缩冲程活塞速度始终为负；而$n=4$时，活塞速度的最优构型与$n=-1$和$n=1$时完全不同，并且在膨胀冲程末期活塞速度为负值，这表明此时存在压缩过程，而压缩冲程末期活塞速度为正值，这表明此时存在膨胀过程。

(3)对于广义辐射传热规律$2SO_3F \rightleftharpoons S_2O_6F_2$型光驱动发动机，在牛顿和线性唯象传热规律下，热漏造成的损失是摩擦造成的损失的3~5倍。因此，与降低摩擦损失相比，减少热漏损失有可能更好地改善发动机工作性能；牛顿传热规律下，$\overline{W}_{\text{net}}=\max$时得到的循环输出功$\overline{\text{W}}_{\text{net}}$和$\Delta\overline{S}_{\text{irr}}=\min$时得到的循环熵产生$\Delta\overline{S}_{\text{irr}}$均大于线性唯象传热规律下得到的值，并且两种传热规律两种不同优化目标下，循环热漏损失均满足$\overline{Q}_{\text{L}}<0$，这意味着工质是从环境吸热的；在$\tau=0.5$时刻，即循环由膨胀冲程变为压缩冲程的时刻，活塞运动速度出现了不连续性。$\Delta\overline{S}_{\text{irr}}=\min$时，牛顿传热规律下的活塞速度在$\tau=0.5$时刻的突变更加明显，而$\overline{W}_{\text{net}}=\max$时，线性唯象传热规律下的活塞速度在$\tau=0.5$时刻的突变更加明显；线性唯象传热规律下，$\overline{W}_{\text{net}}=\max$和$\Delta\overline{S}_{\text{irr}}=\min$时，活塞位移的时间变化曲线在数值上明显大于牛顿传热规律下得到的曲线，而工质温度的时间变化曲线在数值上明显低于牛顿传热规律下得到的曲线。

(4)以生态学函数最大为目标时，以一定的循环输出功为代价，较大地降低了循环熵产生，生态学目标函数反映了循环输出功和循环熵产生之间的最佳折中。此外，最大生态学路径时，活塞速度、活塞位移和工质温度随时间的变化曲线均介于最大输出功路径和最小熵产生路径的曲线之间。

(5)三种特殊传热规律下$[A] \rightleftharpoons [B]$型光驱动发动机最大生态学路径的比较表明：虽然三种传热规律下的生态学函数$\overline{E}_{\text{C}}$均为负值，但随着传热指数n的增加，循环输出功$\overline{W}_{\text{net}}$和生态学函数$\overline{E}_{\text{C}}$逐渐减小，而循环熵产生$\Delta\overline{S}_{\text{irr}}$逐渐增大；$n=-1$和$n=1$时，膨胀冲程所做的功大于压缩冲程消耗的功，因此总的输出功$\overline{W}_{\text{net}}$为正值，

而 $n=4$ 时，膨胀冲程所做的功小于压缩冲程消耗的功，因此总的输出功 $\bar{W}_{net}$ 为负值；$n=-1$ 和 $n=1$ 时的循环熵产生 $\Delta\bar{S}_{irr}$ 较小，而 $n=4$ 时的循环熵产生 $\Delta\bar{S}_{irr}$ 较大。

(6) 两种特殊传热规律下双分子光驱动发动机最大生态学时的优化结果比较表明：与牛顿传热规律下的结果相比，线性唯象传热规律下的循环输出功和循环熵产生较大，并且虽然牛顿和线性唯象传热规律时生态学函数 $\bar{E}_C$ 均为负值，但线性唯象传热规律时 $\bar{E}_C$ 值较大；线性唯象传热规律下，从曲线形状上看，最大生态学路径时的活塞速度曲线与最大输出功路径时的曲线相似，在每个冲程内活塞速度的时间曲线均为类抛物线型，牛顿传热规律下，从曲线形状上看，最大生态学路径时的活塞速度曲线与最小熵产生路径时的曲线相似，均在膨胀与压缩冲程中存在一个极大值点和极小值点；线性唯象传热规律下的活塞位移始终大于牛顿传热规律下的活塞位移，而工质温度始终低于牛顿传热规律下的工质温度。

(7) 传热规律对光驱动发动机输出功最大和熵产生最小时的活塞运动最优构型有很大的影响，十分有必要进行研究；将生态学性能指标引入两类光驱动发动机活塞运动最优构型研究中，得到的活塞运动最优构型不同于以输出功最大和熵产生最小为优化目标时的优化结果。上述研究结果丰富与完善了有限时间热力学理论。

第5章 贸易过程和商业机循环动态优化

5.1 引 言

温度差ΔT产生热流q，价格差ΔP产生商品流n，热力学中描述热力系统所处状态的物理量包括广延量(如质量、体积、内能、熵等)和强度量(如温度、压力、化学势等)，同样经济学中描述经济系统所处状态的物理量也包括广延量(如劳动力、资本、商品数量)和强度量(如价格)，因此可以将经济学与热力学进行类比研究。

文献[117]、[119]、[121]、[125]、[129]、[154]、[494]、[495]、[497]、[503]、[504]研究了线性传输规律[$n \propto \Delta(P)$]下贸易过程资本耗散最小化，以及两无限经济库定常流商业机和往复式商业机运行(类似于无限热容热源下的定常流热机和往复式热机)的最大利润优化。de Vos[500-502]研究了内可逆热机、化学机和商业机之间的类比关系，并基于一类普适传输规律[$n \propto \Delta(P^m)$]，式中m为与贸易过程供需价格弹性有关的常数，研究了两无限经济库内可逆商业机的最优性能。Tsirlin和Kazakov[504]、Tsirslin[505]研究了线性传输规律[$n \propto \Delta(P)$]下有限容量经济库商业机最大利润时循环最优构型以及一类复杂结构下经济系统的最大利润优化。本章将研究$n \propto \Delta(P^m)$传输规律下有限容量低价经济库内可逆商业机和多无限容量经济库内可逆商业机最大利润的最优构型。

5.2 有限低价经济库内可逆商业机最大利润输出

5.2.1 物理模型

考虑如图 5.1 所示工作在有限容量低价经济库下的内可逆商业机(或称企业)模型[504, 505]，其中包括两种流即商品流和货币流，商品由价格低处向价格高处流动，货币流则与商品流的方向相反。有限容量低价经济库的商品估价为P_1，其经济容量为C，并满足关系式$C\mathrm{d}P_1/\mathrm{d}t = -\mathrm{d}N_1/\mathrm{d}t$，初始时刻$t=0$，有商品估价为$P_1(0)=P_{10}$；无限容量高价经济库的商品估价为$P_2$。商业机对应于低、高价经济库实际交易价格分别为$P_{1'}$和$P_{2'}$，满足条件$P_1 < P_{1'} < P_{2'} < P_2$。考虑商业机低、高价侧商品流服从$n \propto \Delta(P^m)$传输规律，得

$$n_1(P_1,P_{1'})=\alpha_1(P_{1'}^{m_1}-P_1^{m_1}),\quad n_2(P_{2'},P_2)=\alpha_2(P_2^{m_2}-P_{2'}^{m_2}) \tag{5.2.1}$$

式中，$n_1(P_1,P_{1'})$ 和 $n_2(P_{2'},P_2)$ 分别为商业机低、高价格侧的商品流率；$\alpha_1(t)$ 和 $\alpha_2(t)$ 分别为相应侧传输系数；m_1 和 m_2 为与供需价格弹性相关的常数，为分析方便，考虑 $m_1=m_2=m$。

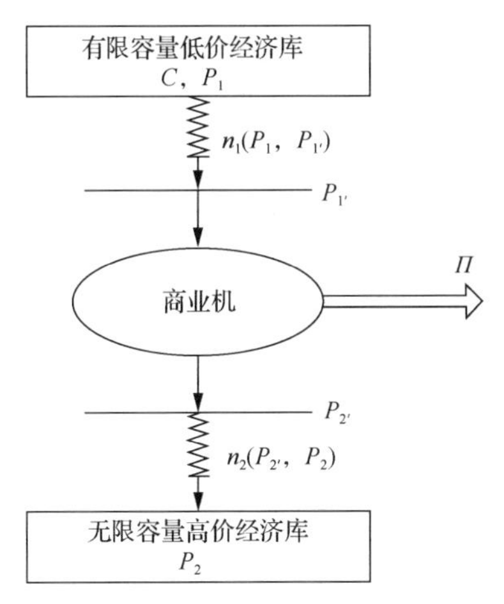

图 5.1　有限容量低价经济库内可逆商业机模型

商业机一个循环从低价经济库购买的商品量和向高价经济库售出的商品量分别为 ΔN_1 和 ΔN_2，循环的周期为 τ，则有

$$\Delta N_1=\int_0^\tau n_1(P_1,P_{1'})\mathrm{d}t=\int_0^\tau \alpha_1(t)[P_{1'}^m(t)-P_1^m(t)]\mathrm{d}t \tag{5.2.2}$$

$$\Delta N_2=\int_0^\tau n_2(P_{2'},P_2)\mathrm{d}t=\int_0^\tau \alpha_2(t)[P_2^m-P_{2'}^m(t)]\mathrm{d}t \tag{5.2.3}$$

当 $t=0$ 时，商业机从有限容量低价经济库购买商品，在 $t=t_1$（$0<t_1<\tau$）时，商业机向无限容量高价经济库出售商品，因此有如下关系：

$$\alpha_1(t)=\begin{cases}\alpha_1, & 0\leqslant t\leqslant t_1\\ 0, & t_1\leqslant t\leqslant \tau\end{cases},\quad \alpha_2(t)=\begin{cases}0, & 0\leqslant t\leqslant t_1\\ \alpha_2, & t_1\leqslant t\leqslant \tau\end{cases} \tag{5.2.4}$$

式中，α_1 和 α_2 为常数。考虑整个循环商业机内部无商品累积，即 $\Delta N_1=\Delta N_2=\Delta N$，有

$$\int_0^\tau n_1(P_1,P_{1'})\mathrm{d}t-\int_0^\tau n_2(P_{2'},P_2)\,\mathrm{d}t=0 \tag{5.2.5}$$

对于低价经济库，由 $C\mathrm{d}P_1/\mathrm{d}t=-\mathrm{d}N_1/\mathrm{d}t$ 进一步得

$$C\mathrm{d}P_1/\mathrm{d}t=\alpha_1(P_{1'}^m-P_1^m) \tag{5.2.6}$$

一个循环商业机所获利润 Π 为

$$\Pi=\int_0^\tau[P_{2'}(t)n_2(P_{2'},P_2)-P_{1'}(t)n_1(P_1,P_{1'})]\mathrm{d}t \tag{5.2.7}$$

5.2.2 优化方法

现在的问题是求固定周期 τ 内商业机循环所能获得的最大利润及其最优构型，即在式(5.2.5)和式(5.2.6)的约束下求式(5.2.7)中 Π 的最大值及相应价格 $P_1(t)$、$P_{1'}(t)$ 和 $P_{2'}(t)$ 的最佳时间路径。将此最优控制问题转化为一类平均最优控制问题，从而简化问题的求解过程，本问题可分为两个子问题。

(1) 当 $0\leqslant t\leqslant t_1$ 时，在如下约束条件

$$\int_0^{t_1}\alpha_1(P_{1'}^m-P_1^m)\mathrm{d}t=\Delta N_1 \tag{5.2.8}$$

$$\mathrm{d}P_1/\mathrm{d}t=\alpha_1(P_{1'}^m-P_1^m)/C \tag{5.2.9}$$

下求如式(5.2.10)所示目标函数的最大值：

$$\max\ \ \Pi^-=\int_0^{t_1}-\alpha_1(P_{1'}^m-P_1^m)P_{1'}\mathrm{d}t \tag{5.2.10}$$

(2) 当 $t_1\leqslant t\leqslant\tau$ 时，在如下约束条件

$$\int_{t_1}^{\tau}\alpha_2(P_2^m-P_{2'}^m)\mathrm{d}t=\Delta N_2 \tag{5.2.11}$$

下求如式(5.2.12)所示目标函数的最大值：

$$\max\ \ \Pi^+=\int_{t_1}^{\tau}\alpha_2(P_2^m-P_{2'}^m)P_{2'}\mathrm{d}t \tag{5.2.12}$$

对于(1)，式(5.2.9)可进一步变为

$$\int_{P_{10}}^{P_1(t_1)}\frac{C}{\alpha_1(P_{1'}^m-P_1^m)}\mathrm{d}P_1=t_1 \tag{5.2.13}$$

将式(5.2.9)分别代入式(5.2.8)和式(5.2.10)得

$$\int_{P_{10}}^{P_1(t_1)} C\mathrm{d}P_1 = \Delta N_1 \tag{5.2.14}$$

$$\max \quad \Pi^- = \int_{P_{10}}^{P_1(t_1)} -CP_{1'}\mathrm{d}P_1 \tag{5.2.15}$$

现在的问题为在式(5.2.13)和式(5.2.14)的约束下求式(5.2.15)中 Π^- 的最大值，建立变更的拉格朗日函数如下：

$$L_1 = C\left[-P_{1'} + \lambda_1 + \frac{\lambda_2}{\alpha_1(P_{1'}^m - P_1^m)}\right] \tag{5.2.16}$$

式中，λ_1 和 λ_2 为拉格朗日乘子，均为待定常数。由极值条件 $\partial L / \partial P_{1'} = 0$ 得

$$P_{1'}^m - P_1^m = aP_{1'}^{(m-1)/2} \tag{5.2.17}$$

式中，a 为积分常数。联立式(5.2.9)和式(5.2.17)得

$$\frac{\mathrm{d}P_{1'}}{\mathrm{d}t} = \frac{P_{1'}^{(m+1)/2}(P_{1'}^m - aP_{1'}^{(m-1)/2})^{(m-1)/m} ma\alpha_1 / C}{mP_{1'}^m - (m-1)aP_{1'}^{(m-1)/2} / 2} \tag{5.2.18}$$

对于(2)，优化问题为在式(5.2.11)的约束下求式(5.2.12)中 Π^+ 的最大值，建立变更的拉格朗日函数如下：

$$L_2 = \alpha_2(P_2^m - P_{2'}^m)(P_{2'} + \lambda_3) \tag{5.2.19}$$

式中，λ_3 为拉格朗日乘子，为待定常数。由极值条件 $\partial L_2 / \partial P_{2'} = 0$ 得

$$(m+1)P_{2'}^m + \lambda_3 mP_{2'}^{m-1} - P_2^m = 0 \tag{5.2.20}$$

式(5.2.17)、式(5.2.18)和式(5.2.20)确定了商业机循环利润最大时价格 $P_{1'}$ 和 $P_{2'}$ 最优构型，仅在极少数传输规律（$m=1$ 或 $m=-1$）下存在解析解，在其他传输规律下需要采用数值方法求解。

5.2.3 特例分析

5.2.3.1 有限容量低价经济库情形下的最优构型

与文献[498]和[499]对于广义辐射传热规律下经济贸易过程资本耗散最小化

一样，本节将分别导出 $m=1$、-1、2、3等四种特殊传输规律下的优化结果。

(1)若 $m=1$，即商品流率均服从线性传输规律[$n \propto \Delta P$]，由式(5.2.17)得

$$P_{1'} - P_1 = \text{const} \tag{5.2.21}$$

由式(5.2.21)可知，商业机低价侧的商品流率为常数。联立式(5.2.1)和式(5.2.6)得 P_1 和 $P_{1'}$ 最优构型为

$$P_1(t) = P_{10} + \Delta N t / (C t_1), \quad 0 \leqslant t \leqslant t_1 \tag{5.2.22}$$

$$P_{1'}(t) = P_{10} + \frac{\Delta N}{t_1}\left(\frac{t}{C} + \frac{1}{\alpha_1}\right), \quad 0 \leqslant t \leqslant t_1 \tag{5.2.23}$$

由式(5.2.20)可见 $P_{2'}$ 为常数，由式(5.2.3)得

$$P_{2'} = P_2 - \Delta N / [\alpha_2(\tau - t_1)], \quad t_1 \leqslant t \leqslant \tau \tag{5.2.24}$$

由式(5.2.21)~式(5.2.24)可见，线性传输规律[$n \propto \Delta P$]下商业机最大利润时的循环最优构型为[504, 505]：当商业机与有限容量低价经济库进行商品交换时，经济库商品估价与商业机商品购买价格均随时间呈线性规律变化且两者之差为常数；当商业机与无限容量高价经济库进行商品交换时，商业机出售商品价格为常数。将式(5.2.22)~式(5.2.24)代入式(5.2.7)得

$$\varPi = \Delta N(P_2 - P_{10}) - (\Delta N)^2\left[\frac{1}{\alpha_1 t_1} + \frac{1}{\alpha_2(\tau - t_1)} + \frac{1}{2C}\right] \tag{5.2.25}$$

由 $\partial \varPi / \partial t_1 = 0$ 得商业机与低价经济库进行商品交换的最佳时间 $t_{1,\text{opt}} = \sqrt{\alpha_2}\tau / (\sqrt{\alpha_1} + \sqrt{\alpha_2})$，将 $t_{1,\text{opt}}$ 代入式(5.2.25)得

$$\varPi = \Delta N(P_2 - P_{10}) - (\Delta N)^2\left[\frac{(\sqrt{\alpha_1} + \sqrt{\alpha_2})^2}{\tau \alpha_1 \alpha_2} + \frac{1}{2C}\right] \tag{5.2.26}$$

由 $\partial \varPi / \partial(\Delta N) = 0$，可进一步得最佳商品交换量 ΔN_{opt} 为

$$\Delta N_{\text{opt}} = \frac{(P_2 - P_{10})\tau}{\tau / C + 2(\sqrt{\alpha_1} + \sqrt{\alpha_2})^2 / (\alpha_1 \alpha_2)} \tag{5.2.27}$$

相应的最大利润 $\varPi_{\max}$ 为[504, 505]

$$\Pi_{\max} = \frac{(P_2 - P_{10})^2 \tau}{4(\sqrt{\alpha_1} + \sqrt{\alpha_2})^2 / (\alpha_1 \alpha_2) + 2\tau / C} \tag{5.2.28}$$

由式(5.2.6)可知，当低价经济库经济容量 C 为无限大时，$P_1 = P_{10}$，由式(5.2.28)得商业机循环最大利润为 $\Pi_{\max} = \alpha_1 \alpha_2 (P_2 - P_{10})^2 \tau / [4(\sqrt{\alpha_1} + \sqrt{\alpha_2})^2]$。

(2)若 $m = -1$，即商品流率均服从 $n \propto \Delta(P^{-1})$ 传输规律，$\alpha_1 < 0$ 和 $\alpha_2 < 0$，由式(5.2.17)得

$$P_1 / P_{1'} = a_{-1} \tag{5.2.29}$$

式中，a_{-1} 为积分常数。联立式(5.2.6)和式(5.2.29)得估价 $P_1(t)$ 为

$$P_1(t) = \sqrt{P_{10}^2 + 2\alpha_1 (a_{-1} - 1) t / C}, \quad 0 \leqslant t \leqslant t_1 \tag{5.2.30}$$

则商品交换量 ΔN 为

$$\Delta N = \frac{C}{2a_{-1}} \{P_{10}^3 - [P_{10}^3 + 2\alpha_1 (a_{-1} - 1) t_1 / C]^{3/2}\} \tag{5.2.31}$$

由式(5.2.20)可见 $P_{2'}$ 为常数，由式(5.2.3)得

$$P_{2'} = \alpha_2 P_2 (\tau - t_1) / [\alpha_2 (\tau - t_1) - P_2 \Delta N], \quad t_1 \leqslant t \leqslant \tau \tag{5.2.32}$$

由式(5.2.29)、式(5.2.30)和式(5.2.32)可见，$n \propto \Delta(P^{-1})$ 传输规律下商业机最大利润时的循环最优构型为：当商业机与有限容量低价经济库进行商品交换时，经济库商品估价与商业机商品购买价格均随时间呈非线性变化且两者之比为常数；当商业机与无限容量高价经济库进行商品交换时，商业机出售商品的价格为常数。将式(5.2.29)~式(5.2.32)代入式(5.2.7)得

$$\Pi = \alpha_2 P_2 \Delta N (\tau - t_1) / [\alpha_2 (\tau - t_1) - P_2 \Delta N] + (a_{-1} - 1) \alpha_1 t_1 / a_{-1} \tag{5.2.33}$$

式(5.2.33)、极值条件 $\partial \Pi / \partial t_1 = 0$ 和 $\partial \Pi / \partial a_{-1} = 0$ 不存在解析解，必须采用数值方法求解。

(3)若 $m = 2$，即商品流率均服从 $n \propto \Delta(P^2)$ 传输规律，式(5.2.17)和式(5.2.20)相应变为

$$P_{1'}^2 - P_1^2 = a P_{1'}^{1/2} \tag{5.2.34}$$

$$3P_{2'}^2 + 2\lambda_3 P_{2'} - P_2^2 = 0 \tag{5.2.35}$$

式(5.2.34)和式(5.2.35)不存在 $P_1(t)$、$P_{1'}(t)$ 和 $P_{2'}$ 的解析解，必须采用数值方法求解。

(4)若 $m = 3$，即商品流率均服从 $n \propto \Delta(P^3)$ 传输规律，式(5.2.17)和式(5.2.20)相应变为

$$P_{1'}^3 - P_1^3 = aP_{1'} \tag{5.2.36}$$

$$4P_{2'}^3 + 3\lambda_3 P_{2'}^2 - P_2^3 = 0 \tag{5.2.37}$$

式(5.2.36)和式(5.2.37)不存在 $P_1(t)$、$P_{1'}(t)$ 和 $P_{2'}$ 的解析解，必须采用数值方法求解。

5.2.3.2　无限容量低价经济库情形下的最优构型

当 $C \to \infty$ 时，即低价经济库商品估价 P_1 为常数，由式(5.2.17)可见，商业机与低价经济库商品交换时的价格 $P_{1'}$ 也为常数。式(5.2.2)和式(5.2.3)可变为

$$\Delta N_1 = \alpha_1 (P_{1'}^m - P_1^m) t_1, \quad \Delta N_2 = \alpha_2 (P_2^m - P_{2'}^m) t_2 \tag{5.2.38}$$

式中，$t_2 = \tau - t_1$，为商业机与高价经济库的接触时间。商业机循环的利润 Π 为

$$\Pi = \Delta N_1 (P_{2'} - P_{1'}) \tag{5.2.39}$$

令 $m_1 = m_2 = m$，定义商业机工作价格比 $x = P_{2'} / P_{1'}$ 和时间比 $\xi = t_1 / t_2$，由式(5.2.38)得 $P_{1'}$ 为

$$P_{1'} = \left(\frac{P_2^m + \alpha_1 \xi P_1^m / \alpha_2}{\alpha_1 \xi / \alpha_2 + x^m} \right)^{1/m} \tag{5.2.40}$$

将其代入式(5.2.39)得[458-460]

$$\Pi = \frac{\alpha_1 \xi \tau (x-1)[P_2^m - (P_1 x)^m](P_2^m + \alpha_1 \xi P_1^m / \alpha_2)^{1/m}}{(1+\xi)(\alpha_1 \xi / \alpha_2 + x^m)^{(m+1)/m}} \tag{5.2.41}$$

由 $\mathrm{d}\Pi / \mathrm{d}\xi = 0$ 得一定 x 值下商业机最佳时间比 ξ_Π 必须满足下式：

$$\begin{bmatrix}(P_2^m+\alpha_1\xi_{\varPi}P_1^m/\alpha_2)^{1/m}\\+\alpha_1\xi_{\varPi}P_1^m(P_2^m+\alpha_1\xi_{\varPi}P_1^m/\alpha_2)^{(1-m)/m}/(m\alpha_2)\end{bmatrix}(1+\xi_{\varPi})(\alpha_1\xi_{\varPi}/\alpha_2+x^m)^{(m+1)/m}$$
$$-\xi_{\varPi}(P_2^m+\alpha_1\xi_{\varPi}P_1^m/\alpha_2)^{1/m}\begin{bmatrix}(\alpha_1\xi_{\varPi}/\alpha_2+x^m)^{(m+1)/m}\\+\alpha_1(m+1)(1+\xi_{\varPi})(\alpha_1\xi_{\varPi}/\alpha_2+x^m)^{1/m}/(m\alpha_2)\end{bmatrix}=0 \tag{5.2.42}$$

由式(5.2.42)得时间比$\xi_{\varPi}$随价格比x的最优变化关系，将$\xi_{\varPi}$代入式(5.2.41)得商业机循环利润输出。

5.2.4　数值算例与讨论

优化问题仅在线性传输规律[$n\propto\Delta(P)$]，即$m=1$时存在解析解，对于其他传输规律需要采用数值方法进行计算，数值计算采用Matlab软件编程实现。具体计算方法为：①在时间$(0,\tau)$内取定一个时间t_1，然后在(P_{10},P_2)内取定一个$P_{1'}$；②在时间$(0,t_1)$内，联立式(5.2.17)和式(5.2.18)迭代计算$P_1(t)$和$P_{1'}(t)$的数值解，并数值积分计算此购买过程的商品交换量ΔN_1；③由关系式$\Delta N=\Delta N_1=\Delta N_2$，得到商业机出售商品的价格$P_{2'}$；④由式(5.2.7)数值积分计算该循环过程的商业机所获利润$\varPi$；⑤遍历所有的t_1和$P_{1'}$的可能取值，重复前面四个步骤，并比较所有计算结果，从中选出最大利润$\varPi_{\max}$下对应的情形即所求最优解。

计算时取$P_{10}=100\$/\text{kg}$，$P_2=1000\$/\text{kg}$，$\tau=10\text{d}$，为了使各种不同传输规律下的优化结果相比较，根据具体的传输规律对参数α取值。线性传输规律[$n\propto\Delta(P)$]下取$\alpha_1=\alpha_2=1\text{kg}^2/(\text{d}\cdot\$)$，$n\propto\Delta(P^{-1})$传输规律下取$\alpha_1=\alpha_2=-1\times10^6\$/\text{d}$，平方传输规律[$n\propto\Delta(P^2)$]下取$\alpha_1=\alpha_2=2\times10^{-3}\text{kg}^3/(\text{d}\cdot\$^2)$，立方传输规律[$n\propto\Delta(P^3)$]下取$\alpha_1=\alpha_2=5\times10^{-6}\text{kg}^4/(\text{d}\cdot\$^3)$，同时为分析经济容量$C$对商业机循环最优构型的影响，在不同的传输规律情形下C分别取$5\text{kg}^2/\$$、$10\text{kg}^2/\$$和$100\text{kg}^2/\$$。

5.2.4.1　线性传输规律[$n\propto\Delta(P)$]下的数值算例

图5.2和图5.3分别为线性传输规律下商业机最大利润时循环和低价经济库商品价格的最优构型。由图可见，商业机与有限容量低价经济库进行商品交换时，商业机的商品购买价格和低价经济库的商品估价均随时间呈线性增加变化，并且随着低价经济系统经济容量C的增加，直线的斜率均在减小；商业机在与无限容量高价经济库进行商品交换时，其出售价格为常数，并且随着参数C的增加，出售价格降低；由于给定$\alpha_1=\alpha_2$，商业机与低价经济库的最优商品交换时间$t_{1,\text{opt}}$为$\tau/2$，与参数C的变化无关。表5.1给出了各种传输规律下相应的数值计算结果。

由表可见，随着经济容量C的增加，线性传输规律商业机循环最优构型下商品交换量ΔN_{opt}增加，商业机所获最大利润Π_{max}也增加。

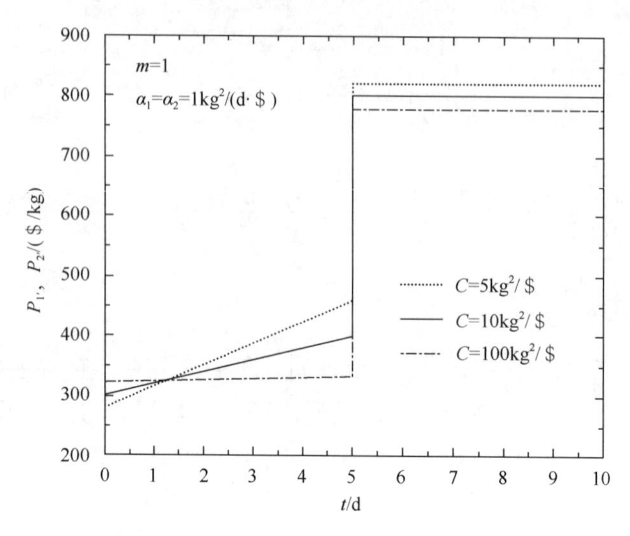

图 5.2 线性传输规律下商业机最大利润时循环最优构型

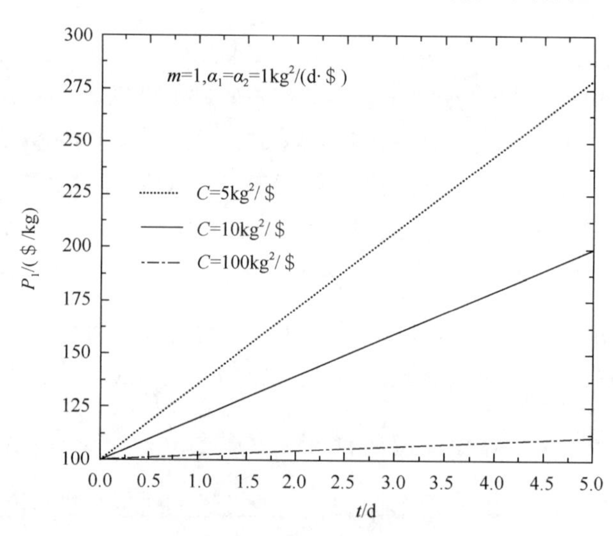

图 5.3 线性传输规律下低价经济库商品价格最优构型

5.2.4.2 $n \propto \Delta(P^{-1})$传输规律下的数值算例

图5.4和图5.5分别为$n \propto \Delta(P^{-1})$传输规律下商业机最大利润时循环和低价经济库商品价格的最优构型。由图可见，商业机与有限容量低价经济库进行商品交换时，商业机的商品购买价格和低价经济库的商品估价均随时间呈非线性增加变

化，曲线是上凸的，并且随着低价经济系统经济容量C的增加，商品价格P_1和$P_{1'}$均减小；商业机在与无限容量高价经济库进行商品交换时，其出售价格为常数，并且随着参数C的增加，出售价格降低；商业机与低价经济库的最优商品交换时间$t_{1,\mathrm{opt}}$小于$\tau/2$，并且随着参数C的增加，$t_{1,\mathrm{opt}}$减少。由表 5.1 可见，随着经济容量C的增加，$n \propto \Delta(P^{-1})$传输规律商业机循环最优构型下商品交换量ΔN_{opt}增加，商业机所获最大利润$\Pi_{\max}$也增加。

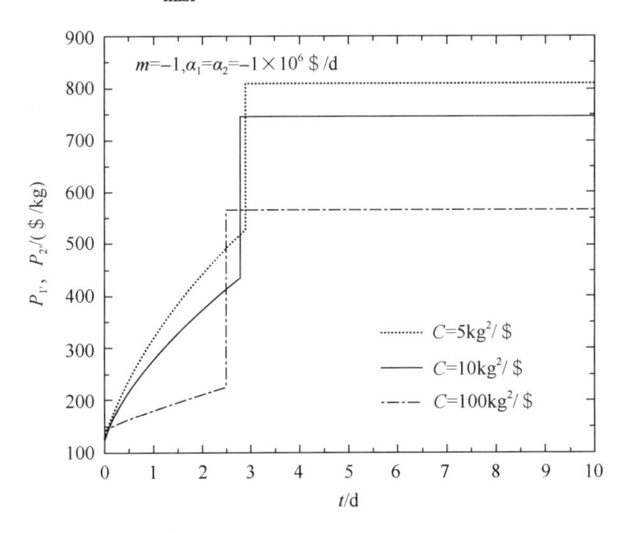

图 5.4　$n \propto \Delta(P^{-1})$传输规律下商业机最大利润时循环最优构型

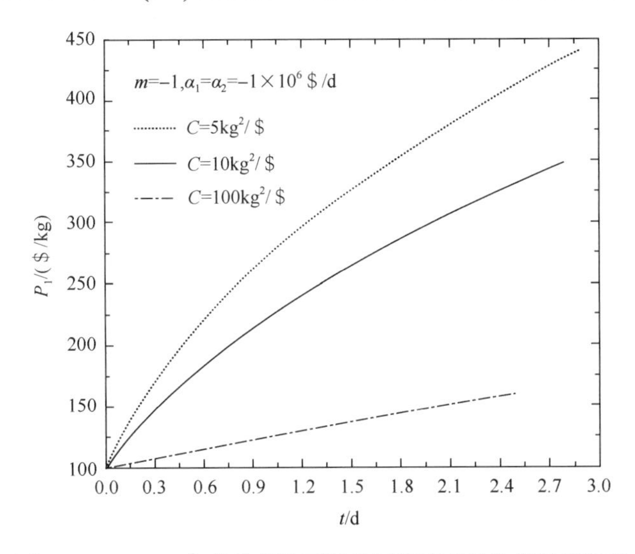

图 5.5　$n \propto \Delta(P^{-1})$传输规律下低价经济库商品价格最优构型

表 5.1 几种特殊传输规律下数值计算结果的比较

情形		$t_{1,\mathrm{opt}}$ /d	$P_{1'}(0)$ /(\$ / kg)	$P_1(t_{1,\mathrm{opt}})$ /(\$ / kg)	$P_{1'}(t_{1,\mathrm{opt}})$ /(\$ / kg)	$P_{2'}$ /(\$ / kg)	ΔN_{opt} /kg	$\Pi_{\max}$ /\$
$m=-1$	C=5 kg^2 / \$	2.94	119	444	529	807	1684.63	8.07×10^5
	C=10 kg^2 / \$	2.78	125	348	435	747	2438.42	1.13×10^6
	C=100 kg^2 / \$	2.46	143	157	225	570	5690.47	2.19×10^6
$m=1$	C=5 kg^2 / \$	5.00	280	280	460	820	900.00	4.05×10^5
	C=10 kg^2 / \$	5.00	300	200	400	800	1000.00	4.50×10^5
	C=100 kg^2 / \$	5.00	322	111	333	777	1111.11	5.00×10^5
$m=2$	C=5 kg^2 / \$	5.75	389	458	623	888	1800.38	7.10×10^5
	C=10 kg^2 / \$	5.75	431	310	541	867	2109.03	8.16×10^5
	C=100 kg^2 / \$	5.76	463	123	470	851	2388.79	8.99×10^5
$m=3$	C=5 kg^2 / \$	6.30	429	715	799	940	3126.24	1.15×10^6
	C=10 kg^2 / \$	6.17	509	542	697	915	4488.38	1.52×10^6
	C=100 kg^2 / \$	6.08	575	157	579	891	5714.91	1.80×10^6

5.2.4.3 平方传输规律[$n\propto\Delta(P^2)$]下的数值算例

图5.6和图5.7分别为平方传输规律下商业机最大利润时循环和低价经济库商品价格的最优构型。由图可见，商业机与有限容量低价经济库进行商品交换时，商业机的商品购买价格和低价经济库的商品估价均随时间呈非线性增加变化，曲线是下凹的，并且随着低价经济系统经济容量C的增加，商品价格P_1和$P_{1'}$均减小；商业机在与无限容量高价经济库进行商品交换时，其出售价格为常数，并且随着参数C的增加，出售价格降低；商业机与低价经济库的最优商品交换时间$t_{1,\mathrm{opt}}$大于$\tau/2$，参数C的变化对$t_{1,\mathrm{opt}}$的影响较小。由表 5.1 可见，随着经济容量C的增加，平方传输规律[$n\propto\Delta(P^2)$]商业机循环最优构型下商品交换量ΔN_{opt}增加，商业机所获最大利润$\Pi_{\max}$也增加。

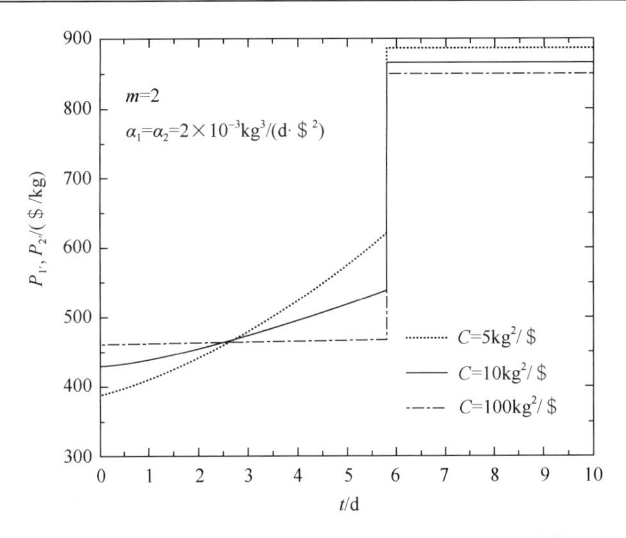

图 5.6　平方传输规律下商业机最大利润时循环最优构型

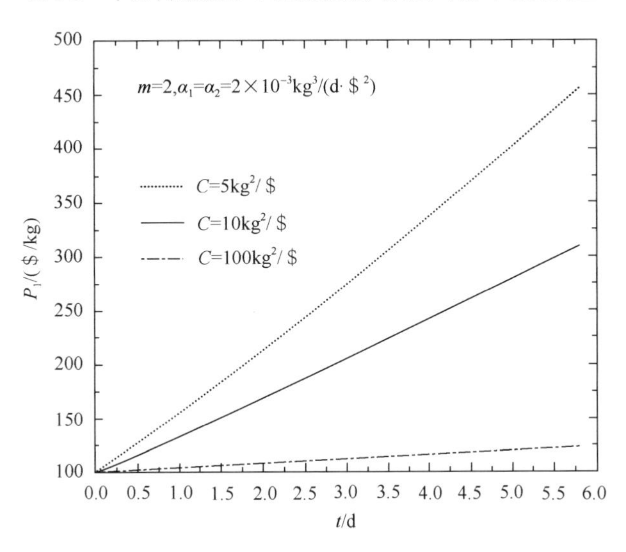

图 5.7　平方传输规律下低价经济库商品价格最优构型

5.2.4.4　立方传输规律[$n \propto \Delta(P^3)$]下的数值算例

图 5.8 和图 5.9 分别为立方传输规律下商业机最大利润时循环和低价经济库商品价格的最优构型。由图可见，商业机与有限容量低价经济库进行商品交换时，商业机的商品购买价格和低价经济库的商品估价均随时间呈非线性增加变化，曲线是下凹的，并且随着低价经济系统经济容量 C 的增加，商品价格 P_1 和 $P_{1'}$ 均减小；商业机在与无限容量高价经济库进行商品交换时，其出售价格为常数，并且随着

参数C的增加，出售价格降低；商业机与低价经济库的最优商品交换时间$t_{1,opt}$大于$\tau/2$，随着参数C的增加，$t_{1,opt}$值在减小。由表 5.1 可见，随着经济容量C的增加，立方传输规律[$n \propto \Delta(P^3)$]商业机循环最优构型下商品交换量ΔN_{opt}增加，商业机所获最大利润Π_{max}也增加。

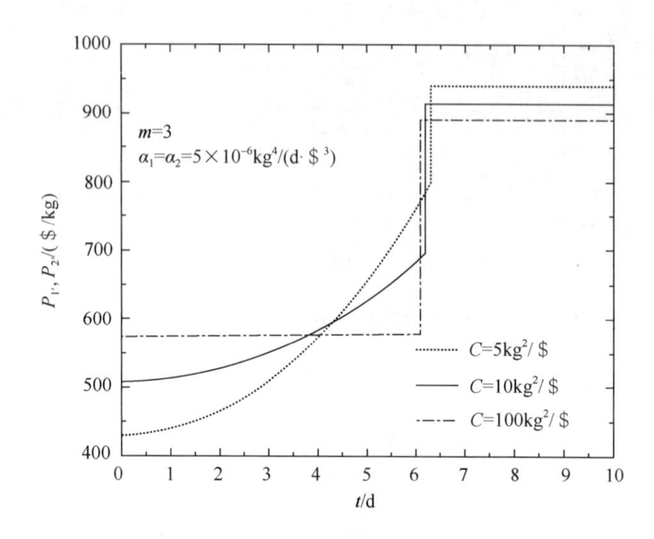

图 5.8　立方传输规律下商业机最大利润时循环最优构型

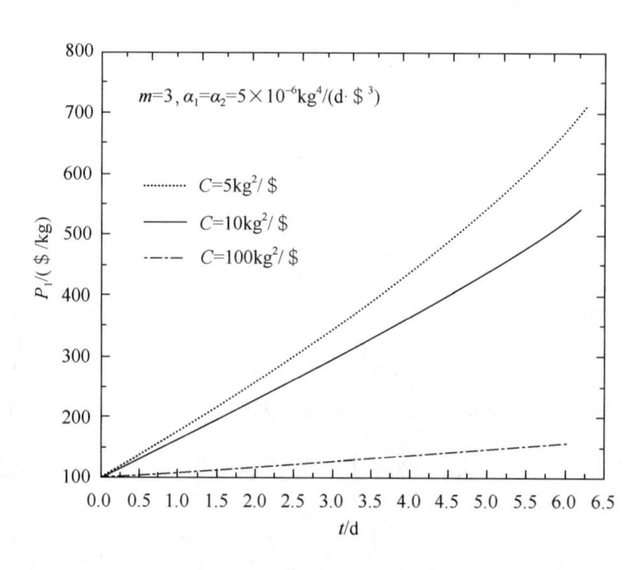

图 5.9　立方传输规律下低价经济库商品价格最优构型

5.2.4.5 几种特殊传输规律下优化结果的比较

图 5.10 为几种特殊传输规律下商业机最大利润时循环最优构型的比较。由图可见，在各种传输规律商业机最大利润时循环最优构型下，当商业机与有限容量低价经济库进行商品交换时，其商品购买价格 $P_{1'}$ 均随过程时间增加而增加；当商业机与无限容量高价经济库进行商品交换时，其出售价格均为常数。传输规律对商业机循环最优构型有较大影响，线性传输规律下商业机商品购买价格 $P_{1'}$ 随时间呈线性规律变化，商业机与低价经济库最优商品交换时间 $t_{1,\mathrm{opt}}$ 为 $\tau/2$；$n\propto\Delta(P^{-1})$ 传输规律下商业机商品购买价格 $P_{1'}$ 随时间呈非线性规律变化且曲线是上凸的，商业机与低价经济库最优商品交换时间 $t_{1,\mathrm{opt}}$ 小于 $\tau/2$；平方传输规律下商业机商品购买价格 $P_{1'}$ 随时间呈非线性规律变化且曲线是下凹的，商业机与低价经济库最优商品交换时间 $t_{1,\mathrm{opt}}$ 大于 $\tau/2$；立方传输规律下商业机商品购买价格 $P_{1'}$ 随时间呈非线性规律变化且曲线是下凹的，商业机与低价经济库最优商品交换时间 $t_{1,\mathrm{opt}}$ 大于 $\tau/2$，但与平方传输规律下的优化结果也不同；各种传输规律下商业机商品出售价格 $P_{2'}$ 也不同。由此可见，不同传输规律下商业机最大利润时循环最优构型明显不同，所以考虑商品供需价格弹性对经济活动的影响是十分有必要的。

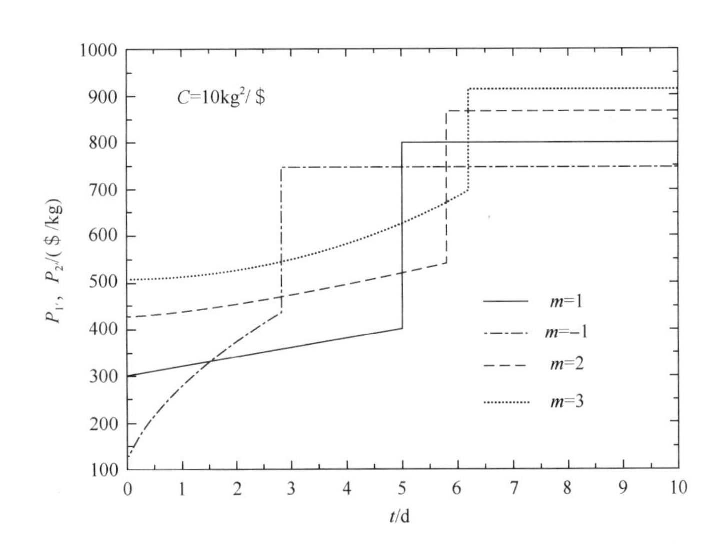

图 5.10 几种特殊传输规律下商业机最大利润时循环最优构型的比较

5.3　多库内可逆商业机最大利润输出

5.3.1　物理模型

考虑一个多库内可逆商业机系统，如图 5.11 所示。它由一个商业机和 N 个无限经济库组成。商业机购买商品的价格为 $P_{1'}(t)$，出售商品的价格为 $P_{2'}(t)$。N 个无限经济库对于商品的估价为 P_{0i}，其中 $i \in [1, N]$。商业机与经济库间商品流动服从

$$\tilde{n}_{ia}(P_{0i}, P_{a'}, \theta_{ia}) = \theta_{ia} n_{ia}(P_{0i}, P_{a'}), \quad i \in [1, N] \tag{5.3.1}$$

式中，下标 $a \in \{1,2\}$；$\tilde{n}_{ia}(P_{0i}, P_{a'}, \theta_{ia})$ 为实际商品流率；$n_{ia}(P_{0i}, P_{a'})$ 为理想商品流率；θ_{ia} 为开关函数。θ_{ia} 描述了经济库与商业机间的接触程度：当 $\theta_{ia} = 1$ 时，表明第 i 个经济库与商业机的 $P_{a'}$ 侧完全接触；当 $\theta_{ia} = 0$ 时，表明第 i 个经济库与商业机的 $P_{a'}$ 侧无接触，因此有 $0 \leqslant \theta_{ia} \leqslant 1$。各经济库和商业机内部的经济过程均是可逆的，唯一的不可逆性来源于经济库和商业机间的有限速率商品流动。商业机与经济库间的理想商品流率 $n_{ia}(P_{0i}, P_{a'})$ 为商品价格 P_{0i} 和 $P_{a'}$ 的函数，定义商品流入商业机为正，流出商业机为负。由于商品由价格低处流向价格高处，所以当 $P_{0i} > P_{a'}$ 时，有 $n_{ia}(P_{0i}, P_{a'}) < 0$；当 $P_{0i} < P_{a'}$ 时，有 $n_{ia}(P_{0i}, P_{a'}) > 0$；当 $P_{0i} = P_{a'}$ 时，有 $n_{ia}(P_{0i}, P_{a'}) = 0$。

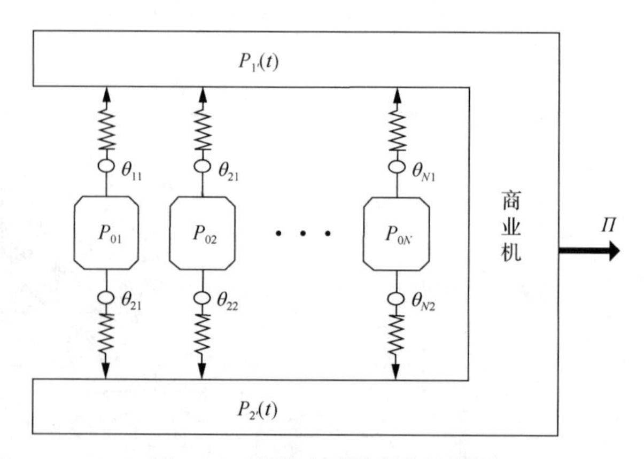

图 5.11　多库内可逆商业机模型

假定商业机循环工作，其循环周期为 τ。经过一个循环后，商业机又回到初始状态，内部商品无积累，则有

$$\frac{1}{\tau}\int_0^\tau \sum_{i=1}^{N}[\tilde{n}_{i1}(P_{0i},P_{1'},\theta_{i1})+\tilde{n}_{i2}(P_{0i},P_{2'},\theta_{i2})]\mathrm{d}t=0 \tag{5.3.2}$$

商业机的瞬时利润 Π 为

$$\Pi(P_0,P_{1'}(t),P_{2'}(t),\theta_1(t),\theta_2(t))=-\sum_{i=1}^{N}[\tilde{n}_{i1}(P_{0i},P_{1'},\theta_{i1})P_{1'}+\tilde{n}_{i2}(P_{0i},P_{2'},\theta_{i2})P_{2'}] \tag{5.3.3}$$

式中，开关函数向量 θ_a 和经济库价格向量 P_0 分别为

$$\theta_a=(\theta_{1a},\theta_{2a},\cdots,\theta_{Na}) \tag{5.3.4}$$

$$P_0=(P_{01},P_{02},\cdots,P_{0N}) \tag{5.3.5}$$

一个周期内商业机的单位时间平均利润 $\bar{\Pi}$ 为

$$\bar{\Pi}=\frac{\Pi}{\tau}=-\frac{1}{\tau}\int_0^\tau \sum_{i=1}^{N}[\tilde{n}_{i1}(P_{0i},P_{1'},\theta_{i1})P_{1'}+\tilde{n}_{i2}(P_{0i},P_{2'},\theta_{i2})P_{2'}]\,\mathrm{d}t \tag{5.3.6}$$

式中，Π 为一个周期商业机所获得的总利润。

5.3.2　优化方法

现在的问题是求解多库商业机的最大利润，即在式(5.3.2)的约束下求式(5.3.6)中 $\bar{\Pi}$ 的最大值及与其对应的开关函数向量 $\theta_a(t)=(\theta_{1a},\theta_{2a},\cdots,\theta_{Na})$ 和商业机价格 $P_{1'}(t)$ 与 $P_{2'}(t)$ 的最佳时间路径。优化问题共有 $2N+2$ 个控制变量，价格 $P_{1'}(t)$ 和 $P_{2'}(t)$ 取值满足条件：$0<P_{1'}(t),P_{2'}(t)<\infty$，开关函数向量 $\theta_a(t)$ 满足：

$$0\leqslant\theta_{ia}(t)\leqslant 1;\quad i\in[1,N],\quad a\in\{1,2\} \tag{5.3.7}$$

由目标函数式(5.3.6)和约束条件式(5.3.2)，建立变更的拉格朗日函数如下：

$$L=-\sum_{i=1}^{N}[\tilde{n}_{i1}(P_{0i},P_{1'},\theta_{i1})(P_{1'}+\lambda)+\tilde{n}_{i2}(P_{0i},P_{2'},\theta_{i2})(P_{2'}+\lambda)] \tag{5.3.8}$$

式中，λ 为拉格朗日乘子。

根据文献[115]、[117]、[119]、[121]、[125]、[129]、[139]中平均规划理论，若平均规划问题的约束条件个数为 γ，那么相应规划问题的最优解为 $\gamma+1$ 个常数。由此可判断出 $P_{1'}(t)$ 和 $P_{2'}(t)$ 均为常数，同时本问题仅有一个约束条件即式(5.3.2)，因此 $P_{1'}(t)$ 和 $P_{2'}(t)$ 的最优解均是存在的。令它们分别为 P_{h} 和 P_{l}，由于

本节的优化问题对于商业机的 $P_{1'}(t)$ 和 $P_{2'}(t)$ 侧是完全对称的，最优解的形式可以为 $(P_{1'},P_{2'})=(P_{\mathrm{h}},P_{\mathrm{l}})$、$(P_{1'},P_{2'})=(P_{\mathrm{l}},P_{\mathrm{h}})$，或者仅有一个最优解，此时 $P_{1'}=P_{2'}$。对于仅有一个最优解的情形，商业机不会盈利，所以对于此种情形可以不予考虑。不失一般性，假定 $P_{\mathrm{l}}<P_{\mathrm{h}}$。由此可见，虽然已假定商业机的价格可以随时间变化，但是为了获得最大利润，商业机商品购买价格和出售价格必须保持恒定。

5.3.2.1 开关函数 $\theta_a(t)$ 最优路径

由式(5.3.8)可见，拉格朗日函数 L 为控制变量 θ_{ia} 的线性函数，所以 θ_{ia} 的最佳值为最优控制问题中的"bang bang"解[115, 117, 119, 121, 125, 129, 139]，即 L 只能在 θ_{ia} 可行域边界上取得最大值。$\theta_{ia}\in[0,1]$，因此 θ_{ia} 只能取 0 和 1。由庞特里亚金极小值原理，得最佳开关函数 θ_i 为

$$\theta_{ia}(P_{0i},P_{a'})=\begin{cases}0, & n_{ia}(P_{0i},P_{a'})(P_{a'}+\lambda)>0,\\ 1, & n_{ia}(P_{0i},P_{a'})(P_{a'}+\lambda)<0,\end{cases}\quad i\in[1,N],\ a\in\{1,2\} \tag{5.3.9}$$

若有 $n_{ia}(P_{0i},P_{a'})<0$，表明商业机的 $P_{a'}$ 侧与高价经济库接触，并向其出售商品，有 $P_{0i}>P_{a'}$；反之，若有 $n_{ia}(P_{0i},P_{a'})>0$，表明商业机的 $P_{a'}$ 侧与低价经济库接触，并从其购买商品，有 $P_{0i}<P_{a'}$。由式(5.3.9)可见，根据拉格朗日乘子 λ 的取值范围不同，可分为如下三类可能情形。

(1) 当 $\lambda>-P_{\mathrm{l}}>-P_{\mathrm{h}}$ 时，有

$$(P_{\mathrm{h}}+\lambda)>0\Rightarrow\begin{cases}\theta_{i\mathrm{h}}(P_{0i},P_{\mathrm{h}},\lambda)=1, & 若 n_{i\mathrm{h}}<0, 即 P_{0i}>P_{\mathrm{h}}\\ \theta_{i\mathrm{h}}(P_{0i},P_{\mathrm{h}},\lambda)=0, & 若 n_{i\mathrm{h}}\geqslant 0, 即 P_{0i}\leqslant P_{\mathrm{h}}\end{cases} \tag{5.3.10}$$

$$(P_{\mathrm{l}}+\lambda)>0\Rightarrow\begin{cases}\theta_{i\mathrm{l}}(P_{0i},P_{\mathrm{l}},\lambda)=1, & 若 n_{i\mathrm{l}}<0, 即 P_{0i}>P_{\mathrm{l}}\\ \theta_{i\mathrm{l}}(P_{0i},P_{\mathrm{l}},\lambda)=0, & 若 n_{i\mathrm{l}}\geqslant 0, 即 P_{0i}\leqslant P_{\mathrm{l}}\end{cases} \tag{5.3.11}$$

从式(5.3.10)和式(5.3.11)可看出，由于 $\tilde{n}_{ia}(P_{0i},P_a,\theta_{ia})=\theta_{ia}n_{ia}(P_{0i},P_a)$，所以此种情形下所有的 $\tilde{n}_{ia}$ 值为负数或零，而由商品流守恒定律式(5.3.2)进一步得 $\tilde{n}_{ia}$ 值全为零，商业机无利润输出，因此对于此种情形可予以排除。

(2) 当 $-P_{\mathrm{l}}>-P_{\mathrm{h}}>\lambda$ 时，有

$$(P_{\mathrm{h}}+\lambda)<0\Rightarrow\begin{cases}\theta_{i\mathrm{h}}(P_{0i},P_{\mathrm{h}},\lambda)=0, & 若 n_{i\mathrm{h}}<0, 即 P_{0i}>P_{\mathrm{h}}\\ \theta_{i\mathrm{h}}(P_{0i},P_{\mathrm{h}},\lambda)=1, & 若 n_{i\mathrm{h}}\geqslant 0, 即 P_{0i}\leqslant P_{\mathrm{h}}\end{cases} \tag{5.3.12}$$

$$(P_{\mathrm{l}}+\lambda)<0\Rightarrow\begin{cases}\theta_{i\mathrm{l}}(P_{0i},P_{\mathrm{l}},\lambda)=0, & 若 n_{i\mathrm{l}}<0, 即 P_{0i}>P_{\mathrm{l}}\\ \theta_{i\mathrm{l}}(P_{0i},P_{\mathrm{l}},\lambda)=1, & 若 n_{i\mathrm{l}}\geqslant 0, 即 P_{0i}\leqslant P_{\mathrm{l}}\end{cases} \tag{5.3.13}$$

从式(5.3.12)和式(5.3.13)可看出，由于 $\tilde{n}_{ia}(P_{0i},P_{a'},\theta_{ia})=\theta_{ia}n_{ia}(P_{0i},P_{a'})$，所以此种情形下所有的 $\tilde{n}_{ia}$ 值为正数或零，而由商品流守恒定律式(5.3.2)进一步得 $\tilde{n}_{ia}$ 值全为零，商业机无利润输出，因此对于此种情形也可予以排除。

(3) 当 $-P_{\mathrm{l}}>\lambda>-P_{\mathrm{h}}$ 时，有

$$(P_{\mathrm{h}}+\lambda)>0\Rightarrow\begin{cases}\theta_{i\mathrm{h}}(P_{0i},P_{\mathrm{h}},\lambda)=1,\ 若 n_{i\mathrm{h}}<0,即 P_{0i}>P_{\mathrm{h}}\\ \theta_{i\mathrm{h}}(P_{0i},P_{\mathrm{h}},\lambda)=0,\ 若 n_{i\mathrm{h}}\geqslant 0,即 P_{0i}\leqslant P_{\mathrm{h}}\end{cases}\tag{5.3.14}$$

$$(P_{\mathrm{l}}+\lambda)<0\Rightarrow\begin{cases}\theta_{i\mathrm{l}}(P_{0i},P_{\mathrm{l}},\lambda)=0,\ 若 n_{i\mathrm{l}}<0,即 P_{0i}>P_{\mathrm{l}}\\ \theta_{i\mathrm{l}}(P_{0i},P_{\mathrm{l}},\lambda)=1,\ 若 n_{i\mathrm{l}}\geqslant 0,即 P_{0i}\leqslant P_{\mathrm{l}}\end{cases}\tag{5.3.15}$$

从式(5.3.14)可见，由于 $\tilde{n}_{ia}(P_{0i},P_{a'},\theta_{ia})=\theta_{ia}n_{ia}(P_{0i},P_{a'})$，所以此种情形下有 $\tilde{n}_{i\mathrm{h}}=n_{i\mathrm{h}}(P_{0i},P_{\mathrm{h}})$ 且均为负数，表明商业机向商品价格满足 $P_{0i}>P_{\mathrm{h}}$ 的经济库出售商品；由商品流守恒定律式(5.3.2)和式(5.3.15)进一步得 $\tilde{n}_{i\mathrm{l}}=n_{i\mathrm{l}}(P_{0i},P_{\mathrm{l}})$ 且均为正数，商业机向商品价格满足 $P_{0i}<P_{\mathrm{l}}$ 的经济库购买商品。由以上分析可看出，由于 P_{h}、P_{l} 和 λ 均为常数，所以开关函数 $\theta_a(t)$ 也与时间无关。每个经济库最多与商业机的一侧进行商品交换，与商业机低价侧接触的经济库向商业机出售商品，与商业机高价侧接触的经济库从商业机购买商品，而商品价格介于 P_{l} 和 P_{h} 间的经济库与商业机无商品交换，这些不参与经济活动的经济库可称为无效的经济库。因此，N 个经济库集合可分为三个子集：低价经济库集合、高价经济库集合和无效的经济库集合。由于无效的经济库与其商品的价格有关，其可能为空集，但是有两个经济库肯定会与商业机进行商品交换，即商品估价最低的经济库向商业机出售商品，商品估价最高的经济库从商业机购买商品，而商业机在此经济活动过程中实现盈利。

5.3.2.2　商业机最优价格 P_{h} 和 P_{l}

为了更清楚地描述各经济库与商业机间的商品交换关系，定义商业机商品输入率函数 $n_{i\mathrm{l}}^{+}(P_{0i},P_{\mathrm{l}})$ 及商品输出率函数 $n_{i\mathrm{h}}^{-}(P_{0i},P_{\mathrm{h}})$ 如下：

$$n_{i\mathrm{l}}^{+}(P_{0i},P_{\mathrm{l}})=\begin{cases}n(P_{0i},P_{\mathrm{l}}), & P_{0i}<P_{\mathrm{l}}\\ 0, & P_{0i}\geqslant P_{\mathrm{l}}\end{cases}\qquad i\in[1,N]\tag{5.3.16}$$

$$n_{i\mathrm{h}}^{-}(P_{0i},P_{\mathrm{h}})=\begin{cases}0 & P_{0i}\geqslant P_{\mathrm{h}}\\ n(P_{0i},P_{\mathrm{h}}), & P_{0i}<P_{\mathrm{h}}\end{cases}\qquad i\in[1,N]\tag{5.3.17}$$

则商业机总的商品输入率函数 $n^{+}(P_0,P_{\mathrm{l}})$ 和总的商品输出率函数 $n^{-}(P_0,P_{\mathrm{h}})$ 分别为

$$n^+(P_0,P_l)=\sum_{i=1}^{N}n_{il}^{\ +}(P_{0i},P_l),\quad n^-(P_0,P_h)=\sum_{i=1}^{N}n_{ih}^{\ -}(P_{0i},P_h) \tag{5.3.18}$$

商品的流动同时伴随着资金的流动，则商业机用于购买商品的总资金流率$M^-(P_0,P_l)$和出售商品所获总资金流率$M^+(P_0,P_l)$分别为

$$M^-(P_0,P_l)=n^+(P_0,P_l)\cdot P_l,\quad M^+(P_0,P_h)=n^-(P_0,P_h)\cdot P_h \tag{5.3.19}$$

将式(5.3.18)代入式(5.3.8)得

$$L=-[n^+(P_0,P_l)(P_l+\lambda)+n^-(P_0,P_h)(P_h+\lambda)] \tag{5.3.20}$$

由极值条件$\partial L/\partial P_l=0$和$\partial L/\partial P_h=0$可分别得

$$\lambda=-\left[\frac{\partial n^+(P_0,P_l)}{\partial P_l}P_l+n^+(P_0,P_l)\right]\bigg/\left[\frac{\partial n^+(P_0,P_l)}{\partial P_l}\right] \tag{5.3.21}$$

$$\lambda=-\left[\frac{\partial n^-(P_0,P_h)}{\partial P_h}P_h+n^-(P_0,P_h)\right]\bigg/\left[\frac{\partial n^-(P_0,P_h)}{\partial P_h}\right] \tag{5.3.22}$$

对于给定的传输规律$n_i(P_{0i},P)$和经济库商品估价P_{0i}，联立式(5.3.2)、式(5.3.21)和式(5.3.22)可解得参数P_h、P_l和λ的值。

5.3.3 数值算例与讨论

考虑一个三库商业机系统，三个经济库的商品估价分别为P_{01}、P_{02}和P_{03}。它们既可以向商业机出售商品，也可以从商业机购买商品，商品流率服从线性传输规律：

$$n_i(P_{0i},P)=\alpha_i(P_{0i}-P) \tag{5.3.23}$$

令三个经济库中最高和最低商品价格分别为$P_{01}=1\,\$/\mathrm{kg}$和$P_{03}=4\,\$/\mathrm{kg}$。传输系数分别取为$\alpha_1=\alpha_2=\alpha_3=1$，以步长为0.05在$P_{01}\sim P_{03}$之间变化$P_{02}$数值的大小。图5.12给出了指示函数$\mathrm{ind}(P_{02})$随经济库2商品价格$P_{02}$的变化规律，图5.13给出了商业机商品的出售价格$P_h$和购买价格$P_l$随价格$P_{02}$的变化规律。由图可见，当价格$P_{02}$较低且满足条件$P_{02}<P_l$时，经济库2与经济库1均以低价经济库的形式向商业机出售商品，相应的指示函数为$\mathrm{ind}(P_{02})=1$；当价格P_{02}较高且满足条件$P_{02}>P_h$时，经济库2与经济库3均以高价经济库的形式从商业机购买商品，相应的指示函数为$\mathrm{ind}(P_{02})=3$；而当价格P_{02}满足条件$P_l<P_{02}<P_h$时，经济库2不参

与和商业机的商品交换过程，相应的指示函数为 $\mathrm{ind}(P_{02})=0$ 。

图 5.14 和图 5.15 给出了商业机单位时间最大利润 $\Pi_{\max}$ 和利润率 $\eta_{\max\Pi}$ 随经济库 2 商品价格 P_{02} 的变化规律。由图可见，当价格 P_{02} 满足条件 $P_{02}<P_1$ 时，随着 P_{02} 的增加，最大利润 $\Pi_{\max}$ 和相应的利润率 $\eta_{\max\Pi}$ 均减少；当价格 P_{02} 满足条件 $P_1<P_{02}<P_h$ 时，随着 P_{02} 的增加，最大利润 $\Pi_{\max}$ 和相应的利润率 $\eta_{\max\Pi}$ 均保持不变；当 P_{02} 满足条件 $P_{02}>P_h$ 时，随着 P_{02} 的增加，最大利润 $\Pi_{\max}$ 和相应的利润率 $\eta_{\max\Pi}$ 均增加。在图中当价格 P_{02} 位于 $P_1\sim P_h$ 时，商业机的单位时间最大利润 $\Pi_{\max}$ 达到极小值。

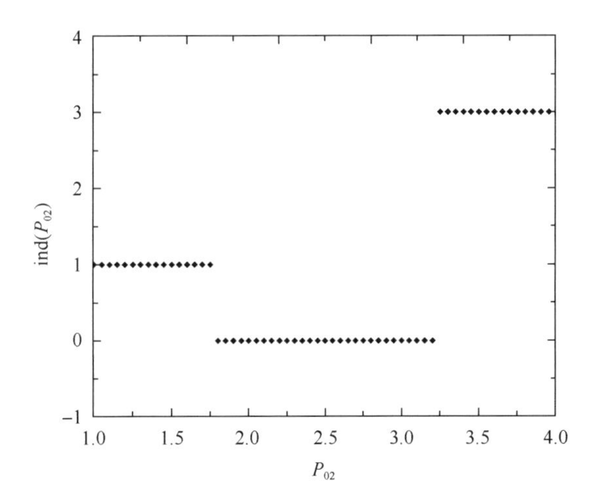

图 5.12　指示函数 $\mathrm{ind}(P_{02})$ 随经济库 2 商品价格 P_{02} 的变化规律

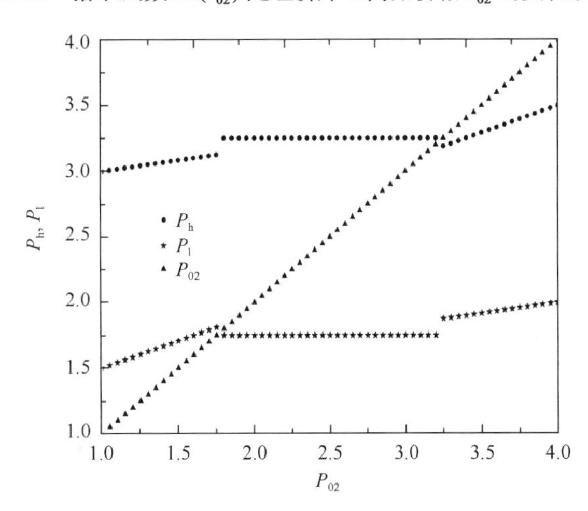

图 5.13　商品价格 P_h 和 P_1 随经济库 2 商品价格 P_{02} 的变化规律

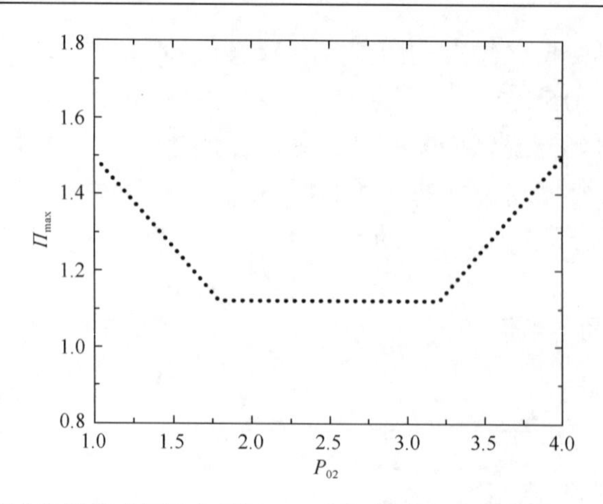

图 5.14 商业机单位时间最大利润 Π_{max} 随经济库 2 商品价格 P_{02} 的变化规律

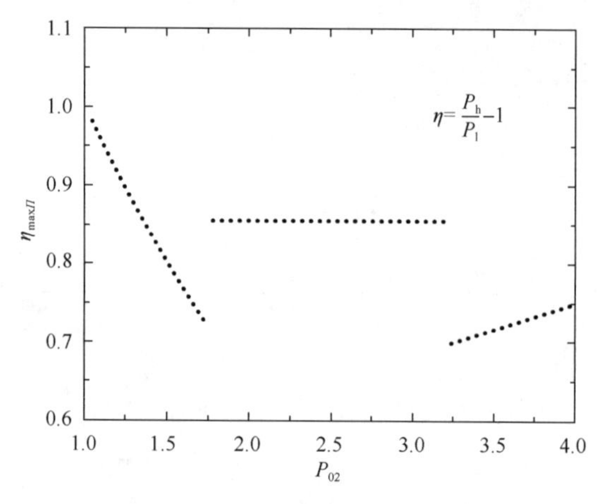

图 5.15 商业机最大利润时的利润率 $\eta_{max\Pi}$ 随经济库 2 的商品价格 P_{02} 的变化规律

5.4 本章小结

本章研究了贸易过程资本耗散最小化、有限低价经济库下内可逆商业机和多库商业机的最大利润输出的最优构型。得到的主要结论如下。

(1) $n \propto \Delta(P^{-1})$ 传输规律下有限容量低价经济库内可逆商业机最大利润循环最优构型为：当商业机与有限容量低价经济库进行商品交换时，经济库商品估价与商业机商品购买价格均随时间呈非线性变化且两者之比为常数；不同传输规律下有限容量低价经济库内可逆商业机循环最优构型是显著不同的，研究传输规律对商业机循环最优构型影响是十分有必要的。

(2) 多库内可逆商业机最大利润输出时循环最优构型由两个等价格分支和两

个瞬时等商品流分支组成，与经济库的数量和具体的商品传输规律均无关；为获得商业机的最大利润，一些经济库必须不参与和商业机的商品传输过程，这些未使用的经济库的价格介于商业机工作的高、低价格之间。

第 6 章　广义机循环动态优化

6.1 引　　言

1998~1999 年，本书著者等[69, 190, 191]将热力学优化的研究思想和 Radcenco 的广义热力学理论[517]结合，提出把对传热过程和热机的有限时间热力学分析方法与思路拓广到自然界和工程界中各种存在广义势差和广义位移的非传统热力过程与系统，广泛采用内可逆模型以突出分析主要不可逆性，建立起设计和运行优化理论，即“广义热力学优化理论”。

在文献[246]第 2 章至第 5 章研究了热力循环的动态优化问题，在文献[246]第 6 章至第 8 章研究了化学循环的动态优化问题，在本书第 5 章研究了商业机循环的动态优化问题。本章将在上述研究内容的基础上，进一步针对其中几类循环进行总结与归纳，基于广义热力学优化[69, 190, 191]的研究思路，建立 4 种广义热力循环与系统的物理模型，包括两有限广义势库内可逆广义机、存在广义流漏的有限高势库不可逆广义机、多无限广义势库内可逆广义机和多级内可逆广义机系统模型，形成相应的动态优化问题，寻求其统一的优化方法，得到普适的优化结果。

6.2　两有限势库内可逆广义机最大广义输出

6.2.1　物理模型

考虑如图 6.1 所示两有限势库内可逆广义机模型。高势库广义势容和广义势分别为 C_{X_1} 和 X_1，低势库广义势容和广义势分别为 C_{X_2} 和 X_2，工质的吸收和释放的广义流量分别为 Q_1 和 Q_2，广义势容 C_{X_i} (i=1, 2)和广义流量 Q_i 间满足关系 $C_{X_i}=\mathrm{d}Q_i/\mathrm{d}X_i$，广义势 $X_1(t)$ 和 $X_2(t)$ 随着广义机吸收广义流会发生变化；广义机工质工作的广义势为 $X(t)$，对应于高、低广义势库的广义势分别为 $X_{1'}(t)$ 和 $X_{2'}(t)$；循环周期为 τ；循环的广义输出和广义效率分别为 $W=Q_1-Q_2$ 和 $\eta=W/Q_1$。设循环中工质与高、低广义势库间的广义流率分别为 $J_1(X_1,X_{1'})$ 和 $J_2(X_{2'},X_2)$，其中 $J_i(X_i,X_{i'})$ 满足条件：①当 $X_i>X_{i'}$ 时，有 $J_i(X_i,X_{i'})>0$；②当 $X_i<X_{i'}$ 时，有 $J_i(X_i,X_{i'})<0$；③当 $X_i=X_{i'}$ 时，有 $J_i(X_i,X_{i'})=0$，则有

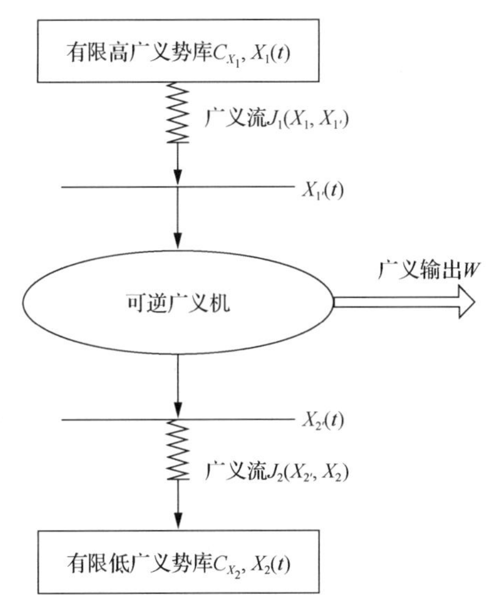

图 6.1　两有限势库内可逆广义机模型

$$Q_1 = \int_0^{\tau} \theta_1(t) J_1(X_1, X_{1'})\,\mathrm{d}t \tag{6.2.1}$$

$$Q_2 = \int_0^{\tau} \theta_2(t) J_2(X_{2'}, X_2)\,\mathrm{d}t \tag{6.2.2}$$

式中，$\theta_1(t)$ 和 $\theta_2(t)$ 为广义机吸收和释放广义流开关函数，分别为

$$\theta_1(t) = \begin{cases} 1, & 0 \leqslant t \leqslant t_1 \\ 0, & t_1 \leqslant t < \tau \end{cases} \tag{6.2.3}$$

$$\theta_2(t) = \begin{cases} 0, & 0 \leqslant t \leqslant t_1 \\ 1, & t_1 \leqslant t < \tau \end{cases} \tag{6.2.4}$$

式中，t_1 为广义机的广义流 J 吸收过程进行的时间。高、低广义势库势容均为有限的，则有

$$C_{X_1} \frac{\mathrm{d}X_1}{\mathrm{d}t} = -\theta_1(t) J_1(X_1, X_{1'}) \tag{6.2.5}$$

$$C_{X_2} \frac{\mathrm{d}X_2}{\mathrm{d}t} = \theta_2(t) J_2(X_{2'}, X_2) \tag{6.2.6}$$

广义机循环是内可逆即广义位移守恒，有

$$L_1 - L_2 = \int_0^{\tau} [\theta_1(t) J_1'(X_1, X_{1'}) - \theta_2(t) J_2'(X_{2'}, X_2)] \mathrm{d}t = 0 \tag{6.2.7}$$

本节的广义速率 $J_i' = \mathrm{d}L_i / \mathrm{d}t$ 与前述的广义流率 J_i 是不同的，但两者存在一定联系，例如，对于内可逆热机，广义流率 J_i 和广义速率 J_i' 分别为热流率 q_i 和熵流率 $s_i = q_i / X_{i'}$；对于等温内可逆化学机，广义流率 J_i 和广义速率 J_i' 均为质流率 g_i，同时对于等温内可逆化学机，既存在熵平衡方程，也存在质量守恒方程，但熵平衡方程主要用于推导化学机的功率输出，在约束中可不予考虑，在优化时主要考虑质量守恒方程作为约束条件；对于内可逆商业机，广义流率 J_i 和广义速率 J_i' 均为商品流率 n_i；对于内可逆电机，广义流率 J_i 和广义速率 J_i' 均为电流 I_i。经过对上述研究对象的归纳，广义机的广义输出 W 可统一写为

$$W = \int_0^{\tau} [\theta_1(t) J_1'(X_1, X_{1'}) X_{1'} - \theta_2(t) J_2'(X_{2'}, X_2) X_{2'}] \mathrm{d}t \tag{6.2.8}$$

6.2.2 优化结果

本节先将结论以定理的形式给出，然后在本书附录 B 中给出其严格的数学证明。

【定理】 在式(6.2.5)~式(6.2.7)的约束下，式(6.2.8)中 W 取最大值的必要条件为

$$J_1^2 \frac{\partial [J_1'(X_{1'} + \lambda) / J_1]}{\partial X_{1'}} \bigg/ \frac{\partial J_1}{\partial X_{1'}} = \text{const}, \qquad 0 \leqslant t \leqslant t_1 \tag{6.2.9}$$

$$J_2^2 \frac{\partial [J_2'(X_{2'} + \lambda) / J_2]}{\partial X_{2'}} \bigg/ \frac{\partial J_2}{\partial X_{2'}} = \text{const}, \qquad t_1 \leqslant t < \tau \tag{6.2.10}$$

该必要条件与广义势容 C_{X_1} 和 C_{X_2} 无关。

将具体的广义流传输规律 $J_1(X_1, X_{1'})$ 和 $J_2(X_{2'}, X_2)$ 代入式(6.2.9)和式(6.2.10)，然后联立式(6.2.5)、式(6.2.6)、式(6.2.9)和式(6.2.10)求解得广义势 X_i 和 $X_{i'}$（$i=1, 2$）的最佳时间路径和最优时间分配 $t_{1,\text{opt}}$ 和 $t_{2,\text{opt}}$。特别地，当广义流率 J_i 和广义速率 J_i' 间满足一定关系时，得到更为简化的结果。

【推论 1】 当广义流率 J_i（$i=1, 2$）和广义速率 J_i' 间满足关系 $J_i' = J_i / X_{i'}$ 时，式(6.2.9)和式(6.2.10)分别变为

$$\frac{J_1^2}{X_{1'}^2} \bigg/ \frac{\partial J_1}{\partial X_{1'}} = \text{const}, \qquad 0 \leqslant t \leqslant t_1 \tag{6.2.11}$$

$$\frac{J_2^2}{X_{2'}^2} \bigg/ \frac{\partial J_2}{\partial X_{2'}} = \text{const}, \qquad t_1 \leqslant t < \tau \tag{6.2.12}$$

证明：将 $J'_i = J_i / X_{i'}$ 分别代入式(6.2.9)和式(6.2.10)易得式(6.2.11)和式(6.2.12)。

【推论 2】　当广义流率 J_i（$i=1, 2$）和广义速率 J'_i 间满足关系 $J'_i = J_i$ 时，式(6.2.9)和式(6.2.10)分别变为

$$J_1^2 \Big/ \frac{\partial J_1}{\partial X_{1'}} = \text{const}, \qquad 0 \leqslant t \leqslant t_1 \tag{6.2.13}$$

$$J_2^2 \Big/ \frac{\partial J_2}{\partial X_{2'}} = \text{const}, \qquad t_1 \leqslant t < \tau \tag{6.2.14}$$

证明：将 $J'_i = J_i$ 分别代入式(6.2.9)和式(6.2.10)易得式(6.2.13)和式(6.2.14)。

【推论 3】　当广义流率 J_i（$i=1, 2$）和广义速率 J'_i 间满足关系 $J'_i = J_i$ 且 $J_i = \phi(X_i - X_{i'})$ 时，广义势库与相应侧广义机工质间的广义势差 $X_i - X_{i'}$ 和广义流率 J_i 均保持为常数。

证明：将 $J_i = \phi(X_i - X_{i'})$ 分别代入式(6.2.13)和式(6.2.14)易得推论 3。

6.2.3　应用

6.2.3.1　两有限热源内可逆热机最优构型

考虑文献[246]3.2 节的两有限热源内可逆热机，广义势分别为 $X_i=T_i (i=1, 2)$ 和 $X_{i'}=T_{i'}$，广义流率为 $J_i(X_i, X_{i'}) = q_i(T_i, T_{i'})$，广义速率为 $J'_i(X_i, X_{i'}) = s_{i'}(T_i, T_{i'}) = q_i(T_i, T_{i'}) / T_{i'}$，广义势容 $C_{X_i} = C_{T_i}$。因为 $s_{i'}(T_i, T_{i'}) = q_i(T_i, T_{i'}) / T_{i'}$，由推论 1 得内可逆热机最大输出功时的必要条件为

$$\frac{q_1^2}{T_{1'}^2} \Big/ \frac{\partial q_1}{\partial T_{1'}} = \text{const}, \qquad 0 \leqslant t \leqslant t_1 \tag{6.2.15}$$

$$\frac{q_2^2}{T_{2'}^2} \Big/ \frac{\partial q_2}{\partial T_{2'}} = \text{const}, \qquad t_1 \leqslant t < \tau \tag{6.2.16}$$

式(6.2.15)和式(6.2.16)为文献[246]3.2.2 节的两有限热源热机最大输出功时的最优性条件即文献[246]式(3.2.18)和式(3.2.22)。

6.2.3.2　两有限势库等温内可逆化学机最优构型

在文献[246]6.2.1 节有限高势库等温内可逆化学机物理模型的基础上，进一步考虑两有限势库等温内可逆化学机。本节的低化学势库为有限势库，除此之外，其他条件与文献[246]6.2.1 节相同。广义势为 $X_i = \mu_i$ 和 $X_{i'} = \mu_{i'}$（$i=1, 2$），广义

流率为 $J_i(X_i,X_{i'})=g_i(\mu_i,\mu_{i'})$，广义速率为 $J_i'(X_i,X_{i'})=g_i(\mu_i,\mu_{i'})$，广义势容 $C_{X_i}=C_{\mu_i}$。因为广义流率 $J_i(X_i,X_{i'})$ 和广义速率 $J_i'(X_i,X_{i'})$ 相同，均为 $g_i(\mu_i,\mu_{i'})$，由推论 2 得等温内可逆化学机最大输出功时的必要条件为

$$g_1^2\bigg/\frac{\partial g_1}{\partial \mu_{1'}}=\text{const},\qquad 0\leqslant t\leqslant t_1 \tag{6.2.17}$$

$$g_2^2\bigg/\frac{\partial g_2}{\partial \mu_{2'}}=\text{const},\qquad t_1\leqslant t<\tau \tag{6.2.18}$$

式(6.2.17)可化为文献[246]5.2.2 节的优化结果即文献[246]式(5.2.21)。

6.2.3.3 两电容器 RC 电路做功过程最优构型

考虑如图 6.2 所示的 RC 电路，广义势分别为 $X_i=U_i$ 和 $X_{i'}=U_{i'}$（i=1, 2），广义流率为 $J_i(X_i,X_{i'})=I_i(U_i,U_{i'})$，广义速率为 $J_i'(X_i,X_{i'})=I_i(U_i,U_{i'})$，广义势容 $C_{X_i}=C_{U_i}$，因为此时广义流率 $J_i(X_i,X_{i'})$ 和广义速率 $J_i'(X_i,X_{i'})$ 相同，均为 $I_i(U_i,U_{i'})$，由推论 2 得 RC 电路最大输出功时的必要条件为

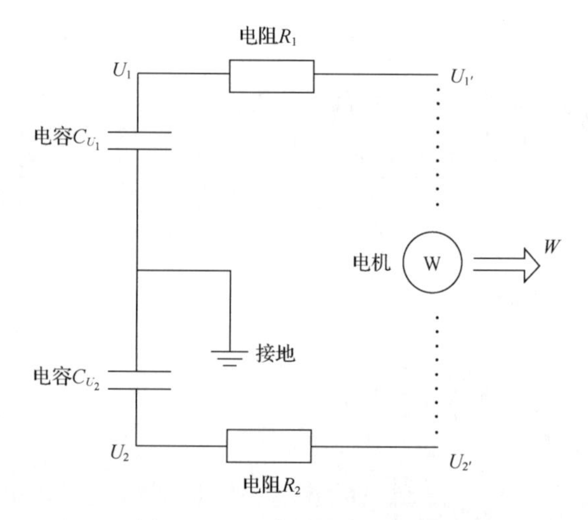

图 6.2 两电容器 RC 电路模型

$$I_1^2\bigg/\frac{\partial I_1}{\partial U_{1'}}=\text{const},\qquad 0\leqslant t\leqslant \tau \tag{6.2.19}$$

$$I_2^2\bigg/\frac{\partial I_2}{\partial U_{2'}}=\text{const},\qquad 0\leqslant t\leqslant \tau \tag{6.2.20}$$

当电阻R_1和R_2均为常数时即电流传输规律服从欧姆定律，将$I_1=(U_1-U_{1'})/R_1$和$I_2=(U_{2'}-U_2)/R_2$代入式(6.2.19)和式(6.2.20)得

$$U_1-U_{1'}=\text{const},\qquad 0\leqslant t\leqslant\tau \tag{6.2.21}$$

$$U_{2'}-U_2=\text{const},\qquad 0\leqslant t\leqslant\tau \tag{6.2.22}$$

由式(6.2.21)和式(6.2.22)可见，欧姆定律下RC电路最大输出功时的电路中的电压差$U_i-U_{i'}$和电流$I=I_1=I_2$为常数。若电流传输服从一类“差函数”形式的电流传输规律即$I_i=\phi(U_i-U_{i'})$，由推论3可知，此时RC电路最大输出功时的电压差$U_i-U_{i'}$和电流$I=I_1=I_2$均保持为常数。若电流传输服从一类“函数差”形式的电流传输规律$I_1=\psi(U_1)-\psi(U_{1'})$和$I_2=\psi(U_{2'})-\psi(U_2)$，即

$$\psi(V)=\psi_0\ln^2\left[1+\exp\left(\frac{V-V_{Th}}{V_{T2}}\right)\right] \tag{6.2.23}$$

将式(6.2.23)代入式(6.2.19)得

$$\frac{\left\{\ln^2\left[1+\exp\left(\frac{U_1-V_{Th}}{V_{T2}}\right)\right]-\ln^2\left[1+\exp\left(\frac{U_{1'}-V_{Th}}{V_{T2}}\right)\right]\right\}^2\left[1+\exp\left(\frac{U_{1'}-V_{Th}}{V_{T2}}\right)\right]}{\ln\left[1+\exp\left(\frac{U_{1'}-V_{Th}}{V_{T2}}\right)\right]\exp\left(\frac{U_{1'}-V_{Th}}{V_{T2}}\right)}=\text{const} \tag{6.2.24}$$

由式(6.2.24)可见，此时电容器充放电过程电流$I=I_1=I_2$随时间t不再保持为常数。

6.2.3.4　两有限经济库内可逆商业机最优构型

在本书5.2.1节有限低价经济库内可逆商业机的基础上，进一步考虑两有限经济库有限商业机。本节的高价经济库为有限容量经济库，除此之外，其他条件与5.2.1节相同。广义势为$X_i=P_i$和$X_{i'}=P_{i'}$（$i=1, 2$），广义流率为$J_i(X_i,X_{i'})=n_i(P_i,P_{i'})$，广义速率为$J_i'(X_i,X_{i'})=n_i(P_i,P_{i'})$，广义势容$C_{X_i}=C_{P_i}$。因为广义流率$J_i(X_i,X_{i'})$和广义速率$J_i'(X_i,X_{i'})$相同，均为$n_i(P_i,P_{i'})$，由推论2得内可逆商业机最大利润输出时的必要条件为

$$n_1^2 \bigg/ \frac{\partial n_1}{\partial P_{1'}} = \text{const}, \qquad 0 \leqslant t \leqslant t_1 \tag{6.2.25}$$

$$n_2^2 \bigg/ \frac{\partial n_2}{\partial P_{2'}} = \text{const}, \qquad t_1 \leqslant t < \tau \tag{6.2.26}$$

将$n_1 = \alpha_1(P_{1'}^{m_1} - P_1^{m_1})$和$n_2 = \alpha_2(P_2^{m_1} - P_{2'}^{m_1})$分别代入式(6.2.25)和式(6.2.26)得

$$(P_{1'}^{m_1} - P_1^{m_1}) / P_{1'}^{(m_1-1)/2} = \text{const} \tag{6.2.27}$$

$$(P_{2'}^{m_2} - P_2^{m_2}) / P_{2'}^{(m_2-1)/2} = \text{const} \tag{6.2.28}$$

式(6.2.27)和式(6.2.28)包括$n \propto \Delta(P^m)$传输规律下对称商品流阻($m_1 = m_2$)和混合商品流阻($m_1 \neq m_2$)[464]两有限经济库内可逆商业机最大利润输出时的优化结果。式(6.2.27)为5.2.2节的优化结果即式(5.2.17)。

6.3 存在旁通流漏的有限势库广义机最大广义输出

6.3.1 物理模型

在6.2.1节两有限势库内可逆广义机物理模型的基础上，考虑有限高势库和无限低势库间存在直接的广义流传递过程，建立如图6.3所示存在旁通广义流漏$J_3(X_1, X_2)$的有限势容高广义势库下不可逆广义机模型，其他条件与6.2.1节相同。6.2.1节中式(6.2.1)~式(6.2.4)、式(6.2.7)和式(6.2.8)对于本节也均是适用的。高、低势库间的直接广义流量Q_3为

$$Q_3 = \int_0^{\tau} J_3(X_1, X_2)\mathrm{d}t \tag{6.3.1}$$

高广义势库为有限势库，同时高广义势库释放的总广义流量为化学机吸收的广义流量和高、低广义势库间直接传递的广义流之和，即$Q_1 = Q_{1'} + Q_3$，则有

$$C_{X_1}\frac{\mathrm{d}X_1}{\mathrm{d}t} = -\theta_1(t)J_1(X_1, X_{1'}) - J_3(X_1, X_2) \tag{6.3.2}$$

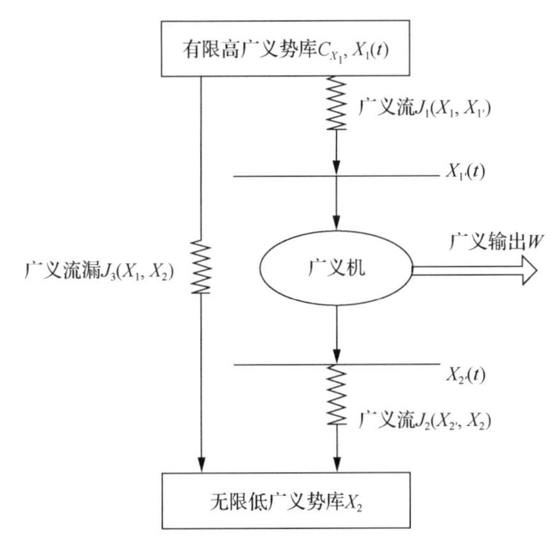

图 6.3　存在旁通广义流漏的有限势容高广义势库下不可逆广义机模型

6.3.2　优化结果

与 6.2.2 节一样，本节先将结论以定理的形式给出，然后在本书附录 B 中给出严格的数学证明。

【定理】　在式(6.2.7)和式(6.3.2)的约束下，式(6.2.8)中 W 取最大值的必要条件为：广义机低势侧工质广义势 $X_{1'}$ 保持为常数，高势库广义势 X_1 和高势侧工质广义势 $X_{1'}$ 满足

$$(J_1+J_3)^2\frac{\partial[J_1'(X_{1'}+\lambda)/(J_1+J_3)]}{\partial X_{1'}}\Big/\frac{\partial J_1}{\partial X_{1'}}=\text{const},\ 0\leqslant t\leqslant t_1 \tag{6.3.3}$$

该性质与广义势容 C_{X_1} 无关。若进一步有 $J_3=0$，式(6.3.3)变为式(6.2.9)。

将具体的广义传输规律 $J_1(X_1,X_{1'})$ 和 $J_3(X_1,X_2)$ 代入式(6.3.3)，然后联立式(6.3.2)~式(6.3.3)求解得广义势 X_i 和 $X_{i'}$（$i=1,\ 2$）的最佳时间路径和最优时间分配 $t_{1,\text{opt}}$ 与 $t_{2,\text{opt}}$。特别地，当广义流率 J_i 和广义速率 J_i' 满足一定关系时，得到更为简化的结果。

【推论 1】　当广义流率 J_i（$i=1,\ 2$）和广义速率 J_i' 间满足关系 $J_i'=J_i/X_{i'}$ 时，式(6.3.3)变为

$$\frac{\lambda J_1(J_1+J_3)}{X_{1'}^2}\Big/\frac{\partial J_1}{\partial X_{1'}}-J_3\left(1+\frac{\lambda}{X_{1'}}\right)=\text{const},\ 0\leqslant t\leqslant t_1 \tag{6.3.4}$$

若进一步有 $J_3 = 0$，式(6.3.4)变为式(6.2.11)。

证明：将 $J_i' = J_i / X_{i'}$ 分别代入式(6.3.3)化简得式(6.3.4)。

【推论 2】　当广义流率 J_i（$i=1, 2$）和广义速率 J_i' 间满足关系 $J_i' = J_i$ 时，式(6.3.3)变为

$$J_1(J_1+J_3)\Big/\frac{\partial J_1}{\partial X_{1'}} + J_3(X_{1'}+\lambda) = \text{const},\ 0 \leqslant t \leqslant t_1 \tag{6.3.5}$$

若进一步有 $J_3 = 0$，式(6.3.5)变为式(6.2.13)。

证明：将 $J_i' = J_i$ 分别代入式(6.3.3)化简得式(6.3.5)。

6.3.3 应用

6.3.3.1 有限高温热源不可逆热机最优构型

考虑文献[246] 3.3 节存在旁通热漏的有限高温热源不可逆热机，广义势为 $X_i = T_i$ 和 $X_{i'} = T_{i'}$（$i=1, 2$），广义流率为 $J_i(X_i, X_{i'}) = q_i(T_i, T_{i'})$，广义速率为 $J_i'(X_i, X_{i'}) = q_i(T_i, T_{i'}) / T_{i'}$，广义势容 $C_{X_i} = C_{T_i}$。因为 $s_i(T_i, T_{i'}) = q_i(T_i, T_{i'}) / T_{i'}$，由推论 1 得不可逆热机最大输出功时的必要条件为

$$\frac{\lambda q_1(q_1+q_3)}{T_{1'}^2}\Big/\frac{\partial q_1}{\partial T_{1'}} - q_3\left(1+\frac{\lambda}{T_{1'}}\right) = \text{const},\ 0 \leqslant t \leqslant t_1 \tag{6.3.6}$$

式(6.3.6)为文献[246] 3.3.2 节存在热阻和热漏的有限高温热源不可逆热机最大输出功时的研究结果即文献[246]式(3.3.7)。

6.3.3.2 有限高势库等温不可逆化学机最优构型

考虑文献[246] 6.3 节存在旁通质漏的有限高势库等温不可逆化学机，广义势为 $X_i = \mu_i$ 和 $X_{i'} = \mu_{i'}$（$i=1, 2$），广义流率为 $J_i(X_i, X_{i'}) = g_i(\mu_i, \mu_{i'})$，广义速率为 $J_i'(X_i, X_{i'}) = g_i(\mu_i, \mu_{i'})$，广义势容 $C_{X_i} = C_{\mu_i}$。因为广义流率 $J_i(X_i, X_{i'})$ 和广义速率 $J_i'(X_i, X_{i'})$ 相同，均为 $g_{i'}(\mu_i, \mu_{i'})$，由推论 2 得等温不可逆化学机最大输出功时的必要条件为

$$g_1(g_1+g_3)\Big/\frac{\partial g_1}{\partial \mu_{1'}} + g_3(\mu_{1'}+\lambda) = \text{const},\ 0 \leqslant t \leqslant t_1 \tag{6.3.7}$$

式(6.3.7)为文献[246]6.3.2 节的研究结果即文献[246]式(6.3.15)。

6.3.3.3　具有内耗散的电池做功过程最优构型

考虑如图 6.4 所示存在旁通电阻器 R_3 的 RC 电路做功过程，由图 6.4 可见，将电阻 R_1 和 R_2 合并。广义势分别为 $X_i = U_i$ 和 $X_{i'} = U_{i'}$（$i = 1, 2$），广义流率为 $J_{i'}(X_i, X_{i'}) = I_{i'}(U_i, U_{i'})$，广义速率为 $J'_{i'}(X_i, X_{i'}) = I_{i'}(U_i, U_{i'})$，广义势容 $C_{X_i} = C_{U_i}$。因为广义流率 $J_{i'}(X_i, X_{i'})$ 和广义速率 $J'_{i'}(X_i, X_{i'})$ 相同，均为 $I_{i'}(U_i, U_{i'})$，由推论 2 得 RC 电路最大输出功时的必要条件为

$$I_{1'}(I_{1'} + I_3) \bigg/ \frac{\partial I_{1'}}{\partial U_{1'}} + I_3(U_{1'} + \lambda) = \text{const} \tag{6.3.8}$$

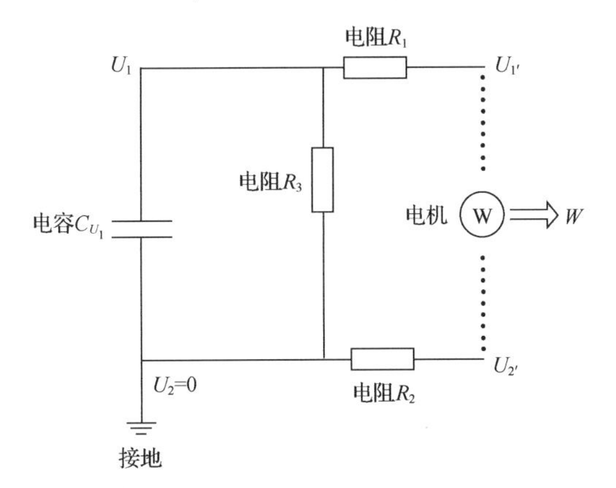

图 6.4　存在旁通电阻器的 RC 电路

当电阻 R_1 和 R_3 均为常数时即电流传输规律服从欧姆定律，将 $I_{1'} = (U_1 - U_{1'}) / R_1$ 和 $I_3 = (U_1 - U_2) / R_3$ 代入式(6.3.8)得

$$(U_1 - U_{1'})^2 + R_1(U_1 - U_2)(U_1 - \lambda - 2U_{1'}) / R_3 = \text{const} \tag{6.3.9}$$

式(6.3.9)为欧姆定律下 RC 电路最大输出功时优化结果。

若电流传输服从一类“差函数”形式的电流传输规律即 $I_i = \phi(U_i - U_{i'})$，将 $I_{1'} = \phi_1(U_1 - U_{1'})$ 和 $I_3 = \phi_3(U_1 - U_2)$ 代入式(6.3.8)得

$$\phi_1(\phi_1 + \phi_3) \bigg/ \frac{\partial \phi_1}{\partial U_{1'}} + \phi_3(U_{1'} + \lambda) = \text{const} \tag{6.3.10}$$

式(6.3.10)为“差函数”形式电流传输规律 $\phi(U_i - U_{i'})$ 下存在电阻 R_3 的 RC 电路最大输出功时优化结果。

若电流传输服从另一类"函数差"形式的电流传输规律 $I_1=\psi_1(U_1)-\psi_1(U_{1'})$，将 $I_{1'}=\psi_1(U_1)-\psi_1(U_{1'})$ 和 $I_3=\psi_3(U_1)-\psi_3(U_2)$ 代入式(6.3.8)得

$$\frac{[\psi_1(U_1)-\psi_1(U_{1'})]^2}{\partial\psi_1/\partial U_{1'}}+[\psi_3(U_1)-\psi_3(U_2)]\left[\frac{\psi_1(U_1)-\psi_1(U_{1'})}{\partial\psi_1/\partial U_{1'}}+\lambda+U_{1'}\right]=\text{const} \tag{6.3.11}$$

式(6.3.11)为"函数差"形式电流传输规律 $I_i=\psi_i(U_i)-\psi_i(U_{i'})$ 下存在电阻 R_3 的 RC 电路最大输出功时的优化结果。

6.3.3.4　有限低价经济库不可逆商业机最优构型

在本书 5.2.1 节的有限低价经济库内可逆商业机的基础上，进一步考虑存在商品流漏的有限低价经济库不可逆商业机。本节的低、高价经济库间存在直接的商品流，除此之外，其他条件与本书 5.2.1 节相同。广义势为 $X_i=P_i$ 和 $X_{i'}=P_{i'}$（$i=1,\ 2$），广义流率为 $J_i(X_i,X_{i'})=n_i(P_i,P_{i'})$，广义速率为 $J_i'(X_i,X_{i'})=n_i(P_i,P_{i'})$，广义势容 $C_{X_i}=C_{P_i}$。因为广义流率 $J_i(X_i,X_{i'})$ 和广义速率 $J_i'(X_i,X_{i'})$ 相同，均为 $n_{i'}(P_i,P_{i'})$，由推论 2 得内可逆商业机最大利润输出时的必要条件为

$$n_1(n_1+n_3)\bigg/\frac{\partial n_1}{\partial P_{1'}}+n_3(P_{1'}+\lambda)=\text{const},\ \ 0\leqslant t\leqslant t_1 \tag{6.3.12}$$

式(6.3.12)为存在商品流漏的有限低价经济库不可逆商业机最大利润时的优化结果。

将 $n_1=\alpha_1(P_{1'}-P_1)$ 和 $n_3=\alpha_3(P_2-P_1)$ 代入式(6.3.12)得

$$\alpha_1(P_{1'}-P_1)^2+\alpha_3(P_2-P_1)(2P_{1'}-P_1+\lambda)=\text{const},\ \ 0\leqslant t\leqslant t_1 \tag{6.3.13}$$

式(6.3.13)为线性传输规律[$n\propto\Delta(P)$]下存在商品流漏的有限低价经济库不可逆商业机最大利润时的优化结果。

将 $n_1=\alpha_1(P_{1'}^{m_1}-P_1^{m_1})$ 和 $n_3=\alpha_3(P_2^{m_3}-P_1^{m_3})$ 代入式(6.3.12)得

$$\frac{\alpha_1(P_{1'}^{m_1}-P_1^{m_1})^2}{m_1P_{1'}^{m_1-1}}+\alpha_3(P_2^{m_3}-P_1^{m_3})\left(\frac{P_{1'}}{m_1}-\frac{P_1^{m_1}}{m_1P_{1'}^{m_1-1}}+P_1+\lambda\right)=\text{const},\ \ 0\leqslant t\leqslant t_1 \tag{6.3.14}$$

式(6.3.14)为普适商品传输规律[$n\propto\Delta(P^m)$]下存在商品流漏的有限低价经济库不可逆商业机最大利润时的优化结果。

6.4　多无限广义势库内可逆广义机最大广义输出率

6.4.1　物理模型

图 6.5 为多无限广义势库内可逆广义机模型，该系统由一个内可逆广义机及与其相连的 N 个无限广义势库组成，广义机中的广义势为 $X(t)$，第 i 个广义势库的广义势为常数 $X_{0i}(t)$，$i \in [1, N]$。广义势库与广义机工质间广义流率为

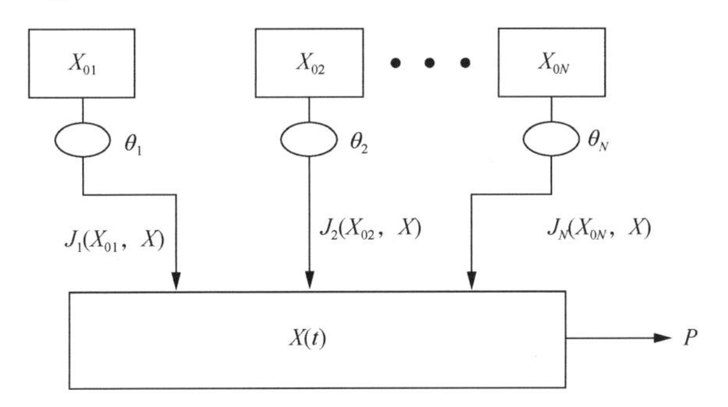

图 6.5　多无限广义势库内可逆广义机模型

$$\tilde{J}_i(X_{0i}, X, \theta_i) = \theta_i J_i(X_{0i}, X) \tag{6.4.1}$$

式中，$\tilde{J}_i(X_{0i}, X, \theta_i)$ 为实际广义流率；$J_i(X_{0i}, X)$ 为理想广义流率；θ_i 为开关函数，表示广义势库与广义机间的接触程度，两者完全接触广义流传递时 $\theta_i = 1$，两者无接触时 $\theta_i = 0$，因此 $\theta_i \in [0,1]$。广义势库及广义机工质内部过程均是可逆的，唯一的不可逆性来源于广义势库和广义机工质间的有限速率广义流传递过程。循环过程总时间 τ 为定值。

广义机为内可逆循环即广义位移守恒，得

$$\int_0^\tau \sum_{i=1}^N \theta_i J_i'(X_{0i}, X) \mathrm{d}t = 0 \tag{6.4.2}$$

广义机循环平均广义输出率 $\overline{P}$ 的形式可以统一写为

$$\overline{P} = (1/\tau) \int_0^\tau \sum_{i=1}^N \theta_i J_i'(X_{0i}, X) X \mathrm{d}t \tag{6.4.3}$$

6.4.2　优化方法

现在的问题为在式(6.4.2)的约束下求式(6.4.3)中 $\overline{P}$ 取最大值时的开关函数向

量$\theta(t)=(\theta_1,\theta_2,\cdots,\theta_N)$和广义机工质广义势$X(t)$的最佳时间路径，建立变更的拉格朗日函数如下：

$$L=\sum_{i=1}^{N}\theta_i J_i'(X_{0i},X)(X-\lambda) \tag{6.4.4}$$

式中，λ为待定拉格朗日乘子。

6.4.2.1 开关函数θ_i最优路径

由式(6.4.4)可看出，因为L是$\theta_i(X_{0i},X)$线性函数，所以L只能在$\theta_i(X_{0i},X)$的可行域边界上取得最大值。由于$\theta_i(t)\in[0,1]$，$\theta_i(X_{0i},X)$只能取0和1。由极小值原理得最佳开关函数θ_i为

$$\theta_i(X_{0i},X)=\begin{cases}1, & J_i'(X_{0i},X)(X-\lambda)>0\\ 0, & J_i'(X_{0i},X)(X-\lambda)<0\end{cases} \tag{6.4.5}$$

6.4.2.2 广义机工质广义势$X(t)$最优路径

定义广义速率输入函数$J_i'^{+}(X_{0i},X)$及广义速率输出函数$J_i'^{-}(X_{0i},X)$如下：

$$J_i'^{+}(X_{0i},X)=\begin{cases}J_i'(X_{0i},X), & X_{0i}>X\\ 0, & X_{0i}<X\end{cases} \tag{6.4.6}$$

$$J_i'^{-}(X_{0i},X)=\begin{cases}0, & X_{0i}>X\\ J_i'(X_{0i},X), & X_{0i}<X\end{cases} \tag{6.4.7}$$

式中，$i\in[1,N]$，则总输入广义速率$J'^{+}(X_0,X)$和总输出广义速率$J'^{-}(X_0,X)$为

$$J'^{+}(X_0,X)=\sum_{i=1}^{N}J_i'^{+}(X_{0i},X) \tag{6.4.8}$$

$$J'^{-}(X_0,X)=\sum_{i=1}^{N}J_i'^{-}(X_{0i},X) \tag{6.4.9}$$

式中，$X_0=(X_{01},X_{02},\cdots,X_{0N})$代表广义势库广义势矢量。由式(6.4.5)~式(6.4.9)得广义势库与广义机间总的广义位移交换率为

$$J_{\Sigma}'(X_0,X)=\sum_{i=1}^{N}J_i'(X_{0i},X)=\begin{cases}J'^{+}(X_{0i},X), & X>\lambda\\ J'^{-}(X_{0i},X), & X<\lambda\end{cases} \tag{6.4.10}$$

根据平均规划问题求解理论，若规划问题的约束条件个数为r，则相应的最优解为$r+1$个常数。本问题仅有广义位移守恒定律即式(6.4.2)一个约束条件，因此广义机内工质的广义势为两个常数，与广义势库的数量无关。由此得多库内可逆广义机最大广义输出率时的循环最优构型由两个等广义势分支和两个瞬时等广义流分支组成，且与广义势库的数量无关。不失一般性，设广义机工质广义势分别为X_1和X_2，由极值条件$\partial L/\partial X=0$得

$$\lambda = X + J'_{\Sigma}(X_0,X)/(\partial J'_{\Sigma}/\partial X) \tag{6.4.11}$$

式(6.4.11)在$X=X_1$和$X=X_2$处均成立。另一个极值条件是拉格朗日函数L在两个最优解处的函数值相等，由式(6.4.6)得

$$J'_{\Sigma}(X_0,X_1)(X_1-\lambda) = J'_{\Sigma}(X_0,X_2)(X_2-\lambda) \tag{6.4.12}$$

若令γ_1和γ_2分别表示广义机工质广义势为$X=X_1$和$X=X_2$的两个广义流传递分支所耗费的时间占循环周期τ的比例。由式(6.4.2)得

$$\gamma_1 J'_{\Sigma}(X_0,X_1) + \gamma_2 J'_{\Sigma}(X_0,X_2) = 0 \tag{6.4.13}$$

$$\gamma_1+\gamma_2=1,\quad \gamma_1\geqslant 0,\quad \gamma_2\geqslant 0 \tag{6.4.14}$$

由式(6.4.13)进一步得

$$\gamma_2/\gamma_1 = -J'_{\Sigma}(X_0,X_1)/J'_{\Sigma}(X_0,X_2) \tag{6.4.15}$$

联立式(6.4.12)和式(6.4.15)得

$$\lambda = (\gamma_1 X_2+\gamma_2 X_1)/(\gamma_1+\gamma_2) = \gamma_1 X_2+\gamma_2 X_1 \tag{6.4.16}$$

由式(6.4.16)可见，λ的取值介于$X_1 \sim X_2$。假定广义机工质的最优广义势分别为X^+和X^-，而且满足$X^+>\lambda$和$X^-<\lambda$。由式(6.4.6)和式(6.4.7)可知，当广义机工质的广义势为X^+时，广义机从高广义势库（$X_{0i}>X^+$）吸收广义流；当广义机工质的广义势为X^-时，广义机向低广义势库（$X_{0i}<X^-$）释放广义流。而广义势介于$X^- \sim X^+$的广义势库则不参与和广义机的广义流传递过程。由此可知，为获得内可逆广义机的最大广义输出率，一些广义势库必须不参与和广义机工质的广义流传递过程。

6.4.2.3　等广义势广义流分支最佳时间γ^+和γ^-的确定

定义$J'^{+\Delta}$和$J'^{-\Delta}$如下。

$$J'^{+\Delta} = J'^{+}(X_0, X^{+}) = J'_{\Sigma}(X_0, X^{+}) \tag{6.4.17}$$

$$J'^{-\Delta} = J'^{-}(X_0, X^{-}) = J'_{\Sigma}(X_0, X^{-}) \tag{6.4.18}$$

联立式(6.4.11)、式(6.4.12)、式(6.4.17)和式(6.4.18)得

$$[J'^{+\Delta} / J'^{-\Delta}]^2 = (\partial J'^{+} / \partial X)\big|_{X^{+}} / (\partial J'^{-} / \partial X)\big|_{X^{-}} \tag{6.4.19}$$

将式(6.4.15)代入式(6.4.19)得

$$\gamma^{-} / \gamma^{+} = \sqrt{(\partial J'^{+} / \partial X)\big|_{\mu^{+}} / (\partial J'^{-} / \partial X)\big|_{\mu^{-}}} \tag{6.4.20}$$

联立式(6.4.16)和式(6.4.20)得

$$\gamma^{+} = \sqrt{-(\partial J'^{-} / \partial X)\big|_{X^{-}}} \Big/ \left[\sqrt{-(\partial J'^{+} / \partial X)\big|_{X^{+}}} + \sqrt{-(\partial J'^{-} / \partial X)\big|_{X^{-}}}\right] \tag{6.4.21}$$

$$\gamma^{-} = \sqrt{-(\partial J'^{+} / \partial X)\big|_{X^{+}}} \Big/ \left[\sqrt{-(\partial J'^{+} / \partial X)\big|_{X^{+}}} + \sqrt{-(\partial J'^{-} / \partial X)\big|_{X^{-}}}\right] \tag{6.4.22}$$

若给定 $J'(X_{0i}, X)$ 和 $X_0 = (X_{01}, X_{02}, \cdots, X_{0N})$，由式(6.4.11)、式(6.4.12)、式(6.4.21)和式(6.4.22)可求出参数 λ、X^{+}、X^{-}、γ^{+}、γ^{-} 的值。

6.4.3　应用

6.4.3.1　多源内可逆热机最优构型

考虑如图 6.6 所示多源内可逆热机模型[292, 293]，广义势为 $X = T$ 和 $X_0 = T_0$，广义流为 $J(X_0, X) = q(T_0, T)$，广义速率为 $J'(X_0, X) = q(T_0, T) / T$。式(6.4.11)、式(6.4.12)、式(6.4.21)和式(6.4.22)分别变为

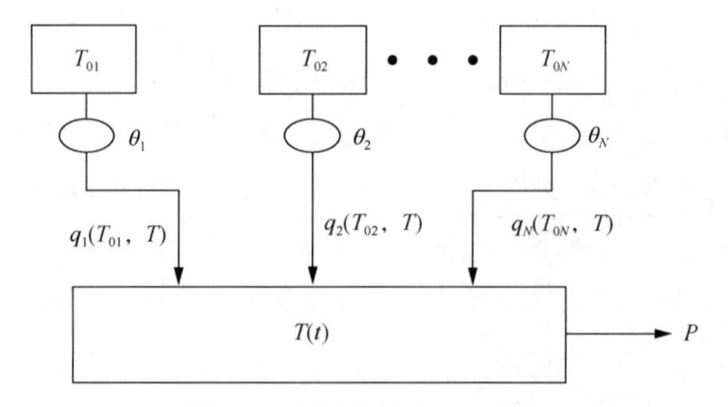

图 6.6　多源内可逆热机模型

$$\lambda = T \frac{\partial q_{\Sigma}(T_0, T)}{\partial T} \Big/ \left[\frac{\partial q_{\Sigma}(T_0, T)}{\partial T} - \frac{q_{\Sigma}(T_0, T)}{T}\right] \tag{6.4.23}$$

$$q_\Sigma(T_0,T_1)(1-\lambda/T_1)=q_\Sigma(T_0,T_2)(1-\lambda/T_2) \tag{6.4.24}$$

$$\gamma^+=\sqrt{-\left(\frac{1}{T}\frac{\partial q^-}{\partial T}-\frac{q^-}{T^2}\right)\Big|_{T^-}}\Bigg/\left[\sqrt{-\left(\frac{1}{T}\frac{\partial q^+}{\partial T}-\frac{q^+}{T^2}\right)\Big|_{T^+}}+\sqrt{-\left(\frac{1}{T}\frac{\partial q^-}{\partial T}-\frac{q^-}{T^2}\right)\Big|_{T^-}}\right] \tag{6.4.25}$$

$$\gamma^-=\sqrt{-\left(\frac{1}{T}\frac{\partial q^+}{\partial T}-\frac{q^+}{T^2}\right)\Big|_{T^+}}\Bigg/\sqrt{-\left(\frac{1}{T}\frac{\partial q^+}{\partial T}-\frac{q^+}{T^2}\right)\Big|_{T^+}}+\sqrt{-\left(\frac{1}{T}\frac{\partial q^-}{\partial T}-\frac{q^-}{T^2}\right)\Big|_{T^-}} \tag{6.4.26}$$

将式(6.4.23)分别代入式(6.4.25)和式(6.4.26)并化简得

$$\gamma^+=\sqrt{-(\partial q^-/\partial T)\big|_{T^-}}\Big/\left[\sqrt{-(\partial q^+/\partial T)\big|_{T^+}}+\sqrt{-(\partial q^-/\partial T)\big|_{T^-}}\right] \tag{6.4.27}$$

$$\gamma^-=\sqrt{-(\partial q^+/\partial T)\big|_{T^+}}\Big/\left[\sqrt{-(\partial q^+/\partial T)\big|_{T^+}}+\sqrt{-(\partial q^-/\partial T)\big|_{T^-}}\right] \tag{6.4.28}$$

式(6.4.27)和式(6.4.28)为文献[272]和[273]中多源内可逆热机最大功率输出时的研究结果。

6.4.3.2　多库等温内可逆化学机最优构型

考虑文献[246]6.4 节多库等温内可逆化学机，广义势为 $X=\mu$ 和 $X_0=\mu_0$，广义流为 $J(X_0,X)=g(\mu_0,\mu)$，广义速率为 $J'(X_0,X)=g(\mu_0,\mu)$。式(6.4.11)、式(6.4.12)、式(6.4.21)和式(6.4.22)分别变为

$$\lambda=\mu+g_\Sigma(\mu_0,\mu)/(\partial g_\Sigma/\partial\mu) \tag{6.4.29}$$

$$g_\Sigma(\mu_0,\mu_1)(\mu_1-\lambda)=g_\Sigma(\mu_0,\mu_2)(\mu_2-\lambda) \tag{6.4.30}$$

$$\gamma^+=\sqrt{-(\partial g^-/\partial\mu)\big|_{\mu^-}}\Big/\left[\sqrt{-(\partial g^+/\partial\mu)\big|_{\mu^+}}+\sqrt{-(\partial g^-/\partial\mu)\big|_{\mu^-}}\right] \tag{6.4.31}$$

$$\gamma^-=\sqrt{-(\partial g^+/\partial\mu)\big|_{\mu^+}}\Big/\left[\sqrt{-(\partial g^+/\partial\mu)\big|_{\mu^+}}+\sqrt{-(\partial g^-/\partial\mu)\big|_{\mu^-}}\right] \tag{6.4.32}$$

式(6.4.29)~式(6.4.32)为文献[246]6.4 节多库等温内可逆化学机最大功率输出时的研究结果。

6.4.3.3 多库内可逆商业机最优构型

考虑本书 5.3.1 节的多库内可逆商业机模型，此时广义势为 $X = P$ 和 $X_0 = P_0$，广义流为 $J(X_0,X) = n(P_0,P)$，广义速率为 $J'(X_0,X) = n(P_0,P)$。式(6.4.11)、式(6.4.12)、式(6.4.21)和式(6.4.22)分别变为

$$\lambda = P + n_\Sigma(P_0,P)/(\partial n_\Sigma/\partial P) \tag{6.4.33}$$

$$n_\Sigma(P_0,P_1)(P_1-\lambda) = n_\Sigma(P_0,P_2)(P_2-\lambda) \tag{6.4.34}$$

$$\gamma^+ = \sqrt{-(\partial n^-/\partial P)\big|_{P^-}} \bigg/ \left[\sqrt{-(\partial n^+/\partial P)\big|_{P^+}} + \sqrt{-(\partial n^-/\partial P)\big|_{P^-}}\right] \tag{6.4.35}$$

$$\gamma^- = \sqrt{-(\partial n^+/\partial P)\big|_{P^+}} \bigg/ \left[\sqrt{-(\partial n^+/\partial P)\big|_{P^+}} + \sqrt{-(\partial n^-/\partial P)\big|_{P^-}}\right] \tag{6.4.36}$$

式(6.4.33)~式(6.4.36)为本书 5.3 节多库内可逆商业机最大利润输出时的研究结果。

6.5 基于 HJB 理论的线性传输规律下多级广义机系统最大广义输出率

6.5.1 物理模型

图 6.7 为多级连续内可逆广义机系统模型。本节将首先导出单级稳态广义势库微内可逆广义机的基本特性，然后导出多级连续非稳态流体广义势库内可逆广义机系统的基本特性。

6.5.1.1 单级内可逆广义机基本特性

对于图 6.7 中的每一微元级内可逆广义机，均可作为单级稳态势库下内可逆广义机来分析，如图 6.8 所示。令 J_1 和 J_2 分别为广义机内工质的吸收和释放的广义流率，X_1 和 X_2 分别为高势库和低势库的广义势，$X_{1'}$ 和 $X_{2'}$ 分别为高、低势侧广义机工质的广义势。考虑广义势库与广义机工质间广义流传输服从线性传输规律[$J \propto \Delta(X)$]，则有

$$J_1 = k_1(X_1 - X_{1'}), \quad J_2 = k_2(X_{2'} - X_2) \tag{6.5.1}$$

式中，k_1 和 k_2 分别为高、低势侧广义流传输系数。

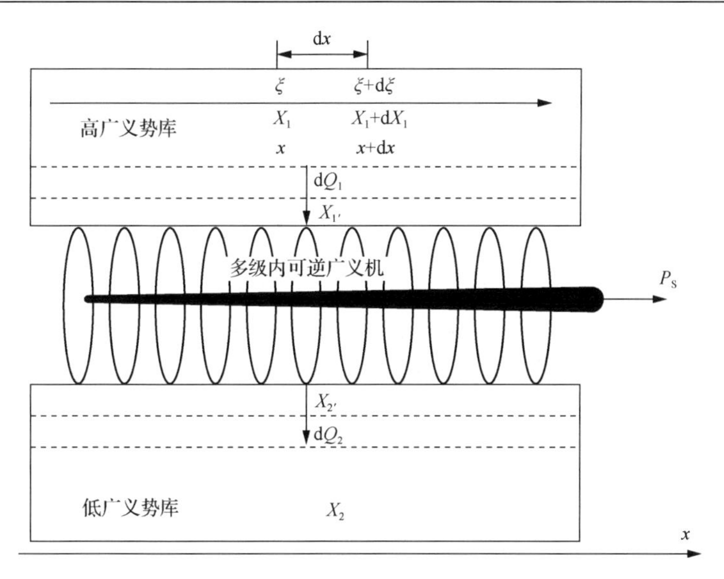

图 6.7　多级连续内可逆广义机系统模型

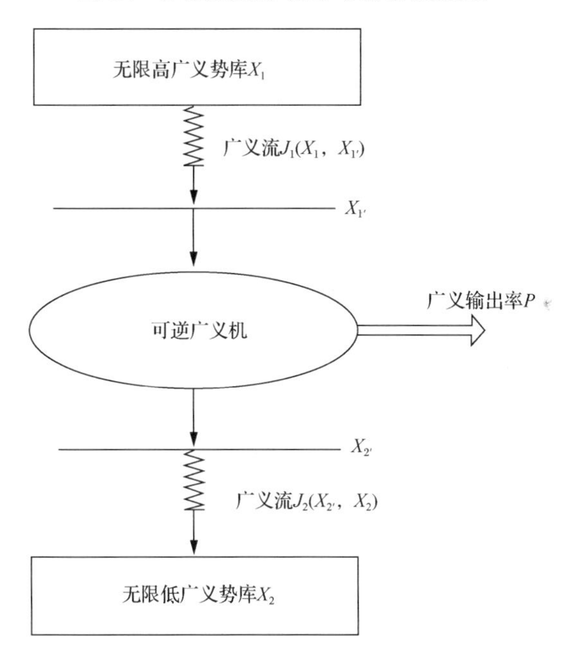

图 6.8　单级内可逆广义机模型

广义机为内可逆循环即广义位移守恒，得

$$J_1'(X_1, X_{1'}) = J_2'(X_{2'}, X_2) \tag{6.5.2}$$

广义机广义输出率 P 和效率 η 的形式可以统一写为

$$P = J_1'(X_1, X_{1'})X_{1'} - J_2'(X_{2'}, X_2)X_{2'} \tag{6.5.3}$$

$$\eta = \frac{P}{J_1} = \frac{J_1'(X_1, X_{1'})X_{1'} - J_2'(X_{2'}, X_2)X_{2'}}{J_1(X_1, X_{1'})} = \frac{J_1'(X_1, X_{1'})(X_{1'} - X_{2'})}{J_1(X_1, X_{1'})} \tag{6.5.4}$$

根据广义流率 J_i 和广义速率 J_i' 间的关系，可分如下两种情形。

(1) 广义流率与广义速率满足关系 $J_i' = J_i / X_{i'}$。

当 $J_i' = J_i / X_{i'}$ 时，由式(6.5.4)得效率为 $\eta = 1 - X_{2'} / X_{1'}$。定义变量 $X' = X_2 X_{1'} / X_{2'}$，进一步得效率为 $\eta = 1 - X_2 / X'$，广义机吸收的广义流率 J_1 和广义输出率 P 分别为

$$J_1 = \frac{k_1 k_2 (X_1 - X')}{k_1 + k_2} \tag{6.5.5}$$

$$P = \frac{k_1 k_2 (X_1 - X')}{k_1 + k_2}\left(1 - \frac{X_2}{X'}\right) \tag{6.5.6}$$

由极值条件 $\partial P / \partial X' = 0$ 得最大广义输出时的最佳 X' 为 $X'_{\text{opt}} = \sqrt{X_1 X_2}$。将 X'_{opt} 分别代入式(6.5.6)和 $\eta = 1 - X_2 / X'$ 得单级广义机最大广义输出率 $P_{\max}$ 及相应的效率 $\eta_{\max P}$ 分别为

$$P_{\max} = \frac{k_1 k_2}{k_1 + k_2}(\sqrt{X_1} - \sqrt{X_2})^2, \qquad \eta_{\max P} = 1 - \sqrt{\frac{X_2}{X_1}} \tag{6.5.7}$$

(2) 广义流率与广义速率满足关系 $J_i' = J_i$。

当 $J_i' = J_i$ 时，由式(6.5.4)得效率为 $\eta = X_{1'} - X_{2'}$。定义变量 $X' = X_2 + X_{1'} - X_{2'}$，进一步得效率为 $\eta = X' - X_2$，广义机吸收的广义流率 J_1 和广义输出率 P 分别为

$$J_1 = \frac{k_1 k_2 (X_1 - X')}{k_1 + k_2} \tag{6.5.8}$$

$$P = \frac{k_1 k_2 (X_1 - X')(X' - X_2)}{k_1 + k_2} \tag{6.5.9}$$

由极值条件 $\partial P / \partial X' = 0$ 得最大广义输出时的最佳 X' 为 $X'_{\text{opt}} = (X_1 + X_2) / 2$。将

X'_{opt} 分别代入式(6.5.6)和 $\eta = X' - X_2$ 得单级广义机最大广义输出率 $P_{\max}$ 及相应的效率 $\eta_{\max P}$ 分别为

$$P_{\max} = \frac{k_1 k_2 (X_1 - X_2)^2}{4(k_1 + k_2)}, \qquad \eta_{\max P} = \frac{X_1 - X_2}{2} \tag{6.5.10}$$

可逆效率 $\eta_{\text{rev}} = X_1 - X_2$，由式(6.5.10)可见 $\eta_{\max P} / \eta_{\text{rev}} = 0.5$，这表明此时内可逆广义机最大广义输出率时的效率 $\eta_{\max P}$ 为可逆效率 η_{rev} 的 $1/2$。

6.5.1.2　多级内可逆广义机系统的基本特性

对于图 6.7 的多级连续内可逆广义机系统，令 C_{X_1} 为高势侧广义驱动流体的广义势容率，其为广义势 X_1 的函数。令 α_1 和 α_2 分别为高、低势侧微元面积广义流传输系数，f_{V1} 为单位体积驱动流体与广义机高势侧工质的广义流交换面积，A_1 为驱动流体的横截面积。定义广义流传递单元高度为 $H_{\text{TU}} = C' / (\alpha f_{V1} F_1)$，式中 $\alpha = \alpha_1 \alpha_2 / (\alpha_1 + \alpha_2)$ 称为当量广义流传递系数，C' 为与 C_{X_1} 具有相同量纲的常数。高势侧广义势库释放的广义流为单位长度的广义势库中广义流量的变化，即

$$\frac{J_1}{k} = \frac{\mathrm{d}Q_1}{\alpha \mathrm{d}F_1} = -\frac{C_{X_1} \mathrm{d}X_1}{\alpha f_{V1} A_1 \mathrm{d}x} = -\frac{C_{X_1} \mathrm{d}X_1}{\alpha f_{V1} A_1 v \mathrm{d}t} = -\frac{C_{X_1}}{C'} \frac{\mathrm{d}X_1}{\mathrm{d}\xi} \tag{6.5.11}$$

式中，v 为广义驱动流体的流速；$\xi = x / H_{\text{TU}} = vt / H_{\text{TU}}$ 为无量纲时间，也称广义流传递单元数。由式(6.5.11)可见，以 ξ 为变量和以位置 x 或物理时间 t 为变量优化是等价的。由式(6.5.5)、式(6.5.8)和式(6.5.11)进一步得

$$\frac{\mathrm{d}X_1}{\mathrm{d}\xi} = -\frac{C'(X_1 - X')}{C_{X_1}} \tag{6.5.12}$$

对于给定的积分区域 $[\xi_{\text{i}}, \xi_{\text{f}}]$，高势侧驱动流体的边界广义势可分别表示为 $X_{1\text{i}} = X_1(\xi_{\text{i}})$ 和 $X_{1\text{f}} = X_1(\xi_{\text{f}})$，多级连续内可逆广义机系统总广义输出率 P_{s} 为

$$P_{\text{s}} = -\int_{X_{1\text{i}}}^{X_{1\text{f}}} \left[\eta(X', X_2) \cdot C_{X_1}\right] \mathrm{d}X_1 = \int_{\xi_{\text{i}}}^{\xi_{\text{f}}} \left[C'(X_1 - X') \cdot \eta(X', X_2)\right] \mathrm{d}\xi \tag{6.5.13}$$

6.5.2　优化问题的 HJB 方程

现在的问题为在式(6.5.12)的约束下求式(6.5.13)中 P_{s} 的最大值。对于内可逆

广义机满足关系式 $X_1 > X_{1'} > X_{2'} > X_2$，所以有 $X_2 \leqslant X' \leqslant X_1$。由式(6.5.12)和式(6.5.13)得优化问题的 HJB 方程为

$$\frac{\partial P_{\mathrm{s,max}}}{\partial \xi} + \max_{X'(\xi)\in \Omega}\left\{C'(X_1 - X')\cdot\left[\eta(X', X_2) - \frac{1}{C_{X_1}}\cdot\frac{\partial P_{\mathrm{s,max}}}{\partial X_1}\right]\right\} = 0 \tag{6.5.14}$$

6.5.2.1　广义流率与广义速率满足关系 $J_i' = J_i / X_{i'}$

将 $\eta(X', X_2) = 1 - X_2 / X'$ 代入式(6.5.14)得

$$\frac{\partial P_{\mathrm{s,max}}}{\partial \xi} + \max_{X'(\xi)\in \Omega}\left\{C'(X_1 - X')\cdot\left[1 - \frac{X_2}{X'} - \frac{1}{C_{X_1}}\cdot\frac{\partial P_{\mathrm{s,max}}}{\partial X_1}\right]\right\} = 0 \tag{6.5.15}$$

经推导得

$$X' = X_1 / (1 + \sqrt{a_1 / X_2}) \tag{6.5.16}$$

由式(6.5.16)可见，多级广义机系统极值广义输出率时流体高势库广义势与广义势 X' 之比为常数，该性质与流体高势库广义势容率 C_{X_1} 无关。将式(6.5.16)代入式(6.5.12)得

$$\frac{\mathrm{d}X_1}{\mathrm{d}\xi} = -\frac{C'X_1\sqrt{h / X_2}}{C_{X_1}(1 + \sqrt{h / X_2})} = \frac{C'y(h, X_2)}{C_{X_1}}\cdot X_1 \tag{6.5.17}$$

已知边界条件 $X_{1\mathrm{i}} = X_1(\xi_\mathrm{i})$ 和 $X_{1\mathrm{f}} = X_1(\xi_\mathrm{f})$，由式(6.5.17)可求得高势库广义势 X_1 随无量纲时间 ξ 的最优变化规律。将式(6.5.16)代入式(6.5.13)得

$$P_{\mathrm{s,max}} = -\int_{X_{1\mathrm{i}}}^{X_{1\mathrm{f}}} C_{X_1}\mathrm{d}X_1 + \frac{C'X_2 y(h, X_2)(\xi_\mathrm{f} - \xi_\mathrm{i})}{y(h, X_2) + 1} \tag{6.5.18}$$

特别地，当广义势容率为常数时即 $C_{X_1} = C' = \mathrm{const}$，由式(6.5.17)可解得

$$X_1(\xi) = X_{1\mathrm{i}}(X_{1\mathrm{f}} / X_{1\mathrm{i}})^{(\xi - \xi_\mathrm{i})/(\xi_\mathrm{f} - \xi_\mathrm{i})}, \qquad y(h, X_2) = [\ln(X_{1\mathrm{f}} / X_{1\mathrm{i}})] / (\xi_\mathrm{f} - \xi_\mathrm{i}) \tag{6.5.19}$$

由式(6.5.19)可见，高势库广义势 X_1 随无量纲时间 ξ 呈指数规律变化。将式(6.5.19)代入式(6.5.18)得

$$P_{s,\max} = C_{X_1}\left[X_{1i} - X_{1f} - T_2\ln(X_{1i}/X_{1f})\right] - \frac{C_{X_1}X_2\left[\ln(X_{1i}/X_{1f})\right]^2}{(\xi_f - \xi_i) - \ln(X_{1i}/X_{1f})}$$
$$= P_{s,rev} - \frac{C_{X_1}X_2\left[\ln(X_{1i}/X_{1f})\right]^2}{(\xi_f - \xi_i) - \ln(X_{1i}/X_{1f})} \tag{6.5.20}$$

由式(6.5.16)和式(6.5.20)可见，当初始时刻ξ_i、初始状态X_{1i}等参数给定时，广义势X'和极值广义输出率$P_{s,\max}$为ξ_f和X_{1f}的函数。由于$X_2 \leqslant X' \leqslant X_1$，而由式(6.5.16)可见，$X'(\xi)$为$\xi$的单调递减函数，同时为使各级广义能量转换系统均工作在广义机模式即有效率$\eta = 1 - X_2/X' > 0$，广义势X'必须满足约束$X'(\xi_f) \geqslant X_2$，由此得

$$X_{1f}[\ln(X_{1f}/X_{1i})/(\xi_f - \xi_i) + 1] \geqslant X_2 \tag{6.5.21}$$

由式(6.5.21)可见，在ξ_f为有限值下，对于广义机系统有$X_{1f}/X_{1i} < 1$，所以不等式$\ln(X_{1f}/X_{1i})/(\xi_f - \xi_i) < 0$总是成立的，因此高势侧流体末态广义势$X_{1f}$高于低势侧流体末态广义势$X_2$，并且存在一个下限值$\bar{X}_{1f}$。可将式(6.5.21)的不等式变为等式，然后数值求解超越方程得到$\bar{X}_{1f}$。当末态广义势X_{1f}固定时，由式(6.5.20)可见，$P_{s,\max}$为ξ_f的单调递增函数，由$P_{s,\max} = 0$，得ξ_f的阈值$\bar{\xi}_f$为

$$\bar{\xi}_f = \frac{[\ln(X_{1i}/X_{1f})]^2 X_2}{X_{1i} - X_{1f} - X_2\ln(X_{1i}/X_{1f})} + \ln(X_{1i}/X_{1f}) + \xi_i \tag{6.5.22}$$

式(6.5.22)表明当末态时刻ξ_f自由和末态广义势X_{1f}固定时，ξ_f必须大于$\bar{\xi}_f$，多级广义机系统才有非零广义输出率。当ξ_f固定且满足$\xi_f > \bar{\xi}_f$时，由式(6.5.20)得$P_{s,\max} < P_{s,rev}$，这表明最大广义输出率$P_{s,\max}$是比可逆性能界限$P_{s,rev}$更为真实、严格的性能界限。当末态时刻ξ_f一定和末态广义势X_{1f}自由时，由式(6.5.20)可见，随着末态广义势X_{1f}的降低，可逆广义输出率$P_{s,rev}$增加，第二项损失项也增加，在闭区间$[\bar{X}_{1f}, \bar{X}_{1i}]$上存在最佳末态广义势$X_{1f,opt}$使多级广义机系统极值广义输出率取最大值，$X_{1f,opt}$易通过数值求解方程$\mathrm{d}P_{s,\max}/\mathrm{d}X_{1f} = 0$得到。

6.5.2.2 广义流率与广义速率满足关系 $J_i' = J_i$

将$\eta(X', X_2) = X' - X_2$代入式(6.5.14)得

$$\frac{\partial P_{s,\max}}{\partial \xi}+\max_{X'(\xi)\in\Omega}\left[C'(X_1-X')\cdot\left(X'-X_2-\frac{1}{C_{X_1}}\cdot\frac{\partial P_{s,\max}}{\partial X_1}\right)\right]=0 \tag{6.5.23}$$

经推导得

$$X'=X_1-a_2 \tag{6.5.24}$$

式中，a_2 为待定积分常数。由式(6.5.24)可见，多级广义机系统极值广义输出率时流体高势库广义势与广义势 X' 之差为常数，该性质与流体高势库广义势容率 C_{X_1} 无关。将式(6.5.24)代入式(6.5.12)得

$$\frac{\mathrm{d}X_1}{\mathrm{d}\xi}=-\frac{C'a_2}{C_{X_1}} \tag{6.5.25}$$

已知边界条件 $X_{1\mathrm{i}}=X_1(\xi_\mathrm{i})$ 和 $X_{1\mathrm{f}}=X_1(\xi_\mathrm{f})$，由式(6.5.25)可求得高势库广义势 X_1 随无量纲时间 ξ 的最优变化规律。将式(6.5.24)代入式(6.5.13)得

$$P_{s,\max}=\int_{\xi_\mathrm{i}}^{\xi_\mathrm{f}}\left[C'a_2(X_1-X_2-a_2)\right]\mathrm{d}\xi \tag{6.5.26}$$

特别地，当广义势容率为常数时即 $C_{X_1}=C'=\mathrm{const}$，由式(6.5.25)可解得

$$X_1(\xi)=X_{1\mathrm{i}}+(X_{1\mathrm{f}}-X_{1\mathrm{i}})(\xi-\xi_\mathrm{i})/(\xi_\mathrm{f}-\xi_\mathrm{i}),\qquad a_2=(X_{1\mathrm{i}}-X_{1\mathrm{f}})/(\xi_\mathrm{f}-\xi_\mathrm{i}) \tag{6.5.27}$$

由式(6.5.27)可见，高势库广义势 X_1 随无量纲时间 ξ 呈线性规律变化。将式(6.5.27)代入式(6.5.26)得

$$\begin{aligned}P_{s,\max}&=\frac{C_{X_1}(X_{1\mathrm{i}}-X_{1\mathrm{f}})(X_{1\mathrm{i}}+X_{1\mathrm{f}}-2X_2)}{2}-\frac{C_{X_1}(X_{1\mathrm{i}}-X_{1\mathrm{f}})^2}{\xi_\mathrm{f}-\xi_\mathrm{i}}\\&=P_{s,\mathrm{rev}}-\frac{C_{X_1}(X_{1\mathrm{i}}-X_{1\mathrm{f}})^2}{\xi_\mathrm{f}-\xi_\mathrm{i}}\end{aligned} \tag{6.5.28}$$

由式(6.5.27)和式(6.5.28)可见，当初始时刻 ξ_i 和初始状态 $X_{1\mathrm{i}}$ 等参数给定时，广义势 X' 和极值广义输出率 $P_{s,\max}$ 为 ξ_f、$X_{1\mathrm{f}}$ 的函数。由于 $X_2\leqslant X'\leqslant X_1$，而由式(6.5.24)可见，$X'(\xi)$ 为 ξ 的单调递减函数，同时为使各级广义能量转换系统均工作在广义

机模式即有效率 $\eta = X' - X_2 > 0$，广义势 X' 必须满足约束 $X'(\xi_f) \geqslant X_2$，由此得

$$X_{1f} - (X_{1i} - X_{1f}) / (\xi_f - \xi_i) \geqslant X_2 \tag{6.5.29}$$

由式(6.5.29)可见，在 ξ_f 为有限值下，对于广义机系统有 $X_{1i} - X_{1f} > 0$，所以不等式 $(X_{1i} - X_{1f}) / (\xi_f - \xi_i) > 0$ 总是成立的，因此高势侧流体末态广义势 X_{1f} 高于低势侧流体末态广义势 X_2，并且存在一个下限值 $\bar{X}_{1f}$。可将式(6.5.21)的不等式变为等式，然后求解得到 $\bar{X}_{1f}$，由式(6.5.29)得

$$\bar{X}_{1f} = [X_{1i} + X_2(\xi_f - \xi_i)] / (\xi_f - \xi_i + 1) \tag{6.5.30}$$

当末态广义势 X_{1f} 固定时，由式(6.5.28)可见，$P_{s,\max}$ 为 ξ_f 的单调递增函数，由 $P_{s,\max} = 0$ 得 ξ_f 的阈值 $\bar{\xi}_f$ 为

$$\bar{\xi}_f = \frac{2(X_{1i} - X_{1f})}{X_{1i} + X_{1f} - 2X_2} + \xi_i \tag{6.5.31}$$

式(6.5.31)表明当末态时刻 ξ_f 自由和末态广义势 X_{1f} 固定时，ξ_f 必须大于 $\bar{\xi}_f$，多级广义机系统才有非零广义输出率。当 ξ_f 固定且满足 $\xi_f > \bar{\xi}_f$ 时，由式(6.5.28)得 $P_{s,\max} < P_{s,\text{rev}}$，这表明最大广义输出率 $P_{s,\max}$ 是比可逆性能界限 $P_{s,\text{rev}}$ 更为真实、严格的性能界限。当末态时刻 ξ_f 一定，末态广义势 X_{1f} 自由时，由式(6.5.28)可见，随着末态广义势 X_{1f} 的降低，可逆广义输出率 $P_{s,\text{rev}}$ 增加，第二项损失项也增加，在闭区间 $[\bar{X}_{1f}, \bar{X}_{1i}]$ 上存在最佳末态广义势 $X_{1f,\text{opt}}$ 使多级内可逆广义机系统极值广义输出率取最大值，由式(6.5.28)得 $X_{1f,\text{opt}}$ 为

$$X_{1f,\text{opt}} = \frac{X_{1i} + X_2(\xi_f - \xi_i)/2}{1 + (\xi_f - \xi_i)/2} \tag{6.5.32}$$

6.5.3　应用

6.5.3.1　多级内可逆卡诺热机系统最优构型

考虑文献[246]5.2 节的多级卡诺热机系统，广义势分别变为 X_i=T_i 和 $X_{i'} = T_{i'}$ (i=1, 2)，广义流率变为 $J_i(X_i, X_{i'}) = q_i(T_i, T_{i'})$，广义速率变为 $J_i'(X_i, X_{i'}) = s_i(T_i, T_{i'}) = q_i(T_i, T_{i'}) / T_{i'}$，线性广义流传输规律[$J \propto \Delta(X)$]对应于牛顿传热规律[$q \propto \Delta(T)$]，广义势 $X' = X_2 X_{1'} / X_{2'}$ 变为卡诺温度 $T' = T_2 T_{1'} / T_{2'}$。若高温流体热源的热容率 C_{T_1} 不随温度 T_1 变化，保持为常数，式(6.5.19)~式(6.5.22)分别变为

$$T_1(\xi)=T_{1\mathrm{i}}(T_{1\mathrm{f}}/T_{1\mathrm{i}})^{(\xi-\xi_\mathrm{i})/(\xi_\mathrm{f}-\xi_\mathrm{i})} \tag{6.5.33}$$

$$P_{\mathrm{s,max}}=C_{T_1}\left[T_{1\mathrm{i}}-T_{1\mathrm{f}}-T_2\ln(T_{1\mathrm{i}}/T_{1\mathrm{f}})\right]-\frac{C_{T_1}T_2\left[\ln(T_{1\mathrm{i}}/T_{1\mathrm{f}})\right]^2}{(\xi_\mathrm{f}-\xi_\mathrm{i})-\ln(T_{1\mathrm{i}}/T_{1\mathrm{f}})}=P_{\mathrm{s,rev}}-T_2\sigma_\mathrm{s} \tag{6.5.34}$$

$$T_{1\mathrm{f}}[\ln(T_{1\mathrm{f}}/T_{1\mathrm{i}})/(\xi_\mathrm{f}-\xi_\mathrm{i})+1]\geqslant T_2 \tag{6.5.35}$$

$$\bar{\xi}_\mathrm{f}=\frac{[\ln(T_{1\mathrm{i}}/T_{1\mathrm{f}})]^2T_2}{T_{1\mathrm{i}}-T_{1\mathrm{f}}-T_2\ln(T_{1\mathrm{i}}/T_{1\mathrm{f}})}+\ln(T_{1\mathrm{i}}/T_{1\mathrm{f}})+\xi_\mathrm{i} \tag{6.5.36}$$

式(6.5.33)~式(6.5.36)为文献[96]、[135]、[146]、[334]~[349]、[353]、[354]和文献[246]5.2节牛顿传热规律下多级内可逆热机系统最大功率输出时的优化结果。

若高温流体的热容率 C_{T_1} 为温度 T_1 的函数，假设其随温度呈线性规律变化即 $C_{T_1}=C'+\gamma T_1$，其中 C' 和 γ 均为已知常数，式(6.5.19)~式(6.5.22)分别变为

$$C'\ln[T_1(\xi)/T_{1\mathrm{i}}]+\gamma[T_1(\xi)-T_{1\mathrm{i}}]=\frac{(\xi-\xi_\mathrm{i})[C'\ln(T_{1\mathrm{f}}/T_{1\mathrm{i}})+\gamma(T_{1\mathrm{f}}-T_{1\mathrm{i}})]}{(\xi_\mathrm{f}-\xi_\mathrm{i})} \tag{6.5.37}$$

$$P_{\mathrm{s,max}}=C'(T_{1\mathrm{i}}-T_{1\mathrm{f}})+\frac{\gamma}{2}(T_{1\mathrm{i}}^2-T_{1\mathrm{f}}^2)-\frac{T_2[C'\ln(T_{1\mathrm{i}}/T_{1\mathrm{f}})+\gamma(T_{1\mathrm{i}}-T_{1\mathrm{f}})]}{1-[C'\ln(T_{1\mathrm{i}}/T_{1\mathrm{f}})+\gamma(T_{1\mathrm{i}}-T_{1\mathrm{f}})]/[C'(\xi_\mathrm{f}-\xi_\mathrm{i})]} \tag{6.5.38}$$

$$T_{1\mathrm{f}}\left[\frac{C'\ln(T_{1\mathrm{f}}/T_{1\mathrm{i}})+\gamma(T_{1\mathrm{f}}-T_{1\mathrm{i}})}{C'(\xi_\mathrm{f}-\xi_\mathrm{i})}+1\right]\geqslant T_2 \tag{6.5.39}$$

$$\bar{\xi}_\mathrm{f}=\frac{T_2[C'\ln(T_{1\mathrm{i}}/T_{1\mathrm{f}})+\gamma(T_{1\mathrm{i}}-T_{1\mathrm{f}})]^2/C'}{T_2[C'\ln(T_{1\mathrm{i}}/T_{1\mathrm{f}})+\gamma(T_{1\mathrm{i}}-T_{1\mathrm{f}})]-[C'(T_{1\mathrm{i}}-T_{1\mathrm{f}})+\gamma(T_{1\mathrm{i}}^2-T_{1\mathrm{f}}^2)/2]}+\xi_\mathrm{i} \tag{6.5.40}$$

由式(6.5.37)可见，高温流体热源温度随时间不再呈指数规律变化。

6.5.3.2 多级等温内可逆化学机系统最优构型

考虑文献[246] 7.2节的多级等温化学机系统，广义势为 $X_i=\mu_i$ 和 $X_{i'}=\mu_{i'}$（$i=1, 2$），广义流率为 $J_i(X_i,X_{i'})=g_i(\mu_i,\mu_{i'})$，广义速率为 $J_i'(X_i,X_{i'})=g_i(\mu_i,\mu_{i'})$，线性广义流传输规律[$J\propto\Delta(X)$]对应于线性传质规律[$g\propto\Delta(\mu)$]，令 $C'=\dot{m}_1$，已知边界条件 $c_1(\xi_\mathrm{i})=c_{1\mathrm{i}}$ 和 $c_1(\xi_\mathrm{f})=c_{1\mathrm{f}}$，得

$$c_1(\xi)=1-\frac{(1-c_{1\mathrm{i}})(1-c_{1\mathrm{f}})(\xi_{\mathrm{f}}-\xi_{\mathrm{i}})}{(1-c_{1\mathrm{f}})(\xi_{\mathrm{f}}-\xi)-(1-c_{1\mathrm{i}})(\xi_{\mathrm{i}}-\xi)} \tag{6.5.41}$$

$$\frac{P_{\mathrm{s,max}}}{\dot{\bar{m}}_1}=\left\{\begin{array}{l}\dfrac{(c_{1\mathrm{i}}-c_{1\mathrm{f}})(\mu_{01}-\mu_2)}{(1-c_{1\mathrm{f}})(1-c_{1\mathrm{i}})}-RT\left\{\dfrac{\ln(c_{1\mathrm{f}})}{(1-c_{1\mathrm{f}})}-\dfrac{\ln(c_{1\mathrm{i}})}{(1-c_{1\mathrm{i}})}+\ln\left[\dfrac{c_{1\mathrm{i}}(1-c_{1\mathrm{f}})}{c_{1\mathrm{f}}(1-c_{1\mathrm{i}})}\right]\right\} \\ -\dfrac{(c_{1\mathrm{i}}-c_{1\mathrm{f}})^2[(h_1/h_2)+1]}{(1-c_{1\mathrm{i}})^2(1-c_{1\mathrm{f}})^2(\xi_{\mathrm{f}}-\xi_{\mathrm{i}})}\end{array}\right\} \tag{6.5.42}$$

$$\mu_{01}+RT\ln(c_{1\mathrm{f}})-\frac{(c_{1\mathrm{i}}-c_{1\mathrm{f}})}{(1-c_{1\mathrm{i}})(1-c_{1\mathrm{f}})(\xi_{\mathrm{f}}-\xi_{\mathrm{i}})}\geqslant\mu_2 \tag{6.5.43}$$

$$\bar{\xi}_{\mathrm{f}}=\frac{(c_{1\mathrm{i}}-c_{1\mathrm{f}})^2}{\left\{\begin{array}{l}\left\{\dfrac{(c_{1\mathrm{i}}-c_{1\mathrm{f}})(\mu_{01}-\mu_2)}{(1-c_{1\mathrm{f}})(1-c_{1\mathrm{i}})}-RT\left\{\dfrac{\ln(c_{1\mathrm{f}})}{(1-c_{1\mathrm{f}})}-\dfrac{\ln(c_{1\mathrm{i}})}{(1-c_{1\mathrm{i}})}+\ln\left[\dfrac{c_{1\mathrm{i}}(1-c_{1\mathrm{f}})}{c_{1\mathrm{f}}(1-c_{1\mathrm{i}})}\right]\right\}\right\} \\ \times(1-c_{1\mathrm{i}})^2(1-c_{1\mathrm{f}})^2\end{array}\right\}}+\xi_i \tag{6.5.44}$$

式(6.5.41)~式(6.5.44)为文献[246] 7.2 节线性传质规律[$g\propto\Delta(\mu)$]下，当不可逆性因子$\varphi=1$时，多级等温内可逆化学机系统最大功率输出时的研究结果。

6.5.3.3　多级内可逆电机系统最优构型

考虑如图 6.9 所示的多级内可逆电机系统，广义势为 $X_i=U_i$ 和 $X_{i'}=U_{i'}$ (i=1,2)，广义流率为 $J_i(X_i,X_{i'})=I_i(U_i,U_{i'})$，广义速率为 $J_i'(X_i,X_{i'})=I_i(U_i,U_{i'})$，线性广义流传输规律[$J\propto\Delta(X)$]对应于欧姆定律[$I\propto\Delta(U)$]，广义势 $X'=X_2+X_{1'}-X_{2'}$ 为电势 $U'=U_2+U_{1'}-U_{2'}$。对于高压线 1，假设微元长度 dx 电线的电阻为 r，高压线的等效电容率为 $C_{U_1}=1/r$。微元内可逆电机均为相同的，对应于高、低电势侧的电阻分别为 R_1 和 R_2，广义传输系数为 $k_i=1/R_i$（$i=1$, 2），定义当量电阻为 $R=(R_1+R_2)$，则当量广义流传输系数变为 $k=1/R$，式(6.5.14)可变为

$$\frac{I_1}{k}=-\frac{R\mathrm{d}U_1}{r\mathrm{d}x}=-\frac{\mathrm{d}U_1}{\mathrm{d}\xi} \tag{6.5.45}$$

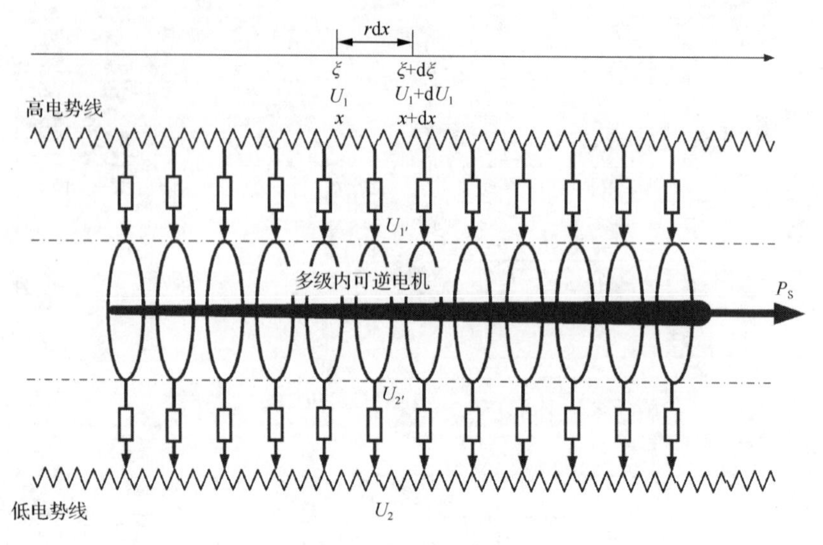

图 6.9　多级内可逆电机系统

式中，$\xi = rx / R$。式(6.5.27)、式(6.5.28)、式(6.5.30)和式(6.5.32)分别变为

$$U_1(\xi) = U_{1\mathrm{i}} + (U_{1\mathrm{f}} - U_{1\mathrm{i}})(\xi - \xi_\mathrm{i}) / (\xi_\mathrm{f} - \xi_\mathrm{i}) \tag{6.5.46}$$

$$P_{\mathrm{s,max}} = \frac{(U_{1\mathrm{i}} - U_{1\mathrm{f}})(U_{1\mathrm{i}} + U_{1\mathrm{f}} - 2U_2)}{2r} - \frac{(U_{1\mathrm{i}} - U_{1\mathrm{f}})^2}{r(\xi_\mathrm{f} - \xi_\mathrm{i})} = P_{\mathrm{s,rev}} - \frac{(U_{1\mathrm{i}} - U_{1\mathrm{f}})^2}{r(\xi_\mathrm{f} - \xi_\mathrm{i})} \tag{6.5.47}$$

$$\bar{U}_{1\mathrm{f}} = [U_{1\mathrm{i}} + U_2(\xi_\mathrm{f} - \xi_\mathrm{i})] / (\xi_\mathrm{f} - \xi_\mathrm{i} + 1) \tag{6.5.48}$$

$$\bar{\xi}_\mathrm{f} = 2(U_{1\mathrm{i}} - U_{1\mathrm{f}}) / (U_{1\mathrm{i}} + U_{1\mathrm{f}} - 2U_2) + \xi_\mathrm{i} \tag{6.5.49}$$

$$U_{1\mathrm{f,opt}} = [U_{1\mathrm{i}} + U_2(\xi_\mathrm{f} - \xi_\mathrm{i}) / 2] / [1 + (\xi_\mathrm{f} - \xi_\mathrm{i}) / 2] \tag{6.5.50}$$

由式(6.5.46)可知，常等效电容率下多级内可逆电机系统最大功率输出时高压线电势随无量纲长度呈线性规律变化。

对于等效电容率 C_{U_1} 随电势 U_1 变化的情形，考虑电容率为 $C_{U_1} = C'U_0^2 / (U_1 - U_0)^2$ 的情形，式中 C' 和 U_0 均为已知常数，得

$$\frac{1}{U_1(\xi) - U_0} - \frac{1}{U_{1\mathrm{i}} - U_0} = \frac{(U_{1\mathrm{i}} - U_{1\mathrm{f}})(\xi - \xi_\mathrm{i})}{(U_{1\mathrm{i}} - U_0)(U_{1\mathrm{f}} - U_0)(\xi_\mathrm{f} - \xi_\mathrm{i})} \tag{6.5.51}$$

$$\frac{P_{\mathrm{s,max}}}{C'U_0^2}=\frac{(U_0-U_2)(U_{1\mathrm{i}}-U_{1\mathrm{f}})}{(U_{1\mathrm{i}}-U_0)(U_{1\mathrm{f}}-U_0)}+\ln\left(\frac{U_{1\mathrm{i}}-U_0}{U_{1\mathrm{f}}-U_0}\right)-\frac{U_0^2(U_{1\mathrm{i}}-U_{1\mathrm{f}})^2}{(U_{1\mathrm{i}}-U_0)^2(U_{1\mathrm{f}}-U_0)^2(\xi_\mathrm{f}-\xi_\mathrm{i})}$$
$$=\frac{P_{\mathrm{s,rev}}}{C'U_0^2}-\frac{U_0^2(U_{1\mathrm{i}}-U_{1\mathrm{f}})^2}{(U_{1\mathrm{i}}-U_0)^2(U_{1\mathrm{f}}-U_0)^2(\xi_\mathrm{f}-\xi_\mathrm{i})} \tag{6.5.52}$$

$$U_{1\mathrm{f}}-\frac{U_0^2(U_{1\mathrm{i}}-U_{1\mathrm{f}})}{(U_{1\mathrm{i}}-U_0)(U_{1\mathrm{f}}-U_0)(\xi_\mathrm{f}-\xi_\mathrm{i})}\geqslant U_2 \tag{6.5.53}$$

$$\xi_\mathrm{f}=\left[\frac{U_0^2(U_{1\mathrm{i}}-U_{1\mathrm{f}})^2}{(U_{1\mathrm{i}}-U_0)^2(U_{1\mathrm{f}}-U_0)^2}\right]\Bigg/\left[\frac{(U_0-U_2)(U_{1\mathrm{i}}-U_{1\mathrm{f}})}{(U_{1\mathrm{i}}-U_0)(U_{1\mathrm{f}}-U_0)}+\ln\left(\frac{U_{1\mathrm{i}}-U_0}{U_{1\mathrm{f}}-U_0}\right)\right]+\xi_\mathrm{i} \tag{6.5.54}$$

由式(6.5.51)可见，非线性电容率 $C_{U_1}=C'U_0^2/(U_1-U_0)^2$ 下多级内可逆电机系统最大功率输出时高压线电势 $U_1(\xi)-U_0$ 的倒数随无量纲长度 ξ 呈线性规律变化。

6.6 本 章 小 结

在文献[246]第 2 章至第 8 章和本书第 5 章研究内容的基础上，本章建立了两有限广义势库内可逆广义机、存在旁通流漏的有限势库不可逆广义机、多无限广义势库内可逆广义机和多级内可逆广义机系统等 4 种广义热力循环的物理模型，形成了相应的动态优化问题，应用统一的优化方法，获得了普适的优化结果，所得优化结果包括热力循环、化学循环、电池做功电路、商业机循环等各种特例下的最优构型。得到的主要结论如下。

(1) 有限广义势库广义机最大广义输出时的必要条件与广义势库的广义势容无关；当广义流和广义速率相同并且广义流仅为相应侧广义势差的函数时，内可逆广义机广义势库与相应侧广义机工质间广义势差和广义流率均保持为常数。

(2) 对于多无限广义势库内可逆广义机，其最大广义输出率时循环最优构型包含两个等广义势分支，为获得内可逆广义机的最大输出率，一些广义势库必须不参与和广义机工质的广义流传递过程。

(3) 对于线性传输规律下单级内可逆广义机，当广义流为广义速率和相应侧广义机工质的广义势两者之积时，广义机最大广义输出率时的效率为 $\eta_{\max P}=1-\sqrt{X_2/X_1}$，即该广义机最大广义输出率时的效率表达式与内可逆热机的 CA 效率相似；当广义流和广义速率相同时，广义机最大广义输出率时的效率为 $\eta_{\max P}=(X_1-X_2)/2$，该广义机最大广义输出率时的效率为对应可逆广义机效率的1/2。

(4) 对于多级内可逆广义机系统，当广义流为广义速率和相应侧广义机工质的广义势两者之积时，对应于常势容高广义势库下系统极值广义输出率时的高广义势库的广义势随时间呈指数规律变化；当广义流和广义速率相同时，对应于常势容高广义势库下系统极值广义输出率时的高广义势库的广义势随时间呈线性规律变化；多级广义机系统的最大广义输出率等于其多级可逆广义机系统的广义输出率与一个耗散项之差；当末态广义势固定和末态时刻自由时，末态时刻存在一个下限值，末态时刻必须大于此下限值才能保证多级内可逆广义机系统有非零功率输出，当末态时刻趋于无穷大时，多级内可逆广义机最大广义输出趋近于其可逆性能界限；当末态广义势和末态时刻均固定时，多级内可逆广义机系统的极值广义输出率即最大广义输出率；当末态广义势自由和末态时刻固定时，末态广义势存在一个大于低势库广义势的下限值，同时还存在一个最佳值使多级内可逆广义机系统的极值广义输出率取最大值。

(5) 本章的研究表明，借助于广义热力学[517]和广义热力学优化理论[69, 190, 191]，可以将热力学、传热传质学、电学、化学和经济学等多学科研究对象进行统一处理，抽出共性，突出本质，建立统一的广义热力学物理模型，形成统一的动态优化问题，采用统一的优化方法，获得具有一般意义上普适性的优化结果，得到各种广义热力学过程优化新准则和循环新构型，建立统一的设计优化理论体系，这种统一的优化研究思路即“广义热力学动态优化”的研究思想。

第7章 全书总结

有限时间热力学主要研究的是不可逆热力过程的极值问题。存在两类极值问题，一类是确定给定热力过程最佳热力性能的函数极值问题，另一类是确定对应于热力性能极值的最佳热力过程的泛函极值问题。对前一类静态优化问题，可由一般高等数学中的求偏导数或拉格朗日法求解，对后一类动态优化(最优构型)问题，则需最优控制理论方法来求解。最优路径一旦求出，所有其他的热力学量都可以从中导出，因此回答有关最佳热力过程路径的问题比有关最佳性能的问题更复杂，需要更大的计算工作量，也更具有实际意义。

本书在全面系统地了解有限时间热力学、熵产生最小化、广义热力学优化理论和炽理论等现今各种热力学优化理论与总结前人现有的研究成果的基础上，重点研究了工程热力装置和广义机循环的动态优化问题。本书完成的一系列工作，为广义热力学动态优化的深入研究和应用打下了重要基础。其主要内容和基本结论体现在如下几个方面。

(1)基于活塞式加热气缸中理想气体工质不可逆膨胀过程的理论模型，在广义辐射传热规律下，以最大膨胀功为优化目标，对给定初态热力学能、初态体积、末态体积和过程时间的活塞式加热气缸的最优膨胀进行了研究，求出了其最优构型；根据所给出的数值算例，分析了传热规律对不可逆膨胀过程最优构型的影响，并将所得到的线性唯象传热规律下的结果应用到活塞式加热气缸不可逆膨胀过程功率优化、内燃机运行过程优化和外燃机运行过程优化中；在广义辐射传热规律下，考虑活塞运动对热导率的影响，建立了一个热导率随时间变化的、更符合实际的不可逆膨胀过程的理论模型，在此模型下，工质与外热槽的热流率不仅是工质热力学能的函数，而且是工质体积的函数，以膨胀功最大为优化目标，对不可逆膨胀过程的最优构型进行了研究。结果表明：

①广义辐射传热规律下活塞式加热气缸的最优膨胀规律均由两级瞬时绝热过程和一个最大膨胀功输出分支(E-L 弧)串接组成，且初始的和最终的绝热过程形式完全一致；几种特殊传热规律下加热气体膨胀的最优构型 E-L 弧过程中气缸内工质温度都低于热槽温度，说明整个膨胀过程是从环境吸热，随着热导率 k 的增加，过程的最大功逐渐增加，所对应的效率也逐渐增加。

②线性唯象传热规律下活塞式加热气缸膨胀过程功率优化的最优构型中，随着热导率 k 的增加，最大输出功率和给定功率时的最大膨胀功都逐渐增加，这是因为整个 E-L 弧过程中气缸内理想气体温度都是低于热槽温度的，整个膨胀过程

中理想气体对环境是吸热而不是放热，吸入的热量和泵入的热流共同通过膨胀转化为对外做的功。

③线性唯象传热规律下的内燃机最优运行过程与牛顿传热规律下的内燃机最优运行过程都由初始的绝热过程、中间的 E-L 弧及最后的绝热过程组成；但是两种传热条件下压缩与功率冲程的过程完全不同。

④线性唯象传热规律下的外燃机最优循环与牛顿传热规律下的外燃机最优循环都由准循环过程和完全循环过程组成，当缸内工质温度达到稳态初始温度时，发生由准循环向完全循环过程的转变；但是两种传热条件下准循环与完全循环的最优压缩比、最大膨胀功和对应的效率都不同，稳态初始温度也不同。

⑤热导率可变和热导率为常数时 E-L 弧的主要异同点有：工质热力学能的时间变化曲线均为类抛物线型，即 E-L 弧部分工质热力学能存在一个最大点；与热导率为常数时相比，热导率可变时 E-L 弧部分工质热力学能随时间的变化幅度更大，并且工质体积的时间变化曲线的曲率较大；不同热导率条件下，得到的最大热力学能点所对应的时刻有明显差异。这表明，建立一个更符合实际的活塞式加热气缸中理想气体不可逆膨胀过程的理论模型，以及在此模型下重新研究不可逆膨胀过程的最优构型是十分必要的。

⑥对于广义辐射传热规律下变热导率时的不可逆膨胀过程最优构型，不同传热规律下 E-L 弧的主要异同点有：不同传热规律下工质热力学能最大点对应的时刻几乎相同。当传热指数 $n \geqslant 1$ 时，不同传热规律下的工质热力学能的时间变化曲线非常相似，而且随着传热指数的增加，E-L 弧上工质热力学能的最大值逐渐减小。当传热指数 $n=-1$ 时，工质热力学能的时间变化曲线与其他四种传热规律下的结果存在明显区别：$n=-1$ 时 E-L 弧部分初始热力学能和工质热力学能的最大值大于其他四种传热规律下得到的值，而 E-L 弧部分末态热力学能小于其他四种传热规律下得到的值；$n=-1$ 时，E-L 弧部分末态热力学能小于 E-L 弧部分初始热力学能，而其他四种传热规律下，E-L 弧部分末态热力学能大于 E-L 弧部分初始热力学能。在 E-L 弧的初始阶段，不同传热规律下均存在一段压缩过程，并且随着传热指数的增加，压缩过程持续的时间逐渐缩短。

(2) 考虑气缸内工质与气缸外壁间传热服从广义辐射传热规律[$q \propto \Delta(T^n)$]，应用最优控制理论以循环输出功最大为目标分别优化了 Otto 循环热机和 Diesel 循环热机活塞运动路径。结果表明：

①限制加速度约束下 Otto 循环内燃机最大输出功时各冲程活塞运动最优路径由三段构成，且均包含一个初始最大加速段和一个末端最大减速段，功率冲程中间段为由一组微分方程构成的中间运动段，无功冲程中间段为匀速运行段；考虑燃料的有限速率燃烧影响后，限制加速度约束下 Diesel 循环内燃机最大输出功时

各冲程活塞运动最优路径也均由三段构成，Diesel 循环无功冲程活塞运动最优路径与 Otto 循环优化结果相同，功率冲程活塞运动最优路径的初始段由原来 Otto 循环的最大加速段变为 Diesel 循环的运动延滞段(活塞速度为零)，同时两者的中间运动段所服从的微分方程组也不同。

②各种传热规律下 Otto 和 Diesel 循环内燃机活塞运动路径与循环周期最优分配规律均显著不同，因此研究传热规律对 Otto 和 Diesel 循环内燃机最大输出功时活塞运动最优路径的影响是十分有必要的。

③优化活塞运动规律不仅增加了内燃机输出功和效率，而且降低了热漏损失及摩擦损失，这些对于实际内燃机的设计意义重大。摩擦损失的减少有利于延长内燃机使用寿命，热漏损失的减少降低了冷却系统的热负荷并提高了排放尾气温度，可考虑采用以简单的气体冷却系统代替复杂的液体冷却系统，利用蓄热器回收尾气的热量以供二次利用。

(3) 基于一类$[A] \rightleftharpoons [B]$型光驱动发动机模型，在广义辐射传热规律下，分别以循环输出功最大和循环熵产生最小为优化目标，对光驱动发动机的活塞运动最优路径进行了研究；基于一类$2SO_3F \rightleftharpoons S_2O_6F_2$型双分子光驱动发动机模型，在线性唯象传热规律下，分别以循环输出功最大和循环熵产生最小为优化目标，对光驱动发动机的活塞运动最优路径进行了研究；基于$[A] \rightleftharpoons [B]$型和$2SO_3F \rightleftharpoons S_2O_6F_2$型光驱动发动机模型，将生态学性能指标引入光驱动发动机最优构型研究中，在广义辐射传热规律下，以生态学函数最大为优化目标，对光驱动发动机的活塞运动最优路径进行了研究。结果表明：

①对于以循环输出功最大和循环熵产生最小为优化目标时的$[A] \rightleftharpoons [B]$型光驱动发动机最优构型，传热规律的主要影响在于：$n=-1$和$n=1$时，两种最优控制循环下，在膨胀冲程中发动机可以吸收更多的辐射能，而$n=4$时，两种最优控制循环下，在压缩冲程中发动机可以吸收更多的辐射能；$n=-1$和$n=1$时，最大输出功循环时的循环熵产生主要是由热漏引起的，最小熵产生循环中的循环熵产生主要是由摩擦引起的，而$n=4$时，两种最优控制循环时的循环熵产生主要都是由热漏引起的；$n=-1$和$n=1$时，两种最优控制循环下，膨胀冲程工质均对环境放热，而压缩冲程工质均从环境吸热，而$n=4$时，两种最优控制循环下，都是在膨胀冲程从环境吸热，压缩冲程对环境放热，并且总的循环热漏损失均为负值；$n=-1$和$n=1$时最小熵产生循环活塞速度的最优构型几乎重叠，并且在膨胀冲程活塞速度始终为正，而压缩冲程活塞速度始终为负；而$n=4$时，活塞速度的最优构型与$n=-1$和$n=1$时完全不同，并且在膨胀冲程末期活塞速度为负值，这表明此时存在压缩过程，而压缩冲程末期活塞速度为正值，这表明此时存在膨胀过程。

②对于以循环输出功最大和循环熵产生最小为优化目标时的$2SO_3F \rightleftharpoons S_2O_6F_2$

型双分子光驱动发动机最优构型，传热规律的主要影响在于：线性唯象和牛顿传热规律下，热漏造成的损失是摩擦造成的损失的 3~5 倍，因此，与降低摩擦损失相比，减少热漏损失有可能更好地改善发动机工作性能；两种传热规律的两种最优构型下，循环热漏损失均为负值，这意味着工质是从环境吸热的；牛顿传热规律下，循环输出功最大时得到的循环输出功和循环熵产生最小时得到的循环熵产生均大于线性唯象传热规律下得到的值；线性唯象传热规律下，循环输出功最大和循环熵产生最小时，活塞位移的时间变化曲线在数值上明显大于牛顿传热规律下得到的曲线，而工质温度的时间变化曲线在数值上明显低于牛顿传热规律下得到的曲线。

③以生态学函数最大为目标时，以一定的循环输出功为代价，较大地降低了循环熵产生，生态学目标函数反映了循环输出功和循环熵产生之间的最佳折中。此外，最大生态学路径时，活塞速度、活塞位移和工质温度随时间的变化曲线均介于最大输出功路径和最小熵产生路径的曲线之间。

④对于以生态学函数最大为优化目标时的[A]$\rightleftharpoons$[B]型光驱动发动机最优构型，传热规律主要影响在于：随着传热指数的增加，循环输出功和生态学函数逐渐减小，而循环熵产生逐渐增大；$n=-1$ 和 $n=1$ 时，膨胀冲程所做的功大于压缩冲程消耗的功，因此总的输出功为正值，而 $n=4$ 时，膨胀冲程所做的功小于压缩冲程消耗的功，因此总的输出功为负值。

⑤对于以生态学函数最大为优化目标时的 $2SO_3F \rightleftharpoons S_2O_6F_2$ 型双分子光驱动发动机最优构型，传热规律的主要影响在于：与牛顿传热规律下的结果相比，线性唯象传热规律下的循环输出功和循环熵产生较大，并且虽然牛顿和线性唯象传热规律时生态学函数 $\overline{E}_C$ 均为负值，但线性唯象传热规律时 $\overline{E}_C$ 值较大；线性唯象传热规律下，从曲线形状上看，最大生态学路径时的活塞速度曲线与最大输出功路径时的曲线相似，在每个冲程内活塞速度的时间曲线均为类抛物线型，牛顿传热规律下，从曲线形状上看，最大生态学路径时的活塞速度曲线与最小熵产生路径时的曲线相似，均在膨胀与压缩冲程中存在一个极大值点和极小值点；线性唯象传热规律下的活塞位移始终大于牛顿传热规律下的活塞位移，而工质温度始终低于牛顿传热规律下的工质温度。

(4) 研究了 $n \propto \Delta(P^m)$ 传输规律下有限容量低价经济库下内可逆商业机最大利润时的循环最优构型；研究了多库商业机最大利润时循环最优构型。结果表明：

①$n \propto \Delta(P^m)$ 传输规律下贸易过程资本耗散最小时商品流率与企业商品价格的 $(m-1)/2$ 次幂之比为常数；当 m 值增大时，各种交易策略下资本耗散差别减小；相比企业价格一定的交易策略，商品流一定的交易策略较为接近资本耗散最小时的最优策略；传输规律和商品流漏均影响贸易过程资本耗散最小时生产商和企业

中商品价格的最优构型，在经济贸易过程优化时必须予以考虑。

②不同传输规律下有限容量低价经济库内可逆商业机循环最优构型是显著不同的，因此研究传输规律对商业机循环最优构型影响是十分有必要的。

③多库商业机最大利润输出时循环最优构型由两个等价格分支和两个瞬时等商品流分支组成，与经济库的数量和具体的商品传输规律均无关；为获得商业机的最大利润，一些经济库必须不参与和商业机的商品传输过程，这些未使用的经济库的价格介于商业机工作的高、低价格之间。

(5)基于广义热力学优化理论的思想，建立了两有限广义势库内可逆广义机和存在广义流漏的有限高广义势库不可逆广义机物理模型，以广义输出最大为目标研究了最优构型；建立了多无限广义势库内可逆广义机物理模型，以循环平均广义输出率最大为目标研究了最优构型；建立了线性传输规律下多级内可逆广义机系统模型，在给定初始时刻和高广义势库初始状态等参数条件下，以广义输出率最大为目标研究了最优构型。结果表明：

①有限广义势库广义机最大广义输出时的必要条件与广义势库的广义势容无关；当广义流和广义速率相同并且广义流仅为相应侧广义势差的函数时，内可逆广义机广义势库与相应侧广义机工质间广义势之差和广义流率均保持为常数。

②对于多无限广义势库内可逆广义机，其最大广义输出率时循环最优构型包含两个等广义势分支，为获得内可逆广义机的最大输出率，一些广义势库必须不参与和广义机工质的广义流传递过程。

③对于线性传输规律下单级内可逆广义机，当广义流为广义速率和相应侧广义机工质的广义势两者之积时，广义机最大广义输出率时的效率为 $\eta_{\max P} = 1 - \sqrt{X_2 / X_1}$，即该广义机最大广义输出率时的效率表达式与内可逆热机的 CA 效率相似；当广义流和广义速率相同时，广义机最大广义输出率时的效率为 $\eta_{\max P} = (X_1 - X_2) / 2$，该广义机最大广义输出率时的效率为对应可逆广义机效率的 $1/2$。

④对于多级内可逆广义机系统，当广义流为广义速率和相应侧广义机工质的广义势两者之积时，对应于常势容高广义势库下系统极值广义输出率时的高广义势库的广义势随时间呈指数规律变化；当广义流和广义速率相同时，对应于常势容高广义势库下系统极值广义输出率时的高广义势库的广义势随时间呈线性规律变化；多级广义机系统的最大广义输出率等于其多级可逆广义机系统的广义输出率与一个耗散项之差；当末态广义势固定和末态时刻自由时，末态时刻存在一个下限值，末态时刻必须大于此下限值才能保证多级内可逆广义机系统有非零功率输出，当末态时刻趋于无穷大时，多级内可逆广义机最大广义输出趋近于其可逆性能界限；当末态广义势和末态时刻均固定时，多级内可逆广义机系统的极值广

义输出率即最大广义输出率；当末态广义势自由和末态时刻固定时，末态广义势存在一个大于低势库广义势的下限值，同时还存在一个最佳值使多级内可逆广义机系统的极值广义输出率取最大值。

⑤借助于广义热力学和广义热力学优化理论，可以将热力学、传热传质学、电学、化学和经济学等多学科研究对象进行统一处理，抽出共性，突出本质，建立统一的广义热力学物理模型，提出相应的动态优化问题，采用统一的优化方法，获得具有一般意义上普适性的优化结果，得到各种广义热力学过程优化新准则和循环新构型，建立统一的设计优化理论体系，这种统一的优化研究思路即“广义热力学动态优化”的研究思想。

综上所述，本书在以下三个方面有较大创新之处。

一是开展了非牛顿传热规律下活塞式加热气缸气体最优膨胀规律、内燃机活塞运动最优路径、光化学发动机活塞运动最优路径等动态优化问题研究，应用最优控制理论导出这一系列循环的最优构型，全面系统地揭示了传热规律和变热导率等因素对优化结果定性和定量的影响，丰富了有限时间热力学理论。

二是开展了商业机等非传统热力学研究对象的动态优化问题研究，揭示了经济库容量、商品传输规律和商品流漏等因素对优化结果定性与定量的影响，得到了各种过程优化的新准则和循环的新构型，可为实际过程的优化设计提供理论参考依据。

三是应用交叉、移植和类比的研究方法，将热力学、传热传质学、流体力学、化学反应动力学、经济学和最优控制理论多学科交叉融合，建立了多种广义能量转换循环的广义热力学物理模型，形成了相应的动态优化问题，采用了统一的优化方法，得到了普适的优化新结果和研究新结论，前人相关研究结果和本书已有相关研究内容均为该结果的特例，由此提出了“广义热力学动态优化”的研究思想，有助于推动热力学优化这一学科分支进一步深化和发展。

参考文献

[1] Andresen B, Berry R S, Nitzan A, et al. Thermodynamics in finite time. I. The step-Carnot cycle[J]. Phys. Rev. A, 1977, 15(5): 2086-2093.

[2] Salamon P, Andresen B, Berry R S. Thermodynamics in finite time. II. Potentials for finite-time processes[J]. Phys. Rev. A, 1977, 15(5): 2094-2101.

[3] Andresen B, Salamon P, Berry R S. Thermodynamics in finite time: extremals for imperfect heat engines[J]. J. Chem. Phys., 1977, 66(4): 1571-1578.

[4] Andresen B, Berry R S, Ondrechen M J, et al. Thermodynamics for processes in finite time[J]. Acc. Chem. Res., 1984, 17(8): 266-271.

[5] Andresen B, Salamon P, Berry R S. Thermodynamics in finite time[J]. Phys. Today, 1984, 37(9): 62-70.

[6] Andresen B. Finite-time thermodynamics and thermodynamic length[J]. Rev. Gen. Therm, 1996, 35(418/419): 647-650.

[7] Andresen B. Finite Time Thermodynamics and Simulated Annealing. In: J. Shiner. Entropy and Entropy Generation[M]. Amsterdam: Kluwer Academic Publishers, 1996.

[8] Andresen B. Finite-Time Thermodynamics[D]. Demark: University of Copenhagen, 1983.

[9] Sieniutycz S, Shiner J S. Thermodynamics of irreversible processes and its relation to chemical engineering: Second law analyses and finite time thermodynamics[J]. J. Non-Equilib. Thermodyn., 1994, 19(4): 303-348.

[10] Orlov V N, Rudenko A V. Optimal control in problems of extremal of irreversible thermodynamic processes[J]. Avtomatika i Telemekhanika, 1985(5): 7-41.

[11] Feidt M. Thermodynamique et Optimisation Energetique des Systems et Procedes (2nd Ed.)[M]. Paris: Technique et Documentation, Lavoisier, 1996.

[12] Gordon J M, Ng K C. Cool Thermodynamics[M]. Cambridge: Cambridge Int. Science Publishers, 2000.

[13] Sieniutycz S. Hamilton-Jacobi-Bellman framework for optimal control in multistage energy systems[J]. Phys. Reports, 2000, 326(4): 165-285.

[14] Chen L G, Wu C, Sun F R. The recent advances in finite time thermodynamics and its future application[J]. Int. J. Energy, Environ. & Econ., 2001, 11(1): 69-81.

[15] Denton J C. Thermal cycles in classical thermodynamics and nonequilibrium thermodynamics in contrast with finite time thermodynamics[J]. Energy Convers. & Mgnt., 2002, 43(13): 1583-1617.

[16] Sieniutycz S. Thermodynamic limits on production or consumption of mechanical energy in practical and industry systems[J]. Prog. Energy & Combu. Sci., 2003, 29(3): 193-246.

[17] Sieniutycz S, Farkas H. Variational and Extremum Principles in Macroscopic Systems[M]. London: Elsevier Science Publishers, 2005.

[18] Senft J R. Mechanical Efficiency of Heat Engines[M]. Cambridge: Cambridge University Press, 2007.

[19] Wu C. Power optimization of a finite-time Carnot heat engine[J]. Energy, 1988, 13(9): 681-687.

[20] Petrescu S, Costea M. Development of Thermodynamics with Finite Speed and Direct Method[M]. Bucuresti: Editura AGIR, 2012.

[21] Kosloff R. Quantum thermodynamics: A dynamical viewpoit[J]. Entropy, 2013, 15(6): 2100-2128.

[22] Feidt M. Thermodynamique Optimale en Dimensions Physiques Finies[M]. Paris: Hermès, 2013.

[23] Medina A, Curto-Risso P L, Calvo-Hernández A, et al. Quasi-Dimensional Simulation of Spark Ignition Engines. From Thermodynamic Optimization to Cyclic Variability[M]. London: Springer, 2014.

[24] 陈林根, 孟凡凯, 戈延林, 等. 半导体热电装置的热力学研究进展[J].机械工程学报, 2013, 49(24): 144-154.

[25] Vaudrey A V, Lanzetta F, Feidt M. H. B. Reitlinger and the origins of the efficiency at maximum power formula for heat engines[J]. J. Non-Equilib. Thermodyn., 2014, 39(4): 199-204.

[26] Perescu S, Costea M, Feidt M, et al. Advanced Thermodynamics of Irreversible Processes with Finite Speed and Finite Dimensions[M]. Bucharest: Editura AGIR, 2015.

[27] Chen L G, Feng H J, Xie Z H. Generalized thermodynamic optimization for iron and steel production processes: Theoretical exploration and application cases[J]. Entropy, 2016, 18(10): 353.

[28] 毕月红, 陈林根. 空气热泵性能有限时间热力学优化[M]. 北京: 科学出版社, 2017.

[29] 陈林根，孙丰瑞，陈文振. 有限时间热力学研究新进展[J]. 自然杂志, 1992, 15(4): 249-253.

[30] Wu C, Kiang R L, Lopardo V J, et al. Finite-time thermodynamics and endoreversible heat engines[J]. Int. J. Mech. Eng. Edu., 1993, 21(4): 337-346.

[31] Chen L G, Wu C, Sun F R. Finite time thermodynamic optimization or entropy generation minimization of energy systems[J]. J. Non-Equilib. Thermodyn., 1999, 22(4): 327-359.

[32] Wu C, Chen L G, Chen J C. Recent Advances in Finite Time Thermodynamics[M]. New York: Nova Science Publishers, 1999.

[33] 陈林根，孙丰瑞. 有限时间热力学研究的一些进展[J]. 海军工程大学学报, 2001, 13(6): 41-46, 62.

[34] Kongtragool B, Wongwises S. A review of solar-powered Stirling engines and low temperature differential Stirling engines[J]. Renew. Sustain. Energy Rev., 2003, 7(1): 131-154.

[35] Durmayaz A, Sogut O S, Sahin B, et al. Optimization of thermal systems based on finite-time thermodynamics and thermoeconomics[J]. Prog. Energy Combus. Sci., 2004, 30(2): 175-217.

[36] Chen L G, Sun F R. Advances in Finite Time Thermodynamics: Analysis and Optimization[M]. New York: Nova Science Publishers, 2004.

[37] Stitou D, Spinner B. A new realistic characteristics of real energy conversion process: A contribution of finite size thermodynamics[J]. Heat Transf. Eng., 2005, 26(5): 66-72.

[38] 陈林根. 不可逆过程和循环的有限时间热力学分析[M]. 北京: 高等教育出版社, 2005.

[39] Feidt M. Optimal use of energy systems and processes[J]. Int. J. Exergy, 2008, 5(5/6): 500-531.

[40] 吴锋，陈林根，孙丰瑞，等. 斯特林机的有限时间热力学优化[M]. 北京: 化学工业出版社, 2008.

[41] Feidt M. Optimal thermodynamics-New upperbounds[J]. Entropy, 2009, 11(4): 529-547.

[42] Feidt M. Thermodynamics applied to reverse cycle machines, a review[J]. Int. J. Refrigeration, 2010, 33(7): 1327-1342.

[43] 林国星，陈金灿. 多种能量转换系统的性能优化与参数设计的研究[J]. 厦门大学学报(自然科学版), 2011, 50(2): 227-238.

[44] Tu Z C. Recent advance on the efficiency at maximum power of heat engines[J]. Chin. Phys. B, 2012, 21(2): 020513.

[45] Feidt M. Thermodynamics of energy systems and processes: A review and perspectives.[J]. J. Appl. Fluid Mech., 2012, 5(2): 85-98.

[46] 王文华，陈林根，戈延林，等. 燃气轮机循环有限时间热力学研究新进展[J]. 热力透平, 2012, 41(3): 171-178, 208.

[47] 张万里，陈林根，韩文玉，等. 正反向布雷顿循环有限时间热力学分析与优化研究进展[J]. 燃气轮机技术, 2012, 25(2): 1-11.

[48] 吴锋，李青，郭方中，等. 热声理论的研究进展[J]. 武汉工程大学学报, 2012, 34(1): 1-6.

[49] 李俊，陈林根，戈延林，等. 正反向两源热力循环有限时间热力学性能优化的研究进展[J]. 物理学报, 2013, 62(13): 130501.

[50] Reddy V S, Kaushik S C, Ranjan K R, et al. State-of-the-art of solar thermal power plants: A review[J]. Renew. Sustain. Energy Rev., 2013, 27: 258-273.

[51] Petrescu S, Costea M, Boriaru N, et al. Thermodynamics with finite speed (TFS). I. The main moments in the development of TFS[J]. Termotehnica, 2013, 17(1): 5-18.

[52] Petrescu S, Costea M, Florea T, et al. Thermodynamics with finite speed (TFS) II. Validation of the direct method for Stirling engine cycles with finite speed(TFS) II. Validation of the direct method for Stirling engine cycles with finite speed[J]. Termotehnica, 2013, 17(2): 3-17.

[53] Ngouateu Wouagfack P A, Tchinda R. Finite-time thermodynamics optimization of absorption refrigeration systems: A review[J]. Renew. Sustain. Energy Rev., 2013, 21: 524-536.

[54] Qin X Y, Chen L G, Ge Y L, et al. Finite time thermodynamic studies on absorption thermodynamic cycles: A state of the arts review[J]. Ara. J. Sci. Eng., 2013, 38(3): 405-419.

[55] Feidt M. Evolution of thermodynamic modelling for three and four heat reservoirs reverse cycle machines: A review and new trends[J]. Int. J. Refrigeration, 2013, 36(1): 8-23.

[56] Sarkar J. A review on thermodynamic optimization of irreversible refrigerator and verification with transcritical CO2 system[J]. Int. J. Thermodyn., 2014, 17(2): 71-79.

[57] Petrescu S, Feidt M, Enache V, et al. Unification perspective of finite physical dimensions thermodynamics and finite speed thermodynamics[J]. Int. J. Energy & Environ. Eng., 2015, 6(3): 245-254.

[58] 丁泽民，陈林根，王文华，等. 三类微型能量转换系统有限时间热力学性能优化的研究进展[J]. 中国科学：技术科学, 2015, 45(9): 889-918.

[59] Chen L G, Meng F K, Sun F R. Thermodynamic analyses and optimization for thermoelectric devices: The state of the arts[J]. Sci. China: Tech. Sci., 2016, 59(3): 442-455.

[60] Ge Y L, Chen L G, Sun F R. Progress in finite time thermodynamic studies for internal combustion engine cycles[J]. Entropy, 2016, 18(4): 139.

[61] 马一太. 混合工质热泵循环节能及高温压缩式热泵变速容量调节的研究[D]. 天津：天津大学, 1989.

[62] Douglass J W. Optimization and thermodynamic performance measures for a class of finite-time thermodynamic cycles[D]. Portland: Portland State University, 1990.

[63] Stanescu G. The study of the mechanism of irreversibility generation in order to improve the performance of thermal machines and devices[D]. Bucarest: Universite Politechica of Bucarest, 1992.

[64] Popescu G. Finite time thermodynamics optimization of the endoregenerative and exoirreversible Stirling systems[D]. Bucarest: Universite Politechica of Bucarest, 1993.

[65] Vargas J V C. Combined heat transfer and thermodynamic problems with applications in referigeration[D]. USA: Duke University, 1994.

[66] Geva E. Finite time thermodynamics for quantum heat engine and heat pump[D]. Jerusalem: The Hebrew University, 1995.

[67] Chen J C. Optimal performance analysis of several typical thermodynamic cycles systems[D]. Amsterdam: Universiteit van Amsterdam, 1997.

[68] Costea M. Improvement of heat exchangers performance in view of the thermodynamic optimization of the stirling machine: Unsteady-State heat transfer in porous media[D]. Bucarest: Universite Politechica of Bucarest, 1997.

[69] 陈林根. 不可逆过程和循环的有限时间热力学分析[D]. 武汉: 海军工程大学, 1998.

[70] 吴锋. 斯特林机的有限时间热力学研究[D]. 武汉: 海军工程大学, 1998.

[71] Tyagi S K. Finite time thermodynamics and second law evaluation of thermal energy conversion system[D]. Meerut: C C S University, 2000.

[72] 郑飞. 吸收式制冷循环与绝热吸收过程的理论和实验研究[D]. 杭州: 浙江大学, 2000.

[73] 隋军. 溴化锂吸收循环系统优化分析[D]. 大连: 大连理工大学, 2001.

[74] Humphrey T. Mesoscopic quantum ratchets and the thermodynamics of energy selective electron heat engines[D]. Sydeny: The University of New South Wales, 2003.

[75] Khaliq A. Heat transfer and thermodynamic studies in thermal power cycles and thermo fluid systems[D]. Delhi: Indian Institute of Technology, 2003.

[76] 何济洲. 两类回热式热力学循环性能的研究[D]. 厦门: 厦门大学, 2003.

[77] 黄跃武. 不可逆循环的热力学优化研究及在吸收式系统中的应用[D]. 哈尔滨: 哈尔滨工业大学, 2003.

[78] 林国星. 传热、传质对三源热力循环性能影响的研究[D]. 厦门: 厦门大学, 2003.

[79] 毕月虹. 气体水合物蓄冷系统的热力学优化与实验研究[D]. 北京: 中国科学院研究生院, 2004.

[80] Su Y F. Application of finite-time thermodynamics and exergy method to refrigeration systems[D]. Tainan: National Cheng-Kung University, 2005.

[81] 秦晓勇. 四温位吸收式泵热循环的热力学优化[D]. 武汉: 海军工程大学, 2005.

[82] 张晓晖. 热电冷联供中节能与环保问题研究[D]. 上海: 上海理工大学, 2005.

[83] Ebrahimi R. Experimental study on the auto ignition in HCCI engine[D]. Valenciennes: Universite de Valenciennes et du Hainaut-Cambresis, 2006.

[84] 欧聪杰. 广延统计物理中的四个基本问题与广义量子气体的热力学性质[D]. 厦门: 厦门大学, 2006.

[85] 张悦. 布雷顿循环和布朗马达的优化性能研究[D]. 厦门: 厦门大学, 2007.

[86] 韩宗伟. 太阳能热泵潜热蓄热供暖系统性能研究[D]. 哈尔滨: 哈尔滨工业大学, 2008.

[87] 郝小礼. Brayton 联产循环有限时间热力学分析与优化[D]. 长沙: 湖南大学, 2008.

[88] 刘宏升. 基于多孔介质燃烧技术的超绝热发动机的基础研究[D]. 大连: 大连理工大学, 2008.

[89] 吴大为. 分布式冷热电联产系统的多目标热力学优化理论与应用研究[D]. 上海: 上海交通大学, 2008.

[90] 赵英汝. 两类典型能量转换系统-燃料电池和内燃机循环-的性能特性与优化理论研究[D]. 厦门: 厦门大学, 2008.

[91] Curto-Risso P L. Simulacion numerica y modelizacion teorica de un ciclo tipo otto irreversible[D]. Salamanca: Universadad de Salamanca, 2009.

[92] 高天附. 三种典型布朗马达的定向输运与非平衡态热力学分析[D]. 厦门: 厦门大学, 2009.

[93] 顾伟. 低品位热能有机物朗肯动力循环机理研究和实验验证[D]. 上海: 上海交通大学, 2009.

[94] 莫松平. 辐射热力学的基础理论及其应用研究[D]. 合肥: 中国科学技术大学, 2009.

[95] 舒礼伟. 分离过程的有限时间热力学研究[D]. 武汉: 海军工程大学, 2009.

[96] 李俊. 传热规律对正、反向热力循环最优性能和最优构型的影响[D]. 武汉: 海军工程大学, 2010.

[97] 汪城. 气固反应热变温器系统的传热传质及系统性能研究[D]. 上海: 上海交通大学, 2010.

[98] 夏丹. 有限速率传质正、反向等温化学循环最优特性[D]. 武汉: 海军工程大学, 2010.

[99] 张万里. 考虑压降不可逆性的开式正反向布雷顿循环热力学优化[D]. 武汉: 海军工程大学, 2010.

[100] 丁泽民. 三类不可逆微型能量转换系统的热力学优化[D]. 武汉: 海军工程大学, 2011.

[101] 戈延林. 不可逆内燃机循环性能有限时间热力学分析与优化[D]. 武汉: 海军工程大学, 2011.

[102] 孟凡凯. 多种热电装置的有限时间热力学分析与优化[D]. 武汉: 海军工程大学, 2011.

[103] 王文华. 复杂燃气轮机循环有限时间热力学优化[D]. 武汉: 海军工程大学, 2011.

[104] Sanchez-Orgaz S. Model and optimization of multistep brayton plants: Application to thermosolar plants[D]. Salamanca: Universadad de Salamanca, 2012.

[105] 何弦. 相互作用量子系统热力学循环性能研究[D]. 南昌: 南昌大学, 2012.

[106] 王建. 高温超导直接冷却固体接触界面热输运研究[D]. 武汉: 华中科技大学, 2012.

[107] 王俊华. 闭式等温加热修正 Brayton 循环有限时间热力学分析与优化[D]. 武汉: 海军工程大学, 2012.

[108] 吴晓辉. 正反向热力和化学循环的的局部稳定性分析[D]. 武汉: 海军工程大学, 2012.

[109] 刘晓威. 正反向不可逆量子循环最优性能[D]. 武汉: 海军工程大学, 2013.

[110] 柳长昕. 半导体温差发电系统实验研究及其应用[D]. 大连: 大连理工大学, 2013.

[111] 王焕光. 加速器驱动次临界系统(ADS)堆芯冷却系统换热优化[D]. 北京: 中国科学院大学, 2013.

[112] Gielen R. The second law of thermodynamics in applied engineering science[D]. Leuven: KU Leuven, 2014.

[113] 杨博. 布雷顿热电和热电冷联产装置有限时间热力学分析与优化[D]. 武汉: 海军工程大学, 2014.

[114] 隆瑞. 不可逆热力循环分析及低品位能量利用热力系统研究[D]. 武汉: 华中科技大学, 2016.

[115] Tsirlin A M. Optimal Cycles and Cycle Regimes[M]. Moscaw: Energomizdat, 1985.

[116] Hoffmann K H, Burzler J M, Schubert S. Endoreversible thermodynamics[J]. J. Non- Equilib. Thermodyn., 1997, 22(4): 311-355.

[117] Tsirlin A M. Methods of Averaging Optimization and Their Application[M]. Moscow: Physical and Mathematical Literature Publishing Company, 1997.

[118] Sauar E. Energy efficient process design by equipartition of forces: With applications to distillation and chemical reaction[D]. Trondheim: Norwegian University of Science and Technology, 1998.

[119] Berry R S, Kazakov V A, Sieniutycz S, et al. Thermodynamic Optimization of Finite Time Processes[M]. Chichester: Wiley, 1999.

[120] Sieniutycz S, de Vos A. Thermodynamics of Energy Conversion and Transport[M]. New York: Springer-Verlag, 2000.

[121] Mironova V A, Amelkin S A, Tsirlin A M. Mathematical Methods of Finite Time Thermodynamics[M]. Moscow: Khimia, 2000.

[122] Salamon P, Nulton J D, Siragusa G, et al. Principles of control thermodynamics[J]. Energy, 2001, 26(3): 307-319.

[123] Nummedal L. Entropy production minimization of chemical reactors and heat exchangers[D]. Trondheim: Norwegian University of Science and Technology, 2001.

[124] Hoffmann K H. Recent developments in finite time thermodynamics[J]. Technische Mechanik, 2002, 22(1): 14-25.

[125] Tsirlin A M. Optimization Methods in Thermodynamics and Microeconomics[M]. Moscow: Nauka, 2002.

[126] Burzler J M. Performance optima for endoreversible systems[D]. Chemnitz: Technical University of Chemnitz, 2002.

[127] de Koeijer G. Energy efficient operation of distillation columns and a reactor applying irreversible thermodynamics[D]. Trondheim: Norwegian University of Science and Technology, 2002.

[128] Hoffman K H, Burzler J M, Fischer A, et al. Optimal process paths for endoreversible systems[J]. J. Non-Equilib. Thermodyn., 2003, 28(3): 233-268.

[129] Tsirlin A M. Irreversible Estimates of Limiting Possibilities of Thermodynamic and Microeconomic systems[M]. Moscow: Nauka, 2003.

[130] Tsirlin A M, Kazakov V A. Average relaxations of extremal problems and generalized maximum principle[J]. Advances in Mathematics Research, 2005, 6: 141.

[131] Johannessen E. The state of minimizing entropy production in an optimally controlled systems[D]. Trondheim: Norwegian University of Science and Technology, 2004.

[132] Røsjorde A. Minimization of entropy production in separate and connected process units[D]. Trondheim: Norwegian University of Science and Technology, 2004.

[133] Kubiak M. Thermodynamic limits for production and consumption of mechanical energy in theory of heat pumps and heat engines[D]. Warsaw: Warsaw University of Technology, 2005.

[134] Muschik W, Hoffmann K H. Endoreversible thermodynamics: A tool for simulating and comparing processes of discrete systems[J]. J. Non-Equilib. Thermodyn., 2006, 31(3): 293-317.

[135] Kuran P. Nonlinear models of production of mechanical energy in non-ideal generators driven by thermal or solar energy[D]. Warsaw: Warsaw University of Technology, 2006.

[136] Hoffmann K H. Quantifying dissipation[J]. Communications to SIM AI Congress, 2007, 2: 1-12.

[137] Teh K Y. Thermodynamics of efficient, simple-cycle combustion engines[D]. Palo Alto: Stanford University, 2007.

[138] Schaller M. Numerically optimized diabatic distillation columns[D]. Chemnitz: Technical University of Chemnitz, 2007.

[139] Tsirlin A M. Problems and methods of averaged optimization[J]. Proc. Steklov Ins. Math., 2008, 261(1): 270-286.

[140] Hoffman K H. An introduction to endoreversible thermodynamics[J]. Atti dell'Accademia Peloritana dei Pericolanti Classe di Scienze Fisiche, Matematiche e Naturali, 2008, LXXXVI(C1S0801011): 1-18.

[141] Andresen B. The need for entropy in finite-time thermodynamics and elsewhere[C]. Meeting the Entropy Challenge: An International Thermodynamics Symposium in Honor and Memory of Professor Joseph H. Keenan. AIP Conference Proceedings.Cambridge, 2008, 1033: 213-218.

[142] Andresen B. Tools of Finite Time Thermodynamics[M]. Nagpur:R. T. M. Nagpur University, 2008.

[143] 夏少军，陈林根，孙丰瑞. $q \propto (\Delta(T^n))^m$ 传热规律下换热过程最小熵产生优化[J]. 热科学与技术, 2008, 7(3): 226-230.

[144] 宋汉江. 一类热力和化学过程与系统的最优构型[D]. 武汉: 海军工程大学, 2008.

[145] Schon J C. Finite-time thermodynamics and the optimal control of chemical syntheses[J]. Z. Anorg. Allg. Chem., 2009, 635(12): 1794-1806.

[146] Sieniutycz S, Jezowski J. Energy Optimization in Process Systems[M]. Oxford: Elsevier, 2009.

[147] Chen L G, Xia S J, Sun F R. Optimal paths for minimizing entropy generation during heat transfer processes with a generalized heat transfer law[J]. J. Appl. Phys., 2009, 105(4): 44907.

[148] Xia S J, Chen L G, Sun F R. Optimal paths for minimizing lost available work during heat transfer processes with complex heat transfer law[J]. Brazilian J. Phys., 2009, 39(1): 98-105.

[149] Miller S L. Theory and implementation of low-irreversibility chemical engines[D]. Palo Alto: Stanford University, 2009.

[150] 马康. 发动机活塞运动与强迫冷却过程最优构型[D]. 武汉: 海军工程大学, 2010.

[151] Xia S J, Chen L G, Sun F R. Effects of mass transfer laws on finite-time exergy[J]. J. Energy Ins., 2010, 83(4): 210-216.

[152] Xia S J, Chen L G, Sun F R. Finite-time exergy with a finite heat reservoir and generalized radiative heat transfer law[J]. Rev. Mex. Fis., 2010, 56(4): 287-296.

[153] Andresen B. Current trends in finite-time thermodynamics[J]. Angew. Chem. Int. Ed., 2011, 50(12): 2690-2704.

[154] Tsirlin A M. Optimization for Thermodynamic and Economic Systems[M]. Moscow: Nauka, 2011.

[155] 夏少军. 不可逆过程与循环的广义热力学动态优化[D]. 武汉: 海军工程大学, 2012.

[156] Ramakrishnan S. Maximum-efficiency architectures for regenerative steady-flow combustion engines[D]. Palo Alto: Stanford University, 2012.

[157] Tsirlin A M, Grigorevsky I N. Minimum Dissipation Conditions of the Mass Transfer and Optimal Separation Sequence Selection for Multicomponent Mixtures[M]. Rijeka: InTech-Open Access Publisher, 2013.

[158] Sieniutycz S, Jezowski J. Energy Optimization in Process Systems and Fuel Cells[M]. Oxford: Elsevier, 2013.

[159] 夏少军, 陈林根, 戈延林, 等. 存在热漏的换热过程熵产生最小化[J]. 工程热物理学报, 2013, 34(6): 1008-1011.

[160] Wagner K. Endoreversible thermodynamics for multi-extensity fluxes and chemical reaction processes[D]. Chemnitz: Technical University of Chemnitz, 2014.

[161] Hoffmann K H, Andresen B, Salamon P. Finite-time thermodynamics tools to analyze dissipative processes[C]. Proceedings of The 240 Conference: Science's Great Challenges, Advances in Chemical Physics. Chicago, 2015.

[162] Sieniutycz S. Thermodynamic Approaches in Engineering Systems[M]. Oxford: Elsevier, 2016.

[163] Wang C, Chen L G, Xia S J, et al. Optimal concentration configuration of consecutive chemical reaction $A \rightleftharpoons B \rightleftharpoons C$ for minimum entropy generation[J]. J. Non-Equilib. Thermodyn., 2016, 41(4): 313-326.

[164] Wang C, Chen L G, Xia S J, et al. Maximum production rate optimization for sulphuric acid decomposition process in tubular plug-flow reactor[J]. Energy, 2016, 99: 152-158.

[165] Bejan A. The concept of irreversibility in heat exchanger design: counter-flow heat exchangers for gas-to-gas applications[J]. Trans. ASME J. Heat Transf., 1977, 99(3): 374-380.

[166] Bejan A. Entropy Generation through Heat and Fluid Flow[M]. New York: Wiley, 1982.

[167] Bejan A. Entropy generation minimization: The new thermodynamics of finite-size devices and finite-time processes[J]. J. Appl. Phys., 1996, 79(3): 1191-1218.

[168] Bejan A. Entropy Generation Minimization[M]. Boca Raton FL: CRC Press, 1996.

[169] Bejan A. Power generation and refrigeration models with heat transfer irreversibilities[J]. J. Heat Transfer Soc. Japan, 1994, 33(128): 68-75.

[170] Bejan A. Method of entropy generation minimization, or modeling and optimization based on combined heat transfer and thermodynamics[J]. Rev. Gen. Therm., 1996, 35(418/419): 637-646.

[171] Bejan A. Notes on the history of the method of entropy generation minimization (finite time thermodynamics)[J]. J. Non-Equilib. Thermodyn., 1996, 21(3): 239-242.

[172] Bejan A. Fundamental optima in thermal Science[J]. Int. J. Mech. Engng. Edu., 1997, 25(1): 33-47.

[173] Bejan A. Thermodynamic optimization alternatives: Minimization of physical size subject to fixed power[J]. Int. J. Energy Res., 1999, 23(13): 1111-1121.

[174] Bejan A, Lorente S. Thermodynamics optimization of flow geometry in mechnical and civil engineering[J]. J. Non-Equilib. Thermodyn., 2001, 26(4): 305-354.

[175] Bejan A. Fundamentals of exergy analysis, entropy generation minimization, and the generation of flow architecture[J]. Int. J. Energy Res., 2002, 26(7): 545-565.

[176] Bejan A, Heperkan H, Kesgin U. Thermodynamic optimization and constructal design[J]. Int. J. Energy Res., 2005, 29(7): 557-558.

[177] Narayan G P, Lienhard V J H, Zubair S M. Entropy generation minimization of combined heat and mass transfer devices[J]. Int. J. Thermal Sci., 2010, 49(10): 2057-2066.

[178] Mistry K H, Mcgovern R K, Thiel G P, et al. Entropy generation analysis of desalination technologies[J]. Entropy, 2011, 13(10): 1829-1864.

[179] Oztop H F, Al-Salem K. A review on entropy generation in natural and mixed convection heat transfer for energy systems[J]. Renew. Sustain. Energy Rev., 2012, 16(1): 911-920.

[180] Bejan A. Entropy generation minimization, exergy analysis, and the constructal law[J]. Ara. J. Sci. Eng., 2013, 38(2): 329-340.

[181] Demirel Y. Thermodynamic analysis[J]. Ara. J. Sci. Eng., 2013, 38(2): 219-220.

[182] Gielen R, van Oevelen T, Baelmans M. Challenges associated with second law design in engineering[J]. Int. J. Energy Res., 2014, 38(12): 1501-1512.

[183] Awad M M. A review of entropy generation in microchgannels[J]. Adv. Mech. Eng., 2015, 7(12): 1-32.

[184] Sciacovelli A, Verda V, Sciubba E. Entropy generation analysis as a design tool-A review[J]. Renew. Sus. Energy Rev., 2015, 43: 1167-1181.

[185] Wenterodt T, Redecker C, Herwig H. Second law analysis for sustainable heat and energy transfer: The entropic potential concept[J]. Appl. Energy, 2015, 139: 376-383.

[186] Bejan A. Advanced Engineering Thermodynamics[M]. New York: Wiley, 1997.

[187] Bejan A, Tsatsaronis G, Moran M. Thermal Design and Optimization[M]. New York: John Wiley Sons Inc, 1996.

[188] Bejan A, Vadasz P, Kroeger D G. Energy and Environment[M]. Dordrecht: Kluwer Academic Publishers, 1999.

[189] 黄一也，杨光，吴静怡. 以最佳温度均匀度和最小熵产为目标的航天器热循环试验系统运行参数优化[J]. 化工学报, 2016, 67(10): 4086-4094.

[190] 陈林根，孙丰瑞，Wu C. 有限时间热力学理论和应用的发展现状[J]. 物理学进展, 1998, 18(4): 395-422.

[191] Chen L G, Bi Y H, Wu C. Influence of nonlinear flow resistance relation on the power and efficiency from fluid flow[J]. J. Phys. D: Appl. Phys., 1999, 32(12): 1346-1349.

[192] Rubin M H. Optimal configuration of a class of irreversible heat engines[J]. Phys. Rev. A., 1979, 19(3): 1272-1287.

[193] Bejan A. Models of power plants that generate minimum entropy while operating at maximum power[J]. Am. J. Phys., 1996, 64(8): 1054-1059.

[194] Salamon P, Hoffmann K H, Schubert S, et al. What conditions make minimum entropy production equivalent to maximum power production ?[J]. J. Non-Equilib. Thermodyn., 2001, 26: 73-83.

[195] Salamon P, Nitan A, Andresen B, et al. Minimum entropy production and the optimization of heat engines[J]. Phys. Rev. A, 1980, 21(6): 2115-2129.

[196] Salamon P, Nitzan A. Finite time optimizations of a Newton's law Carnot cycle[J]. J. Chem. Phys., 1981, 74(6): 3546-3560.

[197] Bejan A. The equivalence of maximum power and minimum entropy generation rate in the optimization of power plants[J]. Tans. ASME, J. Energy Res. Tech., 1996, 118(1): 98-101.

[198] 柳雄斌，孟继安，过增元. 换热器参数优化中的熵产极值和烟耗散极值[J]. 科学通报, 2009, 53(24): 3026-3029.

[199] Feidt M. Does minimum entropy generation rate correspond to maximum power or other objectives?[C]. 12th Joint European Thermodynamics Conference. Brescia, 2013.

[200] Bispo H, Silva N, Brito R, et al. On the equivalence between the minimum entropy generation rate and the maximum conversion rate for a reactive system[J]. Energy Conver. Manage., 2013, 76: 26-31.

[201] Cheng X T, Liang X G. Applicability of minimum entropy generation method to optimizing thermodynamic cycles[J]. Chin. Phys. B, 2013, 22(1): 10508.

[202] 程雪涛，梁新刚. 熵产生最小化理论在传热和热功转换优化中的应用探讨[J]. 物理学报, 2016, 65(18): 180503.

[203] Bejan A. Second law analysis in heat transfer[J]. Energy, 1980, 5(8-9): 720-732.

[204] 郭江峰，程林，许明田. 烟耗散数及其应用[J]. 科学通报, 2009, 54(19): 2998-3002.

[205] 许明田，程林，郭江峰. 烟耗散理论在换热器设计中的应用[J]. 工程热物理学报, 2009, 30(12): 2090-2092.

[206] 柳雄斌，过增元. 换热器性能分析新方法[J]. 物理学报, 2009, 58(7): 4766-4771.

[207] Guo Z Y, Liu X B, Tao W Q, et al. Effectiveness–thermal resistance method for heat exchanger design and analysis[J]. Int. J. Heat Mass Transf., 2010, 53(13-14): 2877-2884.

[208] 过增元，程新广，夏再忠. 最小热量传递势容耗散原理及其在导热优化中的应用[J]. 科学通报, 2003, 48(1): 21-25.

[209] 过增元，梁新刚，朱宏晔. 烟——描述物体传递热量能力的物理量[J]. 自然科学进展, 2006, 16(10): 1288-1296.

[210] Guo Z Y, Zhu H Y, Liang X G. Entransy—A physical quantity describing heat transfer ability[J]. Int. J. Heat Mass Transf., 2007, 50(13-14): 2545-2556.

[211] 李志信，过增元. 对流传热优化的场协同理论[M]. 北京: 科学出版社, 2010.

[212] 中国科协学会学术部. 热学新理论及其应用——新观点新学说学术沙龙文集(38)[M]. 北京: 中国科学技术出版社, 2010.

[213] Xu M T. Entransy Dissipation Theory and Its Application in Heat Transfer[M]. Rijeka: InTech-Open Access Publisher, 2011, 247-272.

[214] 陈林根. 烟理论及其应用的进展[J]. 科学通报, 2012, 57(30): 2815-2835.

[215] Chen Q, Liang X G, Guo Z Y. Entransy theory for the optimization of heat transfer – A review and update[J]. Int. J. Heat Mass Transf., 2013, 63: 65-81.

[216] 纪军，刘涛，张兴，等. 热质理论及其应用研究进展[J]. 中国科学基金, 2014(6): 446-454.

[217] Guo Z Y, Chen Q, Liang X G. Entransy theory for the analysis and optimization of thermal systems[C]. Proceedings of the 15th International Heat Transfer Conference, IHTC-15, Kyoto, 2014.

[218] He Y L, Tao W Q. Chapter 3 - Convective heat transfer enhancement: Mechanisms, techniques, and performance evaluation[J]. Advances in Heat Transfer, 2014, 46: 87-146.

[219] 付荣桓，许云超，陈群. 制冷空调系统性能优化的烟耗散热阻法研究进展[J]. 科学通报, 2015, 60(34): 3367-3376.

[220] 刘晓华，张涛，江亿. 空气除湿处理过程性能改善分析从理想到实际流程[J]. 科学通报, 2015, 60(27): 2631-2639.

[221] Chen L G. Progress in optimization of mass transfer processes based on mass entransy dissipation extremum principle[J]. Sci. China: Tech. Sci., 2015, 57(12): 2305-2327.

[222] 陈林根，冯辉君. 流动和传热传质过程的多目标构形优化[M]. 北京：科学出版社, 2016.

[223] Zhang T, Liu X H, Tang H D, et al. Progress of entransy analysis on the air-conditioning system in buildings[J]. Sci. China: Tech. Sci., 2016, 59(10): 1463-1473.

[224] 夏少军，陈林根，孙丰瑞. 换热器燃耗散最小优化[J]. 科学通报, 2009, 54(15): 2240-2246.

[225] Xia S J, Chen L G, Sun F R. Optimal paths for minimizing entransy dissipation during heat transfer processes with generalized radiative heat transfer law[J]. Appl. Math. Model., 2010, 34(8): 2242-2255.

[226] Xie Z H, Xia S J, Chen L G, et al. An inverse optimization for minimizing entransy dissipation during heat transfer processes[C]. 2017 American Society of Thermal and Fluids Engineers (ASTFE) Conference and 4th International Workshop on Heat Transfer (IWHT), Las Vegas, 2017: TFEC-IWHT2017-18312.

[227] 夏少军，陈林根，戈延林，等. 热漏对换热过程燃耗散最小化的影响[J]. 物理学报, 2013, 63(2): 20505.

[228] Xia S J, Chen L G, Xie Z H, et al. Entransy dissipation minimization for generalized heat exchange process[J]. Sci. China: Tech. Sci., 2016, 59(10): 1507-1516.

[229] 夏少军，陈林根，孙丰瑞. 液—固相变过程燃耗散最小化[J]. 中国科学：技术科学, 2010, 40(12): 1521-1529.

[230] 夏少军，陈林根，戈延林，等. 等温节流过程积耗散最小化[J]. 物理学报, 2013, 62(18): 180202.

[231] 夏少军，陈林根，孙丰瑞. 一类单向等温传质过程积耗散最小化[J]. 中国科学：技术科学, 2011, 41(4): 515-524.

[232] Xia S J, Chen L G, Sun F R. Entransy dissipation minimization for one-way isothermal mass transfer processes with a generalized mass transfer law[J]. Scientia Iranica,Trans. C –Chem. Eng., 2012, 19(6): 1616-1625.

[233] Xia S J, Chen L G, Sun F R. Optimization of equimolar reverse constant- temperature mass-diffusion process for minimum entransy dissipation[J]. Sci. China: Tech. Sci., 2016, 59(12): 1867-1873.

[234] 夏少军，陈林根，孙丰瑞. 扩散传质定律结晶过程燃耗散最小化[J]. 机械工程学报, 2013, 49(24): 175-182.

[235] Cheng X T, Liang X G. Entransy loss in thermodynamic processes and its application[J]. Energy, 2012, 44(1): 964-972.

[236] 程雪涛，梁新刚.燃理论在热功转换过程中的应用探讨[J]. 物理学报, 2014, 63(19): 190501.

[237] Yang A B, Chen L G, Xia S J, et al. The optimal configuration of reciprocating engine based on maximum entransy loss[J]. Chin. Sci. Bull., 2014, 59(14): 2031-2038.

[238] Zhou B, Cheng X T, Liang X G. Power and heat-work conversion efficiency analyses for the irreversible Carnot engines by entransy and entropy[J]. J. Appl. Phys., 2013, 113(12): 124904.

[239] Cheng X T, Liang X G. Entransy analyses of heat-work conversion systems with inner irreversible thermodynamic cycles[J]. Chinese Physics B, 2015, 24(12): 120503.

[240] Han C H, Kim K H. Entransy and exergy analyses for optimizations of heat-work conversion with Carnot cycle[J]. J. Thermal Sci., 2016, 25(3): 242-249.

[241] 周兵，程雪涛，梁新刚. 斯特林循环输出功率优化分析[J]. 中国科学：技术科学, 2013, 43(1): 97-105.

[242] Zhou B, Cheng X T, Wang W H, et al. Entransy analyses of thermal processes with variable thermophysical properties[J]. International Journal of Heat and Mass Transfer, 2015, 90: 1244-1254.

[243] Maheshwari G, Patel S S. Entransy loss and its application to Atkinson cycle performance evalution[J]. IOSR Journal of Mechanical and Civil Engineering (IOSR-JMCE), 2013, 6(6): 53-59.

[244] Li T L, Yuan Z H, Xu P, et al. Entransy dissipation/loss-based optimization of two-stage organic Rankine cycle (TSORS) with R245fa for geothermal power generation[J]. Sci. China: Tech. Sci., 2016, 59(10): 1524-1536.

[245] 陈林根，夏少军. 不可逆过程的广义热力学动态优化[M]. 北京：科学出版社, 2017.

[246] 陈林根，夏少军. 不可逆循环的广义热力学动态优化：热力与化学理论循环[M]. 北京：科学出版社, 2017.

[247] Cutowicz-Krusin D, Procaccia J, Ross J. On the efficiency of rate process: Power and efficiency of heat engines[J]. J. Chem. Phys., 1978, 69(9): 3898-3906.

[248] Curzon F L, Ahlborn B. Efficiency of a Carnot engine at maximum power output[J]. Am. J. Phys., 1975, 43(1): 22-24.

[249] Rubin M H. Optimal configuration of an irreversible heat engine with fixed compression ratio[J]. Phys. Rev. A., 1980, 22(4): 1741-1752.

[250] Angulo-Brown F, Ares De Parga G, Arias-Hernandez L A. A variational approach to ecological-type optimization criteria for finite-time thermal engine models[J]. J. Appl. Phys., 2002, 35(10): 1089-1093.

[251] de Vos A. Efficiency of some heat engines at maximum power conditions[J]. Am. J. Phys., 1985, 53(6): 570-573.

[252] Orlov V N. Optimum irreversible Carnot cycle containing three isotherms[J]. Sov. Phys. Dokl., 1985, 30(6): 506-508.

[253] Song H J, Chen L G, Li J, et al. Optimal configuration of a class of endoreversible heat engines with linear phenomenological heat transfer law[J]. J. Appl. Phys., 2006, 100(12): 124907.

[254] Song H J, Chen L G, Sun F R. Endoreversible heat engines for maximum power output with fixed duration and radiative heat-transfer law[J]. Appl. Energy, 2007, 84(4): 374-388.

[255] Song H J, Chen L G, Sun F R, et al. Configuration of heat engines for maximum power output with fixed compression ratio and generalized radiative heat transfer law[J]. J. Non-Equilib. Thermodyn., 2008, 33(3): 275-295.

[256] 宋汉江，陈林根，孙丰瑞. 辐射传热条件下一类内可逆热机最大效率时的最优构型[J]. 中国科学 G 辑：物理学 力学 天文学, 2008, 38(8): 1083-1096.

[257] Li J, Chen L G, Sun F R. Optimal configuration of a class of endoreversible heat-engines for maximum power-output with linear phenomenological heat-transfer law[J]. Appl. Energy, 2007, 84(9): 944-957.

[258] Chen L G, Song H J, Sun F R, et al. Optimal configuration of heat engines for maximum efficiency with generalized radiative heat transfer law[J]. Rev. Mex. Fis., 2009, 55(1): 55-67.

[259] Chen L G, Song H J, Sun F R, et al. Optimal configuration of heat engines for maximum power with generalized radiative heat transfer law[J]. Int. J. Ambient Energy, 2009, 30(3): 137-160.

[260] Ares De Parga G, Angulo-Brown F, Navarrete-Gonzalez T D. A variational optimization of a finite-time thermal cycle with a nonlinear heat transfer law[J]. Energy, 1999, 24(12): 997-1008.

[261] Ondrechen M J, Rubin M H, Band Y B. The generalized Carnot cycles: A working fluid operating in finite time between heat sources and sinks[J]. J. Chem. Phys., 1983, 78(7): 4721-4727.

[262] Chen L G, Zhou S B, Sun F R, et al. Optimal configuration and performance of heat engines with heat leak and finite heat capacity[J]. Open Sys. Inform. Dyn., 2002, 9(1): 85-96.

[263] 杨爱波，陈林根，夏少军，等. 基于煅损失最大的往复式热机最优构型[J]. 科学通报, 2014, 59(11): 1033-1039.

[264] Yan Z J, Chen L X. Optimal performance of a generalized Carnot cycles for another linear heat transfer law[J]. J. Chem. Phys., 1990, 92(3): 1994-1998.

[265] Chen L G, Sun F R, Wu C. Optimal configuration of a two-heat-reservoir heat-engine with heat leak and finite thermal capacity[J]. Appl. Energy, 2006, 83(2): 71-81.

[266] 熊国华，陈金灿，严子浚. 热传递规律对广义卡诺循环性能的影响[J]. 厦门大学学报, 1989, 28(5): 489-493.

[267] Chen L G, Zhu X Q, Sun F R, et al. Optimal configurations and performance for a generalized Carnot cycle assuming the generalized convective heat transfer law[J]. Appl. Energy, 2004, 78(3): 305-313.

[268] Chen L G, Zhu X Q, Sun F R, et al. Effect of mixed heat resistance on the optimal configuration and performance of a heat-engine cycle[J]. Appl. Energy, 2006, 83(6): 537-544.

[269] 李俊，陈林根，孙丰瑞. 复杂传热规律下有限高温热源热机循环的最优构型[J]. 中国科学 G 辑: 物理学 力学 天文学, 2009, 39(2): 255-259.

[270] Rubin M H, Andresen B. Optimal staging of endoreversible heat engines[J]. J. Appl. Phys., 1982, 53(1): 1-7.

[271] Amelkin S A, Andresen B, Burzler J M, et al. Maximum power process for multi-source endoreversible heat engines[J]. J. Phys. D: Appl Phys., 2004, 37(9): 1400-1404.

[272] Amelkin S A, Andresen B, Burzler J M, et al. Thermo-mechanical systems with several heat reservoirs: Maximum power processes[J]. J. Non-Equlib. Thermodyn., 2005, 30(2): 67-80.

[273] Tsirlin A M, Kazakov V, Ahremenkov A A, et al. Thermodynamic constraints on temperature distribution in a stationary system with heat engine or refrigerator[J]. J. Phys. D: Appl. Phys., 2006, 39(19): 4269-4277.

[274] Chen L G, Li J, Sun F R. Optimal temperatures and maximum power output of a complex system with linear phenomenological heat transfer law[J]. Thermal Sci., 2009, 13(4): 33-40.

[275] Orlov V N, Berry R S. Power output from an irreversible heat engine with a non-uniform working fluid[J]. Phys. Rev. A, 1990, 42(6): 7230-7235.

[276] Orlov V N, Berry R S. Analytical and numerical estimates of efficiency for an irreversible heat engine with distributed working fluid[J]. Phys. Rev. A, 1992, 45(10): 7202-7206.

[277] Orlov V N, Berry R S. Power and efficiency limits for internal combustion engines via methods of finite time thermodynamics[J]. J. Appl. Phys. 1993, 74(7): 4317-4322.

[278] 夏少军，陈林根，孙丰瑞. 线性唯象传热定律下具有非均匀工质的一类非回热不可逆热机最大功率输出[J]. 中国科学 G 辑: 物理学 力学 天文学, 2009, 39(8): 1081-1089.

[279] Chen L G, Xia S J, Sun F R. Maximum efficiency of an irreversible heat engine with a distributed working fluid and linear phenomenological heat transfer law[J]. Rev. Mex. Fis., 2010, 56(3): 231-238.

[280] Chen L G, Xia S J, Sun F R. Performance limits for a class of irreversible internal combustion engines[J]. Energy & Fuels, 2010, 24(1): 295-301.

[281] Sieniutycz S. Hamilton-Jacobi-Bellman theory of dissipative thermal availability[J]. Phys. Rev. E, 1997, 56(6): 5051-5064.

[282] Sieniutycz S. Irreversible Carnot problem of maximum work in a finite time via Hamiton-Jacobi-Bellman theory[J]. J. Non-Equilib. Thermodyn., 1997, 22(3): 260-284.

[283] Sieniutycz S. Generalized Carnot problem of maximum work in finite time via Hamilton-Jacobi-Bellman theroy[J]. Energy Convers. Manage., 1998, 39(16-18): 1735-1743.

[284] Sieniutycz S. Hamilton-Jacobi-Bellman theory of irreversible thermal exergy[J]. Int. J. Heat Mass Transf., 1998, 41(2): 183-195.

[285] Sieniutycz S. Thermodynamic framework for discrete optimal control in multistage thermal systems[J]. Phys. Rev. E, 1999, 60(4): 1520-1534.

[286] Sieniutycz S. Endoreversible modeling and optimization of multi-stage thermal machines by dynamic programming[M]. New York:Nova Science Publishers, 1999.

[287] Sieniutycz S, Spakovsky M. Finite time generalization of thermal exergy[J]. Energy Convers. Manage., 1998, 39(14): 1423-1447.

[288] Szwast Z, Sieniutycz S. Optimization of multi-stage thermal machines by Pontryagin's like discrete maximum principle[M]. New York: Nova Science Publishers, 1999.

[289] Sieniutycz S, Szwast Z. Work limits in imperfect sequential systems with heat and fluid flow[J]. J. Non-Equilib. Thermodyn., 2003, 28(2): 85-114.

[290] Sieniutycz S. Limiting power in imperfect systems with fluid flow[J]. Archives in Thermodyn., 2004, 25(2): 69-80.

[291] Sieniutycz S. Development of generalized (rate dependent) availability[J]. Int. J. Heat Mass Transf., 2006, 49(3-4): 789-795.

[292] Li J, Chen L G, Sun F R. Extremal work of an endoreversible system with two finite thermal capacity reservoirs[J]. J. Energy Instit., 2009, 82(1): 53-56.

[293] Li J, Chen L G, Sun F R. Optimum work in real systems with a class of finite thermal capacity reservoirs[J]. Math. Comput. Model., 2009, 49(3/4): 542-547.

[294] Sieniutycz S, Kuran P. Nonlinear models for mechanical energy production in imperfect generators driven by thermal or solar energy[J]. Int. J. Heat Mass Transf., 2005, 48(3-4): 719-730.

[295] Sieniutycz S, Kuran P. Modeling thermal behavior and work flux in finite-rate systems with radiation[J]. Int. J. Heat Mass Transf., 2006, 49(17-18): 3264-3283.

[296] Sieniutycz S. Thermodynamic limits in applications of energy of solar radiation[J]. Drying Tech., 2006, 24(9): 1139-1146.

[297] Sieniutycz S. Hamilton–Jacobi–Bellman equations and dynamic programming for power-maximizing relaxation of radiation[J]. Int. J. Heat Mass Transf., 2007, 50(13-14): 2714-2732.

[298] Sieniutycz S. Dynamical converters with power-producing relaxation of solar radiation[J]. Int. J. Thermal Sci., 2008, 47(4): 495-505.

[299] Sieniutycz S. Dynamic programming and Lagrange multipliers for active relaxation of resources in nonlinear non-equilibrium systems[J]. Appl. Math. Model., 2009, 33(3): 1457-1478.

[300] Sieniutycz S. Dynamic bounds for power and efficiency of non-ideal energy converters under nonlinear transfer laws[J]. Energy, 2009, 34(3): 334-340.

[301] Li J, Chen L G, Sun F R. Maximum work output of multistage continuous Carnot heat engine system with finite reservoirs of thermal capacity and radiation between heat source and working fluid[J]. Thermal Sci., 2010, 13(4): 33-40.

[302] Xia S J, Chen L G, Sun F R. Hamilton–Jacobi–Bellman equations and dynamic programming for power-optimization of radiative law multistage heat engine system[J]. Int. J. Energy Environ., 2012: 3(3): 359-382.

[303] 夏少军，陈林根，孙丰瑞. 广义对流传热定律下多级热机系统功率优化的 Hamilton-Jacobi- Bellman 方程和动态规划法[J]. 科学通报, 2010, 55(29): 2874-2884.

[304] Xia S J, Chen L G, Sun F R. Endoreversible modeling and optimization of a multistage heat engine system with a generalized heat transfer law via Hamilton-Jacobi-Bellman equations and dynamic programming[J]. Acta Phys. Polon. A, 2011, 119(6): 747-760.

[305] Xia S J, Chen L G, Ge Y L, et al. Optimization for minimizing power- consumption of a real multistage heat pump system under a generalized heat transfer law via Hamilton-Jacobi-Bellman theory[C]. 2017 American Society of Thermal and Fluids Engineers (ASTFE) Conference and 4th International Workshop on Heat Transfer (IWHT), Las Vegas, 2017: TFEC-IWHT2017-18309.

[306] Chen L G, Xia S J, Sun F R. Maximum power output of multistage irreversible heat engines under a generalized heat transfer law by using dynamic programming[J]. Sci. Iran., Trans. B: Mech. Eng., 2013, 20(2): 301-312.

[307] Xia S J, Chen L G, Sun F R. Power-optimization of non-ideal energy converters under generalized convective heat transfer law via Hamilton-Jacobi-Bellman theory[J]. Energy, 2011, 36(1): 633-646.

[308] de Vos A. Endoreversible Thermodynamics of Solar Energy Conversion[M]. Oxford: Oxford University, 1992.

[309] de Vos A. Thermodynamics of Solar Energy Conversion[M]. VCH Verlag: Wiley, 2008.

[310] de Vos A. Endoreversible thermodynamics and chemical reactions[J]. J. Phys. Chem., 1991, 95(18): 4534-4540.

[311] de Vos A. Entropy fluxes, endoreversibility and solar energy conversion[J]. J. Appl. Phys., 1993, 74(6): 3631-3637.

[312] de Vos A. Is a solar cell an endoreversible engine?[J]. Sol. Cells, 1991, 31(2): 181-196.

[313] de Vos A. The endoreversible theory of solar energy conversion: A tutorial[J]. Sol. Energy Mater. Sol. Cells, 1993, 31(1): 75-93.

[314] de Vos A. Thermodynamics of photochemical solar energy conversion[J]. Sol. Energy Mater. Sol. Cells, 1995, 38(1-4): 11-22.

[315] Gordon J M. Maximum work from isothermal chemical engines[J]. J. Appl. Phys., 1993, 73(1): 8-11.

[316] Gordon J M, Orlov V N. Performance characteristics of endoreversible chemical engines[J]. J. Appl. Phys., 1993, 74(9): 5303-5308.

[317] Chen L G, Sun F R, Wu C. Performance characteristics of isothermal chemical engines[J]. Energy Convers. Manage., 1997, 38(18): 1841-1846.

[318] Chen L G, Sun F R, Wu C, et al. Maximum power of a combined cycle isothermal chemical engine[J]. Appl. Thermal Eng., 1997, 17(7): 629-637.

[319] Chen L G, Sun F R, Wu C. Performance of chemical engines with a mass leak[J]. J. Phys. D: Appl. Phys., 1998, 31(13): 1595-1600.

[320] Chen L G, Duan H, Sun F R. Performance of a combined-cycle chemical engine with mass leak[J]. J. Non-Equilib. Thermodyn., 1999, 24(3): 280-290.

[321] Lin G X, Chen J C, Bruck E. Irreversible chemical-engines and their optimal performance analysis[J]. Appl. Energy, 2004, 78(2): 123-136.

[322] Chen L G, Xia D, Sun F R. Optimal performance of an endoreversible chemical engine with diffusive mass transfer law[J]. Proc. IMechE, Part C: J. Mech. Eng. Sci., 2008, 222(C8): 1535-1539.

[323] Xia D, Chen L G, Sun F R. Optimal performance of a generalized irreversible chemical engine with diffusive mass transfer law[J]. Math. Comp. Model., 2010, 51(1-2): 127-136.

[324] Xia D, Chen L G, Sun F R. Ecological optimization of an endoreversible chemical engine[J]. Int. J. Energy & Environ., 2011, 2(5): 909-920.

[325] Chen L G, Xia D, Sun F R. Ecological optimization of generalized irreversible chemical engines[J]. Int. J. Chem. Reac. Eng., 2010, 8: A121、

[326] Xia D, Chen L G, Sun F R. Ecological optimisation of chemical engines with irreversible mass transfer and mass leakage[J]. J. Energy Instit., 2010, 83(3): 151-159.

[327] Xia S J, Chen L G, Sun F R. Maximum power configuration for multi-reservoir chemical engines[J]. J. Appl. Phys., 2009, 105(12): 124905.

[328] Xia S J, Chen L G, Sun F R. Optimal configuration of a finite mass reservoir isothermal chemical engine for maximum work output with linear mass transfer law[J]. Rev. Mex. Fis., 2009, 55(5): 399-408.

[329] 夏少军，陈林根，孙丰瑞. 有限势库化学机最大输出功时循环最优构型[J]. 中国科学B辑: 化学, 2010, 40(5): 492-500.

[330] Lin G X, Chen J C. Optimal analysis on the cyclic performance of a class of chemical pumps[J]. Appl. Energy, 2001, 70(1): 35-47.

[331] 林比宏，林国星. 质量漏和传质不可逆性对化学泵循环性能的影响[J]. 科技通报, 2003, 19(2): 121-125.

[332] Lin G X, Chen J C, Brück E, et al. Optimization of performance characteristics in a class of irreversible chemical pump[J]. Math. Comput. Model., 2006, 43(7-8): 743-753.

[333] Xia D, Chen L G, Sun F R. Optimal performance of a chemical pump with diffusive mass transfer law[J]. Int. J. Sustainable Energy, 2008, 27(2): 39-47.

[334] Xia D, Chen L G, Sun F R. Ecological optimization of an endoreversible chemical pump[J]. Int. J. Low-Carbon Tech., 2010, 5(4): 283-290.

[335] Xia D, Chen L G, Sun F R. Optimal performance of an endoreversible three-mass-reservoir chemical pump with diffusive mass transfer law[J]. Appl. Math. Model., 2010, 34(1): 140-145.

[336] Xia D, Chen L G, Sun F R, et al. Optimal performance of an endoreversible three-mass-reservoir chemical potential transformer with diffusive mass transfer law[J]. Int. J. Ambient Energy, 2008, 29(1): 9-16.

[337] Xia D, Chen L G, Sun F R, et al. Endoreversible four-reservoir chemical pump[J]. Appl. Energy, 2007, 84(1): 56-65.

[338] Xia D, Chen L G, Sun F R, et al. COP limit of an irreversible four-reservoir isothermal chemical pump[J]. Int. J. Ambient Energy, 2008, 29(4): 181-188.

[339] Chen L G, Xia D, Sun F R. Fundamental optimal relation of a generalized irreversible four-reservoir chemical pump[J]. Proc. IMechE, Part C: J. Mech. Eng. Sci., 2008, 222(C8): 1523-1534.

[340] Xia D, Chen L G, Sun F R. Effects of mass transfer and mass leakage on performance of four-reservoir chmical pumps[J]. J. Energy Institu., 2009, 82(3): 176-179.

[341] Xia D, Chen L G, Sun F R. Endoreversible four-mass-reservoir chemical pump with diffusive mass transfer law[J]. Int. J. Energy & Environ., 2011, 2(6): 975-984.

[342] Xia D, Chen L G, Sun F R, et al. A fundamental optimal relation of an endoreversible four-reservoir chemical potential transformer[J]. Int. J. Ambient Energy, 2009, 30(1): 33-44.

[343] Chen L G, Xia D, Sun F R. Performance limits of real four-reservoir chemical potential transformer[J]. J. Energy Instit., 2009, 82(3): 144-149.

[344] Xia D, Chen L G, Sun F R. Endoreversible four-reservoir chemical potential transformer with diffusive mass transfer law[J]. Acta Physi. Polon. A, 2011, 120(3): 378-383.

[345] Xia D, Chen L G, Sun F R. Performance of a four-reservoir chemical potential transformer with irreversible mass transfer and mass leakage[J]. Appl. Thermal Eng., 2007, 27(8-9): 1534-1542.

[346] Xia D, Chen L G, Sun F R. Optimal performance of a generalized irreversible four-reservoir isothermal chemical potential transformer[J]. Sci. China Ser. B: Chem., 2008, 51(10): 958-970.

[347] Xia D, Chen L G, Sun F R. Performance optimization for a generalized irreversible four-mass- reservoir diffusion transformer[J]. Proc. IMechE, Part C: J. Mech. Eng. Sci., 2008, 222(C4): 689-702.

[348] Xia D, Chen L G, Sun F R. Unified description of isothermal endoreversible chemical cycles with linear mass transfer law[J]. Int. J. Chem. Reac. Eng., 2012, 9: A106.

[349] Sieniutycz S, Kubiak M. Dynamical energy limits in traditional and work-driven operations II. Systems with heat and mass transfer[J]. Int. J. Heat Mass Transf., 2002, 45(26): 5221-5238.

[350] Sieniutycz S. Optimal control framework for multistage endoreversible engines with heat and mass transfer[J]. J. Non-Equilib. Thermodyn., 1999, 24(1): 40-74.

[351] Sieniutycz S. Thermodynamics of simultaneous drying and power production[J]. Drying Tech., 2009, 27(3): 322-335.

[352] Sieniutycz S. Complex chemical systems with power production driven by heat and mass transfer[J]. Int. J. Heat Mass Transf., 2009, 52(11-12): 2453-2465.

[353] Sieniutycz S. Finite-rate thermodynamics of power production in thermal, chemical and electrochemical systems[J]. Int. J. Heat Mass Transf., 2010, 53(13-14): 2864-2876.

[354] Sieniutycz S. Identification and selection of unconstrained controls in power systems propelled by heat and mass transfer[J]. Int. J. Heat Mass Transf., 2011, 54(4): 938-948.

[355] Sieniutycz S. Maximizing power yield in energy systems-A thermodynamic synthesis[J]. Appl. Math. Model., 2012, 36(5): 2197-2212.

[356] Sieniutycz S. Maximization of power yield in thermal and chemical systems[Z]. London, UK: 2009.

[357] Cai Y H, Su G Z, Chen J C. Influence of heat- and mass-transfer coupling on the optimal performance of a non-isothermal chemical engine[J]. Rev. Mex. Fis., 2010, 56(5): 356-362.

[358] 蔡燕华，苏国珍. 非等温化学机的最大功率输出特性[J]. 厦门大学学报(自然科学版), 2010, 49(4): 462-464.

[359] Sieniutycz S. A simple chemical engine in steady and dynamic situations[J]. Arch. Thermodyn., 2007, 28: 57-84.

[360] Sieniutycz S. Thermodynamics of chemical power generators[J]. Chem. Proc. Eng., 2008, 39(2): 321-335.

[361] Sieniutycz S. Analysis of power and entropy generation in a chemical engine[J]. Int. J. Heat Mass Transf., 2008, 51(25-26): 5859-5871.

[362] Sieniutycz S. Optimization analysis of power limits in flow energy systems[J]. Int. J. Simul. Process. Model., 2010.

[363] Sieniutycz S. Modeling and simulation of power yield in thermal, chemical and electrochemical systems: Fuel cell case[C].International Conference on Computer Aided Systems Theory. Berlin: Springer, 2011: 593-600.

[364] Sieniutycz S, Błesznowski M, Zieleniak A, et al. Power generation in thermochemical and electrochemical systems-A thermodynamic theory[J]. International Journal of Heat and Mass Transfer, 2012, 55(15-16): 3984-3994.

[365] Sieniutycz S. Thermodynamics of power production in fuel cells[J]. Chem. Proc. Eng., 2010, 31(1): 81-105.

[366] Sieniutycz S. Thermodynamic aspects of power generation in imperfect fuel cells: Part I[J]. Int. J. Ambient Energy, 2010, 31(4): 195-202.

[367] Sieniutycz S. Thermodynamic aspects of power generation in imperfect fuel cells: Part II[J]. Int. J. Ambient Energy, 2011, 32(1): 46-56.

[368] Sieniutycz S. Thermodynamic basis of fuel cell systems[J]. Cybernet. & Phys., 2012, 1(1): 67-72.

[369] Sieniutycz S. Thermodynamic basis of thermo-chemical energy systems and fuel cells[J]. Strojarstvo, 2013, 55(1): 57-72.

[370] Sieniutycz S. An unified approach to limits on power generation and power consumption in thermo-electrio-chemical systems[J]. Entropy, 2013, 15(2): 650-677.

[371] Sieniutycz S. Power yield and power consumption in thermo-electro-chemical systems-A synthesizing approach[J]. Energy Conver. Manage., 2013, 68: 293-304.

[372] Sieniutycz S. Synthesizing modeling of power generation and power limits in energy systems[J]. Energy, 2015, 84: 255-266.

[373] Chen L G, Xia S J, Sun F R. Maximum power output of multistage continuous and discrete isothermal endoreversible chemical engine system with linear mass transfer law[J]. Int. J. Chem. Reac. Eng., 2011, 9: A10.

[374] Xia S J, Chen L G, Sun F R. Endoreversible modeling and optimization of multistage isothermal chemical engines under linear mass transfer law via Hamilton–Jacobi–Bellman theory[J]. Int. J. Low-Carbon Tech., 2016, 11(3): 349-362.

[375] Chen L G, Xia S J, Ge Y L, et al. Dynamic programming for power-optimization of multistage isothermal irreversible chemical engines with diffusive mass transfer law[C]. 2017 American Society of Thermal and Fluids Engineers (ASTFE) Conference and 4th International Workshop on Heat Transfer (IWHT), Las Vegas, 2017: TFEC-IWHT2017-18313.

[376] Chen L G, Xia S J, Sun F R. Dynamic performance limits for a class of multistage chemical power-consumption system[J]. J. Energy Instit., 2013, 86(2): 71-77.

[377] Band Y B, Kafri O, Salamon P. Maximum work production from a heated gas in a cylinder with piston[J]. Chem. Phys. Lett., 1980, 72(1): 127-130.

[378] Band Y B, Kafri O, Salamon P. Finite time thermodynamics: Optimal expansion of a heated working fluid[J]. J. Appl. Phys., 1982, 53(1): 8-28.

[379] Salamon P, Band Y B, Kafri O. Maximum power from a cycling working fluid[J]. J. Appl. Phys., 1982, 53(1): 197-202.

[380] Aizenbud B M, Band Y B. Power considerations in the operation of a piston fitted inside a cylinder containing a dynamically heated working fluid[J]. J. Appl. Phys., 1981, 52(6): 3742-3744.

[381] Aizenbud B M, Band Y B, Kafri O. Optimization of a model internal combustion engine[J]. J. Appl. Phys., 1982, 53(3): 1277-1282.

[382] Band Y B, Kafri O, Salamon P. Optimization of a model external combustion engine[J]. J. Appl. Phys., 1982, 53(1): 29-33.

[383] Chen L G, Sun F R, Wu C. Optimal expansion of a heated working fluid with phenomenological heat transfer[J]. Energy Convers. Manage., 1998, 39(3/4): 149-156.

[384] Song H J, Chen L G, Sun F R. Optimization of a model external combustion engine with linear phenomenological heat transfer law[J]. J. Energy Ins., 2009, 82(3): 180-183.

[385] Chen L G, Song H J, Sun F R, et al. Optimization of a model internal combustion engine with linear phenomenological heat transfer law[J]. Int. J. Ambient Energy, 2010, 31(1): 13-22.

[386] Song H J, Ao C Y, Chen L G, et al. Optimal process durations of expansion of a heated working fluid with linear phenomenological transfer law[C]. 13th International Conference on Heat Transfer, Fluid Mechanics and Thermodynamics (HEFA2017), Portoroz, 2017.

[387] Chen L G, Song H J, Sun F R, et al. Optimal expansion of a heated working fluid with convective-radiative heat transfer law[J]. Int. J. Ambient Energy, 2010, 31(2): 81-90.

[388] Song H J, Chen L G, Sun F R. Optimal expansion of a heated working fluid for maximum work output with generalized radiative heat transfer law[J]. J. Appl. Phys., 2007, 102(9): 94901.

[389] 马康，陈林根，孙丰瑞. Dulong-Petit 传热规律时加热气体的最优膨胀[J]. 热能动力工程, 2009, 24(4): 447-451.

[390] 马康，陈林根，孙丰瑞. 广义辐射传热定律时加热气体最优膨胀的一种新解法[J]. 机械工程学报, 2010, 46(6): 149-157.

[391] 马康，陈林根，孙丰瑞. 辐射传热定律下活塞式外燃机最大输出功优化[J]. 热能动力工程, 2011, 26(5): 533-537, 629-630.

[392] Chen L G, Ma K, Sun F R. Optimal expansion of a heated working fluid for maximum work output with time-dependent heat conductance and generalized radiative heat transfer law[J]. J. Non-Equilib. Thermodyn., 2011, 36(2): 99-122.

[393] Chen L G, Ma K, Sun F R. Optimal expansion of a heated ideal gas with time-dependent heat conductance[J]. Int. J. Low-Carbon Tech., 2013, 8(4): 230-237.

[394] Ma K, Chen L G, Sun F R. Optimization of a model external combustion engine for maximum work output with generalized radiative heat transfer law[J]. Int. J. Energy & Environ., 2011, 2(4): 723-738.

[395] Ma K, Chen L G, Sun F R. Optimizations of a model external combustion engine for maximum work output with generalized convective heat transfer law[J]. J. Energy Instit., 2011, 84(4): 227-235.

[396] Taylor C F. The Internal Combustion Engine in Theory and Practice (Volumes 1 and 2)[M]. Cambridge: MIT, 1977.

[397] Mozurkewich M, Berry R S. Finite-time thermodynamics: Engine performance improved by optimized piston motion[J]. Proc. Natl. Acad. Sci. U.S.A., 1981, 78(4): 1986-1988.

[398] Mozurkewich M, Berry R S. Optimal paths for thermodynamic systems: The ideal Otto cycle[J]. J. Appl. Phys., 1982, 53(1): 34-42.

[399] Hoffman K H, Watowich S J, Berry R S. Optimal paths for thermodynamic systems: The ideal Diesel cycle[J]. J. Appl. Phys., 1985, 58(6): 2125-2134.

[400] Blaudeck P, Hoffman K H. Optimization of the power output for the compression and power stroke of the Diesel engine[C]. Proc. Int. Conf. ECOS'95, Volume 2: 754, Istanbul, 1995.

[401] Teh K Y, Edwards C F. An optimal control approach to minimizing entropy generation in an adiabatic internal combustion engine[C]. Proceedings of the 45th IEEE Conference on Decision and Control, San Diego, 2006: 6648-6653.

[402] Teh K Y, Edwards C F. An optimal control approach to minimizing entropy generation in an adiabatic internal combustion engine[J]. Trans. ASME J. Dyn. Sys. Measur. Control, 2008, 130(4): 41008.

[403] Teh K Y, Edwards C F. An optimal control approach to minimizing entropy generation in an adiabatic IC engine with fixed compression ratio[C]. Proceedings of IMECE2006, IMECE2006-13581, 2006 ASME International Mechanical Engineering Congress and Exposition, Chicago, 2006.

[404] Teh K Y, Edwards C F. Optimizing piston velocity profile for maximum work output from an IC engine[C]. Proceedings of IMECE2006, IMECE2006-13622, 2006 ASME International Mechanical Engineering Congress and Exposition, Chicago, 2006.

[405] The K Y, Miller S L, Edwards C F. Thermodynamic requirements for maximum internal combustion engine cycle efficiency. Part 2: Work extraction and reactant preparation strategies[J]. Int. J. Engine Res., 2008, 9(6): 467-481.

[406] Teh K Y, Miller S L, Edwards C F. Thermodynamic requirements for maximum internal combustion engine cycle efficiency. Part 1: Optimal combustion strategy[J]. Int. J. Engine Res., 2008, 9(6): 449-465.

[407] Miller S L, Svrcek M N, Teh K Y, et al. Requirements for designing chemical engines with reversible reactions[J]. Energy, 2011, 36(1): 99-110.

[408] Ramakrishnan S, Teh K Y, Miller S L, et al. Optimal architecture for efficient simple-cycle, steady-flow, combustion engines[J]. Trans. AIAA, J. Propulsion Power, 2011, 27(4): 873-883.

[409] Ramakrishnan S, Edwards C F. Unifying principles of irreversibility minimization for efficiency maximization in steady-flow chemically-reactive engines[J]. Energy, 2014, 68: 844-853.

[410] Ramakrishnan S, Edwards C F. Maximum-efficiency architectures for steady-flow combustion engines, I: Attractor trajectory optimization approach[J]. Energy, 2014, 72: 44-57.

[411] Ramakrishnan S, Edwards C F. Maximum-efficiency architectures for steady-flow combustion engines, II: Work-regenerative gas turbine engines[J]. Energy, 2014, 72: 58-68.

[412] Ramakrishnan S, Edwards C F. Maximum-efficiency architectures for heat- and work-regenerative gas turbine engines[J]. Energy, 2016, 100: 115-128.

[413] Lin J M, Chang S Q, Xu Z P. Optimal motion trajectory for the four-stroke free-piston engine with irreversible Miller cycle via a Gauss pseudospectral method[J]. J. Non-Equilib. Thermodyn., 2014, 39(3): 159-172.

[414] Badescu V. Optimal piston motion for maximum net output work of Daniel cam engines with low heat rejection[J]. Energy Conver. Manage., 2015, 101: 713-720.

[415] Burzler J M, Hoffman K H. Optimal piston paths for Diesel engines[M]. New York: Springer, 2000.

[416] 夏少军，陈林根，孙丰瑞. 线性唯象传热定律下 Otto 循环热机活塞运动的最优路径[J]. 中国科学 G 辑: 物理学 力学 天文学, 2009, 39(5): 698-708.

[417] Xia S J, Chen L G, Sun F R. Maximum cycle work output optimization for generalized radiative law Otto cycle engines[J]. The European Phys. J. Plus, 2016, 131(11): 394.

[418] Xia S J, Chen L G, Sun F R. Engine performance improved by controlling piston motion: Linear phenomenological law system Diesel cycle[J]. Int. J. Thermal Sci., 2012, 51(1): 163-174.

[419] Chen L G, Xia S J, Sun F R. Optimizing piston velocity profile for maximum work output from a generalized radiative law Diesel engine[J]. Math. Comput. Model., 2011, 54(9-10): 2051-2063.

[420] 戈延林，陈林根，孙丰瑞. 熵产生最小时不可逆 Otto 循环热机活塞运动最优路径[J]. 中国科学: 物理学 力学 天文学, 2010, 40(9): 1115-1129.

[421] Ge Y L, Chen L G, Sun F R. Optimal path of piston motion of irreversible Otto cycle for minimum entropy generation with radiative heat transfer law[J]. J. Energy Instit., 2012, 85(3): 140-149.

[422] Ge Y L, Chen L G, Sun F R. Optimal paths of piston motion of irreversible Diesel cycle for minimum entropy generation[J]. Thermal Sci., 2011, 15(4): 975-993.

[423] Nitan A, Ross J. Oscillations, multiple steady states, and instabilities in illuminated systems[J]. J. Chem. Phys., 1973, 59(1): 241-250.

[424] Zimmermann E C, Ross J. Light induced bistability in $S_2O_6F_2 \rightleftharpoons 2SO_3F$: Theory and experiment[J]. J. Chem. Phys., 1984, 80(2): 720-729.

[425] Zimmermann E C, Schell M, Ross J. Stabilization of unstable states and oscillatory phenomena in an illuminated thermochemical system: Theory and experiment[J]. J. Chem. Phys., 1984, 81(3): 1327-1336.

[426] Mozurkewich M, Berry R S. Optimization of a heat engine based on a dissipative system[J]. J. Appl. Phys., 1983, 53(7): 3651-3661.

[427] Watowich S J, Hoffmann K H, Berry R S. Intrinsically irreversible light-driven engine[J]. J. Appl. Phys., 1985, 58(3): 2893-2901.

[428] Watowich S J, Hoffmann K H, Berry R S. Optimal path for a bimolecular, light-driven engine[J]. IL Nuovo Cimento B, 1989, 104B(2): 131-147.

[429] 马康，陈林根，孙丰瑞. 线性唯象传热定律下光驱动发动机的最优路径[J]. 中国科学 B 辑：化学, 2010, 40(8): 1035-1045.

[430] Ma K, Chen L G, Sun F R. Ecological performance improved by controlling piston motion: Linear phenomenological system bimolecular, light-driven engine[J]. J. Energy Instit., 2013, 86(4): 210-219.

[431] Chen L G, Ma K, Sun F R. Optimal paths for a light-driven engine with $[A] \rightleftharpoons [B]$ reacting system and generalized radiative heat transfer law[J]. Int. J. Chem. React. Eng., 2012, 10: A68.

[432] Chen L G, Ma K, Ge Y L, et al. Optimal configuration of a bimolecular, light-driven engine for maximum ecological performance[J]. Arab. J. Sci. Eng., 2013, 38(2): 341-350.

[433] Chen L G, Ma K, Ge Y L, et al. Minimum entropy generation path for an irreversible light-driven engine with $[A] \rightleftharpoons [B]$ reacting system and linear phenomenological heat transfer law[J]. Environ. Eng. Manage. J., 2017, in press.

[434] Rozonoer L I. A generalized thermodynamic approach to resource exchange and allocation. I[J]. Autom. Remote control, 1973, 5(2): 781-795.

[435] Rozonoer L I. A generalized thermodynamic approach to resource exchange and allocation. II[J]. Autom. Remote control, 1973, 6(1): 915-927.

[436] Rozonoer L I. A generalized thermodynamic approach to resource exchange and allocation. III[J]. Autom. Remote control, 1973, 8(1): 1272-1290.

[437] Saslow W M. An economic analogy to thermodynamics[J]. Am. J. Phys., 1999, 67(12): 1239-1247.

[438] Martinas K. About irreversibility in economics[J]. Open Sys. Information Dyn., 2000, 7(4): 349-364.

[439] Tsirlin A M, Kazakov V, Kolinko N A. Irreversibility and limiting possibilities of macrocontrolled systems: I. Thermodynamics[J]. Open Sys. Information Dyn., 2001, 8(4): 315-328.

[440] Tsirlin A M, Kazakov V, Kolinko N A. Irreversibility and limiting possibilities of macrocontrolled systems: II. Microeconomics[J]. Open Sys. Information Dyn., 2001, 8(4): 329-347.

[441] Tsirlin A M, Kazakov V A. Optimal processes in irreversible thermodynamics and microeconomics[J]. Interdisciplinary Description of Complex Systems, 2004, 2(1): 29-42.

[442] Amelkin S A, Martinas K, Tsirlin A M. Optimal control for irreversible processes in thermodynamics and microeconomics[J]. Autom. Remote Control, 2002, 63(4): 519-539.

[443] Tsirlin A M. Irreversible microeconomics: Optimal processes and control[J]. Autom. Remote Control, 2001, 62(5): 820-830.

[444] Tsirlin A M. Optimal control of resource exchange in economic systems[J]. Autom. Remote Control, 1995, 56(3): 401-408.

[445] Xia S J, Chen L G, Sun F. Optimization for capital dissipation minimization in a common of resource exchange processes[J]. Math. Comput. Model., 2011, 54(6): 632-648.

[446] Xia S J, Chen L G. Capital dissipation minimization for a class of complex irreversible resource exchange processes[J]. Euro. Phys. J. Plus, 2017, 132: 201.

[447] de Vos A. Endoreversible thermoeconomics[J]. Energy Convers. Manage., 1995, 36(1): 1-5.

[448] de Vos A. Endoreversible economics[J]. Energy Convers. Manage., 1997, 38(4): 311-317.

[449] de Vos A. Endoreversible thermodynamics versus economics[J]. Energy Convers. Manage., 1999, 40(10): 1009-1019.

[450] Amelkin S A. Limiting possibilities of resource exchange process in complex open microeconomic system[J]. Interdisciplinary Description of Complex Systems, 2004, 2(1): 43-52.

[451] Tsirlin A M, Kazakov V. Optimal processes in irreversible microeconomics[J]. Interdisciplinary Description of Complex Systems, 2006, 4(2): 102-123.

[452] Tsirlin A M. Irreversible microeconomic Optimal processes and equilibrium in closed systems[J]. Autom. Remote Control, 2008, 69(7): 1201-1215.

[453] Xia S J, Chen L G, Sun F R. Effects of transfer laws on optimal configurations of commercial engines for maximum profit[J]. Euro. Phys. J. Plus, 2017, 132: in press.

[454] Xia S J, Chen L G, Ge Y L, et al. Optimal configuration of multi-reservoir commercial engine for maximum profit output[J]. Euro. Phys. J. Plus, 2017, 132: in press.

[455] Chen Y R. Maximum profit configuration of commercial engines[J]. Entropy, 2011, 13(6): 1137- 1151.

[456] Sieniutycz S, Salamon P (ed.). Advances in Thermodynamics[M]. New York: Taylor & Francis, 1990.

[457] Andresen B, Rubin M H, Berry R S. Availability for finite-time processes. General theory and a model[J]. J. Chem. Phys., 1983, 87(15): 2704-2713.

[458] Kuhn H W, Tucker A W. Nonlinear programming[C]. Proceedings of 2nd Berkeley Symposium, Berkeley: University of California Press, 1951, 481-492.

[459] Onsager L. Reciprocal relations in irreversible process. I[J]. Phys. Rev., 1931, 37(4): 405-426.

[460] Onsager L. Reciprocal relations in irreversible process. II[J]. Phys. Rev., 1931, 38(12): 2265-2279.

[461] 胡寿松, 王执铨, 胡维礼. 最优控制理论与系统[M]. 北京: 科学出版社, 2005.

[462] 沈维道, 童均耕. 工程热力学(第五版)[M]. 北京: 高等教育出版社, 2016.

[463] Biezeno C B, Grammel R. Engineering Dynamics[M]. London: Blackie, 1955.

[464] Radcenco V. Generalized Thermodynamics[M]. Bucharest: Editura Techica, 1994.

附录 A　最优化理论概述

A.1 引　　言

从数学上来讲，最优就是寻求函数的极值(极大或极小)问题。17 世纪，微积分的创立从根本上推动了极值问题的研究。设多元函数 $y = f(\boldsymbol{x}) = f(x_1, x_2, \cdots, x_n)$ 在某个开区间连续可微，求其极值时，首先求 y 的全微分，然后令 $\mathrm{d}y = 0$，即得到该函数极值的一组必要条件(但非充分条件)，至于究竟是极大还是极小，则需要考察函数 y 的二次微分 $\mathrm{d}^2 y$，于是函数求极值问题主要归结为求解方程组问题。

所谓泛函，可以看作普通函数的推广。设一个变量 v，如果对某一类函数向量 $\{\boldsymbol{y}(x) = [y_1(x),\ y_2(x), \cdots, y_3(x)]\}$ 中的每个函数 $\boldsymbol{y}(x)$，有一个 v 的值与之对应，那么变量 v 称为依赖于函数 $\boldsymbol{y}(x)$ 的泛函，记作 $v = v[\boldsymbol{y}(x)]$，因此泛函也可称为函数的函数。研究泛函极值的方法称为变分法或变分学。如同函数 $y = f(\boldsymbol{x})$ 的增量 $\Delta y = y(\boldsymbol{x} + \Delta\boldsymbol{x}) - y(\boldsymbol{x}) \ = f'(\boldsymbol{x})\Delta\boldsymbol{x} + r(\boldsymbol{x}, \Delta\boldsymbol{x})$，第一项是 Δy 的线性主部，第二项是关于 $\Delta\boldsymbol{x}$ 的高阶无穷小，当 $\Delta\boldsymbol{x} \to 0$ 时，线性主部称为函数 y 的微分 $\mathrm{d}y = f'(\boldsymbol{x}) \cdot \Delta\boldsymbol{x}$，在泛函 $v = v[\boldsymbol{y}(x)]$ 中，泛函 v 的增量 $\Delta v = v[\boldsymbol{y}(x) + \delta\boldsymbol{y}] - v[\boldsymbol{y}(x)] = L(\boldsymbol{y}, \delta\boldsymbol{y}) + r(\boldsymbol{y}, \delta\boldsymbol{y})$，第一项 $L(\boldsymbol{y}, \delta\boldsymbol{y})$ 是泛函增量 Δv 的线性主部，$r(\boldsymbol{y}, \delta\boldsymbol{y})$ 是关于 $\delta\boldsymbol{y}$ 的高阶无穷小，那么当 $\delta\boldsymbol{y} \to 0$ 时，线性主部 $L(\boldsymbol{y}, \delta\boldsymbol{y})$ 称为泛函 $v[\boldsymbol{y}(x)]$ 的变分 δv。同样，一次变分 $\delta v = 0$ 只是求泛函极值的必要条件，要想判断泛函极值是极大还是极小，则需要考察泛函 v 的二次变分 $\delta^2 v$。与函数极值问题是寻求变量 $\boldsymbol{x} = [x_1, x_2, \cdots, x_n]$ 使函数 $y(\boldsymbol{x})$ 达到最小(或最大)不同，泛函极值问题是寻求函数 $\boldsymbol{y} = [y_1(x), y_2(x), \cdots, y_n(x)]$ 使泛函 $v[\boldsymbol{y}(x)]$ 达到最小(或最大)。因此，求泛函的极值问题将面临求解微分方程组的两点边值问题，这类问题仅在极少数情形下存在解析解，对于其他大多数情形需要借助于计算机求其数值解。

在 20 世纪 50 年代以前，解决最优化问题的数学方法只限于古典微分求导方法和变分法(求无约束极值)，或用拉格朗日(Lagrange)乘子法解决等式约束的条件极值问题。为区别于近代发展起来的最优化理论(如极小值原理和动态规划)，这类函数极值的求导法或泛函极值的变分法称为古典最优化理论或方法。由于科学技术和生产的迅速发展，实践中越来越多的最优化问题已经无法用古典方法来解决。自 50 年代末以来，一方面，最优化理论在原来古典最优化理论的基础上取得长足发展，另一方面，由于大型快速电子计算机的出现和发展，形成了许多计算机算法解决相应的最优化问题。从最优化理论方面看，其中有代表性的是库恩(H. W. Kuhn)和塔克(A. W. Tucker)两人推导的关于不等式约束条件下非线性最优的必要条件即库恩-塔克定理、贝尔曼(Bellman)的最优化原理和动态规划理论、庞特里亚金(Pontryagin)的极大值原理，以及卡尔曼(Kalman)的关于随机控制系统最优滤波器等，这些构成了现代化最优化技术及最优控制理论的基础。

当前，最优化理论发展得越来越成熟，并形成了许多学科分支解决相应的最优化问题。按照最优化问题的解的类型，可分为静态最优化问题和动态最优化问题，静态最优化问题即前述函数极值问题，动态最优化问题即前述泛函极值问题或最优控制问题，附录 A 的目的不在于对最优化理论进行详尽的描述和讨论，而在于力求用最简洁的文字和相关数学推导对本书所涉及的相关最优化理论作一概述。

A.2 静 态 优 化

静态优化问题又称为函数极值问题，问题的最优解均为确定的变量值。根据约束条件的类型，可分为无约束函数极值优化、仅含等式约束函数极值优化和含不等式约束函数极值优化。

A.2.1 无约束函数极值优化

对于无约束函数极值优化，考虑一个多变量目标函数 $y(\boldsymbol{x})$ 如下：

$$y = f(\boldsymbol{x}) = f(x_1, x_2, \cdots, x_n) \tag{A.2.1}$$

定义于区域 Ω 中，且 $\boldsymbol{x}^0 = (x_1^0, x_2^0, \cdots, x_n^0)$ 是这区域内的一点。若点 $\boldsymbol{x}^0$ 有一个邻域

$$0 < \left| x_i - x_i^0 \right| < \delta,\ i = 1, 2, \cdots, n \tag{A.2.2}$$

使对于其中一切点 $\boldsymbol{x}$，不等式(A.2.3)成立：

$$f(\boldsymbol{x}) < f(\boldsymbol{x}^0) \quad \left(\text{或 } f(\boldsymbol{x}) > f(\boldsymbol{x}^0)\right) \tag{A.2.3}$$

则称函数 $f(\boldsymbol{x})$ 在点 $\boldsymbol{x}^0$ 处有极大值(或极小值)。

极值存在的必要条件：假定 $f(\boldsymbol{x})$ 在区域 Ω 内存在有限偏导数，若在点 $\boldsymbol{x}^0 \in \Omega$ 处函数有极值，则必有一阶偏导数：

$$\frac{\partial f(\boldsymbol{x}^0)}{\partial x_2} = \frac{\partial f(\boldsymbol{x}^0)}{\partial x_2} = \cdots = \frac{\partial f(\boldsymbol{x}^0)}{\partial x_n} = 0 \tag{A.2.4}$$

或

$$\nabla f(\boldsymbol{x}^0)=\left[\frac{\partial f(\boldsymbol{x}^0)}{\partial x_1},\frac{\partial f(\boldsymbol{x}^0)}{\partial x_2},\cdots,\frac{\partial f(\boldsymbol{x}^0)}{\partial x_n}\right]^{\mathrm{T}}=0 \tag{A.2.5}$$

式中，“∇”为梯度算子；上标“T”为向量的转置，所以极值只能在使式(A.2.4)或式(A.2.5)成立的点达到，这种点称为稳定点。

极值存在的充分条件：设点 $\boldsymbol{x}^0=(x_1^0,x_2^0,\cdots,x_n^0)$ 为函数 $f(\boldsymbol{x})=f(x_1,x_2,\cdots,x_n)$ 的稳定点，并且函数 $f(\boldsymbol{x})$ 在稳定点内有定义、连续并有一阶和二阶连续偏导数。定义函数 $f(\boldsymbol{x})$ 在点 $\boldsymbol{x}^0$ 处的黑塞(Hessian)矩阵行列式 H_i 为

$$H_i\equiv\begin{vmatrix}\dfrac{\partial^2 f(\boldsymbol{x}^0)}{\partial x_1^2} & \dfrac{\partial^2 f(\boldsymbol{x}^0)}{\partial x_1\partial x_2} & \cdots & \dfrac{\partial^2 f(\boldsymbol{x}^0)}{\partial x_1\partial x_i}\\ \dfrac{\partial^2 f(\boldsymbol{x}^0)}{\partial x_1\partial x_2} & \dfrac{\partial^2 f(\boldsymbol{x}^0)}{\partial x_2^2} & \cdots & \dfrac{\partial^2 f(\boldsymbol{x}^0)}{\partial x_2\partial x_i}\\ \vdots & \vdots & & \vdots\\ \dfrac{\partial^2 f(\boldsymbol{x}^0)}{\partial x_1\partial x_i} & \dfrac{\partial^2 f(\boldsymbol{x}^0)}{\partial x_2\partial x_i} & \cdots & \dfrac{\partial^2 f(\boldsymbol{x}^0)}{\partial x_i^2}\end{vmatrix} \tag{A.2.6}$$

对 n 个变量依次计算 n 个行列式 $H_1,H_2,\cdots,H_n$，那么

(1)稳定点 $\boldsymbol{x}^0$ 是极小值点的充分条件是：所有的行列式都是正的，即

$$H_i>0,\ i=1,2,\cdots,n \tag{A.2.7}$$

(2)稳定点 $\boldsymbol{x}^0$ 是极大值点的充分条件是：所有标号为奇数的行列式是负的，所有标号为偶数的行列式是负的，即

$$\begin{aligned}&H_i<0,\ i=1,3,5,\cdots\\&H_i>0,\ i=2,4,6,\cdots\end{aligned} \tag{A.2.8}$$

如果上述两条件均不满足，那么稳定点可以不是极值点。如果所有的 H_i 都是零，就必须考察更高阶的偏导数。

A.2.2 仅含等式约束函数极值优化

对于含等式约束函数极值优化，令 $g(\boldsymbol{x})=g(x_1,x_2,\cdots,x_n)$，优化问题为在 m（$m<n$）个等式约束条件

$$g_k(\boldsymbol{x})=0,\ k=1,2,\cdots,m \tag{A.2.9}$$

下求函数式(A.2.1)的极值。求解方法主要有直接代入法和拉格朗日乘数法。对于直接代入法，从约束条件的 m 个方程[即式(A.2.9)]中将其 m 个变量解出，用其余 $n-m$ 个变量表示，然后直接代入目标函数式(A.2.1)中去，这样优化问题变为一个求 $n-m$ 个变量的函数的无约束条件的极值问题。如果从约束方程式(A.2.9)能够将 m 个变量解出，那么采用直接代入法是可行的。

一般地，对于含等式约束函数极值优化问题，通常采用的是拉格朗日乘数法。引进变更的拉格朗日函数 L：

$$L = f + \sum_{k=1}^{m} \lambda_k g_k \tag{A.2.10}$$

式中，λ_k 为拉格朗日乘子，均为待定常数。把 L 当作 $n+m$ 个变量 $x_1, x_2, \cdots, x_n$ 和 $\lambda_1, \lambda_2, \cdots, \lambda_m$ 的无约束函数，对这些变量求一阶偏导数得稳定点所要满足的方程：

$$\frac{\partial L}{\partial x_i} = 0,\ i = 1, 2, \cdots, n \tag{A.2.11}$$

$$\frac{\partial L}{\partial \lambda_k} = g_k = 0,\ k = 1, 2, \cdots, m \tag{A.2.12}$$

A.2.3 含不等式约束函数极值优化

对于含不等式约束函数极值优化，令 $g(\boldsymbol{x}) = g(x_1, x_2, \cdots, x_n)$，优化问题为在 m 个约束条件式

$$g_k(\boldsymbol{x}) \geqslant 0,\ k = 1, 2, \cdots, m \tag{A.2.13}$$

下求函数式(A.2.1)的极小值，此处 m 不必小于 n。对于满足条件式(A.2.13)的解 $\boldsymbol{x}$ 称为可行解或可行点，使目标函数式(A.2.1)取极值的可行解称为最优解或最优点。设 $\boldsymbol{x}^0$ 是优化问题的一个可行解，它当然满足所有约束。考虑某一不等式约束条件 $g_k(\boldsymbol{x}) \geqslant 0$，$\boldsymbol{x}^0$ 满足它有两种可能：其一为 $g_k(\boldsymbol{x}^0) > 0$，这时点 $\boldsymbol{x}^0$ 不是处于由这一约束条件形成的可行域边界上，因而这一约束对 $\boldsymbol{x}^0$ 点的微小摄动不起限制作用，从而称这个约束条件是 $\boldsymbol{x}^0$ 点的不起作用约束或无效约束；其二为 $g_k(\boldsymbol{x}^0) = 0$，这时 $\boldsymbol{x}^0$ 点处于该约束条件形成的可行域边界上，它对 $\boldsymbol{x}^0$ 的摄动起到了某种限制作用，故称这个约束是 $\boldsymbol{x}^0$ 点的起作用约束或有效约束。显然，等式约束对于所有可行点来说都是起作用约束。

对于含不等式约束函数极值问题的求解，需要用到库恩-塔克条件，它是确定某点为最优点的必要条件。现将库恩-塔克条件叙述如下。

设点 $\boldsymbol{x}^0=(x_1^0,x_2^0,\cdots,x_n^0)$ 为函数 $f(\boldsymbol{x})=f(x_1,x_2,\cdots,x_n)$ 的极小值点，而且在点 $\boldsymbol{x}^0$ 处各起作用约束的梯度线性无关，则存在向量 $\boldsymbol{\lambda}=(\lambda_1,\lambda_2,\cdots,\lambda_m)^{\mathrm{T}}$，使下述条件成立：

$$\begin{cases}\nabla f(\boldsymbol{x}^0)-\sum\limits_{k=1}^{m}\left[\lambda_k\cdot\nabla g_k(\boldsymbol{x}^0)\right]=0\\ \lambda_k\cdot g_k(\boldsymbol{x}^0)=0,\quad k=1,2,\cdots,m\\ \lambda_k\geqslant 0,\qquad\qquad k=1,2,\cdots,m\end{cases}\tag{A.2.14}$$

式中，$\lambda_1,\lambda_2,\cdots,\lambda_m$ 称为广义拉格朗日乘子，条件式(A.2.14)常简称为 K-T 条件，满足这个条件的点称为库恩-塔克点或 K-T 点。只要是最优点，就必须满足这个条件。但一般来说它并不是充分条件，因而满足这个问题的点不一定就是最优点，但对于具有明确物理意义的函数极值优化问题，它既是最优点存在的必要条件，也是充分条件。

A.3 动 态 优 化

动态优化问题又称为泛函极值问题或最优控制问题，一般可表述为：根据已建立的被控对象的时域数学模型或频域数学模型，选择一个容许的控制律，使得被控对象按预定要求运行，并使给定的某一性能指标达到最优值。从数学观点来看，最优控制问题是求解一类带有约束条件的泛函极值问题，属于变分学的理论范畴。经典变分理论只能解决容许控制属于开集的一类最优控制问题，通过欧拉方程和横截条件，可以确定不同情况下的极值控制，而工程实践中所遇到的多是容许控制属于闭集的一类最优控制问题。对这类问题，古典变分法是无能为力的。为了适应工程实践的需要，20 世纪 50 年代中期出现了现代变分理论。在现代变分理论中，最常用的两种方法是极小值原理和动态规划。苏联科学院院士庞特里亚金于 1956~1958 年首先猜想并随之加以严格论证的极小值原理，以哈密顿方式发展了经典变分法，以解决常微分方程所描述的控制有约束的变分问题为目标，结果得到了用一组常微分方程组表示的最优解所满足的必要条件。美国学者贝尔曼于 1953~1958 年提出的动态规划，以 Hamilton-Jacobi 方式发展了经典变分法，可以解决比常微分方程所描述的更具一般性的最优控制问题，对于连续系统，给出了一个用偏微分方程表示的最优解所满足的充分条件，即 HJB 方程。在应用变分法、极小值原理和 HJB 方程等求解不显含时间变量的最优控制问题时，由于最优性能指标、状态变量、协态变量和控制变量等均是时间相关函数，这样导致问题求解过程较为复杂。80 年代，俄罗斯学者 Rozonoer 和 Tsirlin 等在研究热力学最优控制问题时进一步发展了古典变分法和极小值原理，用状态变量替换时间变量，将传统的最优控制问题求解转化为一类时间平均最优控制问题的求解，极大地简化了最优控制问题的求解过程，形成了平均最优控制理论(average optimal control theory)。本节将对古典变分法、极小值原理、动态规划和平均最优控制理论进行一一介绍。

A.3.1　古典变分法

A.3.1.1　无约束泛函极值优化

首先考虑无约束泛函极值问题：求函数向量 $\boldsymbol{y}(x)=[y_1(x), y_2(x),\cdots, y_n(x)]$，使如下泛函

$$v=\int_{x_0}^{x_1} F[x, \boldsymbol{y}(x), \boldsymbol{y}'(x),..., \boldsymbol{y}^{(n)}(x)]\,\mathrm{d}x \tag{A.3.1}$$

达到极小值的问题。假定 F 是 $n+2$ 阶可微分的，函数向量 $\boldsymbol{y}(x)$ 有 $2n$ 阶连续导数。考虑固定边界条件，其对应的边界条件为

$$\boldsymbol{y}(x_0)=\boldsymbol{y}_0,\quad \boldsymbol{y}'(x_0)=\boldsymbol{y}_0',\cdots, \boldsymbol{y}^{(n-1)}(x_0)=\boldsymbol{y}_0^{(n-1)} \tag{A.3.2}$$

$$\boldsymbol{y}(x_1)=\boldsymbol{y}_1,\quad \boldsymbol{y}'(x_1)=\boldsymbol{y}_1',\cdots, \boldsymbol{y}^{(n-1)}(x_1)=\boldsymbol{y}_1^{(n-1)} \tag{A.3.3}$$

式中，$\boldsymbol{y}^{(i)}(x)$ 表示函数向量 $\boldsymbol{y}$ 对变量 x 的 i（i 为小于 n 的正整数)阶导数向量即 $\boldsymbol{y}^{(i)}(x)=\mathrm{d}^i\boldsymbol{y}/\mathrm{d}x^i$。极值曲线 $\boldsymbol{y}(x)$ 必须满足下面的微分方程：

$$\frac{\partial F}{\partial \boldsymbol{y}}-\frac{\mathrm{d}}{\mathrm{d}x}\left(\frac{\partial F}{\partial \boldsymbol{y}'}\right)+\frac{\mathrm{d}^2}{\mathrm{d}x^2}\left(\frac{\partial F}{\partial \boldsymbol{y}''}\right)+\cdots+(-1)^n\frac{\mathrm{d}^n}{\mathrm{d}x^n}\left(\frac{\partial F}{\partial \boldsymbol{y}^{(n)}}\right)=0 \tag{A.3.4}$$

式(A.3.4)即对应于泛函式(A.3.1)的欧拉方程。这是 $2n$ 阶微分方程，它的通解含有 $2n$ 个任意常数，这些常数可以由式(A.3.2)和式(A.3.3)中的 $2n$ 个边界条件确定，因此是一个两点边值问题。欧拉方程是泛函极值的必要条件，但不是充分的。在处理实际泛函极值问题时，一般不去考虑充分条件，而是从实际问题的性质出发，间接地判断泛函极值的存在性，直接应用欧拉方程求出极值曲线。若式(A.3.1)中的被积函数 $F[x, \boldsymbol{y}(x), \boldsymbol{y}'(x),\cdots, \boldsymbol{y}^{(n)}(x)]$ 变为 $F[x, y(x), y'(x)]$，欧拉方程式(A.3.4)相应地变为：

$$\frac{\partial F}{\partial y}-\frac{\mathrm{d}}{\mathrm{d}x}\left(\frac{\partial F}{\partial y'}\right)=0 \tag{A.3.5}$$

当 F 只依赖于 y 和 y' 时 $F = F(y, y')$，注意到 F 不依赖于 x，于是有

$$\begin{aligned}\frac{\mathrm{d}}{\mathrm{d}x}\left(F - y'\frac{\partial F}{\partial y'}\right) &= \frac{\partial F}{\partial y}y' + \frac{\partial F}{\partial y'}y'' - y''\frac{\partial F}{\partial y'} - y'\frac{\mathrm{d}}{\mathrm{d}x}\left(\frac{\partial F}{\partial y'}\right) \\ &= y'\left[\frac{\partial F}{\partial y} - \frac{\mathrm{d}}{\mathrm{d}x}\left(\frac{\partial F}{\partial y'}\right)\right] \\ &= 0\end{aligned} \tag{A.3.6}$$

其首次积分为

$$F - y'\frac{\partial F}{\partial y'} = a_1 = \mathrm{const} \tag{A.3.7}$$

由此可解出 $y' = \varphi(y, a_1)$，积分后得极值曲线簇：

$$x = \int \frac{\mathrm{d}y}{\varphi(y, a_1)} + a_2 \tag{A.3.8}$$

式中，a_1 和 a_2 均为待定积分常数，联立已知边界条件 $y(x_0) = y_0$ 和 $y(x_1) = y_1$ 可解得极值曲线。

A.3.1.2　有约束泛函极值优化

现在考虑最简单的条件极值问题：求函数向量 $\boldsymbol{y}(x) = [y_1(x), y_2(x), \cdots, y_n(x)]$，使泛函

$$v[y(x)] = \int_{x_0}^{x_1} F(x, y, y')\,\mathrm{d}x \tag{A.3.9}$$

达到极值，且满足附加条件

$$G(x, y, y') = 0 \tag{A.3.10}$$

及固定边界条件 $\boldsymbol{y}(x_0) = \boldsymbol{y}_0$ 和 $\boldsymbol{y}(x_1) = \boldsymbol{y}_1$。如果引入拉格朗日乘子变量，可以把有约束的泛函极值问题化为无约束的泛函极值问题，那么由式(A.3.5)立即得有约束泛函极值的必要条件。在式(A.3.10)的约束下，泛函式(A.3.9)取极值的必要条件为下列欧拉-拉格朗日方程：

$$\frac{\partial L}{\partial \boldsymbol{y}} - \frac{\mathrm{d}}{\mathrm{d}x}\left(\frac{\partial L}{\partial \boldsymbol{y}'}\right) = 0 \tag{A.3.11}$$

式中，

$$L(x,\lambda,\boldsymbol{y},\boldsymbol{y}')=F(x,\boldsymbol{y},\boldsymbol{y}')+\boldsymbol{\lambda}^{\mathrm{T}}(x)G(x,\boldsymbol{y},\boldsymbol{y}') \tag{A.3.12}$$

在式(A.3.12)中，$\boldsymbol{\lambda}\in\mathbf{R}^n$，为待定拉格朗日乘子向量。

在有约束泛函极值问题中，还存在一类等周问题：在使积分$\int_{x_0}^{x_1}G(x,y,y')\,\mathrm{d}x$等于已知常数$a$和满足边界条件的一切曲线$y(x)$中，确定这样一条曲线，使泛函$\int_{x_0}^{x_1}F(x,y,y')\,\mathrm{d}x$达到极值，这样的优化问题称为等周问题。构造变更的拉格朗日函数式(A.3.12)，此时式(A.3.12)中的拉格朗日乘子不再随变量x变化，而为一待定的常数。欧拉方程(A.3.11)的通积分含有三个任意常数，即两个积分常数及常数λ。这些常数由两个边界条件及等周条件确定，但要注意只有当所得曲线$y(x)$不是等周条件中的积分$\int_{x_0}^{x_1}G(x,y,y')\,\mathrm{d}x$的极值曲线时才是等周问题的解答。

求解欧拉方程，需要由横截条件提供两点边界值。前面推导的积分限x_0和x_1固定及容许曲线在边界上的值$\boldsymbol{y}(x_0)$和$\boldsymbol{y}(x_1)$同时固定只是一种最简单的情况。在实际工程问题中，情况要复杂得多。例如，积分下限x_0和积分上限x_1可以自由；容许曲线边界值$\boldsymbol{y}(x_0)$和$\boldsymbol{y}(x_1)$可以自由也可以受约束。在本书研究的控制问题中，积分下限x_0和初始边界值$\boldsymbol{y}(x_0)$往往是固定的，因此附录 A 仅给出积分上限x_1和末端边界值$\boldsymbol{y}(x_1)$变动的情况。

(1) 若积分上限x_1自由，末端边界值$\boldsymbol{y}_1$固定，对应于欧拉方程式(A.3.11)的横截条件为

$$\boldsymbol{y}(x_0)=\boldsymbol{y}_0,\quad \left(L-\boldsymbol{y}'^{\mathrm{T}}\frac{\partial L}{\partial \boldsymbol{y}'}\right)\bigg|_{x=x_1^*}=0,\quad \boldsymbol{y}(x_1^*)=\boldsymbol{y}_1 \tag{A.3.13}$$

(2) 若积分上限x_1自由，末端边界值$\boldsymbol{y}_1$受约束$\boldsymbol{y}_1(x_1)=\boldsymbol{c}(x_1)$，对应于欧拉方程式(A.3.11)的横截条件为

$$\boldsymbol{y}(x_0)=\boldsymbol{y}_0,\quad \left[L-(\boldsymbol{c}'-\boldsymbol{y}')^{\mathrm{T}}\frac{\partial L}{\partial \boldsymbol{y}'}\right]\bigg|_{x=x_1^*}=0,\quad \boldsymbol{y}(x_1^*)=\boldsymbol{y}_1 \tag{A.3.14}$$

(3) 若积分上限x_1固定，末端边界值$\boldsymbol{y}_1$自由，对应于欧拉方程式(A.3.11)的横截条件为

$$\boldsymbol{y}(x_0)=\boldsymbol{y}_0,\quad \left.\frac{\partial L}{\partial \boldsymbol{y}'}\right|_{x=x_1}=0 \tag{A.3.15}$$

A.3.1.3 可用变分法求解的最优控制问题

在控制变量的取值不受约束，即容许控制向量的集合可以充满整个函数空间，同时控制向量为时间连续函数的情况下，可以应用变分法求解最优控制问题。设系统的状态方程为下列时变非线性向量微分方程：

$$\dot{\boldsymbol{x}}(t)=f(\boldsymbol{x},\boldsymbol{u},t) \tag{A.3.16}$$

固定边界条件为

$$\boldsymbol{x}(t_{\mathrm{i}})=\boldsymbol{x}_{\mathrm{i}},\quad \boldsymbol{x}(t_{\mathrm{f}})=\boldsymbol{x}_{\mathrm{f}} \tag{A.3.17}$$

式中，$\boldsymbol{x}(t)$ 为 n 维的状态向量；$\boldsymbol{u}(t)$ 为 m 维的控制向量；参数上加点表示对时间的导数即 $\dot{\boldsymbol{x}}(t)=\mathrm{d}\boldsymbol{x}/\mathrm{d}t$。系统的性能指标为

$$v(\boldsymbol{u})=\int_{t_{\mathrm{i}}}^{t_{\mathrm{f}}}F(\boldsymbol{x},\boldsymbol{u},t)\mathrm{d}t \tag{A.3.18}$$

最优控制的目的是确定控制向量 $\boldsymbol{u}(t)$（$t_{\mathrm{i}}\leqslant t\leqslant t_{\mathrm{f}}$）在满足约束条件式(A.3.16)和式(A.3.17)下，使性能指标式(A.3.18)取极小值。这是一个条件极值问题。作变更的拉格朗日函数 L 如下：

$$L[\boldsymbol{x}(t),\dot{\boldsymbol{x}}(t),\boldsymbol{\lambda}(t),\boldsymbol{u}(t),t]=F(\boldsymbol{x},\boldsymbol{u},t)+\boldsymbol{\lambda}^{\mathrm{T}}[f(\boldsymbol{x},\boldsymbol{u},t)-\dot{\boldsymbol{x}}] \tag{A.3.19}$$

式中，$\boldsymbol{\lambda}$ 为与时间相关的拉格朗日乘子向量，是一个 n 维列向量。式(A.3.19)取极值的欧拉方程为

$$\frac{\partial L}{\partial \boldsymbol{x}}-\frac{\mathrm{d}}{\mathrm{d}t}\left(\frac{\partial L}{\partial \dot{\boldsymbol{x}}}\right)=0 \tag{A.3.20}$$

$$\frac{\partial L}{\partial \boldsymbol{u}}-\frac{\mathrm{d}}{\mathrm{d}t}\left(\frac{\partial L}{\partial \dot{\boldsymbol{u}}}\right)=0 \tag{A.3.21}$$

为了便于求解，定义如下哈密顿函数 H：

$$H[\boldsymbol{x}(t),\boldsymbol{\lambda}(t),\boldsymbol{u}(t),t]=F(\boldsymbol{x},\boldsymbol{u},t)+\boldsymbol{\lambda}^{\mathrm{T}}f(\boldsymbol{x},\boldsymbol{u},t) \tag{A.3.22}$$

将式(A.3.22)代入式(A.3.19)得

$$L[\boldsymbol{x}(t), \dot{\boldsymbol{x}}(t), \boldsymbol{\lambda}(t), \boldsymbol{u}(t), t] = H(\boldsymbol{x}, \boldsymbol{\lambda}, \boldsymbol{u}, t) - \boldsymbol{\lambda}^{\mathrm{T}} \dot{\boldsymbol{x}} \tag{A.3.23}$$

将式(A.3.23)代入式(A.3.20)和式(A.3.21)可分别得

$$\frac{\partial H}{\partial \boldsymbol{x}} + \dot{\boldsymbol{\lambda}}(t) = 0 \tag{A.3.24}$$

$$\frac{\partial H}{\partial \boldsymbol{u}} = 0 \tag{A.3.25}$$

可见引进哈密顿标量函数式(A.3.22)后，极值条件中的如下两个方程具有正则形式：

$$\dot{\boldsymbol{x}}(t) = \frac{\partial H}{\partial \boldsymbol{\lambda}} = f(\boldsymbol{x}, \boldsymbol{u}, t) \tag{A.3.26}$$

$$\dot{\boldsymbol{\lambda}}(t) = -\frac{\partial H}{\partial \boldsymbol{x}} \tag{A.3.27}$$

式(A.3.26)和式(A.3.27)的右端都是哈密顿函数的适当偏导数，故称为正则方程。式(A.3.16)或式(A.3.26)称为状态方程，式(A.3.27)称为协态方程或共轭方程，相应的乘子向量$\boldsymbol{\lambda}(t)$称为协态向量或共轭向量。正则方程式(A.3.26)和式(A.3.27)是$2n$个一阶微分方程组，边界条件式(A.3.17)正好为正则方程提供了$2n$个边界条件。对于确定的$\boldsymbol{x}(t)$和$\boldsymbol{\lambda}(t)$，哈密顿函数H是$\boldsymbol{u}(t)$的函数。必要条件式(A.3.25)表明，极值控制$\boldsymbol{u}^*(t)$使哈密顿函数H取极值。因此，式(A.3.25)通常称为极值条件或控制方程。式(A.3.25)为m个代数方程，可以确定极值控制$\boldsymbol{u}^*(t)$与极值轨线$\boldsymbol{x}^*(t)$、协态向量$\boldsymbol{\lambda}^*(t)$之间的关系。应当指出，正则方程式(A.3.26)和式(A.3.27)通过极值条件式(A.3.25)成为变量互相耦合的方程，其边界条件中的一部分是初始条件，另一部分为末端边界条件。因此求最优控制归结为解微分方程组的两点边值问题。

在求最优解过程中，经常使用哈密顿函数的下列性质：取哈密顿函数对时间的全导数，得

$$\frac{\mathrm{d}H}{\mathrm{d}t} = \left(\frac{\partial H}{\partial \boldsymbol{x}}\right)^{\mathrm{T}} \dot{\boldsymbol{x}}(t) + \left(\frac{\partial H}{\partial \boldsymbol{u}}\right)^{\mathrm{T}} \dot{\boldsymbol{u}}(t) + \left(\frac{\partial H}{\partial \boldsymbol{\lambda}}\right)^{\mathrm{T}} \dot{\boldsymbol{\lambda}}(t) + \frac{\partial H}{\partial t} \tag{A.3.28}$$

在最优轨线（$\boldsymbol{x} = \boldsymbol{x}^*$，$\boldsymbol{u} = \boldsymbol{u}^*$，$\boldsymbol{\lambda} = \boldsymbol{\lambda}^*$）上，将式(A.3.25)~式(A.3.27)代入式(A.3.28)得

$$\frac{\mathrm{d}H}{\mathrm{d}t} = \frac{\partial H}{\partial t} \tag{A.3.29}$$

若哈密顿函数不显含 t 即 $\partial H / \partial t = 0$，由式(A.3.29)得

$$H(t) = \text{const},\ t \in [t_\text{i}, t_\text{f}] \tag{A.3.30}$$

因此，哈密顿函数 H 的性质是：沿最优轨线，H 对时间的全导数与对时间的偏导数相等；当 H 不显含 t 时，H 沿最优轨线保持为常数。与横截条件影响欧拉方程的求解一样，边界条件同样影响正则方程和极值条件的求解，类似地考虑初始时刻 t_i 和初始状态 $\boldsymbol{x}_\text{i}$ 均固定，分析末端时刻 t_f 和末端状态 $\boldsymbol{x}_\text{f}$ 的变化的情形。

(1) 当末端时刻 t_f 自由、末端状态 $\boldsymbol{x}_\text{f}$ 固定时，对应的边界条件变为

$$\boldsymbol{x}(t_\text{i}) = \boldsymbol{x}_\text{i},\quad \boldsymbol{x}(t_\text{f}^*) = \boldsymbol{x}_\text{f} \tag{A.3.31}$$

同时哈密顿函数 H 在最优轨线末端满足

$$H(t_\text{f}^*) = 0 \tag{A.3.32}$$

(2) 当末端时刻 t_f 自由、末端状态 $\boldsymbol{x}_\text{f}$ 受约束 $\boldsymbol{\psi}(\boldsymbol{x}_\text{f}, t_\text{f}) = 0$ 时，对应的边界条件变为

$$\boldsymbol{x}(t_\text{i}) = \boldsymbol{x}_\text{i},\quad \boldsymbol{\lambda}(t_\text{f}^*) = \frac{\partial \boldsymbol{\psi}^\text{T}}{\partial \boldsymbol{x}_\text{f}} \boldsymbol{\gamma}(t_\text{f}^*),\quad \boldsymbol{\psi}(\boldsymbol{x}_\text{f}, t_\text{f}^*) = 0 \tag{A.3.33}$$

式中，$\boldsymbol{\gamma}(t)$ 为待定拉格朗日乘子向量。同时哈密顿函数 H 在最优轨线末端满足

$$H(t_\text{f}^*) = -\boldsymbol{\gamma}^\text{T}(t_\text{f}^*) \frac{\partial \boldsymbol{\psi}(t_\text{f}^*)}{\partial t_\text{f}} \tag{A.3.34}$$

(3) 当末端时刻 t_f 固定、末端状态 $\boldsymbol{x}_\text{f}$ 自由时，对应的边界条件变为

$$\boldsymbol{x}(t_\text{i}) = \boldsymbol{x}_\text{i},\quad \boldsymbol{\lambda}(t_\text{f}) = 0 \tag{A.3.35}$$

A.3.2　极小值原理

应用经典变分法求解最优控制问题时，只有控制向量不受任何约束，其容许控制集合充满整个 m 维控制空间，用经典变分法处理等式约束下的最优控制问题才是行之有效的。然而，在实际物理系统中，控制向量总是受到一定的限制，容许控制只能在一定的控制域内取值，可以预料，应用经典变分法将难以处理这类问题。苏联学者庞特里亚金等在总结并应用古典变分法成果的基础上，提出了极小值原理，成为控制向量受约束时求解最优控制问题的有效工具，最初用于连续系统，以后又推广用于离散系统。

A.3.2.1　连续系统的极小值原理

问题的提法：考虑系统的状态方程为式(A.3.16)，已知初始条件 $\boldsymbol{x}(t_{\mathrm{i}})=\boldsymbol{x}_{\mathrm{i}}$，至于末端状态 $\boldsymbol{x}(t_{\mathrm{f}})$ 可以是固定的、自由的或者满足目标集

$$\boldsymbol{\psi}(\boldsymbol{x}_{\mathrm{f}},t_{\mathrm{f}})=0 \tag{A.3.36}$$

系统的性能指标为一类复合型性能指标：

$$v(\boldsymbol{u})=\varphi[\boldsymbol{x}(t_{\mathrm{f}}),t_{\mathrm{f}}]+\int_{t_{\mathrm{i}}}^{t_{\mathrm{f}}}F[\boldsymbol{x}(t),\boldsymbol{u}(t),t]\mathrm{d}t \tag{A.3.37}$$

假设 $f(\boldsymbol{x},\boldsymbol{u},t)$、$F(\boldsymbol{x},\boldsymbol{u},t)$ 和 $\varphi(\boldsymbol{x},t)$ 都是其自变量的连续函数，对 $\boldsymbol{x}$ 连续可微，并且 f、$\partial f/\partial\boldsymbol{x}$ 和 $\partial F/\partial\boldsymbol{x}$ 有界；$\varOmega$ 为容许控制域，控制向量 $\boldsymbol{u}(t)$ 是在 $\varOmega$ 内取值的任何分段连续函数，在端点 t_{i} 和 t_{f} 处也是连续的。要求从容许控制 $\varOmega$ 中求出一个控制 $\boldsymbol{u}^*(t)$，使系统(A.3.16)满足初始条件 $\boldsymbol{x}(t_{\mathrm{i}})=\boldsymbol{x}_{\mathrm{i}}$ 的轨线，在终态达到目标集即式(A.3.36)，并使性能指标式(A.3.37)取极小值。

极小值原理：若 $\boldsymbol{u}^*(t)$ 和 t_{f}^* 是使性能指标取最小值的最优解，$\boldsymbol{x}^*(t)$ 为相应的最优轨线，则必存在 n 维向量函数 $\boldsymbol{\lambda}(t)$，使得 $\boldsymbol{u}^*(t)$、$\boldsymbol{x}^*(t)$、t_{f}^* 和 $\boldsymbol{\lambda}(t)$ 满足如下必要条件：① $\boldsymbol{x}^*(t)$ 和 $\boldsymbol{u}^*(t)$ 满足正则方程式(A.3.26)和式(A.3.27)，哈密顿函数为式(A.3.22)；②若末端时刻和末端状态均固定，则边界条件为 $\boldsymbol{x}(t_{\mathrm{i}})=\boldsymbol{x}_{\mathrm{i}}$ 和 $\boldsymbol{x}(t_{\mathrm{f}})=\boldsymbol{x}_{\mathrm{f}}$，对应于其他不同情形的边界条件分别为式(A.3.31)~式(A.3.35)；③哈密顿函数相对最优控制取绝对极小值

$$H[\boldsymbol{x}^*(t),\boldsymbol{\lambda}(t),\boldsymbol{u}^*(t),t]=\min_{\boldsymbol{u}(t)\in\varOmega}H[\boldsymbol{x}^*(t),\boldsymbol{\lambda}(t),\boldsymbol{u}(t),t] \tag{A.3.38}$$

将上述极小值原理与经典变分法的结果相比，可以发现，两者的差别仅在于式(A.3.38)。当控制 $\boldsymbol{u}(t)$ 无约束时，相应的条件为 $\partial H/\partial\boldsymbol{u}=0$，即哈密顿函数 H 对最优控制 $\boldsymbol{u}^*(t)$ 取驻值；当控制有约束时，$\partial H/\partial\boldsymbol{u}=0$ 不再成立，而代之为

$$H[\boldsymbol{x}^*(t),\boldsymbol{\lambda}(t),\boldsymbol{u}^*(t),t]\leqslant \underset{\boldsymbol{u}(t)\in\varOmega}{H}[\boldsymbol{x}^*(t),\boldsymbol{\lambda}(t),\boldsymbol{u}(t),t] \tag{A.3.39}$$

即对所有 $t\in[t_{\mathrm{i}},t_{\mathrm{f}}]$，$\boldsymbol{u}(t)$ 取遍 $\varOmega$ 中的所有点，$\boldsymbol{u}^*(t)$ 使 H 取绝对极小值。

A.3.2.2　离散系统的极小值原理

随着计算机的普及，对于离散系统的最优控制问题的研究显得十分重要。其原因是：一方面，许多实际问题本身就是离散的，如经济与资源系统的最优化问

题，其控制精度高于连续系统；另一方面，即使实际系统本身是连续的，但为了对连续过程实行计算机控制，需要把时间整量化，从而得到一个离散化系统，使得连续最优控制中难以求解的两点边值问题，可以化为易于用计算机求解的离散化两点边值问题。离散极小值原理可以叙述如下。

设离散系统状态方程

$$\begin{aligned}&\boldsymbol{x}(i+1)=\boldsymbol{f}[\boldsymbol{x}(i),\boldsymbol{u}(i),i],\quad \boldsymbol{x}(0)=\boldsymbol{x}_{\mathrm{i}}\\&i=0,1,2,\cdots,N-1\end{aligned} \tag{A.3.40}$$

性能指标为

$$v(\boldsymbol{u})=\varphi[\boldsymbol{x}(N),N]+\sum_{i=0}^{N-1}F[\boldsymbol{x}(i),\boldsymbol{u}(i),i] \tag{A.3.41}$$

式中，$\boldsymbol{f}$、φ 和 F 都是其自变量的可微函数，$\boldsymbol{x}(i)\in\mathbf{R}^n$，$\boldsymbol{u}(i)\in\mathbf{R}^m$。控制有不等式约束：$\boldsymbol{u}(i)\in\Omega$，$\Omega$ 为容许控制域。末端状态受下列等式约束限制：

$$\boldsymbol{\psi}[\boldsymbol{x}(N),N]=0 \tag{A.3.42}$$

式中，$\boldsymbol{\psi}\in\mathbf{R}^r$，$r\leqslant n$。若 $\boldsymbol{u}^*(i)$ 是使性能指标式(A.3.41)为最小的最优控制序列，$\boldsymbol{x}^*(i)$ 是相应的最优状态序列，则必存在 r 维非零向量 $\boldsymbol{\gamma}$ 和 n 维向量函数 $\boldsymbol{\lambda}(i)$，使得 $\boldsymbol{u}^*(i)$、$\boldsymbol{x}^*(i)$ 和 $\boldsymbol{\lambda}(i)$ 满足如下必要条件。

(1) $\boldsymbol{x}^*(i)$ 和 $\boldsymbol{\lambda}(i)$ 满足下列差分方程：

$$\boldsymbol{x}^*(i+1)=\frac{\partial H(i)}{\partial\boldsymbol{\lambda}(i+1)} \tag{A.3.43}$$

$$\boldsymbol{\lambda}(i)=\frac{\partial H(i)}{\partial\boldsymbol{x}^*(i)} \tag{A.3.44}$$

式中，离散哈密顿函数

$$\begin{aligned}H(i)&=H[\boldsymbol{x}(i),\boldsymbol{u}(i),\boldsymbol{\lambda}(i+1),i]\\&=F[\boldsymbol{x}(i),\boldsymbol{u}(i),i]+\boldsymbol{\lambda}^{\mathrm{T}}(i+1)\boldsymbol{f}[\boldsymbol{x}(i),\boldsymbol{u}(i),i]\end{aligned} \tag{A.3.45}$$

(2) $\boldsymbol{x}^*(i)$ 和 $\boldsymbol{\lambda}(i)$ 满足边界条件：

$$x(0)=x_{\mathrm{i}},\ \ \boldsymbol{\psi}[\boldsymbol{x}(N),N]=0,\ \boldsymbol{\lambda}(N)=\frac{\partial\varphi[\boldsymbol{x}(N),N]}{\partial\boldsymbol{x}(N)}+\frac{\partial\boldsymbol{\psi}^{\mathrm{T}}}{\partial\boldsymbol{x}(N)}\boldsymbol{\gamma} \tag{A.3.46}$$

(3) 离散哈密顿函数对最优控制 $\boldsymbol{u}^*(i)$ 取极小值

$$H[\boldsymbol{x}^*(i), \boldsymbol{\lambda}(i+1), \boldsymbol{u}^*(i), i] = \min_{\boldsymbol{u}(i)\in\Omega} H[\boldsymbol{x}^*(i), \boldsymbol{\lambda}(i+1), \boldsymbol{u}(i), i] \tag{A.3.47}$$

若控制变量不受约束，即 $\boldsymbol{u}(i)$ 可以在整个控制空间 $\mathbf{R}^m$ 取值，则极值条件变为

$$\frac{\partial H(k)}{\partial \boldsymbol{u}(k)} = 0 \tag{A.3.48}$$

若末端状态自由，边界条件式(A.3.46)变为

$$x(0) = x_{\mathrm{i}},\quad \boldsymbol{\lambda}(N) = \frac{\partial \varphi[\boldsymbol{x}(N), N]}{\partial \boldsymbol{x}(N)} \tag{A.3.49}$$

A.3.3　动态规划

动态规划，从本质上讲是一种非线性规划方法，其核心是贝尔曼最优性原理。贝尔曼指出，多级决策过程的最优策略具有这样的性质：不论初始状态和初始决策如何，当把其中任何一级和状态再作为初始级和初始状态时，其余的决策对此必定也是一个最优策略。换言之，整体策略最优时，每一级的策略也必须最优，过程的无后效性是最优性原理成立的一个前提条件，其数学描述则是贝尔曼递推方程。与极小值原理相反，动态规划最初应用于时间离散系统，即多阶段决策问题，后来又推广到了时间连续系统。

A.3.3.1　离散系统的动态规划

考虑由式(A.3.40)和式(A.3.41)所表述的离散动态系统最优控制问题，这是一个 N 阶段决策过程，如图 A.1 所示，目标函数的最小值必为初始状态 $\boldsymbol{x}(0)$ 和阶段长度 N 的函数，如果把它记作 $V_N[\boldsymbol{x}(0)]$，则

$$V_N[\boldsymbol{x}(0)] = \min_{\{\boldsymbol{u}(0),\cdots,\boldsymbol{u}(N-1)\}\in\Omega} \left\{ \varphi[\boldsymbol{x}(N), N] + \sum_{i=0}^{N-1} F[\boldsymbol{x}(i), \boldsymbol{u}(i), i] \right\} \tag{A.3.50}$$

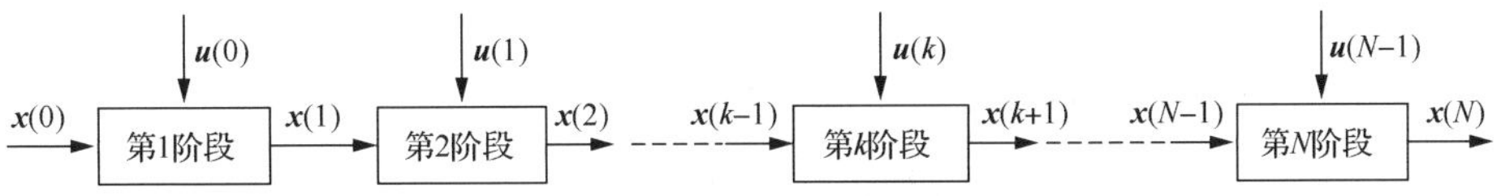

图 A.1　多阶段决策示意图

根据最优性原理将式(A.3.50)写成

$$V_N[\boldsymbol{x}(0)]=\min_{\boldsymbol{u}(0)\in\Omega}\left\{F[\boldsymbol{x}(0),\boldsymbol{u}(0),0]+V_{N-1}[\boldsymbol{x}(1)]\right\} \tag{A.3.51}$$

式中，

$$V_N[\boldsymbol{x}(1)]=\min_{\{\boldsymbol{u}(1),\cdots,\boldsymbol{u}(N-1)\}\in\Omega}\left\{\varphi[\boldsymbol{x}(N),N]+\sum_{i=1}^{N-1}F[\boldsymbol{x}(i),\boldsymbol{u}(i),i]\right\} \tag{A.3.52}$$

这是一个函数方程，可以逆推求解，每次都是求一个 $\boldsymbol{u}(N-k)$ 的最优解，其求解步骤如下。

(1) 令 $V_0[\boldsymbol{x}(N)]=\varphi[\boldsymbol{x}(N),N]$。

(2) 对任一个 $\boldsymbol{x}(N-1)$，由

$$V_1[\boldsymbol{x}(N-1)]=\min_{\boldsymbol{u}(N-1)\in\Omega}\left\{F[\boldsymbol{x}(N-1),\boldsymbol{u}(N-1),N-1]+V_0[\boldsymbol{x}(N)]\right\} \tag{A.3.53}$$

式中，$\boldsymbol{x}(N)=f[\boldsymbol{x}(N-1),\boldsymbol{u}(N-1),N-1]$，求出使式(A.3.53)的右端取最小值的 $\boldsymbol{u}^*(N-1)$，则

$$\begin{aligned}V_1[\boldsymbol{x}(N-1)]=&F[\boldsymbol{x}(N-1),\boldsymbol{u}^*(N-1),N-1]\\&+V_0\left\{f[\boldsymbol{x}(N-1),\boldsymbol{u}^*(N-1),N-1]\right\}\end{aligned} \tag{A.3.54}$$

(3) 对任一个 $\boldsymbol{x}(N-2)$，由

$$V_1[\boldsymbol{x}(N-2)]=\min_{\boldsymbol{u}(N-2)\in\Omega}\left\{F[\boldsymbol{x}(N-2),\boldsymbol{u}(N-2),N-2]+V_1[\boldsymbol{x}(N-1)]\right\} \tag{A.3.55}$$

式中，$\boldsymbol{x}(N-1)=f[\boldsymbol{x}(N-2),\boldsymbol{u}(N-2),N-2]$，求出使式(A.3.55)的右端取最小值的 $\boldsymbol{u}^*(N-2)$，则

$$\begin{aligned}V_1[\boldsymbol{x}(N-2)]=&F[\boldsymbol{x}(N-2),\boldsymbol{u}^*(N-2),N-2]\\&+V_0\left\{f[\boldsymbol{x}(N-2),\boldsymbol{u}^*(N-2),N-2]\right\}\end{aligned} \tag{A.3.56}$$

(4) 一般地，如果已经算出 $V_{N-(k+1)}[\boldsymbol{x}(k+1)]$，则对任一 $\boldsymbol{x}(k)$，由

$$V_{N-k}[\boldsymbol{x}(k)]=\min_{\boldsymbol{u}(k)\in\Omega}\left\{F[\boldsymbol{x}(k),\boldsymbol{u}(k),k]+V_{N-(k+1)}[\boldsymbol{x}(k+1)]\right\} \tag{A.3.57}$$

式中，$\boldsymbol{x}(k+1)=f[\boldsymbol{x}(k),\boldsymbol{u}(k),k]$，可求出使式(A.3.57)的右端取最小值的 $\boldsymbol{u}^*(k)$，

则

$$V_{N-k}[\boldsymbol{x}(k)]=F[\boldsymbol{x}(k),\boldsymbol{u}(k),k]+V_{N-(k+1)}\left\{f[\boldsymbol{x}(k),\boldsymbol{u}^*(k),k]\right\} \tag{A.3.58}$$

(5) 重复 (4)，由 $k=N-2$ 算到 $k=0$ 为止。这样，便可算出最优策略 $\boldsymbol{u}^*(0)$，$\boldsymbol{u}^*(1)$，⋯，$\boldsymbol{u}^*(N-1)$ 和目标函数的最优值 $V_N[\boldsymbol{x}(0)]$。

A.3.3.2　连续系统的动态规划与 HJB 方程

考虑由式 (A.3.16)、式 (A.3.36) 和式 (A.3.37) 所表述的连续动态系统最优控制问题，其他假设保持不变。将性能指标看作初始时刻 t_i 和初始状态 $\boldsymbol{x}_\mathrm{i}$ 的函数 $V(\boldsymbol{x}_\mathrm{i},t_\mathrm{i})$，由式 (A.3.37) 得

$$V(\boldsymbol{x}_\mathrm{i},t_\mathrm{i})=\varphi[\boldsymbol{x}(t_\mathrm{f}),t_\mathrm{f}]+\int_{t_\mathrm{i}}^{t_\mathrm{f}}F[\boldsymbol{x}(t),\boldsymbol{u}(t),t]\mathrm{d}t \tag{A.3.59}$$

为了使讨论的问题具有一般性，采用 $V[\boldsymbol{x}(t),t]$ 作为优化问题的性能指标函数。只要确定了最优性能指标 $V^*[\boldsymbol{x}(t),t]$ 及其相应的最优控制 $\boldsymbol{u}^*(t)$ 和最优轨线 $\boldsymbol{x}^*(t)$，则优化问题对应于 t_i 和 $\boldsymbol{x}_\mathrm{i}$ 的最优解 $V^*[\boldsymbol{x}_\mathrm{i},t_\mathrm{i}]$ 也就随之而定。设 $\boldsymbol{u}[t,t_\mathrm{f}]$ 为在区间 $[t,t_\mathrm{f}]$ 上的控制函数，则最优性能指标为

$$V^*[\boldsymbol{x}(t),t]=\min_{\boldsymbol{u}[t,t_f]\in\Omega}\left\{\varphi[\boldsymbol{x}(t_\mathrm{f}),t_\mathrm{f}]+\int_t^{t_\mathrm{f}}F[\boldsymbol{x}(\tau),\boldsymbol{u}(\tau),\tau]\mathrm{d}\tau\right\} \tag{A.3.60}$$

将最优控制 $\boldsymbol{u}^*(t)$ 的选择分为两步：先选择区间 $[t+\Delta t,t_\mathrm{f}]$ 上的最优控制；再选择区间 $[t,t+\Delta t]$ 上的最优控制。根据最优性原理，式 (A.3.60) 可写为

$$V^*[\boldsymbol{x}(t),t]=\min_{\boldsymbol{u}[t,t+\Delta t]\in\Omega}\left\{\begin{aligned}&\min_{\boldsymbol{u}[t+\Delta t,t_\mathrm{f}]\in\Omega}\left\{\int_t^{t+\Delta t}F[\boldsymbol{x}(\tau),\boldsymbol{u}(\tau),\tau]\mathrm{d}\tau\right\}\\&+\int_{t+\Delta t}^{t_\mathrm{f}}F[\boldsymbol{x}(\tau),\boldsymbol{u}(\tau),\tau]\mathrm{d}\tau+\varphi[\boldsymbol{x}(t_\mathrm{f}),t_\mathrm{f}]\end{aligned}\right\} \tag{A.3.61}$$

在式 (A.3.61) 中，因为 $\int_t^{t+\Delta t}F[\boldsymbol{x}(\tau),\boldsymbol{u}(\tau),\tau]\mathrm{d}\tau$ 与在区间 $[t+\Delta t,t_\mathrm{f}]$ 上的控制 $\boldsymbol{u}[t+\Delta t,t_\mathrm{f}]$ 无关，且因最优性原理指出

$$V^*[\boldsymbol{x}(t+\Delta t),t+\Delta t]=\min_{\boldsymbol{u}[t+\Delta t,t_\mathrm{f}]\in\Omega}\left\{\int_{t+\Delta t}^{t_\mathrm{f}}F[\boldsymbol{x}(\tau),\boldsymbol{u}(\tau),\tau]\mathrm{d}\tau+\varphi[\boldsymbol{x}(t_\mathrm{f}),t_\mathrm{f}]\right\} \tag{A.3.62}$$

所以式(A.3.61)可表示为

$$V^*[\boldsymbol{x}(t),t] = \min_{\boldsymbol{u}[t,\, t+\Delta t]\in\Omega} \left\{ \int_t^{t+\Delta t} F[\boldsymbol{x}(\tau), \boldsymbol{u}(\tau), \tau]\mathrm{d}\tau + V^*[\boldsymbol{x}(t+\Delta t), t+\Delta t] \right\} \tag{A.3.63}$$

对式(A.3.63)右端中的第一项应用积分中值定理得

$$\int_t^{t+\Delta t} F[\boldsymbol{x}(\tau), \boldsymbol{u}(\tau), \tau]\mathrm{d}\tau = F[\boldsymbol{x}(t+\varepsilon\Delta t), \boldsymbol{u}(t+\varepsilon\Delta t), t+\varepsilon\Delta t]\Delta t \tag{A.3.64}$$

式中，$0<\varepsilon<1$。由于对$V^*[\boldsymbol{x}(t),t]$连续可微的假设，式(A.3.63)可以展开成如下泰勒级数：

$$\begin{aligned} & V^*[\boldsymbol{x}(t+\Delta t), t+\Delta t] \\ & = V^*[\boldsymbol{x}(t),t] + \left[\frac{\partial V^*[\boldsymbol{x}(t),t]}{\partial \boldsymbol{x}(t)}\right]^{\mathrm{T}} \frac{\mathrm{d}\boldsymbol{x}(t)}{\mathrm{d}t}\Delta t + \frac{\partial V^*[\boldsymbol{x}(t),t]}{\partial t}\Delta t + O[(\Delta t)^2] \end{aligned} \tag{A.3.65}$$

式中，$O[(\Delta t)^2]$为关于Δt的高阶小量。将式(A.3.64)和式(A.3.65)代入式(A.3.63)，经过整理得

$$\frac{\partial V^*[\boldsymbol{x}(t),t]}{\partial t} = -\min_{\boldsymbol{u}[t,\, t+\Delta t]\in\Omega} \left\{ \begin{aligned} & F[\boldsymbol{x}(t+\varepsilon\Delta t), \boldsymbol{u}(t+\varepsilon\Delta t), t+\varepsilon\Delta t] \\ & + \left[\frac{\partial V^*[\boldsymbol{x}(t),t]}{\partial \boldsymbol{x}(t)}\right]^{\mathrm{T}} f[\boldsymbol{x}(t), \boldsymbol{u}(t), t] + \frac{O[(\Delta t)^2]}{\Delta t} \end{aligned} \right\} \tag{A.3.66}$$

在式(A.3.66)中，令$\Delta t \to 0$，考虑到$O[(\Delta t)^2]$是关于Δt的高阶无穷小量，故有

$$\frac{\partial V^*}{\partial t} = -\min_{\boldsymbol{u}(t)\in\Omega} \left\{ F[\boldsymbol{x}(t), \boldsymbol{u}(t), t] + \left(\frac{\partial V^*}{\partial \boldsymbol{x}}\right)^{\mathrm{T}} f[\boldsymbol{x}(t), \boldsymbol{u}(t), t] \right\} \tag{A.3.67}$$

式(A.3.67)称为 HJB 方程，属于泛函与偏微分方程的一种混合形式。令$t=t_{\mathrm{f}}$，由性能指标式(A.3.59)得

$$V[\boldsymbol{x}(t_{\mathrm{f}}), t_{\mathrm{f}}] = \varphi[\boldsymbol{x}(t_{\mathrm{f}}), t_{\mathrm{f}}] \tag{A.3.68}$$

式(A.3.68)对任意的$\boldsymbol{u}(t)$均成立，故必有

$$V^*[\boldsymbol{x}(t_{\mathrm{f}}),t_{\mathrm{f}}]=\varphi[\boldsymbol{x}(t_{\mathrm{f}}),t_{\mathrm{f}}],\quad \forall(\boldsymbol{x}(t_{\mathrm{f}}),t_{\mathrm{f}})\in\psi[\boldsymbol{x}(t_{\mathrm{f}}),t_{\mathrm{f}}] \tag{A.3.69}$$

式(A.3.69)即 HJB 方程式(A.3.67)的边界条件。由于 HJB 方程的求解十分困难，且其解不一定存在，所以 HJB 方程只是最优性能指标的充分而非必要条件。当 HJB 方程可解时，构造哈密顿函数

$$H(\boldsymbol{x},\boldsymbol{u},\boldsymbol{\lambda},t)=F(\boldsymbol{x},\boldsymbol{u},t)+\boldsymbol{\lambda}^{\mathrm{T}}(t)f(\boldsymbol{x},\boldsymbol{u},t) \tag{A.3.70}$$

式中，拉格朗日乘子向量 $\boldsymbol{\lambda}(t)$ 为

$$\boldsymbol{\lambda}(t)=\frac{\partial V^*}{\partial \boldsymbol{x}} \tag{A.3.71}$$

将式(A.3.70)和式(A.3.71)代入式(A.3.67)得

$$-\frac{\partial V^*}{\partial t}=-\min_{\boldsymbol{u}(t)\in\Omega}H\left(\boldsymbol{x},\boldsymbol{u},\frac{\partial V^*}{\partial \boldsymbol{x}},t\right) \tag{A.3.72}$$

然后按下列步骤求取最优解。

(1) 求最优控制的隐式解。若 $\boldsymbol{u}(t)$ 有约束，令

$$H\left(\boldsymbol{x},\boldsymbol{u}^*,\frac{\partial V^*}{\partial \boldsymbol{x}},t\right)=\min_{\boldsymbol{u}(t)\in\Omega}H\left(\boldsymbol{x},\boldsymbol{u},\frac{\partial V^*}{\partial \boldsymbol{x}},t\right) \tag{A.3.73}$$

若 $\boldsymbol{u}(t)$ 无约束，令

$$\frac{\partial H}{\partial \boldsymbol{u}}=\frac{\partial F}{\partial \boldsymbol{u}}+\frac{\partial f^{\mathrm{T}}}{\partial \boldsymbol{u}}\frac{\partial V^*}{\partial \boldsymbol{x}}=0 \tag{A.3.74}$$

$$\frac{\partial^2 H}{\partial \boldsymbol{u}^2}=\frac{\partial^2 F}{\partial \boldsymbol{u}^2}+\frac{\partial}{\partial \boldsymbol{u}}\left(\frac{\partial f^{\mathrm{T}}}{\partial \boldsymbol{u}}\frac{\partial V^*}{\partial \boldsymbol{x}}\right)>0 \tag{A.3.75}$$

由式(A.3.73)或式(A.3.74)得最优控制 $\boldsymbol{u}^*$：

$$\boldsymbol{u}^*=\boldsymbol{u}^*\left(\boldsymbol{x},\frac{\partial V^*}{\partial \boldsymbol{x}},t\right) \tag{A.3.76}$$

由于此时 $V^*[\boldsymbol{x}(t),t]$ 尚未求出，故式(A.3.76)为隐式解。

(2) 求最优性能指标。将式(A.3.76)代入哈密顿函数式(A.3.70)可消去 $\boldsymbol{u}^*(t)$ 得

$$H^*\left(\boldsymbol{x}, \frac{\partial V^*}{\partial \boldsymbol{x}}, t\right) = H\left(\boldsymbol{x}, \boldsymbol{u}^*, \frac{\partial V^*}{\partial \boldsymbol{x}}, t\right) \tag{A.3.77}$$

于是最优解充分条件为如下一阶偏微分方程：

$$\frac{\partial V^*}{\partial t} + H^*\left(\boldsymbol{x}, \frac{\partial V^*}{\partial \boldsymbol{x}}, t\right) = 0 \tag{A.3.78}$$

其边界条件为式(A.3.69)。由式(A.3.69)和式(A.3.78)可解出性能指标$V^*[\boldsymbol{x}(t),t]$。

(3)求最优控制显式解。将求得的$V^*[\boldsymbol{x}(t),t]$代入式(A.3.76)，得最优控制的显式解$\boldsymbol{u}^*[\boldsymbol{x}(t),t]$。

(4)求最优轨线，将求得的$\boldsymbol{u}^*[\boldsymbol{x}(t),t]$代入系统状态方程式(A.3.16)得最优轨线$\boldsymbol{x}^*(t)$，而$\boldsymbol{u}^*[\boldsymbol{x}(t),t]$即所求的最优控制。

在上述 HJB 方程的求解过程中，还可以发现连续系统的动态规划与极小值原理存在密切的联系，式(A.3.73)即极小值原理中的极小值条件，由式(A.3.70)得

$$\dot{\boldsymbol{x}} = \frac{\partial H}{\partial \boldsymbol{\lambda}} = f(\boldsymbol{x}, \boldsymbol{u}, t) \tag{A.3.79}$$

式(A.3.79)显然为极小值原理中状态方程。将式(A.3.71)对t求全导数，有

$$\begin{aligned}\dot{\boldsymbol{\lambda}}(t) &= \frac{\mathrm{d}}{\mathrm{d}t}\left[\frac{\partial V^*(\boldsymbol{x},t)}{\partial \boldsymbol{x}}\right] = \frac{\partial^2 V^*(\boldsymbol{x},t)}{\partial \boldsymbol{x}\partial t} + \frac{\partial^2 V^*(\boldsymbol{x},t)}{\partial \boldsymbol{x}\partial \boldsymbol{x}^{\mathrm{T}}}\dot{\boldsymbol{x}} \\ &= \frac{\partial}{\partial \boldsymbol{x}}\left[\frac{\partial V^*(\boldsymbol{x},t)}{\partial t}\right] + \frac{\partial}{\partial \boldsymbol{x}}\left[\frac{\partial V^*(\boldsymbol{x},t)}{\partial \boldsymbol{x}}\right]^{\mathrm{T}} f(\boldsymbol{x}, \boldsymbol{u}, t)\end{aligned} \tag{A.3.80}$$

将式(A.3.70)、式(A.3.71)和式(A.3.78)代入式(A.3.80)得

$$\dot{\boldsymbol{\lambda}}(t) = -\frac{\partial H}{\partial \boldsymbol{x}} \tag{A.3.81}$$

式(A.3.81)即极小值原理中的协态方程，这样在连续系统动态规划导出的 HJB 方程基础上，进一步导出了极小值原理的全部必要条件，从而揭示了连续系统的极小值原理和动态规划之间的内在联系。这对于某些条件下 HJB 方程的求解有较大帮助。例如，式(A.3.78)中的偏微分方程的求解一般是很困难的，但是当控制无约束(或容许控制Ω对于控制$\boldsymbol{u}$不起作用)和哈密顿函数不显含时间t(即$\partial H / \partial t = 0$)时，由式(A.3.29)可知哈密顿函数具有性质$\mathrm{d}H / \mathrm{d}t = \partial H / \partial t$，因此该

哈密顿函数是自治的，$H^*(\boldsymbol{x}, \partial V^* / \partial \boldsymbol{x})$ 沿最优轨线随时间 t 保持为常数。令该常数为 h，式(A.3.77)变为

$$H^*\left(\boldsymbol{x}, \frac{\partial V^*}{\partial \boldsymbol{x}}\right) = h \tag{A.3.82}$$

由式(A.3.82)可解得性能指标 $V^*[\boldsymbol{x}, h]$，后续求解过程与前述相同，通过式(A.3.82)避免了求解偏微分方程式(A.3.78)的困难。

A.3.4　平均最优控制理论

问题的提法：对于不显含时间变量 t 的最优控制问题，假设系统的运动方程式为

$$\dot{\boldsymbol{x}}(t) = f(\boldsymbol{x}, \boldsymbol{u}) \tag{A.3.83}$$

性能指标为

$$v(\boldsymbol{u}) = \int_{t_\mathrm{i}}^{t_\mathrm{f}} J(\boldsymbol{x}, \boldsymbol{u}) \cdot X(\boldsymbol{x}, \boldsymbol{u})\, \mathrm{d}t \tag{A.3.84}$$

边界条件为

$$\int_{t_\mathrm{i}}^{t_\mathrm{f}} J(\boldsymbol{x}, \boldsymbol{u})\, \mathrm{d}t = \boldsymbol{Q} \tag{A.3.85}$$

式中，$\boldsymbol{Q}$ 为常向量。假设 $f(\boldsymbol{x}, \boldsymbol{u})$、$X(\boldsymbol{x}, \boldsymbol{u})$ 和 $J(\boldsymbol{x}, \boldsymbol{u})$ 都是其自变量的连续函数，对 $\boldsymbol{x}$ 连续可微；Ω 为容许控制域，控制向量 $\boldsymbol{u}(t)$ 是在 Ω 内取值的任何分段连续函数，在端点 t_i 和 t_f 处也是连续的。优化问题为从容许控制 Ω 中求出一个控制 $\boldsymbol{u}^*(t)$，使系统(A.3.83)满足初始条件 $\boldsymbol{x}(t_\mathrm{i}) = \boldsymbol{x}_\mathrm{i}$ 的轨线，在终态达到目标集即式(A.3.85)，并使性能指标式(A.3.84)取极小值。

平均最优控制理论求解：由式(A.3.83)得

$$\mathrm{d}t = \frac{\mathrm{d}\boldsymbol{x}}{f(\boldsymbol{x}, \boldsymbol{u})} \tag{A.3.86}$$

作变量代换，令 $\tau = t_\mathrm{f} - t_\mathrm{i}$，$\bar{\boldsymbol{Q}} = \boldsymbol{Q} / \tau$，$\bar{v} = v / \tau$，将式(A.3.86)分别代入式(A.3.83)～式(A.3.85)可分别得

$$\frac{1}{\tau} \int_{\boldsymbol{x}_\mathrm{i}}^{\boldsymbol{x}_\mathrm{f}} \frac{1}{f(\boldsymbol{x}, \boldsymbol{u})}\, \mathrm{d}\boldsymbol{x} = 1 \tag{A.3.87}$$

$$\bar{v} = \frac{1}{\tau}\int_{\boldsymbol{x}_i}^{\boldsymbol{x}_f} \frac{J(\boldsymbol{x},\boldsymbol{u})\cdot X(\boldsymbol{x},\boldsymbol{u})}{f(\boldsymbol{x},\boldsymbol{u})}\mathrm{d}\boldsymbol{x} \tag{A.3.88}$$

$$\frac{1}{\tau}\int_{\boldsymbol{x}_i}^{\boldsymbol{x}_f} \frac{J(\boldsymbol{x},\boldsymbol{u})}{f(\boldsymbol{x},\boldsymbol{u})}\mathrm{d}\boldsymbol{x} = \bar{\boldsymbol{Q}} \tag{A.3.89}$$

可见，平均最优控制理论将最优控制问题的求解转化为一类时间平均最优控制问题的求解。优化问题变为在式(A.3.87)和式(A.3.89)的约束下，求解式(A.3.88)的极值。建立变更的拉格朗日函数L如下：

$$\begin{aligned} L &= \frac{J(\boldsymbol{x},\boldsymbol{u})\cdot X(\boldsymbol{x},\boldsymbol{u})}{f(\boldsymbol{x},\boldsymbol{u})} + \boldsymbol{\lambda}_1\frac{1}{f(\boldsymbol{x},\boldsymbol{u})} + \boldsymbol{\lambda}_2\frac{J(\boldsymbol{x},\boldsymbol{u})}{f(\boldsymbol{x},\boldsymbol{u})} \\ &= \frac{J(\boldsymbol{x},\boldsymbol{u})\cdot[X(\boldsymbol{x},\boldsymbol{u})+\boldsymbol{\lambda}_2]+\boldsymbol{\lambda}_1}{f(\boldsymbol{x},\boldsymbol{u})} \end{aligned} \tag{A.3.90}$$

式中，$\boldsymbol{\lambda}_1$和$\boldsymbol{\lambda}_2$为拉格朗日乘子，均为待定常数。最优性条件为拉格朗日函数L对于给定的$\boldsymbol{x}$处处取极小值，则有

$$L(\boldsymbol{x},\boldsymbol{u}^*,\boldsymbol{\lambda}_1,\boldsymbol{\lambda}_2) = \min_{\boldsymbol{u}(t)\in\Omega} L(\boldsymbol{x},\boldsymbol{u},\boldsymbol{\lambda}_1,\boldsymbol{\lambda}_2) \tag{A.3.91}$$

当控制变量$\boldsymbol{u}$无约束时，由式(A.3.90)和极值条件$\partial L/\partial \boldsymbol{u}=0$得

$$(X+\boldsymbol{\lambda}_2)\left(f\frac{\partial J}{\partial \boldsymbol{u}} - J\frac{\partial f}{\partial \boldsymbol{u}}\right) + Jf\frac{\partial J}{\partial \boldsymbol{u}} - \boldsymbol{\lambda}_1\frac{\partial f}{\partial \boldsymbol{u}} = 0 \tag{A.3.92}$$

由$\partial\bar{v}/\partial\boldsymbol{x}_f = 0$得

$$L(\boldsymbol{x}_f,\boldsymbol{u}_f,\boldsymbol{\lambda}_1,\boldsymbol{\lambda}_2) = 0 \tag{A.3.93}$$

由式(A.3.87)、式(A.3.89)、式(A.3.92)和式(A.3.93)可确定$\boldsymbol{u}^*(\boldsymbol{x})$、$\boldsymbol{x}_f$、$\boldsymbol{\lambda}_1$和$\boldsymbol{\lambda}_2$。由式(A.3.87) ~式(A.3.93)可见，平均最优控制理论用状态变量$\boldsymbol{x}$替代时间变量t，将原来的微分方程约束变为优化问题的等周约束条件，同时与古典变分法和极小值原理优化时需引入时间相关函数的拉格朗日乘子$\boldsymbol{\lambda}(t)$和求解协态方程相比，平均最优控制理论只需引入待定常数的拉格朗日乘子$\boldsymbol{\lambda}$，与极小值原理和变分法需要求解复杂的微分方程组相比，平均最优控制理论只需要求解简单的代数方程组，这极大地简化了最优控制问题的求解过程。同时从求解结果上看，与极小值原理和变分法得到的是控制变量$\boldsymbol{u}$随时间t的最优变化规律不同(时间控制)，平均最优控制理论得到的最优解反映的是控制变量$\boldsymbol{u}$随状态变量$\boldsymbol{x}$的最优变化规律(状态控制)，这对于许多实际控制系统的最优设计更为有用。但平均最优控制理论仅

适用于一类不显含时间变量 t 的最优控制问题，在应用范围上与古典变分法和极小值原理相比具有一定局限性。

A.4 附录 A 小结

附录 A 对热力学优化的主要研究工具——最优化理论作了简要的回顾，按照最优化理论研究的问题分为静态优化问题和动态优化问题分别介绍相应的优化理论，重点介绍了本书动态优化问题所涉及的古典变分法、极小值原理、HJB 方程与动态规划以及目前在国内最优控制理论教材中鲜见的平均最优控制理论，并分别阐述了各种优化方法的优缺点。

附录 B　第 6 章相关公式推导

B.1　6.2 节中定理的证明

本节将分别采用欧拉-拉格朗日方程和平均最优控制理论两种不同方法证明。

B.1.1　欧拉-拉格朗日方程方法

现在的问题是求固定周期τ内从广义机一个循环中的最大广义输出，即在式(6.2.5)~式(6.2.7)下求式(6.2.8)最大化所对应的$X_i(t)$和$X_{i'}(t)$（$i=1, 2$）的最佳时间路径。因此建立变更的拉格朗日函数：

$$
\begin{aligned}
L = &\theta_1(t)J_1'(X_1, X_{1'})X_{1'} - \theta_2(t)J_2'(X_{2'}, X_2)X_{2'} \\
&+ \lambda\left[\theta_1(t)J_1'(X_1, X_{1'}) - \theta_2(t)J_2'(X_{2'}, X_2)\right] \\
&+ u_1(t)\left[C_{X_1}\mathrm{d}X_1/\mathrm{d}t + \theta_1(t)J_1(X_1, X_{1'})\right] \\
&+ u_2(t)\left[C_{X_2}\mathrm{d}X_2/\mathrm{d}t - \theta_2(t)J_2(X_{2'}, X_2)\right]
\end{aligned} \tag{B.1.1}
$$

式中，λ为拉格朗日常数；$u_1(t)$和$u_2(t)$为时间相关函数。式(B.1.1)取极值的必要条件为如下的欧拉-拉格朗日方程：

$$
\frac{\partial L}{\partial X_i} - \frac{\mathrm{d}}{\mathrm{d}t}\frac{\partial L}{\partial(\mathrm{d}X_i/\mathrm{d}t)} = 0, \qquad \frac{\partial L}{\partial X_{i'}} - \frac{\mathrm{d}}{\mathrm{d}t}\frac{\partial L}{\partial(\mathrm{d}X_{i'}/\mathrm{d}t)} = 0 \tag{B.1.2}
$$

将式(B.1.1)代入式(B.1.2)得

$$
\frac{\partial J_1'}{\partial X_1}(X_{1'} + \lambda) + u_1\frac{\partial J_1}{\partial X_1} - C_{X_1}\frac{\mathrm{d}u_1}{\mathrm{d}t} = 0, \qquad 0 \leqslant t \leqslant t_1 \tag{B.1.3}
$$

$$
u_1 = -\frac{\partial[J_1'(X_{1'} + \lambda)]}{\partial X_{1'}} \bigg/ \frac{\partial J_1}{\partial X_{1'}}, \qquad 0 \leqslant t \leqslant t_1 \tag{B.1.4}
$$

$$
u_2 = -\frac{\partial[J_2'(X_{2'} + \lambda)]}{\partial X_{2'}} \bigg/ \frac{\partial J_2}{\partial X_{2'}}, \qquad t_1 \leqslant t < \tau \tag{B.1.5}
$$

$$
-\frac{\partial J_2'}{\partial X_2}(X_{2'} + \lambda) - u_2\frac{\partial J_2}{\partial X_2} - C_{X_2}\frac{\mathrm{d}u_2}{\mathrm{d}t} = 0, \qquad t_1 \leqslant t < \tau \tag{B.1.6}
$$

将式(B.1.4)对时间t求导得

$$\frac{\mathrm{d}u_1}{\mathrm{d}t}=\frac{\partial u_1}{\partial X_1}\frac{\mathrm{d}X_1}{\mathrm{d}t}+\frac{\partial u_1}{\partial X_{1'}}\frac{\mathrm{d}X_{1'}}{\mathrm{d}t},\qquad 0\leqslant t\leqslant t_1 \tag{B.1.7}$$

将式(13.2.5)和式(B.1.7)代入式(B.1.3)得

$$\left[\frac{\partial J_1'}{\partial X_1}(X_{1'}+\lambda)+\frac{\partial(J_1u_1)}{\partial X_1}\right]\frac{\mathrm{d}X_1}{\mathrm{d}t}+J_1\frac{\partial u_1}{\partial X_{1'}}\frac{\mathrm{d}X_{1'}}{\mathrm{d}t}=0,\qquad 0\leqslant t\leqslant t_1 \tag{B.1.8}$$

将式(B.1.4)代入式(B.1.8)得

$$\begin{aligned}&\left\{\frac{\partial J_1'}{\partial X_1}(X_{1'}+\lambda)-\frac{\partial}{\partial X_1}\left\{J_1\frac{\partial[J_1'(X_{1'}+\lambda)]}{\partial X_{1'}}\bigg/\frac{\partial J_1}{\partial X_{1'}}\right\}\right\}\frac{\mathrm{d}X_1}{\mathrm{d}t}\\&-J_1\frac{\partial}{\partial X_{1'}}\left[\frac{\partial[J_1'(X_{1'}+\lambda)]}{\partial X_{1'}}\bigg/\frac{\partial J_1}{\partial X_{1'}}\right]\frac{\mathrm{d}X_{1'}}{\mathrm{d}t}=0,\quad 0\leqslant t\leqslant t_1\end{aligned} \tag{B.1.9}$$

对式(B.1.9)进行简单的数学变换得

$$\frac{\partial\left\{J_1^2\dfrac{\partial[J_1'(X_{1'}+\lambda)/J_1]}{\partial X_{1'}}\bigg/\dfrac{\partial J_1}{\partial X_{1'}}\right\}}{\partial X_1}\frac{\mathrm{d}X_1}{\mathrm{d}t}+\frac{\partial\left\{J_1^2\dfrac{\partial[J_1'(X_{1'}+\lambda)/J_1]}{\partial X_{1'}}\bigg/\dfrac{\partial J_1}{\partial X_{1'}}\right\}}{\partial X_{1'}}\frac{\mathrm{d}X_{1'}}{\mathrm{d}t}=0,\quad 0\leqslant t\leqslant t_1 \tag{B.1.10}$$

由式(B.1.10)可进一步得到式(13.2.9)。同样的，将式(B.1.5)对时间t求导得

$$\frac{\mathrm{d}u_2}{\mathrm{d}t}=\frac{\partial u_2}{\partial X_2}\frac{\mathrm{d}X_2}{\mathrm{d}t}+\frac{\partial u_1}{\partial X_{2'}}\frac{\mathrm{d}X_{2'}}{\mathrm{d}t},\qquad t_1\leqslant t\leqslant \tau \tag{B.1.11}$$

将式(13.2.6)和式(B.1.11)代入式(B.1.6)得

$$\left[\frac{\partial J_2'}{\partial X_2}(X_{2'}+\lambda)+\frac{\partial(J_2u_2)}{\partial X_2}\right]\frac{\mathrm{d}X_2}{\mathrm{d}t}+J_2\frac{\partial u}{\partial X_{2'}}\frac{\mathrm{d}X_{2'}}{\mathrm{d}t}=0,\qquad t_1\leqslant t<\tau \tag{B.1.12}$$

将式(B.1.5)代入式(B.1.12)经过变换得式(13.2.10)，故定理得证。

B.1.2　平均最优控制理论方法

将最优控制问题转化为两个平均最优控制问题从而简化问题的求解。由式

(13.2.5)和式(13.2.6)得

$$\mathrm{d}t = -C_{X_1}\mathrm{d}X_1 / J_1(X_1, X_{1'}),\qquad 0 \leqslant t \leqslant t_1 \tag{B.1.13}$$

$$\mathrm{d}t = C_{X_2}\mathrm{d}X_2 / J_2(X_{2'}, X_2),\qquad t_1 \leqslant t < \tau \tag{B.1.14}$$

将式(B.1.13)和式(B.1.14)分别代入式(13.2.7)和式(13.2.8)得

$$-\int_{X_1(0)}^{X_1(t_1)} \frac{C_{X_1} J_1'(X_1, X_{1'})}{J_1(X_1, X_{1'})}\mathrm{d}X_1 - \int_{X_2(t_1)}^{X_2(\tau)} \frac{C_{X_2} J_2'(X_{2'}, X_2)}{J_2(X_{2'}, X_2)}\mathrm{d}X_2 = 0 \tag{B.1.15}$$

$$W = -\int_{X_1(0)}^{X_1(t_1)} \frac{C_{X_1} X_{1'} J_1'(X_1, X_{1'})}{J_1(X_1, X_{1'})}\mathrm{d}X_1 - \int_{X_2(t_1)}^{X_2(\tau)} \frac{C_{X_2} X_{2'} J_2'(X_{2'}, X_2)}{J_2(X_{2'}, X_2)}\mathrm{d}X_2 \tag{B.1.16}$$

优化问题最终可转化为两个子问题。

(1) 当$0 \leqslant t \leqslant t_1$时，在式(B.1.13)和式(B.1.15)约束下求式(B.1.16)的极大值，建立变更的拉格朗日函数L_1如下。

$$L_1 = -\frac{C_{X_1} X_{1'} J_1'(X_1, X_{1'})}{J_1(X_1, X_{1'})} - \lambda_1 \frac{C_{X_1} J_1'(X_1, X_{1'})}{J_1(X_1, X_{1'})} - \lambda_2 \frac{C_{X_1}}{J_1(X_1, X_{1'})} \tag{B.1.17}$$

式中，λ_1和λ_2为待定拉格朗日常数。由极值条件$\partial L_1 / \partial X_{1'} = 0$得

$$\frac{\partial[J_1'(X_{1'} + \lambda_1) / J_1]}{\partial X_{1'}} - \frac{\lambda_2}{J_1^2}\frac{\partial J_1}{\partial X_{1'}} = 0 \tag{B.1.18}$$

(2) 当$t_1 \leqslant t < \tau$时，在式(B.4.14)和式(B.4.15)约束下求式(B.4.16)的极大值，建立变更的拉格朗日函数L_2如下。

$$L_1 = -\frac{C_{X_2} X_{2'} J_2'(X_{2'}, X_2)}{J_2(X_{2'}, X_2)} - \lambda_3 \frac{C_{X_2} J_2'(X_{2'}, X_2)}{J_2(X_{2'}, X_2)} + \lambda_4 \frac{C_{X_2}}{J_2(X_{2'}, X_2)} \tag{B.1.19}$$

式中，λ_3和λ_2为待定拉格朗日常数。由极值条件$\partial L_1 / \partial X_{2'} = 0$得

$$\frac{\partial[J_2'(X_{2'} + \lambda_3) / J_2]}{\partial X_{2'}} + \frac{\lambda_4}{J_2^2}\frac{\partial J_2}{\partial X_{2'}} = 0 \tag{B.1.20}$$

由式(B.1.18)和式(B.1.20)可知定理得证。

B.2　6.3节中定理的证明

本节将分别采用欧拉-拉格朗日方程和平均最优控制理论两种不同方法予以证明。

B.2.1　欧拉-拉格朗日方程方法

现在的问题是求固定周期τ内从广义机一个循环中的最大广义输出，即在式(6.2.7)和式(6.3.2)的约束下，求式(6.2.8)中W最大化所对应的$X_i(t)$和$X_{i'}(t)$($i=1, 2$)的最佳时间路径。因此建立变更的拉格朗日函数：

$$L=\theta_1(t)J_1'(X_1,X_{1'})X_{1'}-\theta_2(t)J_2'(X_{2'},X_2)X_{2'}+\lambda\left[\theta_1(t)J_1'(X_1,X_{1'})-\theta_2(t)J_2'(X_{2'},X_2)\right]$$
$$+u_1(t)\left[C_{X_1}\mathrm{d}X_1/\mathrm{d}t+\theta_1(t)J_1(X_1,X_{1'})+J_3(X_1,X_2)\right] \tag{B.2.1}$$

式中，λ为拉格朗日常数；$u_1(t)$和$u_2(t)$为时间相关函数。式(B.2.1)取极值的必要条件为如下的欧拉-拉格朗日方程：

$$\frac{\partial L}{\partial X_i}-\frac{\mathrm{d}}{\mathrm{d}t}\frac{\partial L}{\partial(\mathrm{d}X_i/\mathrm{d}t)}=0,\qquad \frac{\partial L}{\partial X_{i'}}-\frac{\mathrm{d}}{\mathrm{d}t}\frac{\partial L}{\partial(\mathrm{d}X_{i'}/\mathrm{d}t)}=0 \tag{B.2.2}$$

将式(B.2.1)代入式(B.2.2)得

$$\frac{\partial J_1'}{\partial X_1}(X_{1'}+\lambda)+u_1\frac{\partial(J_1+J_3)}{\partial X_1}-C_{X_1}\frac{\mathrm{d}u_1}{\mathrm{d}t}=0,\qquad 0\leqslant t\leqslant t_1 \tag{B.2.3}$$

$$u_1=-\frac{\partial[J_1'(X_{1'}+\lambda)]}{\partial X_{1'}}\bigg/\frac{\partial J_1}{\partial X_{1'}},\qquad 0\leqslant t\leqslant t_1 \tag{B.2.4}$$

$$\partial[J_2'(X_{2'}+\lambda)]/\partial X_{2'}=0,\qquad t_1\leqslant t<\tau \tag{B.2.5}$$

$$u_1\partial J_3/\partial X_1-C_{X_1}\mathrm{d}u_1/\mathrm{d}t=0,\qquad t_1\leqslant t<\tau \tag{B.2.6}$$

式(B.2.5)为关于$X_{2'}$的代数方程，由此可见，广义机低势侧工质广义势$X_{2'}$保持为常数。将式(B.2.4)对时间t求导得

$$\frac{\mathrm{d}u_1}{\mathrm{d}t}=\frac{\partial u_1}{\partial X_1}\frac{\mathrm{d}X_1}{\mathrm{d}t}+\frac{\partial u_1}{\partial X_{1'}}\frac{\mathrm{d}X_{1'}}{\mathrm{d}t},\qquad 0\leqslant t\leqslant t_1 \tag{B.2.7}$$

将式(6.3.2)和式(B.2.7)代入式(B.2.3)得

$$\left[\frac{\partial J_1'}{\partial X_1}(X_{1'}+\lambda)+\frac{\partial(J_1u_1)}{\partial X_1}+u_1\frac{\partial J_3}{\partial X_1}\right]\frac{\mathrm{d}X_1}{\mathrm{d}t}+(J_1+J_3)\frac{\partial u_1}{\partial X_{1'}}\frac{\mathrm{d}X_{1'}}{\mathrm{d}t}=0,\quad 0\leqslant t\leqslant t_1 \tag{B.2.8}$$

将式(B.2.4)代入式(B.2.8)得

$$\left\{\frac{\partial J_1'}{\partial X_1}(X_{1'}+\lambda)-\frac{\partial}{\partial X_1}\left\{J_1\frac{\partial[J_1'(X_{1'}+\lambda)]}{\partial X_{1'}}\Big/\frac{\partial J_1}{\partial X_{1'}}\right\}-\frac{\partial[J_1'(X_{1'}+\lambda)]}{\partial X_{1'}}\frac{\partial J_3}{\partial X_1}\Big/\frac{\partial J_1}{\partial X_{1'}}\right\}\frac{\mathrm{d}X_1}{\mathrm{d}t}$$
$$-(J_1+J_3)\frac{\partial}{\partial X_{1'}}\left[\frac{\partial[J_1'(X_{1'}+\lambda)]}{\partial X_{1'}}\Big/\frac{\partial J_1}{\partial X_{1'}}\right]\frac{\mathrm{d}X_{1'}}{\mathrm{d}t}=0,\quad 0\leqslant t\leqslant t_1 \tag{B.2.9}$$

对式(B.2.9)进行数学变换得

$$\frac{\partial\left\{(J_1+J_3)^2\dfrac{\partial[J_1'(X_{1'}+\lambda)/(J_1+J_3)]}{\partial X_{1'}}\Big/\dfrac{\partial J_1}{\partial X_{1'}}\right\}}{\partial X_1}\frac{\mathrm{d}X_1}{\mathrm{d}t}$$
$$+\frac{\partial\left\{(J_1+J_3)^2\dfrac{\partial[J_1'(X_{1'}+\lambda)/(J_1+J_3)]}{\partial X_{1'}}\Big/\dfrac{\partial J_1}{\partial X_{1'}}\right\}}{\partial X_{1'}}\frac{\mathrm{d}X_{1'}}{\mathrm{d}t}=0,\quad 0\leqslant t\leqslant t_1 \tag{B.2.10}$$

由式(B.2.10)可进一步得式(6.3.3)，故 6.3 节中定理得证。

B.2.2 平均最优控制理论方法

将最优控制问题转化为两个平均最优控制问题从而简化问题的求解。由式(6.5.2)得

$$\mathrm{d}t=-\frac{C_{X_1}\mathrm{d}X_1}{J_1(X_1,X_{1'})+J_3(X_1,X_3)},\qquad 0\leqslant t\leqslant t_1 \tag{B.2.11}$$

将式(B.2.11)分别代入式(6.4.7)和式(6.4.8)得

$$-\int_{X_1(0)}^{X_1(t_1)}\frac{C_{X_1}J_1'(X_1,X_{1'})}{J_1(X_1,X_{1'})+J_3(X_1,X_2)}\mathrm{d}X_1-\int_{t_1}^{\tau}J_2'(X_{2'},X_2)\mathrm{d}t=0 \tag{B.2.12}$$

$$W=-\int_{X_1(0)}^{X_1(t_1)}\frac{C_{X_1}X_{1'}J_1'(X_1,X_{1'})}{J_1(X_1,X_{1'})+J_3(X_1,X_2)}\mathrm{d}X_1-\int_{t_1}^{\tau}X_{2'}J_2'(X_{2'},X_2)\mathrm{d}t \tag{B.2.13}$$

优化问题最终可转化为两个子问题：

(1) 当 $0 \leqslant t \leqslant t_1$ 时，在式(B.2.11)和式(B.2.12)约束下求式(A.5.13)的极大值，建立变更的拉格朗日函数 L_1 如下：

$$L_1 = -\frac{C_{X_1} X_{1'} J_1'(X_1, X_{1'})}{J_1(X_1, X_{1'}) + J_3(X_1, X_2)} - \frac{\lambda_1 C_{X_1} J_1'(X_1, X_{1'}) + \lambda_2 C_{X_1}}{J_1(X_1, X_{1'}) + J_3(X_1, X_2)} \tag{B.2.14}$$

式中，λ_1 和 λ_2 为待定拉格朗日常数。由极值条件 $\partial L_1 / \partial X_{1'} = 0$ 得

$$\frac{\partial [J_1'(X_{1'} + \lambda_1) / (J_1 + J_3)]}{\partial X_{1'}} - \frac{\lambda_2}{(J_{1'} + J_3)^2} \frac{\partial J_1}{\partial X_{1'}} = 0 \tag{B.2.15}$$

(2) 当 $t_1 \leqslant t < \tau$ 时，在式(B.2.12)约束下求式(B.2.13)的极大值，建立变更的拉格朗日函数 L_2 如下：

$$L_2 = -X_{2'} J_2'(X_{2'}, X_2) - \lambda_3 J_2'(X_{2'}, X_2) \tag{B.2.16}$$

式中，λ_3 为待定拉格朗日常数。由极值条件 $\partial L_1 / \partial X_{2'} = 0$ 得

$$\partial [J_2'(X_{2'} + \lambda_3)] / \partial X_{2'} = 0 \tag{B.2.17}$$

由式(B.2.15)和式(B.2.17)可知第 6.3 节中定理得证。

附录C　主要符号说明

英文字母

符号	说明	单位
A(或A)	反应物	
	横截面积	m^2
	泵入热流率系数项常数	W/s
a	积分常数	
	加速度	m/s^2
B(或B)	生成物 自定义常数	
	泵入热流率指数项常数	s
C	热容；热容率	J/K；W/K
	电容	F
	经济容量	kg/$
	广义势容	
	气缸容积变化率	s^{-1}
C_f	末态热容	J/K
C_i	初态热容	J/K
C_M	气缸容积的变化率最大值	s^{-1}
C_m	气缸容积的变化率最小值	s^{-1}
C_p	定压热容	J/K
C_V	定容热容	J/K
c	浓度	
c_p	比定压热容	J/(kg·K)
	摩尔定压热容	J/(mol·K)
c_V	比定容热容	J/(kg·K)
	摩尔定容热容	J/(mol·K)
D	广义泛化流；自定义函数	
d	气缸内径	m

E	热力学能；电能	J
E_{C}	生态学函数	
$\bar{E}_{\mathrm{C}}$	无量纲生态学函数	
E_{m}	理想气体的终态热力学能	
E_{p}	泵入系统的总能量	J
e	内能密度	$\mathrm{J/m^3}$
F	机械力	N
	传热/传质面积	$\mathrm{m^2}$
	广义力；燃烧分量	
f	摩擦力	N
	微元传热面积/传质面积	
	广义耗散力	
	泵入热流率	W
G	传质量	mol
	吉布斯自由能	J
g	传质流率	kg/s；mol/s
H	哈密顿函数	
H_{TU}	广义传热单元高度	m
	传质单元高度	m；J·m/mol
	广义传输单元高度	
h	传质系数	mol/s
	加热函数	
	比焓；摩尔焓	J/kg；J/mol
I	电流	C/s
i	级数	
ind	指示函数	
J	广义流率	
$J_{\Delta h}$	气缸出口与进口焓流率之差	W
$J_{\Delta s}$	气缸出口与进口熵流率之差	W/K
J'	广义速率	
k	普适热导率；广义势导率；反应速率常数	
	线性电压系数	V/s

L	位移	m
	广义位移；拉格朗日函数	
l	连杆长度	m
Le	Lewis 数	
M	混合物总质量或总物质的量	kg；mol
	基本资源数量	
m	传热/传质/商品传输指数	
	关键组分质量或物质的量	kg；mol
	活塞质量	kg
$\tilde{m}$	惰性组分质量或物质的量	kg；mol
min	最小化	
max	最大化	
N	物质的量	mol
	非基本资源(商品)数量	
	离散系统总级数	
N_{i}	初态物质的量	mol
N_{f}	末态物质的量	mol
n	广义多变指数；传热指数	
	商品流率	kg/day
P	价格	$/kg
	功率	W
P_{s}	多级系统输出功率(耗功率)	W
p	压力	Pa
Q	热量	J
	广义流	
$\dot{Q}$	总热量流率	W
Q_{c}	燃烧热	J
Q_{e}	电量	C
Q_{ex1}	尾气热耗散损失	J
Q_{ex2}	不完全燃烧的热损失	J
Q_{w}	通过气缸壁的热漏量	J

Q_1^+	净吸热量	J
q	热流率	J/s
q_w	通过气缸壁的热流率	J/s
R	摩尔气体常数	J/(mol·K)
	热阻；质阻；电阻；商品流阻；广义流阻	
Rn	燃烧特征函数	
r	化学反应速率	mol/s
	曲柄长度	m
	基本资源的边际效用	
S	熵	J/K
	效用函数	
s	比熵	J/(K·kg)
	熵密度	J/(K·m^3)
	辐射热流开关流	
sign	符号函数	
T	热力学温度	K
T'	卡诺温度	K
T_{ex}	热槽温度	K
T_w	气缸外壁温度	K
T_{c0}	压缩冲程工质初态温度	K
T_{p0}	功率冲程工质初态温度	K
T_{pf}	功率冲程工质末态温度	K
T_S	开关温度阈值	
t	时间	s
t'	减速段开始时刻	s
t_a	加速时间	s
t_b	燃料燃烧时间	s
t_d	运动延滞时间	s
t_{np}	无功冲程时间	s
t_p	功率冲程时间	s
u	时间相关函数	

	转速	rpm
	温度变化率	K
U	电势	V
	黏性应力张量	Pa
V	体积	m^3
	电压	V
	消费者收入	$
V_m	理想气体的终态体积	m^3
v	速度	m/s
	无量纲电压	
W	功	J
	广义输出；反应产物	
W_B	曲轴摩擦损失功	J
W_{com}	压缩冲程气体压缩耗功	J
W_f	摩擦损失	J
$W_{f,t_{np}}$	无功冲程摩擦损失	J
W_{f,t_p}	功率冲程摩擦损失	J
$W_{f,\tau}$	循环总摩擦损失	J
W_p	功率冲程输出功	J
W_{rev}	可逆功	J
W_Q	由热漏造成的功损失	J
W_τ	循环输出功	J
X	广义势；组分相对浓度	
	活塞位置	m
X_0	活塞初始位置	m
X_f	活塞末态位置	m
x	化学计量系数；温比；浓度比；价格比；电压比	
	位置变量	m
y	化学计量系数；自定义函数；无量纲容许电压	

希腊字母

α	普适传热系数；电子传输系数；商品传输系数	

	热扩散率	m^2/s
β	定义的中间参量	
	压比	
β_M	最大压比	
χ	化学泵性能系数	
δ	微分算子；无穷小量；非正参数	
ε	总能量密度	J/m^3
	转化率(无量纲浓度)	
	供需价格弹性	
ϕ	不可逆因子；自定义函数	
γ	自定义常数	
	交叉唯象系数	
η	效率	
η_C	卡诺效率	
η_{CA} 或 η_{NCCA}	CA 效率或 NCCA 效率	
κ	比热比	
λ	拉格朗日乘子；协态变量	
μ	化学势	J/mol
	黏性系数	kg/s
	拉格朗日乘子	
μ'	卡诺化学势	J/mol
μ_0	标准化学势	J/mol
$\boldsymbol{\nu}$	外部法线向量	
π	动量密度	$kg/(m^2 \cdot s)$
θ	无量纲温度；开关函数；曲轴旋转角度	
	赫维赛德函数	
ρ	质量密度	kg/m^3
σ	熵产率	W/K
	平均资本耗散	$/d
σ_D	广义耗散率	
σ_s	多级系统熵产率	W/K
τ	过程总时间；循环周期	s

υ	相对浓度变化率	
	无量纲活塞速度	
ω	无量纲热流率	
ξ	吸、放热过程时间比	
	三维空间坐标向量	
	无量纲时间	
	无量纲活塞位移	
ψ	不可逆因子；自定义函数	
	协态变量	
Λ	微元面积传质系数	
Π	利润	$
Ω	控制体的边界面；可行域	
∇	梯度算子	

上标

f	正向
i	第 i 级
int	热机内部熵产率
max	最大
r	反向
0	给定值
+	输入
−	输出

下标

c	压缩冲程；扩散传质
ch	化学反应
dis	耗散
eq	平衡态
f(或 f)	摩擦损失；末态
H	上限
H	传热，高温等温分支侧
i(或 i)	向量的第 i 个分量；初始态
Inl	进口

irr	不可逆
L	下限
L	低温等温分支侧
ld	线性相关
m	传质
max	最大
min	最小
np	无功冲程
opt	最优的
out	出口
p	功率冲程
R	热源；电阻器
rev	可逆界限
S	电源
s	多级系统
T	温度
U	上限
w	气缸外壁
μ	化学势
1，2	高温侧，低温侧；高势侧，低势侧
	低价侧，高价侧；高压侧，低压侧
	高广义势侧，低广义势侧
1′，2′	热机工质高温侧，热机工质低温侧
	化学机工质高势侧，化学机工质低势侧
	商业机低价侧，商业机高价侧
3	环境侧

缩略词

EGM	熵产生最小化(entropy generation minimization)
FTT	有限时间热力学(finite time thermodynamics)
GTO	广义热力学优化(generalized thermodynamic optimization)
HJB	哈密顿-雅可比-贝尔曼(Hamilton-Jacobi-Bellman)
LIT	线性不可逆热力学(linear irreversible thermodynamics)